本书受到第二次青藏高原综合考察研究（2019QZKK0608）的经费支持

青藏高原典型区域人类生存环境及人类福祉综合研究

宋长青　主编

科学出版社

北京

内 容 简 介

作为"世界屋脊"的青藏高原,在拥有独特自然与人文景观的同时也面临着诸多挑战。本书从地理学视角切入,深入探讨该地区人类生存环境与福祉的现状及提升策略。通过综合分析自然地理要素和生态环境资源,揭示区域的异质性与系统复杂性。书籍内容涵盖气候、植被、耕地资源、水文效应、农业农村发展、都市区研究及多维安全评估等多个领域,旨在为青藏高原的高质量发展提供决策支持。

本书面向政府部门、科研人员、高校师生以及所有关心青藏高原发展的人士,旨在为政策制定提供参考,为学术研究提供理论支持,为实践操作提供指导。本书兼具学术价值与社会意义,不仅助力应对高原生态挑战,推动区域高质量发展,还为实现人与自然和谐共生的发展目标贡献力量。

审图号:GS 京(2025)1097 号

图书在版编目(CIP)数据

青藏高原典型区域人类生存环境及人类福祉综合研究 / 宋长青主编.
北京:科学出版社,2025. 6. -- ISBN 978-7-03-081853-9

Ⅰ. X321.27

中国国家版本馆 CIP 数据核字第 2025KP2344 号

责任编辑:李晓娟 / 责任校对:樊雅琼
责任印制:徐晓晨 / 封面设计:无极书装

科学出版社 出版
北京东黄城根北街 16 号
邮政编码:100717
http://www.sciencep.com

北京建宏印刷有限公司印刷
科学出版社发行 各地新华书店经销

*

2025 年 6 月第 一 版	开本:787×1092 1/16
2025 年 6 月第一次印刷	印张:17 1/2
	字数:400 000

定价:198.00 元
(如有印装质量问题,我社负责调换)

前 言

青藏高原是地球上海拔最高的高原，平均海拔超过4000m，被誉为"世界屋脊"。青藏高原的形成最初源于2.4亿年前印度板块开始朝北向亚洲板块挤压的地质活动，在上新世晚期和第四纪早期显著隆升。青藏高原南起壮阔的喜马拉雅山脉南侧，北至昆仑山、阿尔金山和祁连山，西接广袤的帕米尔高原和喀喇昆仑山脉，东部以横断山脉为界，约占我国陆地领土面积的1/4。这些山脉既为青藏高原提供了天然的边界，又形成了复杂多样的生态环境。青藏高原是地球上拥有着除南极、北极外赋存冰量最多的地区之一，被认为是南极、北极之外的"第三极"。同时，青藏高原还是亚洲多条重要河流（包括长江、黄河、湄公河和印度河等）的发源地，素有"亚洲水塔"的美称。

青藏高原具有特殊的自然条件和人文环境，长期以来备受学界的关注。青藏高原有着雄伟的自然景观，昆仑山脉、喀喇昆仑山脉、唐古拉山脉等众多高大的山脉坐落于此。此外，青藏高原具有丰富的生物多样性，许多珍稀动植物如雪豹、藏羚羊等栖息于此。同时，青藏高原的自然资源丰富多样，具有大量的矿产、地热、水、太阳能等资源。青藏高原有着生态屏障、水土涵养、碳汇等重要生态功能，深刻影响着全球气候模式及周边国家的自然资源利用和管理。更重要的是，青藏高原拥有着以藏族文化为代表的独特的高原文化、宗教、艺术、民俗体系，其已成为人类的重要精神财富，对全世界人类的社会经济文化发展具有特殊的影响，吸引着众多学者和公众的研究与关注。

考古研究表明，早在16万年前青藏高原上便有了人类的足迹。经历漫长的气候周期变化和人类适应过程，部分人类克服了青藏高原严酷的高原自然环境以及以缺氧问题为代表的极端生存条件，具备了青藏高原人群独特的高寒环境适应能力。在距今5200年前后，这些古人类分散至青藏高原东北部低海拔的河湟谷地开始定居，进行粟作农业生产；在距今3600年左右，随着麦作农业的发展，古人类第一次大规模地永久定居于青藏高原东北部海拔3000m以上的地区，并在高原环境下进行农耕和畜牧等生产活动，形成了自给自足的农牧混合经济。在特殊的自然地理条件下，人类在青藏高原生存定居并不断适应和改造自然，才得以生存延续，同时，高寒气候下的自然环境与人类文明相互作用，使得青藏高原形成了具有鲜明特色的社会文化、农牧经济和民族习俗。

对青藏高原典型区域开展人类生存环境及人类福祉的综合研究具有重要的学术价值和实际意义。青藏高原是生态环境较为脆弱、人类生存环境较为严苛的区域之一，当地居民的生活方式、福祉状况与其他地区相比存在显著差异。此外，在全球气候变暖、地缘局势变化、人类活动等综合影响下，青藏高原地区面临着冰川退缩、土地退化、水土流失、生物多样性减少以及自然灾害增加等诸多问题，其生态环境安全、人类生存及福祉状况正面临着严峻的挑战。因此，对典型区域开展人类生存环境及人类福祉的研究十分迫切，对认识人类如何适应并改造青藏高原极端环境、促进青藏高原地区的高质量发展以及可持续发展战略具有重要的意义。这要求我们采用跨学科角度开展科学考察研究，深入认识青藏高原的自然、生态和人文环境及各要素的相互作用关系，厘清人类生存环境及人类福祉的现状、特点和面临的挑战，有针对性地提出改进策略和提升手段。上述内容已成为第二次青藏高原综合科学考察的重点内容之一。第二次青藏高原综合科学考察研究于 2017 年 8 月 19 日在拉萨启动，聚焦青藏高原自然环境的现状和变化，同时关注自然过程的机制及其与人类活动的相互作用，此研究对青藏高原的气候变化应对、生态安全保护和地区高质量发展具有重要的意义。北京师范大学是第二次青藏高原综合科学考察研究的重要参加单位之一，承担着多项重要的科考任务。本书的研究成果主要来自科考任务六"人类活动与生存环境安全"下属专题八"人类活动影响与生存环境安全评估"中的内容。

在上述背景下，本书旨在探究青藏高原典型区域的人类生存环境和人类福祉现状及改进策略。以青藏高原为研究范围，从地理学的研究视角，深入探讨青藏高原典型区域内的自然地理要素、生态环境资源、城乡产业发展与多维安全现状等多方面内容，以期理解青藏高原的区域异质性以及当地自然-人文地理系统复杂性，揭示青藏高原人类生存环境与人类福祉之间的内在联系，为促进青藏高原可持续发展和高质量发展提供科学理论支撑和政策发展建议。

本书包括 7 章，各章的主要内容如下。第 1 章介绍青藏高原气候条件时空分异特征，并对未来的气候变化进行模拟。第 2 章为青藏高原植被动态分析与模拟，研究植被空间分异特征，模拟未来青藏高原的植被空间分异并分析时空驱动因素。第 3 章从耕地面积、耕地集约利用等方面分析青藏高原耕地资源时空变化，并对耕地资源的质量进行综合评估及影响因素分析。第 4 章为跨域水文效应，探究青藏高原水域的时空变化，分析虚拟水格局和典型城市的暴雨洪涝风险。第 5 章为甘南高原农业农村发展现状与典型模式，梳理甘南高原农村的发展历程，探讨典型乡村的发展模式并提出建议。第 6 章为都市区研究与优化，包括拉萨都市圈范围和结构优化、拉萨绿道选线优化及医疗资源可达性评价与优化。第 7 章为青藏高原多维安全状况评估与提升策略，从社会安全、文化安全、地缘安全等多方面评估青藏高原区域的安全风险，并提出多项改进策略。

希望本书能够帮助读者更好地理解青藏高原的人类生存环境及人类福祉现状，为有关部门、研究人员以及所有关心青藏高原发展的人士提供有价值的信息，启发学界同仁针对青藏高原开展更多的研究，为理解青藏高原自然-人文系统的复杂性及其对全球人类生存和发展的影响研究提供一个新的视角，为促进青藏高原地区的高质量发展和人与自然和谐共生贡献一份力量。不妥之处，请广大读者批评指正。

宋长青
2024 年 6 月于北京师范大学

目 录

前言
第1章 青藏高原气候条件时空分异特征 1
 1.1 青藏高原对流解析区域气候模式模拟技术与方法 2
 1.2 青藏高原气温时空分异特征 8
 1.3 青藏高原气压时空分异特征 13
 1.4 青藏高原降水时空分异特征 17
 1.5 2035年、2050年气候变化模拟 20
 参考文献 34

第2章 青藏高原植被动态分析与模拟 38
 2.1 青藏高原植被模拟技术与方法 38
 2.2 青藏高原植被空间分异特征 47
 2.3 青藏高原未来植被可能变化 54
 2.4 青藏高原植被时空变化与归因分析 56
 参考文献 72

第3章 青藏高原耕地资源时空变化 74
 3.1 青藏高原耕地面积时空变化过程 74
 3.2 青藏高原耕地资源质量综合评估与影响因素分析 90
 3.3 青藏高原耕地集约利用时空变化分析 104
 参考文献 140

第4章 跨域水文效应 144
 4.1 青藏高原水域时空变化分析 144
 4.2 青藏高原近远程虚拟水分析 154
 4.3 青藏高原典型城市暴雨洪涝风险分析 164
 参考文献 175

第5章 甘南高原农业农村发展现状与典型模式 177
 5.1 甘南高原农村发展基础条件 177
 5.2 甘南高原乡村经济空间重构演变阶段与特征 178
 5.3 甘南高原农业农村发展现状与模式 181

5.4　甘南高原典型村庄经济空间重构的机制与模式 …………………… 188
　　参考文献 …………………………………………………………………… 193
第6章　都市区研究与优化 ……………………………………………………… 195
　　6.1　拉萨都市圈范围和结构优化 …………………………………………… 195
　　6.2　拉萨市城市绿道选线优化 ……………………………………………… 206
　　6.3　拉萨市医疗资源可达性评价与优化 …………………………………… 211
　　参考文献 …………………………………………………………………… 225
第7章　青藏高原多维安全状况评估与提升策略 ……………………………… 228
　　7.1　区域安全分析框架 ……………………………………………………… 228
　　7.2　青藏高原经济安全评估 ………………………………………………… 231
　　7.3　青藏高原社会安全评估 ………………………………………………… 240
　　7.4　青藏高原文化安全评估 ………………………………………………… 246
　　7.5　青藏高原地缘安全评估 ………………………………………………… 255
　　7.6　多维安全风险防控策略 ………………………………………………… 267
　　参考文献 …………………………………………………………………… 269

第 1 章　青藏高原气候条件时空分异特征*

青藏高原地处中国西南部，总面积约 250 万 km²，约占中国陆地领土面积的 1/4，平均海拔超过 4000m，是全世界范围最大、高度最高的高原大地形，有"世界屋脊"和"第三极"之称。由于其地形的特殊性，它还孕育着丰富的冻土、冰川、积雪、森林、草原、荒漠、湖泊等多种自然景观，这使得它对全球气候变化的响应十分敏感。就青藏高原本身而言，青藏高原大部分地区属半干旱、干旱区，青藏高原生态系统十分脆弱，降水对生态系统有着重要意义；另外，青藏高原被誉为"亚洲水塔"，它是众多外流河如长江、黄河、怒江、澜沧江、雅鲁藏布江的发源地，并且青藏高原北部和西部的内流河是当地重要的水资源。青藏高原地区的降水不但维系着青藏高原自身的发展，而且影响到中国以及东南亚、南亚各国的水资源安全；同时，对中国东部、西北干旱区、亚洲的气候和植被格局乃至全球气候变化都具有深刻的影响，因此对其进行探索和研究具有极为重要的意义。它一直倍受国内外气象学者的关注和研究（Ding and Chan，2005；Wu et al.，2012，2017；Zhou et al.，2019）。

青藏高原成为我国观测资料最为缺乏的地区之一，已严重阻碍了我们对青藏高原地-气相互作用过程和水分循环规律的科学认识，制约了数值模式的发展和我国灾害性天气气候预测水平的提高。

准确合理地再现青藏高原地区降水仍是世界性难题。相比于全球气候模式，区域气候模式具有更高的水平分辨率（Leung et al.，2003），其能够更合理地描述出山脉、海岸线以及一些更小尺度的物理过程（Christensen J H and Christensen O B，2007）。因此，区域气候模式可以重现和预测全球气候模式中无法捕捉到的精细尺度的气候信息（符淙斌等，2004）。很多学者运用区域气候模式开展青藏高原地区气候特征的模拟研究。研究表明，区域动力降尺度优于全球气候模式模拟的降水，区域气候模式能够模拟出青藏高原季节尺度和月尺度降水与气温的主要分布特征，但是模拟青藏高原降水较观测偏多（张冬峰等，2005；杨雅薇和杨梅学，2008；屈鹏等，2009；王澄海和余莲，2011；Wang et al.，2020）。

对流解析区域气候模式水平分辨率降到公里尺度就可以在网格尺度上显示解析深对流过程，不再采用积云对流参数化方案，从而避免了积云对流参数化方案带来的不确定性。对流解析区域气候模式被认为可以较大限度地提高降水的模拟性能（Prein et al.，2020；Kendon et al.，2021）；同时，学者已经证明了对流解析区域气候模式在复杂地形地区的显著优势（Prein et al.，2013，2015，2020；Sugimoto and Takahashi，2016；Ban et al.，2020；

---

* 本章作者：熊喆。

Li et al., 2020；Lind et al., 2020；Meredith et al., 2020；Knist et al., 2020；Scaff et al., 2020；Schwitalla et al., 2020；Yun et al., 2020；Gao et al., 2022）。Yun 等（2020）和 Guo 等（2020）认为对流解析区域气候模式可以合理地再现降水日变化及降水位相东传特征；对于青藏高原来说，对流解析区域气候模式模拟青藏高原降水的增值相较于模式地形、局地非绝热过程的"升尺度"效应对模式模拟的青藏高原水汽输送过程有重要影响（Zhao et al., 2021）；同时指出对流解析区域气候模式有望成为面向青藏高原地区开展动力降尺度研究的有力工具（Li et al., 2020；Guo et al., 2020；Kendon et al., 2021；Steven et al., 2020）。因此，研发具有独立版权且适合青藏高原地区的对流解析区域气候模式是非常必要的。

1.1 青藏高原对流解析区域气候模式模拟技术与方法

1.1.1 模型构建原理

青藏高原对流解析区域气候模式以中国科学院大气物理研究所东亚区域气候–环境重点实验室发展的具有独立版权区域集成环境系统模式为基础，其中该区域气候模式是以美国大气研究中心和美国宾夕法尼亚大学发展的第五代中尺度模式（MM5）为非静力动力框架，耦合了一些研究气候所需的物理过程方案，其中这些过程包括生物圈–大气圈输送方案、非局地混合的边界层参数化方案（中期预报，Medium Research Forecast，MRF）和修改辐射方案（通用气候模式版本3，The Community Climate Model Version 3，CCM3）。利用观测和遥感数据对该模式中的重要参数率定，实现模式本地化，建立青藏高原对流解析区域气候模式。

1. 非静力模式的动力学框架

对于非静力模式，首先定义一个层结参考态 $p_0(z)$、$T_0(z)$、$\rho_0(z)$ 以及相应的参考态的扰动量。

$$p(x,y,z,t) = p_0(z) + p'(x,y,z,z,t) \quad (1\text{-}1)$$

$$T(x,y,z,t) = T_0(z) + T'(x,y,z,t) \quad (1\text{-}2)$$

$$\rho(x,y,z,t) = \rho_0(z) + \rho'(x,y,z,t) \quad (1\text{-}3)$$

在垂直方向中用 σ 坐标，σ 定义为

$$\sigma = \frac{p - p_t}{p_s - p_t} \quad (1\text{-}4)$$

式中，p_s 和 p_t 分别为参考态表面气压和最高层顶气压，不随时间变化。这样，任意一点的气压可以表示为 $p = p^*\sigma + p_t + p'$，其中 $p^* = p_s - p_t$，p^* 为三维气压扰动量，是模式的预报量。

（1）水平动量方程

$$\frac{\partial p^* u}{\partial t} = -m^2\left(\frac{\partial p^* uu/m}{\partial x} + \frac{\partial p^* vu/m}{\partial y}\right) - \frac{\partial p^* u\dot{\sigma}}{\partial \sigma} + u\text{DIV} - mp^*\left(\frac{RT_v}{p^* + \frac{p_t}{\sigma}}\frac{\partial p^*}{\partial x} + \frac{\partial \Phi}{\partial x}\right)$$

$$+ fp^* v + F_H u + F_v u + D_u \tag{1-5}$$

$$\frac{\partial p^* v}{\partial t} = -m^2\left(\frac{\partial p^* uv/m}{\partial x} + \frac{\partial p^* vv/m}{\partial y}\right) - \frac{\partial p^* v\dot{\sigma}}{\partial \sigma} + v\text{DIV} - mp^*\left(\frac{RT_v}{p^* + p_t/\sigma}\frac{\partial p^*}{\partial y} + \frac{\partial \Phi}{\partial y}\right)$$

$$+ fp^* u + F_H v + F_v v + D_u \tag{1-6}$$

$$\frac{\partial p^* u}{\partial t} = -m^2\left(\frac{\partial p^* uu/m}{\partial x} + \frac{\partial p^* vu/m}{\partial y}\right) - \frac{\partial p^* u\dot{\sigma}}{\partial \sigma} + u\text{DIV}$$

$$- mp^*\left(\frac{RT_v}{p^* + p_t/\sigma}\frac{\partial p^*}{\partial x} + \frac{\partial \Phi}{\partial x}\right) + fp^* v + F_H u + F_v u + D_u$$

$$\frac{\partial p^* v}{\partial t} = -m^2\left(\frac{\partial p^* vu/m}{\partial x} + \frac{\partial p^* vv/m}{\partial y}\right) - \frac{\partial p^* v\dot{\sigma}}{\partial \sigma} + v\text{DIV}$$

$$- mp^*\left(\frac{RT_v}{p^* + p_t/\sigma}\frac{\partial p^*}{\partial y} + \frac{\partial \Phi}{\partial y}\right) + fp^* u + F_H v + F_v v + D_u$$

式中，$\dot{\sigma} = \frac{d\sigma}{dt}$，其中在 $\sigma = 0$ 和 $\sigma = 1$ 处 $\dot{\sigma} = 0$；u 和 v 分别为风速的向东分量和向北分量；T_v 为虚温；Φ 为位势；f 为科氏参数；R 为干空气的气体常数；m 为投影因子；F_H 和 F_v 分别为水平扩散项和垂直扩散项；DIV 为散度；D_u 为涡度。

（2）垂直动量方程

$$\frac{\partial p^* w}{\partial t} = -m^2\left(\frac{\partial p^* uw/m}{\partial x} + \frac{\partial p^* vw/m}{\partial y}\right) - \frac{\partial p^* w}{\partial \delta} + w\text{DIV}$$

$$- \frac{p^* \rho_0 g}{\rho}\left(\frac{1}{p^*}\frac{\partial p'}{\partial \sigma} + \frac{T_v'}{T} - \frac{T_0 p'}{T p_0}\right) + p^* g(qr + qc) + Dw \tag{1-7}$$

（3）气压倾向方程

$$\frac{\partial p^* p'}{\partial t} = -m^2\left(\frac{\partial p^* up'/m}{\partial x} + \frac{\partial p^* vp'/m}{\partial y}\right) - \frac{\partial p^* p'\sigma}{\partial \delta} + p'\text{DIV}$$

$$- m^2 p^* \gamma p\left[\frac{\partial u/m}{\partial x} - \frac{\sigma}{mp^*}\frac{\partial u}{\partial x}\frac{\partial p^* p'}{\partial \sigma} + \frac{\partial v/m}{\partial y} - \frac{\sigma}{mp^*}\frac{\partial p^*}{\partial y}\frac{\partial v}{\partial \sigma}\right] + \rho_0 g\gamma p\frac{\partial w}{\partial \sigma} - p^* \rho_0 g w \tag{1-8}$$

$$\frac{\partial p^* w}{\partial t} = -m^2\left(\frac{\partial p^* uw/m}{\partial x} + \frac{\partial p^* vw/m}{\partial y}\right) - \frac{\partial p^* w}{\partial \delta} + w\text{DIV}$$

$$- \frac{p^* \rho_0 g}{\rho}\left(\frac{1}{p^*}\frac{\partial p'}{\partial \sigma} + \frac{T_v'}{T} - \frac{T_0 p'}{T p_0}\right) + p^* g(qr + qc) + Dw$$

$$\frac{\partial p^* w}{\partial t} = -m^2\left(\frac{\partial p^* uw/m}{\partial x} + \frac{\partial p^* vw/m}{\partial y}\right) - \frac{\partial p^* w}{\partial \delta} + w\text{DIV}$$

$$- \frac{p^* \rho_0 g}{\rho}\left(\frac{1}{p^*}\frac{\partial p'}{\partial \sigma} + \frac{T_v'}{T} - \frac{T_0 p'}{T p_0}\right) + p^* g\{(qr + qc)\} + Dw + \rho_0 g\gamma p\frac{\partial \omega}{\partial \sigma} - p^* \rho_0 g\omega$$

$$\frac{\partial p^* p'}{\partial t} = -m^2\left(\frac{\partial p^* p'u/m}{\partial x} + \frac{\partial p^* p'v/m}{\partial y}\right) - \frac{\partial p^* p'\dot{\sigma}}{\partial \sigma} + p'\text{DIV}$$

$$\dot{\sigma} = -\frac{g\rho_0}{p^*}\omega - \frac{m\sigma}{p^*}\frac{\partial p^*}{\partial x}u - \frac{m\sigma}{p^*}\frac{\partial p^*}{\partial y}v$$

（4）热力学方程

$$\frac{\partial p^*T}{\partial t} = -m^2\left(\frac{\partial p^*uT/m}{\partial x} + \frac{\partial p^*vT/m}{\partial y}\right) - \frac{\partial p^*T}{\partial \delta} + T\mathrm{DIV}$$

$$+ \frac{1}{\rho C_p}\left[p^*\frac{Dp'}{Dt} - \rho_0 gp^*w - Dp'\right] + p^*\frac{Q}{C_p} + D_T \tag{1-9}$$

式中，C_p 为定压比热容；Q 为非绝热加热。此外，DIV 和 $\dot{\sigma}$ 如下：

$$\mathrm{DIV} = -m^2\left[\frac{\partial \frac{p^*u}{m}}{\partial x} + \frac{\partial \frac{p^*v}{m}}{\partial y}\right] + \frac{\partial p^*\dot{\sigma}}{\partial \sigma} \tag{1-10}$$

$$\dot{\sigma} = -\frac{g\rho_0}{p^*}w - \frac{m\sigma}{p^*}\frac{\partial p^*}{\partial x}u - \frac{m\sigma}{p^*}\frac{\partial p^*}{\partial y}v \tag{1-11}$$

$$\frac{\partial p^*T}{\partial t} = -m^2\left(\frac{\partial p^*uT/m}{\partial x} + \frac{\partial p^*vT/m}{\partial y}\right) - \frac{\partial p^*T\dot{\sigma}}{\partial \sigma} + T\mathrm{DIV}$$

$$- \frac{1}{pC_p}\left[p^*\frac{Dp'}{Dt} + \rho_0 gp^*\omega - D_{p'}\right] + p^*\frac{\dot{Q}}{C_p} + D_t$$

2. 数值计算差分方案

（1）水平网格结构

模式水平网格采用"交错"网格结构，动量变量 p^*u 和 p^*v 定义在"点"（dot）网格上，而其他所有变量则定义在"交叉"（cross）网格上。这种网格结构称为"Arakawa B"格式（Arakawa and Lamb，1977）。使用该网格能给出明显优于非交错网格的结果，这主要是由于使用该网格结构能比较精确地计算气压梯度力项和水平辐散、辐合项。

（2）垂直网格结构

模式垂直方向采用 σ 地形垂直坐标。

3. 物理过程参数化

（1）辐射方案

辐射计算方案采用 CCM3 软件包，而 CCM3 与 CCM2 的差别在于 CCM3 在长波参数化方案中，对于晴空辐射加入少量的 CO_2 波段的痕量气体（CH_4、N_2O、CFC_{11}、CFC_{12}）；在短波参数化方案中加入了气溶胶。太阳辐射的计算考虑了 O_3、H_2O、CO_2 和 O_2 等气体的吸收和放射作用，遵循 δ-埃丁顿近似法。它包括 0.2~5μm 18 个波谱段。长波辐射的计算考虑了 O_3、H_2O、CO_2 等气体及云的贡献。对于云的散射和吸收，液态水滴云采用 Slingo（1989）的辐射参数化方案处理，将云作为灰体来处理。云的光学特性，如云的光学厚度、单次散射反照率和非对称参数，以云含水量的形式给出。水滴有效半径采用云散射和吸收参数化方案计算得到。云量（F_{cl}）的计算如下：

$$F_{cl} = \begin{cases} \frac{(RH-80\%)^2}{0.04} & RH > 80\% \\ 0 & RH \leqslant 80\% \end{cases} \tag{1-12}$$

式中，RH 为相对湿度，%。

（2）行星边界层的物理过程

行星边界层中的垂直通量由式（1-13）给出：

$$F_c = -K_c\left(\frac{\partial C}{\partial z} - \gamma_c\right) \tag{1-13}$$

式中，γ_c 为描述由深对流造成的非局地输送的"反梯度"输送项。

涡动扩散率也由非局地形式给出：

$$K_c = k\, w_t z\left(1 - \frac{z}{h}\right)^2 \tag{1-14}$$

式中，k 为冯·卡门常数；w_t 为湍流对流速度，它依赖于摩擦速度、高度、莫宁-奥布霍夫长度；h 为行星边界层高度。

温度和水汽的反梯度项由式（1-15）给出：

$$\gamma_c = C\frac{\phi_c^0}{w_t h} \tag{1-15}$$

式中，C 为常数，等于 8.5；ϕ_c^0 为地表温度或者水汽通量。此方程应用于地表最高层（假设为 $0.1h$）和行星边界层高度顶之间。此区域之外，γ_c 假设为 0。

为了计算涡动扩散率和反梯度率，需要得到行星边界层的高度 h，其可由式（1-16）得出：

$$h = \frac{\mathrm{Ri}_{cr}\left[u(h)^2 + v(h)^2\right]}{g/\theta_s\left[\theta_v(h) - \theta_s\right]} \tag{1-16}$$

式中，$u(h)$、$v(h)$、$\theta_v(h)$ 为行星边界层各高度上的风分量和虚位温；g 为重力；Ri_{cr} 为临界里查森数；θ_s 为地表附近气温的参考值。只要方程右边的各量已知，行星边界层高度 h 就可由式（1-16）反复计算出。计算出行星边界层高度 h 后，垂直涡动通量方程就可用来描述行星边界层中所有模式层的湍流输送。

（3）陆面过程方案

陆面过程方案为生物圈-大气圈输送方案（BATS）。该方案是为了描述植被在改变地表动量、热量和水汽通量输送中的作用而设计的一种陆面参数化过程。BATS 中包含了 18 种植被类型、12 种土壤纹理（由粗糙到细微）和不同的土壤颜色（由浅到深）。该方案包括植被层、雪被层、10cm 的土壤表层、1~2m 的深层土壤以及根区。表层和根区土壤温度的预报方程用 Dearorff（1978）力-恢复的方法。该方法考虑了上层土壤和大气之间辐射、感热、潜热的交换以及上层土壤和深层土壤之间的热量释放。土壤的热容量和导电率取决于土壤类型和湿度。冠层空气及叶面温度通过能量平衡方程得出。

土壤水的计算包括土壤表层、根区和整层土壤水含量的预报方程。这些方程考虑降水、雪融化、叶冠滴水、蒸发、地表径流、根区下渗透和土壤层间水的扩散性交换。雪深由降雪、融雪、凝华、升华计算所得。当地面上方第一层大气模式层的温度低于 271K 时，降水就以雪的形式出现。

地表感热、水汽和动量通量由基于表层相似理论的标准地表拖曳系数方程计算（Henderson-Sellers et al., 1993）。拖曳系数取决于地表粗糙度和表层大气的稳定度。地表蒸发率依赖于随时间变化的有效土壤水。

耦合 BATS 时，对每个格点的植被类型、土壤纹理、土壤颜色、初始冰雪覆盖、土壤湿度及土壤温度均需随气候主模式所选区域而变化。根据这些量及其他内部产生量，采用 BATS 可以计算表层、深层土壤和叶面及冠层空气的温度，地表和深层土壤的湿度，雪盖，地表的动量、热量和水汽通量，这些通量又可以作为下边界条件反馈到主模式动量方程、热力学方程和水汽方程中。

1.1.2 试验设计和资料介绍

利用北京师范大学提供的 1 : 100 万水平分辨率为 1km×1km 的中国土壤粒径分布（沙子、淤泥和黏土含量）数据集，采用下列方程对饱和土壤水势、饱和土壤导水率、田间持水量和萎点含水量、土壤孔隙度和用于计算土壤水势的参数 b 进行重新率定。

常见土壤含水量范围内，土壤水势经常采用式（1-17）计算：

$$\varphi = \varphi_s \left(\frac{\theta}{\theta_s}\right)^{-b} \tag{1-17}$$

式中，φ 为土壤水势；φ_s 为饱和土壤水势；θ_s 为土壤孔隙度；θ 为土壤含水量；b 为参数。Cosby 等（1984）建立土壤饱和导水率、土壤水势、土壤孔隙度、参数 b 与土壤成分之间的统计关系。

$$\kappa_{\text{sat}} = 0.007\,055\,6 \times 10^{-0.884+0.015\,3(\%\,\text{sand})} \tag{1-18}$$

$$\varphi_s = -10.0 \times 10^{1.88-0.013\,1(\%\,\text{sand})} \tag{1-19}$$

$$\theta_s = 0.489 - 0.001\,26(\%\,\text{sand}) \tag{1-20}$$

$$b = 2.913 + 0.159(\%\,\text{clay}) \tag{1-21}$$

式中，% sand 为土壤含沙量百分比；% clay 为土壤含淤泥量百分比。

采用 Wetzel 和 Chang（1987）萎点含水量方法计算植被根区土壤水势降至 200m 时的土壤含水量。采用 Hill（1980）计算方法计算田间持水量。这两个参数计算如下：

$$\theta_{\text{ref}} = \theta_s \left[\frac{1}{3} + 2/3\left(\frac{5.79 \times 10^{-9}}{\kappa_{\text{sat}}}\right)^{1/(2b+3)}\right] \tag{1-22}$$

$$\theta_w = 0.5\,\theta_s \left(\frac{200}{\varphi_s}\right)^{-1/b} \tag{1-23}$$

式中，κ_{sat} 为饱和土壤导水率；θ_{ref}、θ_w 分别为田间持水量、萎点含水量。

同时，由于陆面模式中植被覆盖度只是温度的函数，与青藏高原植被覆盖度存在非常大的差异，因此采用美国地质调查局（USGS）提供的月尺度的植被覆盖度资料。

目前，国际上广泛被用于区域气候模式和陆面过程模式的植被分类数据是美国地质调查局的高分辨率数据，其水平分辨率为 0.0833°×0.0833°。这套数据集对美国境内的植被状况有比较精确的描述。在中国境内尤其是在青藏高原存在很多无资料区和无人区，与实际有非常大的差异。对青藏高原来说，采用的 2005 年植被数据集是由中国科学院资源环境科学数据中心提供的植被数据集。对 2005 年高分辨率植被类型数据集进行了重新分析，以表示每个网格框中的主要植被类型。但土地分类标准与美国地质调查局分类主要有两大区别：青藏高原土地植被数据没有对森林进行详细划分，只有"林地"一种，同时对城市、工矿、居民用地以及未利用土地进行详细划分。在 2005 年青藏高原土地利用数据基础上将植被"林地"和 USGS 土地数据进行融合，将其分为常绿阔叶林、落叶阔叶林、常绿针叶林、落叶针叶林和混合林。将青藏高原土地利用分类中有许多植被覆盖度小于5%的植被类型如裸土、裸岩石地、盐碱地归类为稀疏植被。对水体、冰雪、农田等类型进行相应归类。将青藏高原土地利用中城乡、工矿、居民用地归为 USGS 分类中的城市类型（图1-1）。

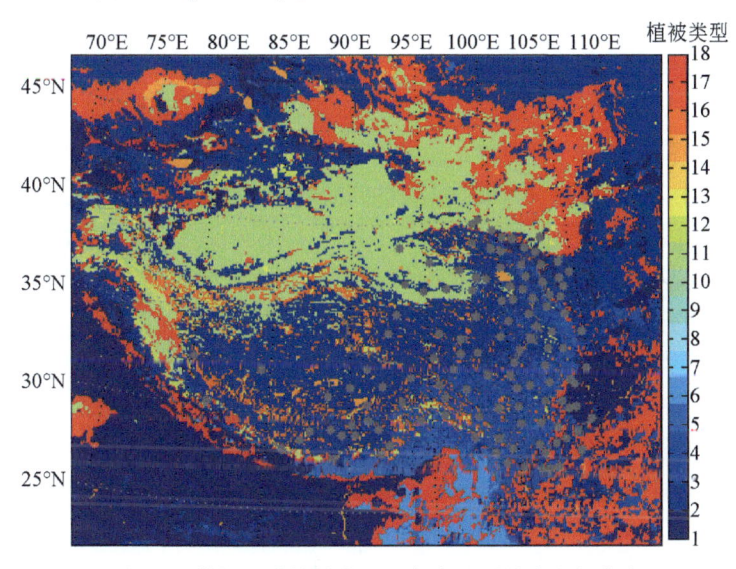

图 1-1 模拟区域植被类型和气象观测站点空间分布

彩色为 BATS 中 18 种植被类型（1-农田；2-短草；3-常绿针叶林；4-落叶林；5-落叶阔叶林；6-常绿阔叶林；7-高草；8-沙漠；9-苔原；10-灌溉农田；11-半沙漠；12-冰；13-沼泽或湿地；14-内陆水；15-海洋；16-常绿灌木；17-落叶灌木；18-混合林和湿地），黑点为气象台站观测站

模式模拟区域的网格中心位于 36°N、91°E，水平分辨率为 9km，模式的模拟网格点数为 415（经向）×345（纬向），垂直方向为 27 层，缓冲区大小为 15 个水平网格，模式层顶气压为 50hPa。积分时间为 1979 年 1 月 1 日～2018 年 12 月 31 日，其中 1979 年为预热（spin-up）时间。欧洲中期天气预报中心的水平分辨率为 0.75°×0.75°，将时间间隔为 6h 的 ERA-interim 再分析资料作为驱动场。模式中的地形数据来自美国地质调查局高分辨率数据，其水平分辨率为 0.0833°×0.0833°。

为了更好地分析模拟效果，采取区域平均，而不是直接比较个别观测站的观测值和模式模拟的结果，同时依据林振耀和吴祥定（1981）区域划分与现有观测的结果，将青藏高原观测气象站分为高原亚寒带半干旱祁连山地区、高原温带极度干旱柴达木地区、高原温带半干旱西宁地区、高原亚寒带半湿润那曲地区、高原亚寒带干旱南羌塘地区和高原温带半干旱藏南地区 6 个区域。其主要原因如下：①由于观测气象站点数据只是相对观测点来说，可能受局地影响，而模式模拟的结果为 9km×9km 分辨率上平均值，因此更加具有代表性；②即使青藏高原观测格点降水数据最高水平分辨率，相对模式采用分辨率为 9km×9km 来说非常粗，同时青藏高原气象站点及其周边区域只有 120 个（图1-1），因此无法详细地描述降水空间分布，只能将模式模拟的结果采用最近插值法直接插值到观测站点上进行比较；③模式所用地形高度比真实地形高度更加平滑，模式与观测站海拔局地差别较明显，为了使观测数据与模式模拟数据不一致性降低到最小，我们采取区域平均来研究区域观测站点的整体行为。

1.2 青藏高原气温时空分异特征

1.2.1 年平均气温变化特征

地表气温是最基本和最重要的气象要素之一，也是气候变化中最受关注的指标。图 1-2（a）为 1980～2018 年年平均气温的空间分布，可以看出，青藏高原年平均气温呈现出由东南部向西北部递减的分布特征。年平均气温极大值区出现在藏东南亚热带湿润气候区，年平均气温超过 16℃，青藏高原南部和东部大部分地区的年平均气温都在 4～8℃，青藏高原北部地区的柴达木和西宁高原带半干旱气候区大部分地区的年平均气温在 8～12℃，北羌塘寒带半湿润和祁连山亚寒带半湿润区大部分地区年平均气温在 -4℃。图 1-2（b）为青藏高原年平均气温年际变率的空间分布。从图 1-2（b）可以清楚地看到年平均气温年际变率在青藏高原的大部分地区都比较小，在 0.5～1℃，年际变率比较大的区域主要分布在青藏高原的西南部和藏东南地区。总之，青藏高原年平均气温年际变化幅度不大。

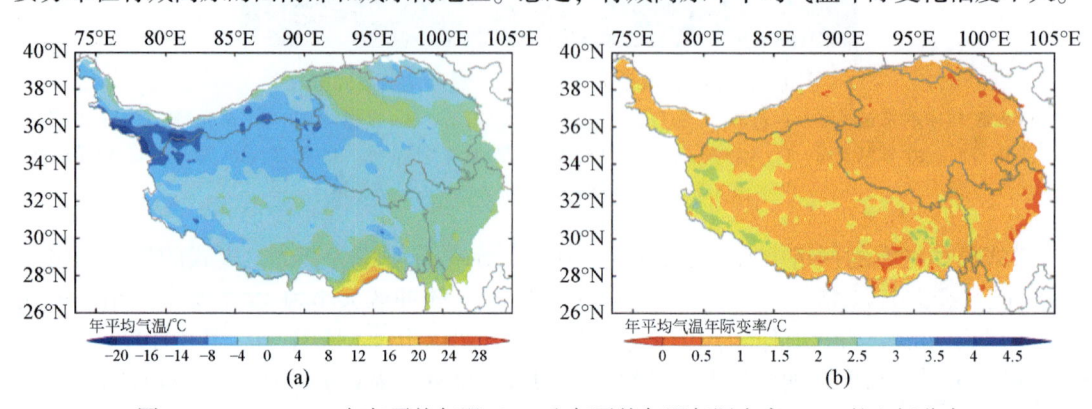

图 1-2 1980～2018 年年平均气温（a）和年平均气温年际变率（b）的空间分布

1.2.2 月平均最高气温变化特征

图 1-3 为青藏高原地区 1980～2018 年不同月份月平均最高气温的空间分布。对于 1 月来说，最高气温大值区位于藏东南热带湿润区，最高气温可以达到 24～28℃，川西地区月平均最高气温在 8～12℃，青藏高原西部和北部地区除柴达木和西宁地区外最高气温都在 0℃以下，祁连山和青藏高原西北部的北羌塘寒带大部分地区最高气温都在 -12℃，局部地区最高气温达到 -16℃以下。

对于 2 月来说，最高气温的空间分布与 1 月大体一致，最高气温普遍较 1 月明显升高，0℃位置较 1 月明显偏北，位于藏南、藏东、川西和青海东南部地区；同时，青藏高原

图1-3 1980~2018年不同月份月平均最高气温的空间分布

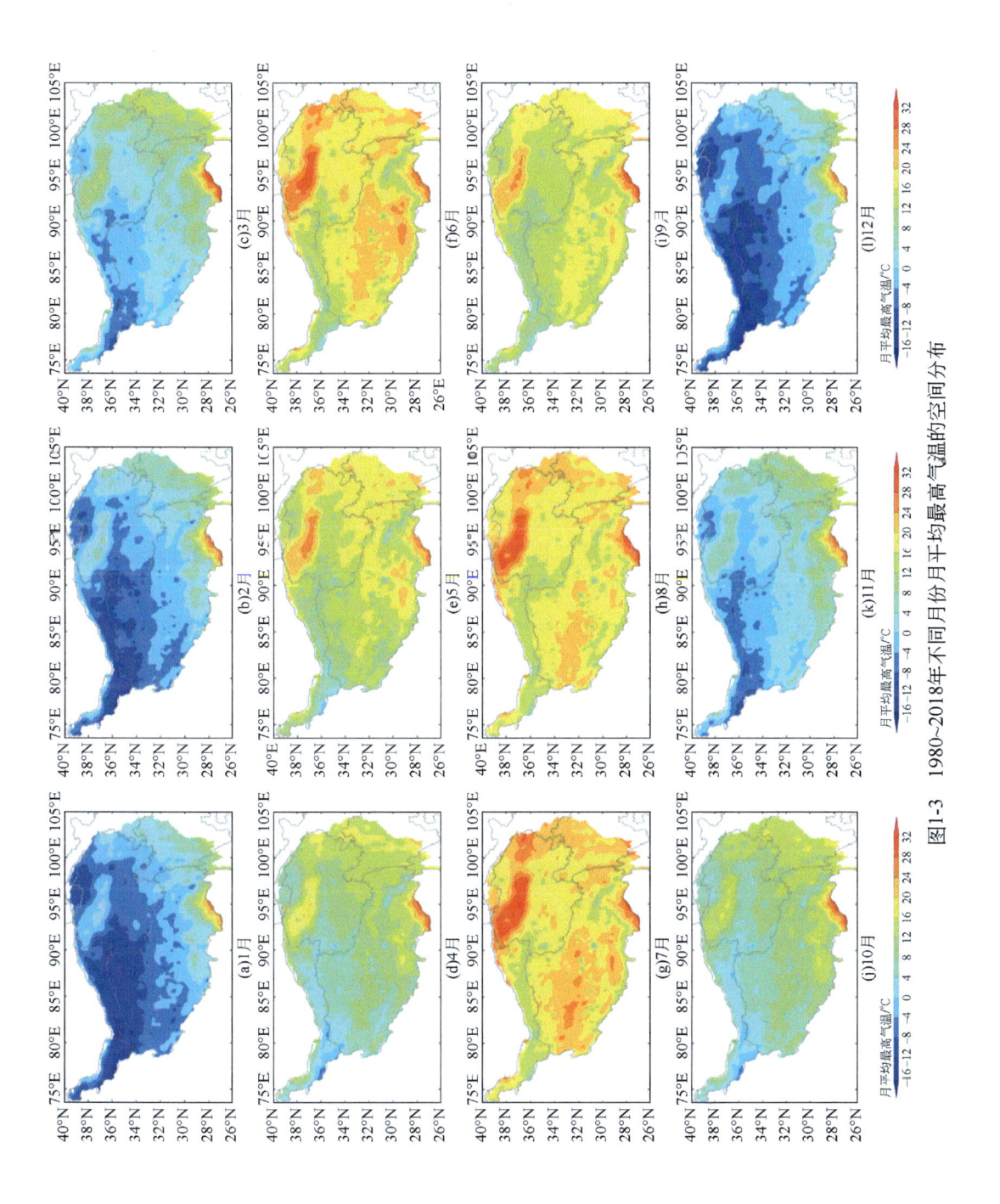

西部和北部地区最高气温较 1 月明显升高，但大部分地区最高气温仍然都在 0℃ 以下。

对于 3 月来说，最高气温从东南部逐渐向西北部逐渐减少，除北羌塘高寒地区和祁连山亚寒带地区最高气温在 0℃ 以下外，青藏高原大部分地区最高气温都在 0℃ 以上。其中，藏南、藏东、川西和青海东南部地区最高气温都在 12℃ 以上，藏东南地区最高气温在 28℃ 以上，局部地区最高气温在 32℃ 以上。

对于 4 月来说，除北羌塘高寒地区西北部部分地区最高气温在 0℃ 以下外，青藏高原大部分地区最高气温都在 4℃ 以上，其中，南羌塘和那曲大部分地区最高气温在 8~12℃，藏南、藏东、川西和青海东南部地区最高气温都在 12~16℃，藏东南地区最高气温在 28℃ 以上，局部地区最高气温在 32℃ 以上。

对于 5 月来说，除北羌塘高寒地区西北地区局部地区最高气温在 0℃ 以下外，北羌塘和那曲大部分地区的最高气温都达到 12℃，南羌塘和那曲大部分地区的最高气温在 8~12℃，青藏高原东部和南部大部分地区的最高气温都在 16℃ 以上，局部少数地区最高气温在 20~24℃。最高气温出现两个大值中心，其分别位于藏东南地区和柴达木地区，最高气温达到 28℃ 左右。

对于 6 月来说，除北羌塘高寒地区西北局部地区最高气温在 4~8℃ 外，北羌塘和那曲大部分地区的最高气温都达到 16℃，南羌塘大部分地区最高气温在 20~24℃，局部地区最高气温达到 24~28℃，青藏高原东部和南部以及青海东南部大部分地区的最高气温都在 16~20℃，柴达木地区出现超过 32℃ 的高温中心。

对于 7 月来说，最高气温的空间分布与 6 月相似。北羌塘高寒地区西北地区局部地区最高气温在 8~12℃，北羌塘和那曲大部分地区的最高气温都达到 16℃，南羌塘大部分地区最高气温在 20~24℃，局部地区最高气温达到 24~28℃，青藏高原东部和南部以及青海东南大部分地区的最高气温都在 20~24℃，柴达木地区出现超过 32℃ 的高温中心，高温范围较 6 月有所增加。

对于 8 月来说，除北羌塘高寒地区西北局部地区最高气温在 8~12℃ 外，青藏高原的南羌塘、那曲、藏南和藏东地区大部分地区的最高气温都在 16~20℃。其中，南羌塘部分地区最高气温在 20~24℃，青藏高原东南部和柴达木部分地区出现超过 32℃ 的高温中心。

对于 9 月来说，最高气温较 8 月最高气温明显偏低，青藏高原的北羌塘、那曲、青海东南部地区最高气温在 8~12℃，南羌塘、藏南、藏东和川西湿润地区大部分地区的最高气温都在 16~20℃。两个高温最值中心位于青藏高原东南部和柴达木地区，最高气温都超过 24℃。

对于 10 月来说，青藏高原南部、北部以及东部大部分地区最高气温在 16~20℃，青藏高原的北羌塘、那曲以及青海东南部地区的最高气温在 4~8℃，在北羌塘北部和西部局部地区已经出现了 0℃ 以下的最高气温。最高气温极大值中心位于青藏高原东南地区，最高气温都超过 28℃。

对于 11 月来说，青藏高原南部、川西和柴达木极度干旱地区的大部分地区最高气温在 12~16℃，青藏高原北羌塘、那曲和青海东南部大部分地区最高气温在 -4~0℃，同时，在北羌塘北部和西部局部地区已经出现了 -4℃ 以下的最高气温，藏东南地区部分地区最高气温都超过 24℃。

对于12月来说，除藏东南部分地区最高气温超过24℃外，青藏高原南部以及川西大部分地区最高气温在8～12℃，青藏高原的北羌塘、那曲、青海东南部大部分地区最高气温在0℃以下，最高气温的极低值出现在北羌塘北部和西部以及祁连山地区，大部分区域最高气温都在-16～-12℃。

1.2.3 月平均最低气温变化特征

图1-4为青藏高原地区1980～2018年不同月份月平均最低气温的空间分布。对于1月来说，除青藏高原南部藏南地区外，青藏高原大部分地区最低气温都在0℃以下。其中，川西和柴达木地区最低气温在-16～-12℃，藏南地区最低气温在-16～-8℃，南羌塘大部分地区最低气温在-20～-16℃，祁连山和北羌塘寒带以及那曲大部分地区最低气温都在-32～-24℃，青藏高原西部局部地区最低气温达到-32℃。

2月最低气温的空间分布与1月大体一致，最低气温普遍较1月明显升高，-8℃位置较1月明显偏北，位于藏南、藏东南以及川西高原地区。同时，青藏高原西部和北部地区最低气温较1月明显升高，最低气温低于-20℃的范围较1月明显减少，主要位于青藏高原的西部和北部地区。

对于3月来说，最低气温从东南部逐渐向西北部逐渐减小，除青藏高原的西部阿里、北羌塘高寒地区和祁连山亚寒带地区最低气温在-16℃以下外，青藏高原南部和东部大部分地区最低气温都在-16℃以上。最低气温的极小值出现在阿里高原和北羌塘的西北部地区，最低气温在-28℃以下，而最低气温的极大值区主要位于藏东南部地区，最低气温极大值为20℃。

对于4月来说，除北羌塘高寒地区西北部地区和阿里部分地区最低气温在-24℃以下外，青藏高原其他大部分地区最低气温都在-8℃以上，其中藏南、藏东南、川西和青海以及柴达木地区最低气温都在0℃以上，最低气温的极大值区主要位于藏东南地区，最低气温极大值在20℃以上。

对于5月来说，北羌塘高寒地区西北部大部分地区最低气温在-8℃以下，其西北部局部地区最低气温在-28℃以下。青藏高原羌塘、那曲和藏南大部分地区的最低气温都在-4～0℃，青藏高原东部和南部大部分地区最低气温都在0℃以上，柴达木地区最低气温在4～8℃。最低气温高值区位于藏东南地区，最低气温极大值在20℃以上。

对于6月来说，除北羌塘高寒地区西北部大部分地区最低气温在-4～0℃，以及西北部局部地区最低气温在-16℃外，青藏高原大部分地区最低气温都在0～4℃，青藏高原地区最低气温存在两个高值区，分别位于藏东南地区和柴达木极度干旱区，最低气温都超过16℃。

对于7月来说，除北羌塘高寒地区西北部地区最低气温在-4～0℃外，青藏高原大部分地区最低气温都在0℃以上，并且都在0～4℃。羌塘中部地区和青藏高原东部的川西高原东部的最低气温在4～8℃。青藏高原地区最低气温存在两个高值区，分别位于藏东南地区和柴达木极度干旱区，高值区的最低气温都超过20℃。

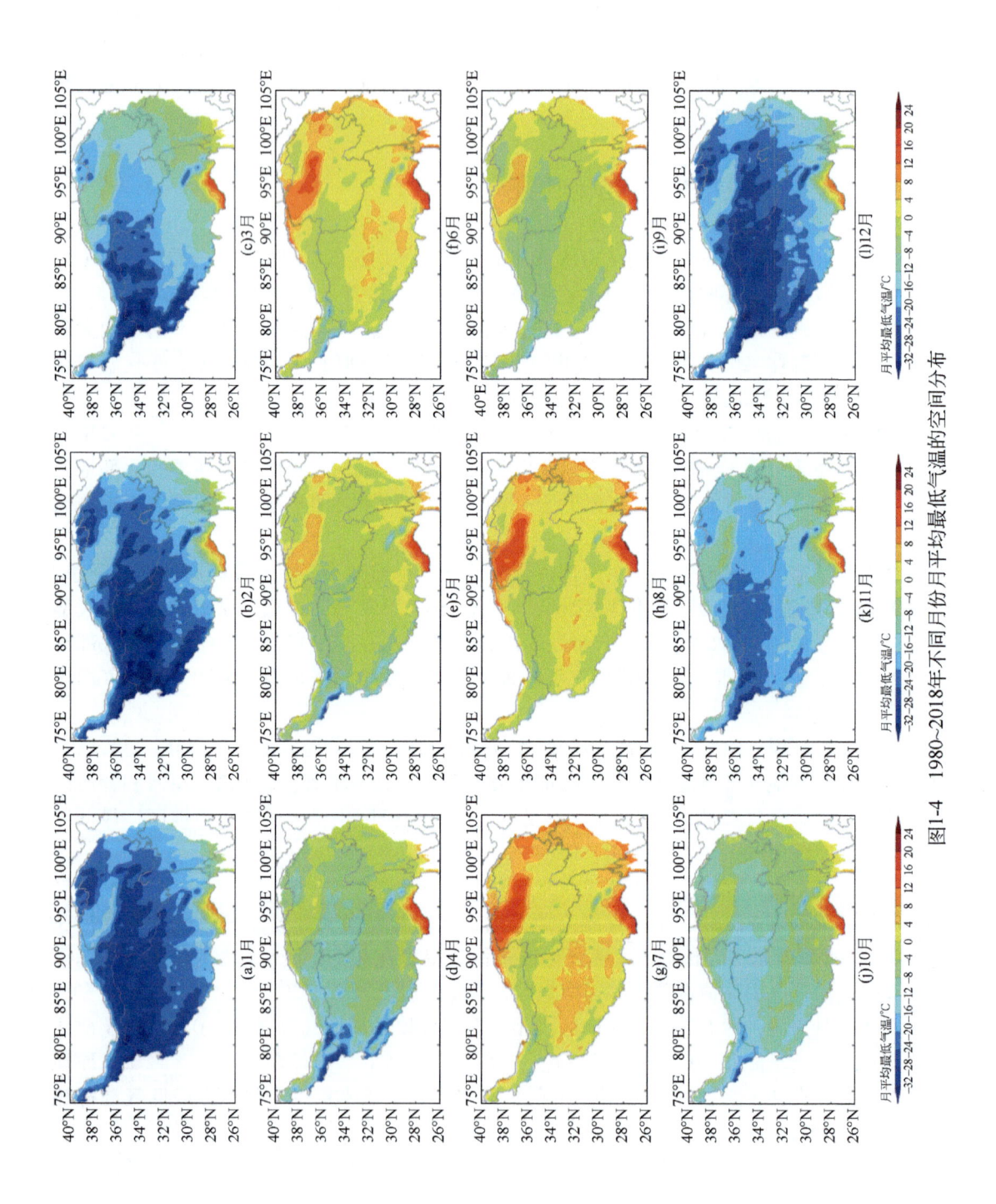

图1-4 1980~2018年不同月份月平均最低气温的空间分布

对于8月来说，除北羌塘高寒地区和阿里高原最低气温在-4~0℃以外，青藏高原大部分地区最低气温都在0℃以上，并且大部分地区最低气温都在0~4℃。青藏高原东部的川西高原东部地区的最低气温在4~8℃。青藏高原地区最低气温存在两个高值区，分别位于藏东南地区和柴达木极度干旱区，高值区的最低气温都超过20℃。

对于9月来说，北羌塘高寒地区最低气温在-8~-4℃，青藏高原南羌塘和那曲大部分地区最低气温在-4~0℃，青藏高原东部的川西高原大部分地区的最低气温在0~4℃。青藏高原地区最低气温存在两个高值区，分别位于藏东南地区和柴达木极度干旱区，藏东南地区的最低气温都超过20℃，而柴达木极度干旱区大部分地区最低气温在4~8℃。

对于10月来说，北羌塘高寒大部分地区最低气温在-16~-8℃，其西北部地区最低气温在-20℃以下。青藏高原南羌塘和那曲大部分地区最低气温都在-8~-4℃，青藏高原南部的藏南、藏东和川西高原大部分地区的最低气温在-4~0℃。青藏高原地区最低气温存在两个高值区，分别位于藏东南地区和柴达木极度干旱区，其中藏东南地区的最低气温都超过16℃，而柴达木极度干旱区大部分地区最低气温在0~4℃。

对于11月来说，北羌塘高寒地区最低气温在-24~-20℃，其西北部地区最低气温达到-24℃以下。青藏高原南羌塘和那曲大部分地区最低气温都在-16~-12℃，青藏高原南部的藏南、藏东和川西高原大部分地区的最低气温在-8~-4℃。青藏高原北部柴达木极度干旱区和川西高原大部分地区最低气温在-4~0℃，藏东南大部分地区的最低气温都超过12℃。

对于12月来说，除藏东南亚热带山地地区最低气温在0℃以上外，青藏高原大部分地区最低气温都在0℃以下，北羌塘高寒地区、南羌塘北部、那曲和祁连山地区最低气温出现-24℃低温，北羌塘的西北部和阿里地区出现了-28℃低温，青藏高原南部的藏南、藏东和川西高原大部分地区的最低气温在-12~-8℃。青藏高原北部柴达木极度干旱区最低气温在-16~-12℃。

1.3 青藏高原气压时空分异特征

1.3.1 地面气压

地面气压是指测站地面单位面积上承受的大气压力。图1-5为青藏高原地区1980~2018年不同月份月平均地面气压的空间分布。从图1-5可以看出，青藏高原不同月份月平均地面气压的空间分布非常相似，其中，青藏高原西部的羌塘大部分地区的月平均地面气压在500~500hPa，青藏高原东部的那曲和藏东高原地区的月平均地面气压在550~600hPa，柴达木高原地区和西宁高原地区的月平均地面气压在700~750hPa，藏东南大部分地区的月平均地面气压在800~850hPa。地面气压的空间分布主要与海拔、气温和空气密度有关。

1.3.2 海平面气压

图1-6为青藏高原地区1980~2018年不同月份月平均海平面气压的空间分布。对于

图 1-5 1980~2018年不同月份月平均地面气压的空间分布

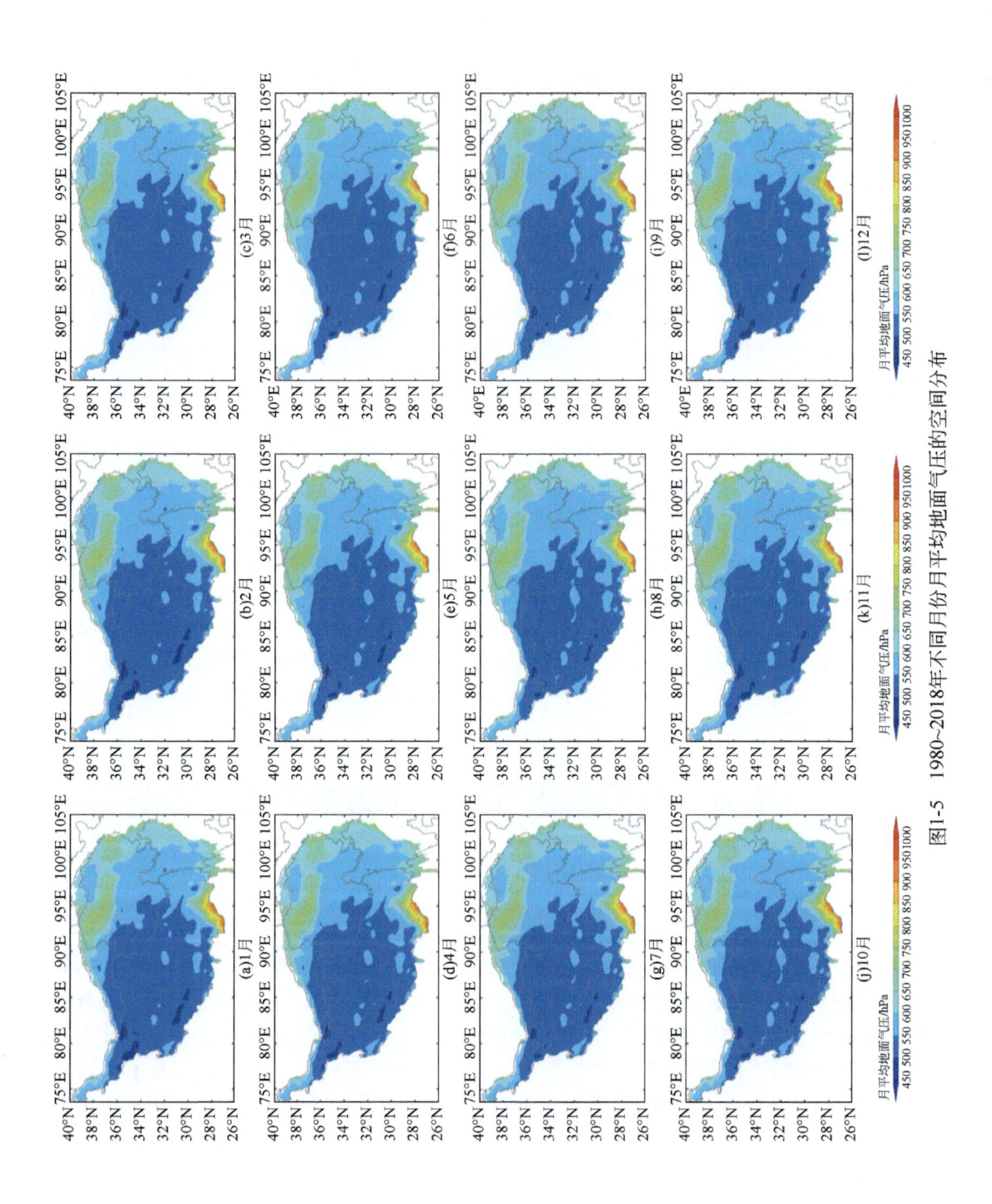

| 第1章 | 青藏高原气候条件时空分异特征

图1-6 1980~2018年不同月份月平均海平面气压的空间分布

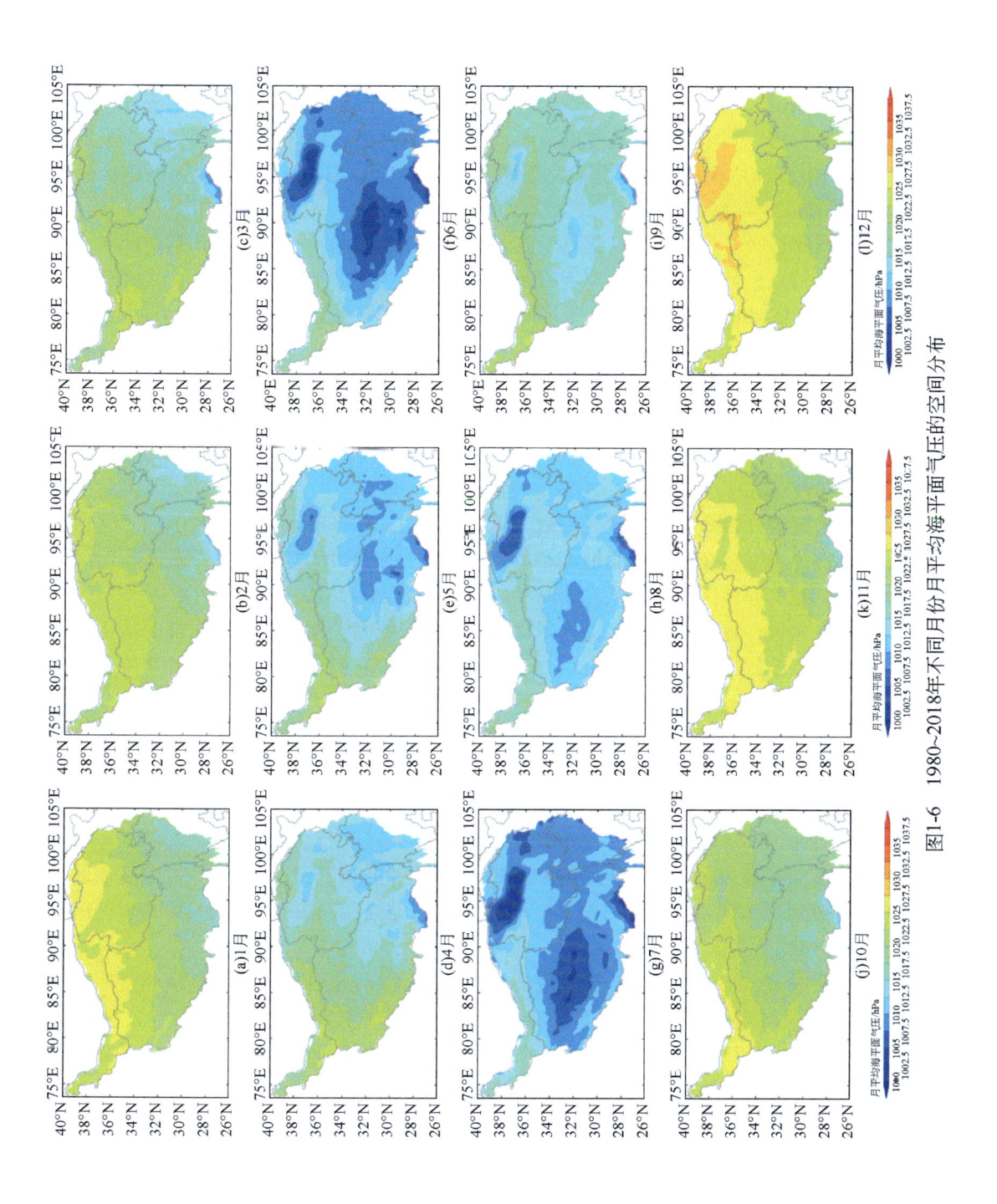

1月来说，青藏高原地区受青藏高原冷高压控制，海平面气压呈纬向分布，呈现出由其南部向北部递增的分布特点。其中，青藏高原30°N以北为高压区，其海平面气压在1025~1027.5hPa，青藏高原30°N以南为低压区，其海平面气压在1012.5~1015hPa。

对于2月来说，青藏高原地区仍然受青藏高原冷高压控制，呈现出由其东南部向西北部递增的分布特点。其中，青藏高原的藏南、藏东和川西高原地区为低压区，其海平面气压在1010~1015hPa；青藏高原西北的北羌塘、柴达木以及祁连山北部地区为高压区，其海平面气压在1025~1027.5hPa。

对于3月来说，青藏高原地区仍然受青藏高原冷高压控制，呈现出由其东南部向西北部递增的分布特点。其中，青藏高原的藏南、藏东和川西高原地区为低压区，其海平面气压在1007.5~1015hPa；青藏高原西北部的北羌塘地区为高压区，其海平面气压在1025~1027.5hPa。

对于4月来说，青藏高原地区仍然受青藏高原冷高压控制，呈现出由其东南部向西北部递增的分布特点。其中，青藏高原的藏南、藏东和川西高原地区为低压区，其海平面气压在1007.5~1015hPa；青藏高原西部的羌塘高原和阿里高原地区为高压区，其海平面气压在1025~1027.5hPa。

对于5月来说，青藏高原地区受青藏高原低压控制，在青藏高原中部南羌塘、藏东南高原、川西高原中部以及青海西北地区中心海平面气压低于1007.5hPa；青藏高原西部的羌塘高原和阿里高原地区为高压区，其海平面气压在1025~1027.5hPa。

对于6月来说，青藏高原地区仍然受青藏高原低压控制，在青藏高原中部的南羌塘地区和柴达木高原地区出现两个低于1005.5hPa的低气压中心；青藏高原西部的北羌塘高原地区仍然是高压区，其海平面气压在1020~1022.5hPa。

对于7月来说，青藏高原地区受青藏高原低压控制，在青藏高原中部的南羌塘地区、柴达木高原和藏东南高原地区出现3个低于1002.5hPa的低气压中心，青藏高原西部的北羌塘高原地区海平面气压在1012.5~1017.5hPa。

对于8月来说，青藏高原地区仍然受青藏高原低压控制，在青藏高原中部的南羌塘地区和柴达木高原及藏东南高原地区出现3个低于1002.5hPa的低气压中心，青藏高原西部的北羌塘高原地区海平面气压在1017.5~1020hPa，青藏高原其他地区的海平面气压在1012.5~1015hPa。

对于9月来说，青藏高原地区受青藏高原低压控制，较8月青藏高原低压强度明显减小。在青藏高原中部的南羌塘地区、柴达木高原和藏东南高原地区出现3个低于1012.5hPa的低气压中心，青藏高原西部的北羌塘高原地区为高压区，较8月海平面气压明显增强，其海平面气压在1020~1025hPa。

对于10月来说，青藏高原地区受青藏高原冷高压控制，海平面气压呈纬向分布，呈现出由其南部向北部递增的分布特点，其中青藏高原34°N以南为低压区，其海平面气压在1012.5~1017.5hPa；34°N以北的阿里高原西部、北羌塘高原、祁连山北部地区为高压区，其海平面气压在1025~1027.5hPa。

对于11月来说，青藏高原地区受青藏高原冷高压控制，青藏高原冷高压较10月明显偏南，1020hPa等压线到达青藏高原的藏南、藏东以及川西高原的北部。阿里高原西部、北羌塘高原、祁连山北部地区为高压区，海平面气压在 1025~1027.5hPa。

对于 12 月来说，青藏高原地区受青藏高原冷高压控制，青藏高原冷高压 1020hPa 等压线较 11 月明显偏南，到达青藏高原的藏南、藏东以及川西高原地区。阿里高原西部、北羌塘高原、祁连山北部地区为高压区，其海平面气压在 1022.5~1027.5hPa，其中，柴达木高原地区出现 1027.5hPa 高值中心。

总之，对于冬季来说，青藏高原地区受青藏高原冷高压控制，而夏季受青藏高原低压控制。

1.4　青藏高原降水时空分异特征

1.4.1　年平均降水变化特征

降水作为最基本的气象要素之一，是衡量气候变化的主要指标，对青藏高原生态环境和水循环均具有重要意义。从图 1-7（a）可以清楚地看出，青藏高原年平均降水量呈现出由其东南部向西北部递减的分布特点。青藏高原上存在两个相对强的降水中心，分别位于藏东南亚热带山地湿润地区和川西高原温带湿润地区，其中，藏东南亚热带山地湿润地区年平均降水量都在 1000mm 以上，而川西高原温带湿润地区年平均降水量也超过 600mm，同时，在那曲高原亚寒带半湿润地区年平均降水量达到 400~600mm，青藏高原西北部和北部地区年平均降水量相对较少，而青藏高原北部柴达木盆地年平均降水量不到 50~100mm，是青藏高原最干旱的地区。图 1-7（b）为青藏高原地区年平均降水量年际变率，可以清楚地反映出青藏高原地区年平均降水量的年际变化，年平均降水量的年际变化呈现出由其东南部向西北部递减的分布特点。青藏高原上存在两个相对强的年际变化中心，分别位于藏东南亚热带山地湿润地区和川西高原温带湿润地区，其中，藏东南亚热带山地湿润地区年平均降水量年际变化都在 150mm 以上，而川西高原温带湿润地区年平均降水量年际变化也超过 100mm，同时，那区高原亚寒带半湿润地区年平均降水量年际变化达到 100~150mm，青藏高原西北部和北部地区年平均降水量年际变化相对较小，而青藏高原北部柴达木盆地年平均降水量年际变化在 20~50mm，是青藏高原年平均降水量年际

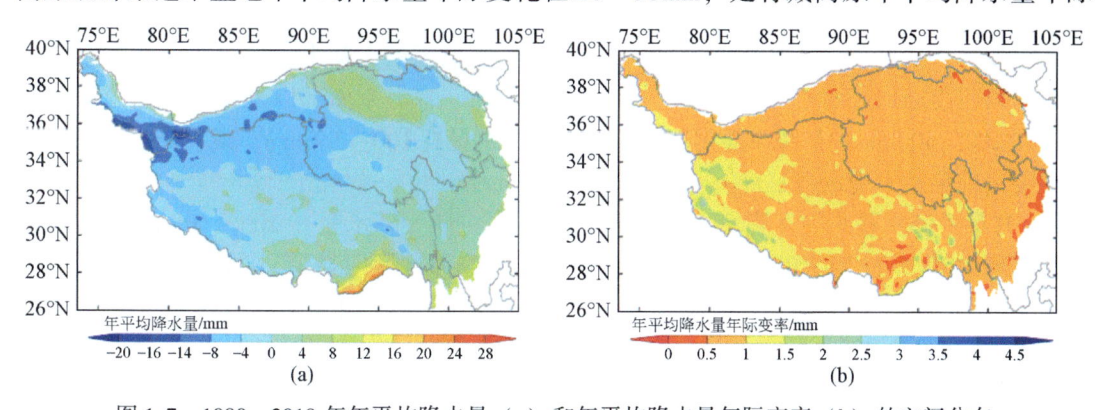

图 1-7　1980~2018 年年平均降水量（a）和年平均降水量年际变率（b）的空间分布

变化最小的地区。

1.4.2 月平均最大降水时空变化特征

图1-8为1980～2018年不同月份月平均最大降水量的空间分布。这里定义的月平均最大降水量是1980～2018年每个月总降水时间序列中每个格点的最大降水量。从图1-8可以清楚地看出，青藏高原1月最大降水量主要出现在青藏高原西北部和南部边界地区，其中，阿里西南部边界地区最大降水量在70～150mm，最大降水量集中在藏东南山地区，其最大降水量超过200mm，其他大部分地区最大降水量都在10～30mm，那曲高原和柴达木高原及西宁大部分地区的最大降水量小于10mm。

2月最大降水量的空间分布与1月比较相似，最大降水量的范围较1月明显偏小。

3月最大降水集中在青藏高原西北部和南部边界地区，其中，藏东南热带山区最大降水量超过200mm，藏东高原和川西高原地区最大降水量较2月最大降水量明显偏多，其最大降水量在100～150mm，青藏高原其他大部分地区最大降水量在10～30mm。

4月最大降水量集中在青藏高原的东南部地区，其中，藏东南高原和川西高原东部地区最大降水量超过200mm，藏东高原、那曲和青海东南部以及祁连山地区最大降水量在70～150mm，羌塘地区和柴达木地区最大降水量都低于50mm以下，其中，柴达木地区最大降水量都在10～30mm。

5月最大降水量集中在青藏高原的东南部地区，其中，藏东南高原和川西高原东部地区最大降水量在200～400mm，藏东高原地区最大降水量相对周围的藏东南和西部的川西高原地区明显少，在100～150mm；那曲、青海东南部以及祁连山地区最大降水量在100～150mm，羌塘地区和柴达木地区最大降水量都低于70mm以下，其中柴达木地区最大降水量都在10～30mm。

6月最大降水量集中在青藏高原的东南部地区并且向东北部扩展到那曲高原地区，最大降水量在200～400mm，藏东高原地区最大降水量相对周围的藏东南和西部的川西高原地区明显少，在100～150mm，那曲、青海东南部以及祁连山地区最大降水量在100～150mm，北羌塘北部地区最大降水量在100～150mm，北羌塘南部和南羌塘大部分地区最大降水量在50～100mm，柴达木地区最大降水量最少，在10～30mm。

7月最大降水量集中在青藏高原的东南部地区并且向东北部扩展到那曲高原地区以及北羌塘地区，最大降水量在200～400mm，藏东高原地区最大降水量相对周围的藏东南和西部的川西高原地区明显少，在100～150mm；那曲、青海东南部以及祁连山地区最大降水量在200～400mm，羌塘西部大部分地区最大降水量在100～150mm。最大降水量的低值区主要出现柴达木地区，其最大降水量在30～50mm。

8月最大降水量集中在青藏高原的东南部地区，最大降水量在200～400mm，藏东高原地区最大降水量相对周围的藏东南和西部的川西高原地区明显少，在100～150mm。那曲高原南部及祁连山地区最大降水量在200～400mm，南羌塘大部分地区最大降水量在100～150mm，南羌塘高原南部的藏南高原大部分地区最大降水量在100～200mm。最大降水量的低值区主要出现在柴达木地区，其最大降水量在30～50mm。

第1章 青藏高原气候条件时空分异特征

图1-8 1980~2018年不同月份月平均最大降水量的空间分布

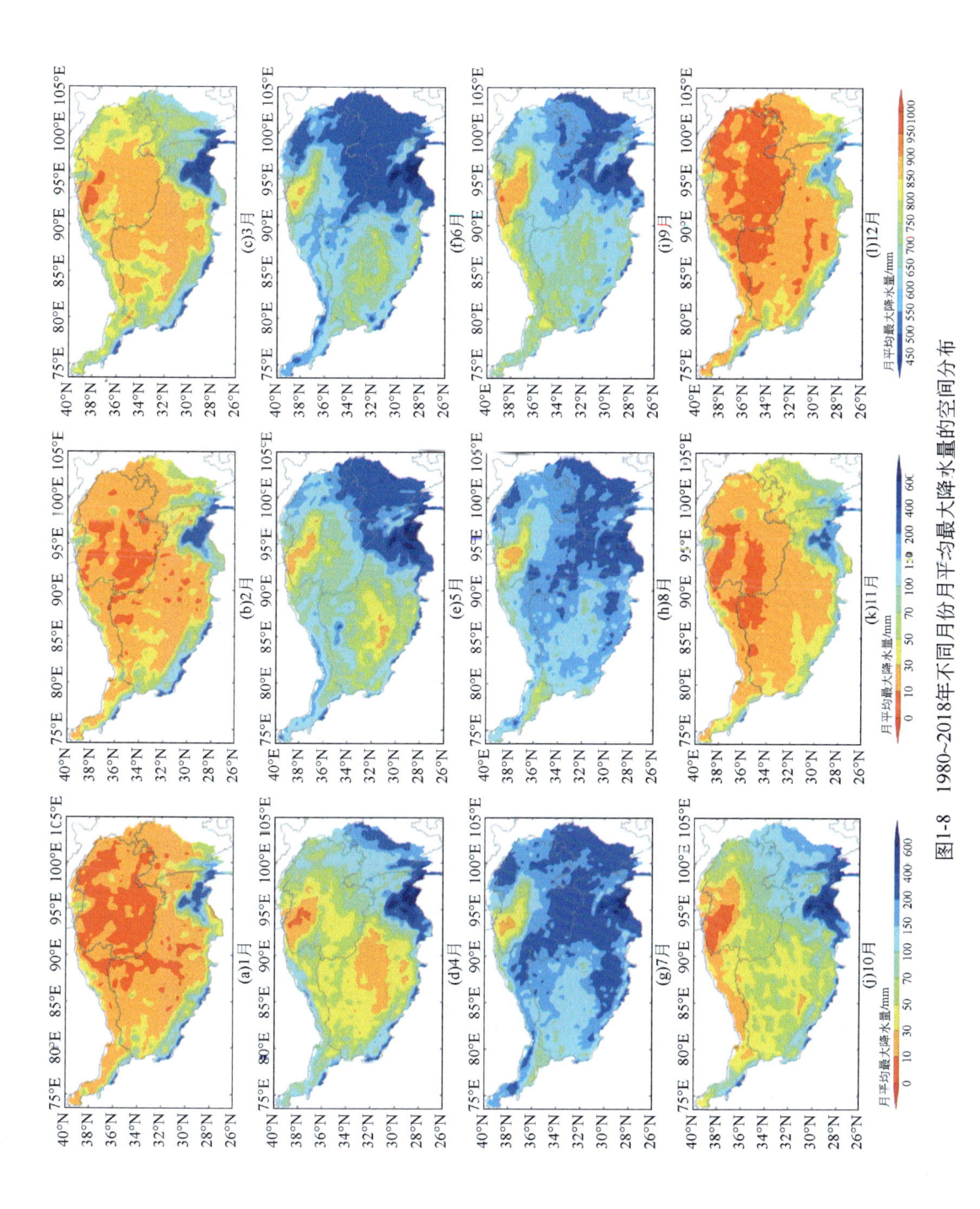

9月最大降水量仍然集中在青藏高原的东南部地区，其最大降水量在200～400mm，藏东高原地区最大降水量相对周围的藏东南和川西高原地区明显少，在100～150mm；那曲高原南部及祁连山地区最大降水量在150～200mm，羌塘大部分地区最大降水量在50～100mm，最大降水量的低值区主要出现在柴达木地区，其最大降水量在10～30mm。9月最大降水量较8月明显向南退，降水强度明显减小。

10月最大降水量仍然集中在青藏高原的东南部地区，其最大降水量在100～400mm。川西高原大部分地区的最大降水量较9月明显减少，其最大降水量在100～150mm。青藏高原的西部和北部地区最大降水量较9月明显减少，大部分地区最大降水量在30～50mm，最大降水量的极低值区主要出现在柴达木地区，其最大降水量在0～10mm。

11月最大降水量仍然集中在青藏高原的东南部地区，藏东南地区最大降水量最大，其最大降水量在200～400mm。川西高原大部分地区的最大降水量在70～100mm。青藏高原的西部和北部大部分地区最大降水量在10～30mm，最大降水量的极低值区位于柴达木地区及其西北地区，其最大降水量在0～10mm。

12月最大降水量仍然集中在青藏高原的东南部地区，藏东南地区最大降水量最大，其最大降水量在150～200mm。青藏高原的西部和北部大部分地区最大降水量在10～30mm。最大降水量的极低值区主要出现在32°N～36°N的那曲高原和青海东南部地区，其最大降水量在0～10mm。

总之，青藏高原最大降水量主要出现在4～9月雨季，最大降水量呈现出由其东南部向西北部递减的分布特点，并且最大降水量集中在青藏高原的藏东南热带山区和川西高原地区。

1.5 2035年、2050年气候变化模拟

当前对未来气候变化的预估主要来源于全球气候模式在不同排放情景的模拟结果，其中应用最广泛的是第六次国际耦合模式比较计划（CMIP6）发布的多个全球气候模型（GCM）不同气候情景下的模拟结果。在未来情景方面CMIP6模式采用社会经济情景和气候情景相结合的新框架，其中，社会经济情景采用2010年政府间气候变化专门委员会（IPCC）报告中提出的5种共享社会经济路径（SSP），即根据不同气候政策下的人为排放和土地利用变化，将未来社会发展分为可持续路径（SSP1）、中间路径（SSP2）、区域竞争路径（SSP3）、不均衡路径（SSP4）和以化石燃料为主的发展路径（SSP5）（O'Neill et al.，2014）。从CMIP6发布的多种情景模拟结果可以发现，不同模式或不同情景方案对未来气温和降雨等气候要素情景值的预测结果相差很大；同时，当前GCM的空间分辨率都较低，GCM的空间尺度难以对区域尺度的复杂地形、地表植被分布及次网格尺度的物理过程进行正确的描述，难以捕获某些局地性的气候变化特征。因此，利用区域气候模式（RCM）对CMIP6发布的GCM不同气候情景的模拟结果进行动力降尺度研究。

GCM和RCM作为气候研究的重要工具，它已被广泛用于青藏高原当前气候变化和未来气候变化动力降尺度研究（Guo et al.，2018；Ji and Kang，2013；Zhu et al.，2013；Gao et al.，2018；Gu et al.，2020）。Jia等（2019a，2019b）对33个CMIP5 GCM模拟青藏高

原地区历史气候进行评估并得出结论，即 GCM 能够有效地模拟温度和降水的时间分布和趋势，但在再现空间分布方面存在局限性。陈炜等（2021）评估了 45 个 GCM 对 1985～2014 年青藏高原地表气温和降水的模拟能力，表明 CMIP6 模式能合理地模拟地表气温的空间分布，但大部分模式对年和季节平均地表气温的模拟值偏低，年均偏冷 2.1℃，冷偏差在冬季和春季相对更大。CMIP6 模式对青藏高原降水的模拟能力较为有限，虽然能模拟出年均降水量东多西少的空间分布特征，但普遍存在高估，尤其在春季和夏季，年均降水量模拟值较观测值偏多。Ji 和 Kang（2013）利用区域气候模型（RegCM4）对青藏高原进行降尺度研究，研究了不同情景下气候变化的未来预测。在 5 种不同 GCM 的驱动下，25km 分辨率的 RegCM4 模拟表明，它可以很好地再现青藏高原上的地形效应，大大提高了模拟效果，并进一步对预测未来变化具有附加价值（Fu et al.，2021）。

动力降尺度 RCM 模拟在很大程度上受到 GCM 输出结果的影响（Hong and Kanamitsu，2014）。所有 GCM 都在一定程度上存在系统偏差，从而影响动力降尺度的结果（Xu et al.，2017）。用于驱动 RCM 之前已经提出了各种用于消除 GCM 偏差订正方法（Sato et al.，2007；Holland et al.，2010）。偏差订正的重点是使用不同类型的统计技术，使 GCM 的输出结果更加真实（Navarro-Racines et al.，2020）。本研究基于 CMIP6 中 18 个 GCM 输出的结果和欧洲中期天气预报中心再分析数据集（ERA5）构建了一个偏差订正用于动力降尺度研究的全球数据集。该偏差订正全球数据基于 ERA5 的气候平均态和年际方差以及 18 个 CMIP6 GCM 的集合平均值具有非线性趋势（Xu and Yang，2015；Xu et al.，2021）。评估表明，在气候平均值、年际方差和极端事件方面，偏差订正数据优于单个 CMIP6 GCM 输出的结果。该数据集包括 1979～2014 年历史时段和 2015～2100 年未来情景（SSP245 和 SSP585），水平网格间距为 1.25°×1.25°，间隔 6h。该数据集已被广泛用于动态降尺度预测（Xu and Yang，2015；Xu et al.，2021）。

模式模拟区域的网格中心位于（36°N，91°E），水平分辨率为 9km，模式模拟区域的网格点数为 415（经向）×345（纬向），垂直方向为 27 层，缓冲区大小为 15 个水平网格，模式层顶气压为 50hPa。模拟积分时间从 1979 年开始，一直到 2060 年，其中 1979～2014 年作为历史参考时段，2015～2060 年作为未来气候预测时段。模拟的第一年 1979 年作为启动时间。这里定义未来气候变化的 2035 年和 2050 年模拟的结果指的是 CMIP6 模式模拟的共享社会经济路径下 2030～2039 年、2045～2054 年平均模拟输出结果。

1.5.1 未来不同情景下年平均气温变化特征

图 1-9 为在 SSP2-4.5 和 SSP5-8.5 情景下青藏高原地区 2035 年地面气温变化的空间分布。对于年来说，在 SSP2-4.5 情景下，青藏高原北部的北羌塘、柴达木高原、西宁高原、那曲以及川西高原的西北部地区年平均气温较历史参考时段升高 1.5～2℃，阿里高原、南羌塘、藏南和川西高原南部的地区年平均气温较历史参考时段升高 0.5～1℃。在 SSP5-8.5 情景下，年平均气温的变化与 SSP2-4.5 情景下年平均气温的变化在空间上相似。SSP5-8.5 情景来说，相对于 SSP2-4.5 情景来说，除青藏高原中部南羌塘北部和那曲南部地区春季平均气温升高 0.3～0.6℃外，青藏高原大部分地区年平均气温升高 0～0.3℃。

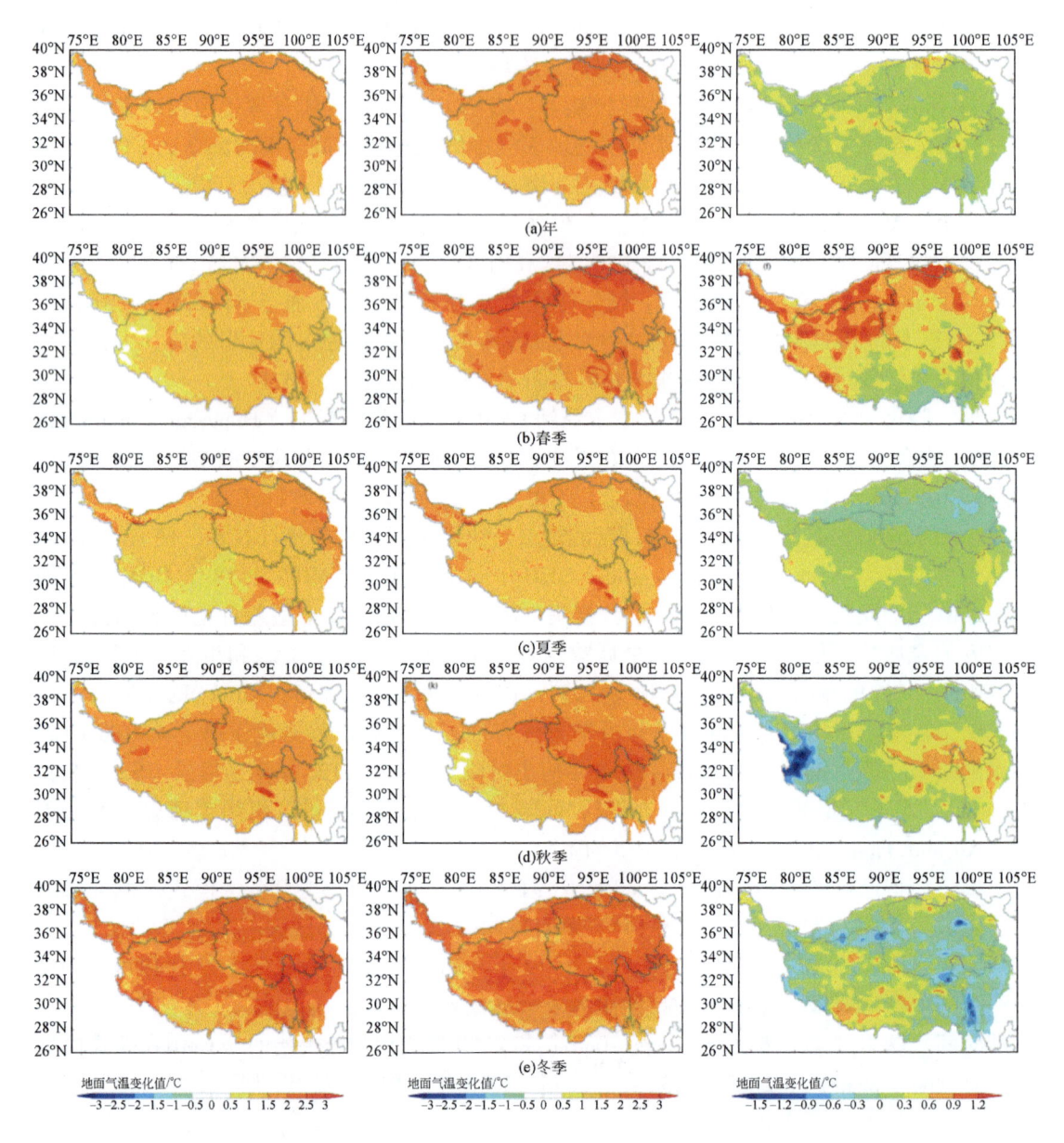

图 1-9　2035 年在 SSP2-4.5 和 SSP5-8.5 情景下地面气温变化的空间分布

左列为 SSP2-4.5 情景变化；中间列为 SSP5-8.5 情景变化；右列为 SSP5-8.5−SSP2-4.5

对于春季来说，在 SSP2-4.5 情景下，青藏高原祁连山高原、北羌塘和藏南高原局部地区春季平均气温较历史参考时段升高 1.5~2℃，青藏高原西部阿里高原局部地区春季平均气温较历史参考时段升高 0.5~1℃，其他大部分地区春季平均气温较历史参考时段升高 1.0~1.5℃。在 SSP5-8.5 情景下，青藏高原 30°N 以北大部分地区春季平均气温升高 1.5℃以上，其中，北羌塘高原和祁连山大部分地区春季平均气温升高 2.0~3.0℃；而 30°N 以南藏南高原、藏东南以及川西高原中部地区春季平均气温升高 1.0~1.5℃。SSP5-

8.5情景相对于SSP2-4.5情景来说，青藏高原北部的北羌塘高原和祁连山大部分地区春季平均气温升高0.6~1.2℃，青藏高原中部南羌塘北部和那曲南部地区春季平均气温升高0.3~0.6℃，青藏高原藏南、藏东以及川西高原西部地区春季平均气温升高0~0.3℃。

对于夏季来说，在SSP2-4.5情景下，柴达木高原、祁连山高原和西宁高原夏季平均气温较历史参考时段升高1.5~2℃，南羌塘和藏南高原大部分地区夏季平均气温较历史参考时段升高0.5~1.0℃，青藏高原其他大部分地区夏季平均气温较历史参考时段升高1.0~1.5℃。在SSP5-8.5情景下，除青藏高原的东部和北部局部地区夏季平均气温升高1.5~2.0℃外，其他大部分地区夏季平均气温升高1.0~1.5℃。SSP5-8.5情景相对于SSP2-4.5情景来说，青藏高原北部的北羌塘高原和祁连山大部分地区夏季平均气温降低0.3~0.6℃，青藏高原中部南羌塘北部和那曲南部地区及川西高原大部分地区夏季平均气温升高0~0.3℃，局部地区夏季平均气温升高0.3~0.6℃。

对于秋季来说，在SSP2-4.5情景下，除北羌塘柴达木高原、那曲高原以及祁连山高原大部分地区秋季平均气温较历史参考时段升高1.5~2℃外，其他大部分地区秋季平均气温较历史参考时段升高1.0~1.5℃。在SSP5-8.5情景下，青藏高原阿里、藏南高原地区秋季平均气温较历史参考时段升高1.0~1.5℃，青藏高原中部的那曲高原的西北部地区以及川西西北部地区秋季平均气温较历史参考时段升高2~3.0℃，其他地区秋季平均气温升高1.5~2℃。SSP5-8.5情景相对于SSP2-4.5情景来说，青藏高原西部地区秋季平均气温降低0.3~0.9℃，其中，阿里高原地区出现0.9~1.5℃降温，青藏高原中部南羌塘北部和那曲南部地区和川西高原大部分地区秋季平均气温升高0.3~0.6℃，局部地区秋季平均气温升高0.6~0.9℃，其他大部分地区秋季平均气温升高0~0.3℃。

对于冬季来说，在SSP2-4.5情景下，藏南高原和藏东南热带山地冬季平均气温较历史参考时段升高1.0~1.5℃，青藏高原其他大部分地区冬季平均气温较历史参考时段升高2.0~3.0℃。在SSP5-8.5情景下，青藏高原大部分地区冬季平均气温升高2.0~3.0℃。SSP5-8.5情景相对于SSP2-4.5情景来说，青藏高原西部大部分地区冬季平均气温升高0.3~0.6℃，青藏高原东部、中部以及北部大部分地区出现0~0.3℃降温。

总之，在SSP2-4.5和SSP5-8.5气候情景下，2035年青藏高原地区年平均气温较历史参考时段升高1.0~2.0℃，其中，青藏高原南部的藏南高原、藏东和川西高原南部年平均气温升高1.0~1.5℃，青藏高原北部大部分地区年平均气温升高1.5~2.0℃；冬季升温幅度最大，夏季升温幅度比冬季升温幅度小。其中，冬季青藏高原大部分地区升温1.5~2.5℃，局部地区升温达到3.0℃，这两种气候情景下冬季升温幅度差异不大。

图1-10为在SSP2-4.5和SSP5-8.5情景下青藏高原地区2050年地面气温变化的空间分布。对年来说，在SSP2-4.5情景下，青藏高原北部的北羌塘、柴达木高原、西宁高原、那曲以及川西高原的西北部地区年平均气温较历史参考时段升高1.5~2℃，阿里高原、南羌塘、藏南和川西高原南部地区年平均气温较历史参考时段升高1.0~1.5℃。在SSP5-8.5情景下，青藏高原大部分地区年平均气温较历史参考时段升高2~3℃。SSP5-8.5情景相对于SSP2-4.5情景来说，青藏高原西北大部分地区年平均气温升高0.9~1.2℃，青藏高原的那曲北部和川西高原南部地区年平均气温升高0.3~0.6℃，其他地区年平均气温升高0.6~0.9℃。

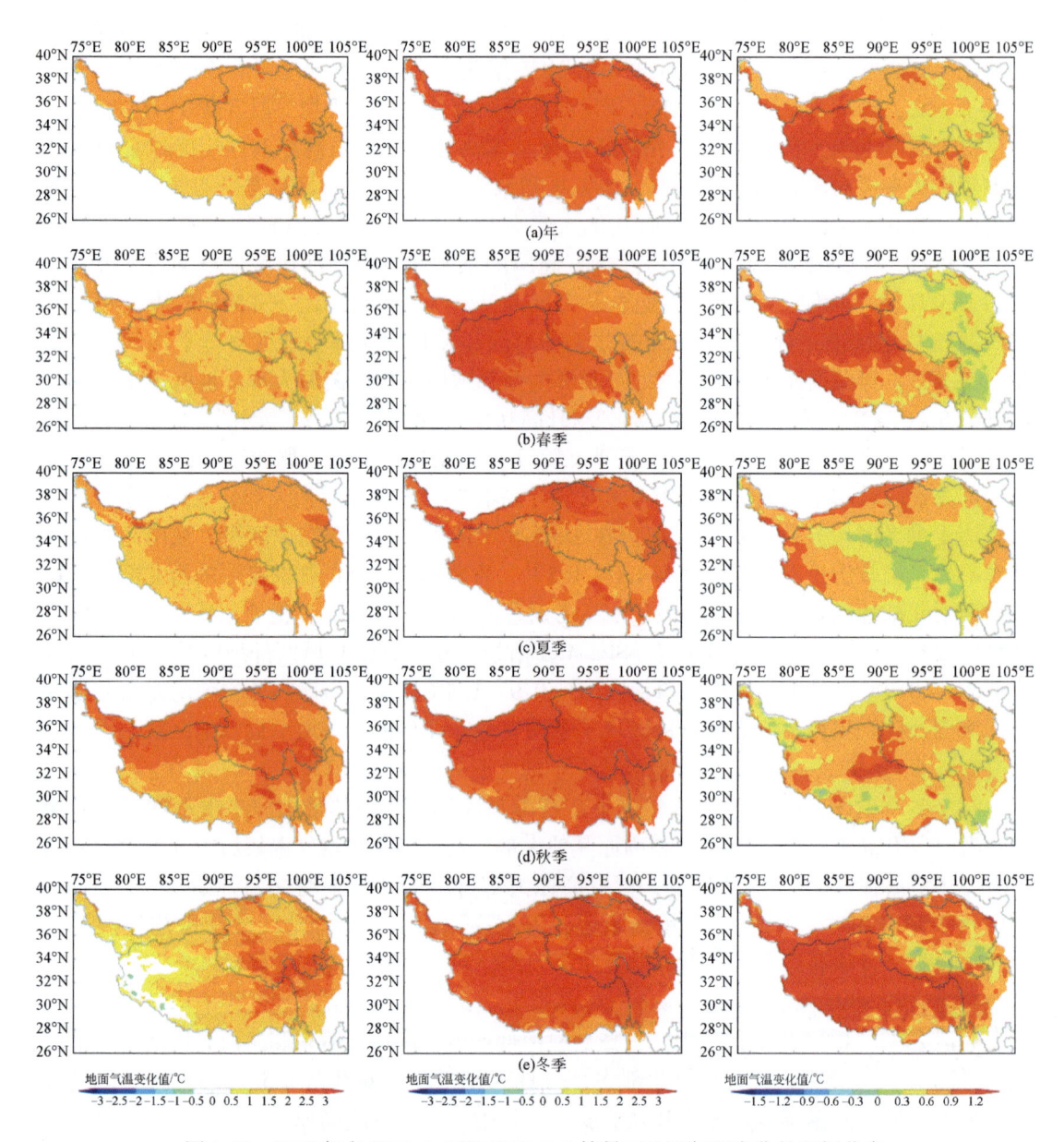

图1-10 2050年在SSP2-4.5和SSP5-8.5情景下地面气温变化的空间分布

左列为SSP2-4.5情景变化；中间列为SSP5-8.5情景变化；右列为SSP5-8.5−SSP2-4.5

对于春季来说，在SSP2-4.5情景下，青藏高原西部大部分地区春季平均气温较历史参考时段升高1.5~2.0℃，其他地区春季平均气温升高1.0~1.5℃。在SSP5-8.5情景下，青藏高原西部大部分地区春季平均气温较历史参考时段升高2.0~3.0℃，青藏高原东部和北部大部分地区春季平均气温升高1.5~2℃。SSP5-8.5情景相对于SSP2-4.5情景来说，青藏高原西部大部分地区春季平均气温升高0.9~1.2℃，青藏高原东部和北部大部分地区春季平均气温升高0.3~0.6℃，其他地区出现0.6~0.9℃升温。

对于夏季来说，在SSP2-4.5情景下，柴达木高原、祁连山高原、西宁高原、青藏高原中部的羌塘中部和藏南地区夏季平均气温较历史参考时段升高1.5~2℃，其他大部分地区夏季平均气温升高1.0~1.5℃。在SSP5-8.5情景下，除青藏高原的中部那曲和川西高原西部大部分地区夏季平均气温较历史参考时段升高1.5~2℃外，其他大部分地区夏季平均气温升高2.0~3.0℃。SSP5-8.5情景相对于SSP2-4.5情景来说，青藏高原西部的北羌塘高原和阿里高原大部分地区夏季平均气温升高0.6~1.2℃，青藏高原羌塘地区东部、那曲高原、藏南、藏东南以及川西高原西部大部分地区夏季平均气温升高0.3~0.6℃。

对于秋季来说，在SSP2-4.5情景下，北羌塘柴达木高原、那曲高原以及祁连山高原大部分地区秋季平均气温较历史参考时段升高2.0~3℃，阿里高原和藏南局部地区秋季平均气温较历史参考时段升高0.5~1℃，其他大部分地区秋季平均气温较历史参考时段升高1.5~2℃。在SSP5-8.5情景下，除青藏高原藏南高原局部地区秋季平均气温较历史参考时段升高1.5~2℃外，其他地区秋季平均气温升高2~3℃。SSP5-8.5情景相对于SSP2-4.5情景来说，青藏高原羌塘、西宁高原、祁连山高原地区秋季平均气温升高0.6~0.9℃，青藏高原藏南东部、藏东以及川西大部分地区秋季平均气温升高0.3~0.6℃。

对于冬季来说，在SSP2-4.5情景下，青藏高原东部大部分地区冬季平均气温较历史参考时段升高2.0~3.0℃，青藏高原西部和南部大部分地区冬季平均气温升高0.5~1.5℃，其中，升温最大的地区位于川西高原西北部和青海东南部地区，其升温幅度在2.5~3℃。在SSP5-8.5情景下，青藏高原大部分地区冬季平均气温较历史参考时段升高2.0~3.0℃。SSP5-8.5情景相对于SSP2-4.5情景来说，青藏高原那曲东部和青海东南部地区冬季平均气温升高0.3~0.6℃，青藏高原其他大部分地区冬季平均气温升高0.9~1.2℃。

总之，在SSP2-4.5和SSP5-8.5情景下，2050年青藏高原地区年平均气温较历史参考时段升高1.0~2.0℃；不同季节升温幅度不同，冬季升温幅度最大，夏季升温幅度比冬季升温幅度小。青藏高原地区在SSP5-8.5情景下升温幅度比在SSP2-4.5情景下升温幅度大。

1.5.2 海平面气压场变化特征

图1-11为2035年在SSP2-4.5和SSP5-8.5情景下海平面气压变化的空间分布。对于年来说，青藏高原地区海平面气压较历史参考时段增加0.5~2.0hPa，其中，34°N以北除西宁高原和祁连山地区海平面气压较历史参考时段增加0~0.5hPa外，其他大部分地区海平面气压较历史参考时段增加0.5~1.0hPa；34°N以南海平面气压较历史参考时段增加1.0~1.5hPa。

对于春季来说，在SSP2-4.5情景下，青藏高原阿里高原和藏南西部地区海平面气压较历史参考时段增加1.5~2.0hPa，藏南和青藏高原的东北部柴达木以及祁连山地区海平面气压较历史参考时段增加0~0.5hPa，其他地区海平面气压较历史参考时段增加1~1.5hPa。在SSP5-8.5情景下，青藏高原34°N以南大部分地区海平面气压较历史参考时段增加1.0~1.5hPa，西宁高原和祁连山地区海平面气压较历史参考时段增加0~0.5hPa，其他地区海平面气压较历史参考时段增加0.5~1.0hPa。

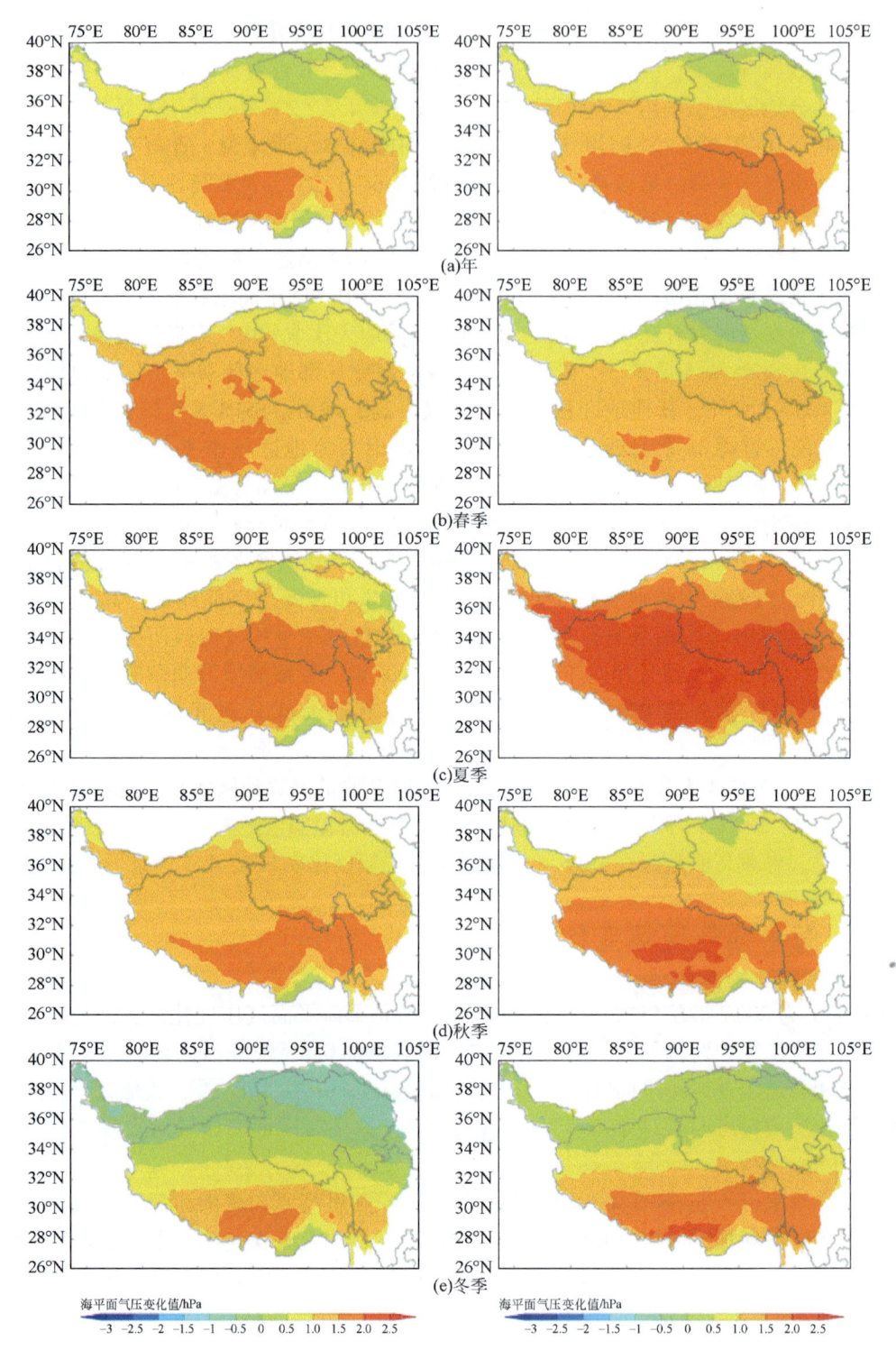

图 1-11 2035 年在 SSP2-4.5 和 SSP5-8.5 情景下海平面气压变化的空间分布

左列为 SSP2-4.5 情景变化；右列为 SSP5-8.5 情景变化

对于夏季来说，在SSP2-4.5情景下，青藏高原中部羌塘、那曲、藏东以及川西高原西部海平面气压较历史参考时段增加1.5~2.0hPa，藏南和青藏高原的东北部柴达木以及祁连山地区海平面气压较历史参考时段增加0.5~1.0hPa，其他地区海平面气压较历史参考时段增加1.0~1.5hPa。在SSP5-8.5情景下，青藏高原34°N以南大部分地区海平面气压较历史参考时段增加2~2.5hPa，其他大部分地区海平面气压较历史参考时段增加1.5~1.5hPa。无论SSP2-4.5情景还是SSP5-8.5情景，由于夏季青藏高原受青藏高原低压控制，青藏高原地区海平面气压升高，导致夏季青藏高原低压减弱。

对于秋季来说，在SSP2-4.5情景下，青藏高原藏南、藏东以及川西高原的西部海平面气压较历史参考时段增加1.5~2.0hPa，青藏高原的东北部柴达木以及祁连山地区海平面气压较历史参考时段增加0.5~1.0hPa，其他地区海平面气压较历史参考时段增加1.0~1.5hPa。在SSP5-8.5情景下，青藏高原阿里、南羌塘、藏南、藏东以及川西高原大部分地区海平面气压较历史参考时段增加2.0~2.5hPa，青藏高原东北大部分地区海平面气压较历史参考时段增加0.5~1hPa，其他大部分地区海平面气压较历史参考时段增加1.5~1.5hPa。

对于冬季来说，在SSP2-4.5情景下，青藏高原藏南、藏东以及川西高原的西部海平面气压较历史参考时段增加1.5~2.0hPa，青藏高原的东北部柴达木以及祁连山地区海平面气压较历史参考时段减少1.0~1.5hPa。在SSP5-8.5情景下，青藏高原阿里、南羌塘、藏南、藏东以及川西高原大部分地区海平面气压较历史参考时段增加2.0~2.5hPa，青藏高原34°N以北海平面气压较历史参考时段增加0~0.5hPa，其他大部分地区海平面气压较历史参考时段增加0.5~1.0hPa；

总之，在SSP2-4.5和SSP5-8.5情景下，2035年夏季青藏高原低压较历史参考时段减弱，冬季冷高压较历史参考时段有所加强。

图1-12为2050年在SSP2-4.5和SSP5-8.5情景下海平面气压变化的空间分布。对于年来说，在SSP2-4.5情景下，青藏高原地区海平面气压较历史参考时段增加0.5~2.0hPa，其中，34°N以北除西宁高原和祁连山地区海平面气压较历史参考时段增加1.0~1.5hPa外，其他大部分地区海平面气压较历史参考时段增加0.5~1.0hPa；34°N以南海平面气压较历史参考时段增加1.5~2.0hPa。在SSP5-8.5情景下，青藏高原地区海平面气压较历史参考时段增加0.5~2.5hPa，其中，34°N以北除西宁高原和祁连山地区海平面气压较历史参考时段增加1.0~1.5hPa外，34°N以南大部分地区海平面气压较历史参考时段增加2.0~2.5hPa。总之，SSP5-8.5情景比SSP2-4.5情景海平面气压增加幅度大。

对于春季来说，在SSP2-4.5情景下，青藏高原阿里高原和藏南地区海平面气压较历史参考时段增加1.5~2.0hPa，青藏高原的东北部柴达木、祁连山、西宁高原大部分地区海平面气压较历史参考时段增加1~1.5hPa，其他地区海平面气压较历史参考时段增加1.5~2.0hPa。在SSP5-8.5情景下，青藏高原大部分地区海平面气压较历史参考时段增加1.5~2.0hPa，川西中北部以及北羌塘局部地区海平面气压较历史参考时段增加2.0~2.5hPa。

对于夏季来说，在SSP2-4.5情景下，青藏高原西部、中部和东部大部分地区海平面气压较历史参考时段增加2.0~2.5hPa，其他大部分地区海平面气压较历史参考时段增加

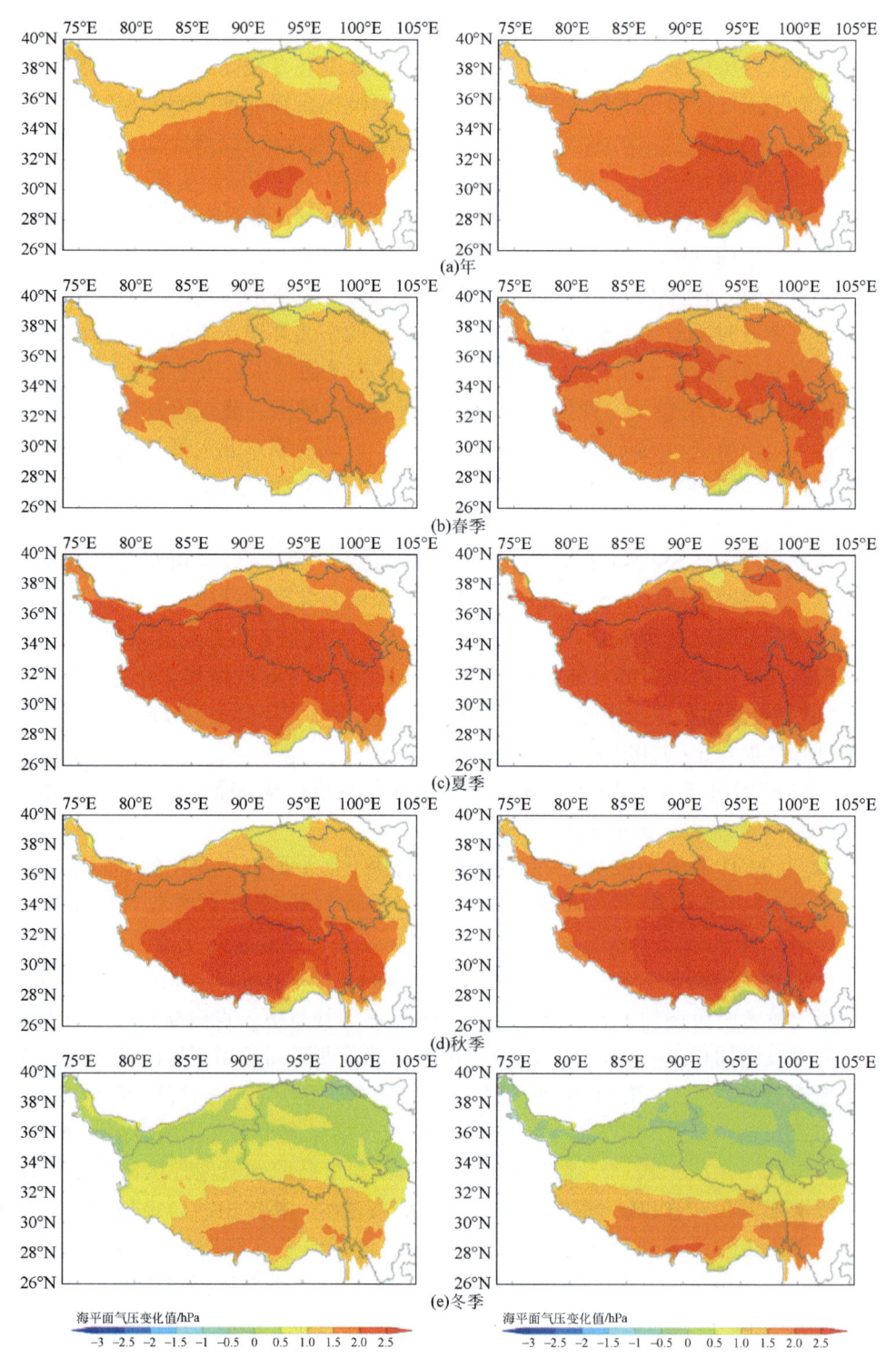

图 1-12　2050 年在 SSP2-4.5 和 SSP5-8.5 情景下海平面气压变化的空间分布

左列为 SSP2-4.5 情景变化；右列为 SSP5-8.5 情景变化

1.0~1.5hPa。在SSP5-8.5情景下，青藏高原北大部分地区海平面气压较历史参考时段增加2.0~2.5hPa，其他大部分地区海平面气压较历史参考时段增加0.5~1.5hPa；无论是SSP2-4.5情景还是SSP5-8.5情景，由于夏季青藏高原受青藏高原低压控制，青藏高原地区海平面气压升高，导致夏季青藏高原低压减弱。

对于秋季来说，在SSP2-4.5情景下，青藏高原南羌塘、藏南、藏东以及川西高原的西部海平面气压较历史参考时段增加2.0~2.5hPa，青藏高原东北部柴达木海平面气压较历史参考时段增加0.5~1.0hPa，祁连山以及西宁地区海平面气压较历史参考时段增加1.0~1.5hPa，其他地区海平面气压较历史参考时段增加1.5~2.0hPa。在SSP5-8.5情景下，青藏高原阿里、南羌塘、藏南、藏东以及川西高原大部分地区海平面气压较历史参考时段增加2.0~2.5hPa，青藏高原东北大部分地区海平面气压较历史参考时段增加1.0~1.5hPa。

对于冬季来说，在SSP2-4.5情景下，青藏高原藏南、藏东以及川西高原的西部海平面气压较历史参考时段增加1.5~2.0hPa，青藏高原东北部柴达木以及祁连山地区海平面气压较历史参考时段减少1.0~1.5hPa。在SSP5-8.5情景下，青藏高原阿里、南羌塘、藏南、藏东以及川西高原大部分地区海平面气压较历史参考时段增加2.0~2.5hPa，青藏高原34°N以北海平面气压较历史参考时段减少0~0.5hPa。

总之，在SSP2-4.5和SSP5-8.5情景下，2050年夏季青藏高原低压较历史参考时段减弱，冬季冷高压较历史参考时段有所加强。

1.5.3 年平均降水变化特征

图1-13为2035年在SSP2-4.5和SSP5-8.5情景下降水变化的空间分布。对于年来说，在SSP2-4.5情景下，青藏高原北部祁连山高原和藏南以及藏东南地区降水较历史参考时段偏少5%~10%，青藏高原西部的阿里高原地区降水较历史参考时段偏多5%~10%，其他地区降水较历史参考时段变化不大。在SSP5-8.5情景下，青藏高原的阿里高原、北羌塘地区的东部和西宁高原的西北部地区降水较历史参考时段偏多5%~20%，局部地区降水较历史参考时段偏多20%~30%；青藏高原南部的藏东、藏南和川西高原西部地区降水较历史参考时段偏少5%~10%，局部地区降水较历史参考时段偏少10%~20%。SSP5-8.5情景相对于SSP2-4.5情景来说，青藏高原东北大部分地区降水较历史参考时段偏多5%~20%，局部地区降水较历史参考时段偏多20%~30%，青藏高原阿里高原、南羌塘、藏南、藏东和川西高原大部分地区降水较历史参考时段偏少5%~10%，局部地区降水较历史参考时段偏少10%~20%。

对于春季来说，在SSP2-4.5情景下，青藏高原北部祁连山高原和藏南以及藏东南地区降水较历史参考时段偏少10%~20%，青藏高原西部的羌塘中部地区降水较历史参考时段偏多10%~20%，局部地区降水较历史参考时段偏多30%~50%，其他地区降水较历史参考时段变化不大。在SSP5-8.5情景下，青藏高原的阿里高原、羌塘地区和西宁高原的西北部地区降水较历史参考时段偏多10%~20%，局部地区降水较历史参考时段偏多30%~40%；青藏高原南部的藏南、藏东、藏南和川西高原南部地区降水较历史参考时段

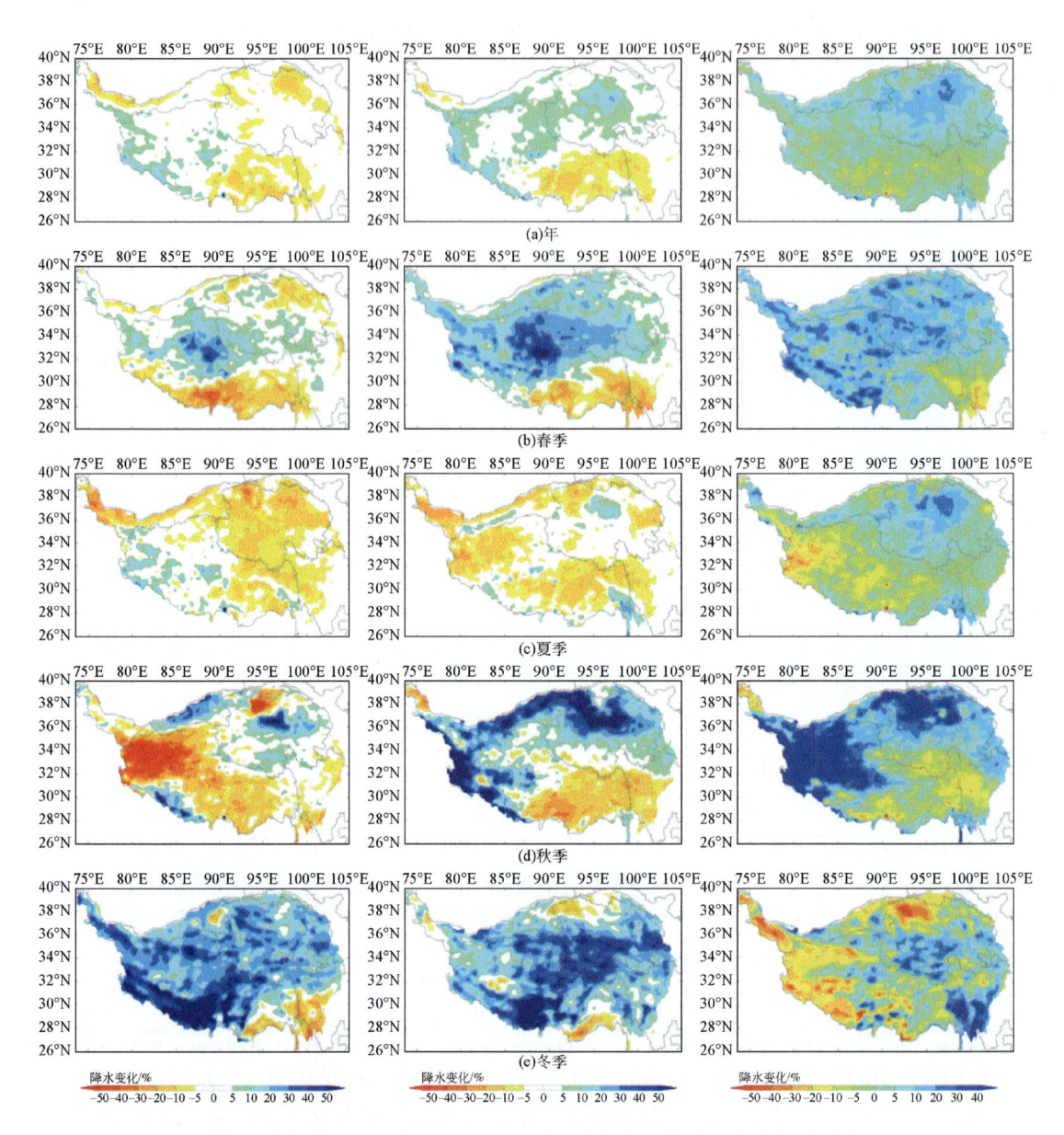

图1-13 2035年在SSP2-4.5和SSP5-8.5情景下降水变化的空间分布

左列为SSP2-4.5情景变化；中间列为SSP5-8.5情景变化；右列为SSP5-8.5−SSP2-4.5

偏少5%~10%，局部地区降水较历史参考时段偏少20%~30%。SSP5-8.5情景相对于SSP2-4.5情景来说，青藏高原西北部和东北部大部分地区降水较历史参考时段偏多5%~20%，局部地区降水较历史参考时段偏多20%~30%；青藏高原藏南、藏东和川西高原南部大部分地区降水较历史参考时段偏少5%~10%，局部地区降水较历史参考时段偏少20%~30%。

对于夏季来说，在SSP2-4.5情景下，青藏高原东部大部分地区降水较历史参考时段偏少5%~20%，青藏高原西部阿里高原和南羌塘高原局部地区降水较历史参考时段偏多

5%~10%，其他地区降水较历史参考时段变化不大；在SSP5-8.5情景下，青藏高原的阿里高原、羌塘地区、藏南和川西高原的西部地区降水较历史参考时段偏少5%~20%，青藏高原南部的藏东和青海西北部地区降水较历史参考时段偏多10%~20%。SSP5-8.5情景相对于SSP2-4.5情景来说，青藏高原东北部大部分地区降水较历史参考时段偏多5%~20%，局部地区降水较历史参考时段偏多20%~30%，青藏高原阿里高原、南羌塘、藏南、藏东和川西高原大部分地区降水较历史参考时段偏少10%~20%，局部地区降水较历史参考时段偏少20%~30%。

对于秋季来说，在SSP2-4.5情景下，青藏高原北部西宁高原和北羌塘北部以及阿里高原地区降水较历史参考时段偏多10%~30%，青藏高原的柴达木东部、羌塘、藏南以及川西南部大部分地区降水较历史参考时段偏少5%~30%，其中，羌塘西部至阿里地区降水较历史参考时段偏少40%~50%，其他地区降水较历史参考时段变化不大；在SSP5-8.5情景下，青藏高原的阿里高原、北羌塘地区的东部和西宁高原的西北部地区降水较历史参考时段偏多30%~50%，青藏高原南部的藏东、藏南和川西高原西部地区降水较历史参考时段偏少5%~10%，局部地区降水较历史参考时段偏少30%~40%。SSP5-8.5情景相对于SSP2-4.5情景来说，阿里高原、北羌塘地区的东部和西宁高原东北部大部分地区降水较历史参考时段偏多20%~40%，局部地区降水较历史参考时段偏多50%以上，青藏高原的南羌塘、那曲、藏南、藏东和川西高原大部分地区降水较历史参考时段偏少10%~20%。

对于冬季来说，在SSP2-4.5情景下，青藏高原南部藏东南、藏东和川西西部地区降水较历史参考时段偏少20%~30%，阿里高原和藏南西部地区降水较历史参考时段偏多40%~50%，其他地区降水较历史参考时段偏多20%~40%。在SSP5-8.5情景下，青藏高原南部藏南和柴达木降水较历史参考时段偏少5%~10%外，其他大部分地区降水较历史参考时段偏多5%~50%，其中，降水较历史参考时段偏多较大的地区集中在藏南、那曲、玉树以及青海东南部地区，降水较历史参考时段偏多超过50%；SSP5-8.5情景相对于SSP2-4.5情景来说，青藏高原中南部、藏东、川西南部大部分地区降水较历史参考时段偏多10%~30%，局部地区降水较历史参考时段偏多30%~50%，青藏高原西部的阿里高原、羌塘高原大部分地区降水较历史参考时段偏少10%~20%，局部地区降水较历史参考时段偏少30%~40%。

总之，在SSP2-4.5和SSP5-8.5情景下，2035年在藏南、藏东南地区降水较历史参考时段偏少5%~10%，其他地区降水较历史参考时段变化不大；不同季节降水较历史参考时段变化差异较大，青藏高原大部分地区冬季降水较历史参考时段偏多，夏季降水较历史参考时段偏少。

图1-14为2050年在SSP2-4.5和SSP5-8.5情景下降水变化的空间分布。对年来说，在SSP2-4.5情景下，青藏高原西部的阿里高原地区和羌塘高原局部地区降水较历史参考时段偏多5%~10%，其他地区降水较历史参考时段变化不大。在SSP5-8.5情景下，青藏高原的阿里高原、北羌塘地区的西部和藏南、藏东、藏南和川西高原西北部地区降水较历史参考时段偏少5%~10%，其他地区降水较历史参考时段变化不大。SSP5-8.5情景相对于SSP2-4.5情景来说，青藏高原东部大部分地区降水较历史参考时段偏少5%~10%，局

部地区降水较历史参考时段偏多20%~30%，青藏高原阿里高原、羌塘的部分地区降水较历史参考时段偏少10%~20%，局部地区降水较历史参考时段偏少30%~40%。

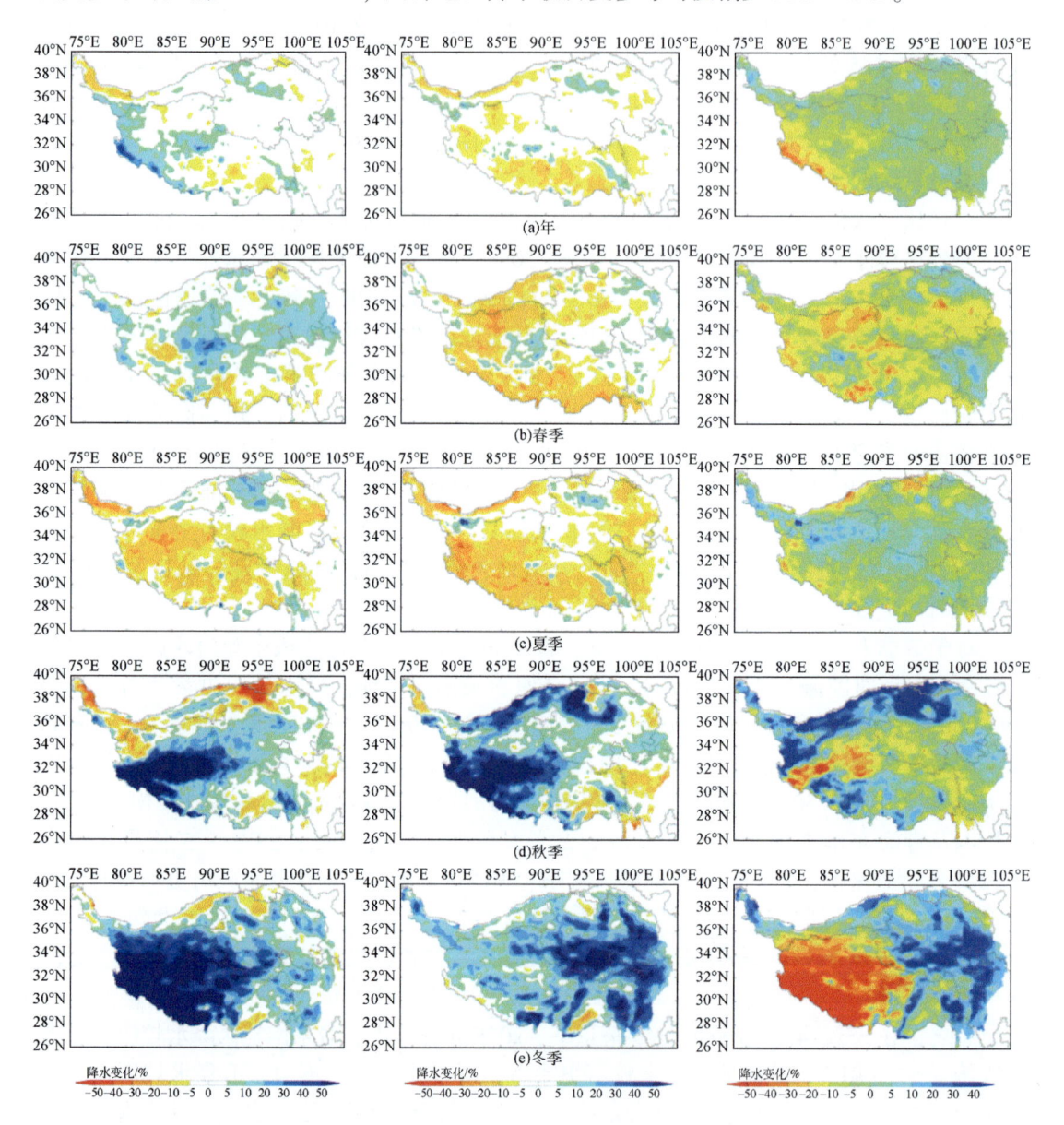

图1-14 2050年在SSP2-4.5和SSP5-8.5情景下降水变化的空间分布
左列为SSP2-4.5情景变化；中间列为SSP5-8.5情景变化；右列为SSP5-8.5−SSP2-4.5

对于春季来说，在SSP2-4.5情景下，青藏高原北部祁连山高原和藏南以及藏东南地区降水较历史参考时段偏少10%~20%，青藏高原西部的羌塘中部、玉树、青海东南部地区降水较历史参考时段偏多10%~20%，局部地区降水较历史参考时段偏多30%~50%；藏南和祁连山以及南羌塘局部地区降水较历史参考时段偏少10%~20%，其他地区降水较历史参考时段变化不大。在SSP5-8.5情景下，青藏高原的阿里高原、羌塘地区和西宁高原的西北部地区以及藏南和藏东南地区降水较历史参考时段偏少5%~20%，青藏高原羌塘中部地区降水较历史参考时段偏多5%~20%，青藏高原其他地区降水较历史参考时段变化不大。SSP5-8.5情景相对于SSP2-4.5情景来说，青藏高原祁连山、羌塘中部以及川西高原大部分地区降水较历史参考时段偏多5%~20%，其他大部分地区降水较历史参考时段偏少10%~20%，局部地区降水较历史参考时段偏少20%~30%。

对于夏季来说，在SSP2-4.5情景下，青藏高原东部大部分地区降水较历史参考时段偏少5%~20%，青藏高原北部的柴达木高原以及藏东南部地区降水较历史参考时段偏多5%~10%，其他地区降水较历史参考时段偏少5%~20%。在SSP5-8.5情景下，降水变化的空间分布与SSP2-4.5比较相似。SSP5-8.5情景相对于SSP2-4.5情景来说，青藏高原的北羌塘、那曲、青海东南部、藏南部分地区降水较历史参考时段偏多5%~10%，青藏高原阿里高原、南羌塘、藏南、藏东和川西高原大部分地区降水较历史参考时段偏少10%~20%。

对于秋季来说，在SSP2-4.5情景下，青藏高原的阿里高原、北羌塘南部和南羌塘北部以及青海西南一带降水较历史参考时段偏多10%~30%，其中，阿里高原以及羌塘中部地区降水较历史参考时段偏多30%~50%，青藏高原的柴达木地区降水较历史参考时段偏少30%~50%，藏东南以及川西中部部分地区降水较历史参考时段偏少5%~10%。在SSP5-8.5情景下，青藏高原的阿里高原、北羌塘地区的北部、南羌塘大部分地区、柴达木高原以及西宁高原的西北部地区降水较历史参考时段偏多30%~50%，青藏高原南部的藏东南和川西高原中北部地区降水较历史参考时段偏少5%~20%。SSP5-8.5情景相对于SSP2-4.5情景来说，青藏高原的北羌塘北部地区、柴达木大部分地区降水较历史参考时段偏多30%~50%，青藏高原的北羌塘南部、那曲高原中部、藏东高原和川西高原西部地区降水较历史参考时段偏少10%~20%，青藏高原南部藏南至藏东南降水较历史参考时段偏多10%~20%，局部地区降水较历史参考时段偏多20%~40%。

对于冬季来说，在SSP2-4.5情景下，青藏高原南部藏东南、柴达木局部地区降水较历史参考时段偏少5%~10%，青藏高原西部的阿里高原、羌塘地区以及那曲中部和南部地区降水较历史参考时段偏多40%~50%，川西高原、西宁高原北部地区降水较历史参考时段偏多5%~10%。在SSP5-8.5情景下，除青藏高原南部的藏南和柴达木降水较历史参考时段偏少5%~10%外，其他大部分地区降水较历史参考时段偏多5%~50%，其中，降水较历史参考时段偏多较大的地区集中在藏南、那曲、玉树以及青海东南部地区，其降水较历史参考时段偏多超过50%。SSP5-8.5情景相对于SSP2-4.5情景来说，青藏高原中南部、藏东、川西南部大部分地区降水较历史参考时段偏多30%~50%，青藏高原西部的阿里高原、羌塘高原大部分地区降水较历史参考时段偏多5%~20%。

总之，在SSP2-4.5和SSP5-8.5情景下，2050年青藏高原大部分地区降水较历史参考时段变化不大。青藏高原的阿里高原、羌塘和那曲北部、藏东高原地区以及川西高原大部分地区冬季降水较历史参考时段偏多20%~40%，局部地区冬季降水较历史参考时段偏多超过40%，青藏高原大部分地区夏季降水较历史参考时段偏少5%~20%。

参 考 文 献

陈炜, 姜大膀, 王晓欣. 2021. CMIP6 模式对青藏高原气候的模拟能力评估与预估研究. 高原气象, 40 (6): 1455-1469.

符淙斌, 王淑瑜, 熊喆, 等. 2004. 亚洲区域气候模式比较计划的进展. 气候与环境研究, 9 (2): 225-239.

林振耀, 吴祥定. 1981. 青藏高原气候区划. 地理学报, 36 (1): 22-32.

屈鹏, 杨梅学, 郭东林, 等. 2009. RegCM3 模式对青藏高原夏季气温和降水的模拟. 高原气象, 28 (4): 738-744.

王澄海, 余莲. 2011. 区域气候模式对不同的积云参数化方案在青藏高原地区气候模拟中的敏感性研究. 大气科学, 35 (6): 1132-1144.

杨雅薇, 杨梅学. 2008. RegCM3 在青藏高原地区的应用研究: 积云参数化方案的敏感性. 冰川冻土, 30 (2): 250-258.

张冬峰, 高学杰, 白虎志, 等. 2005. RegCM3 模式对青藏高原地区气候的模拟. 高原气象, 24 (5): 714-720.

Arakawa A, Lamb V R. 1977. Computation design of the basic dynamical processes of the UCLA general circulation model. Methods in Computational Physics, 17: 173-265.

Ban N, Rajczak J, Schmidli J, et al. 2020. Analysis of Alpine precipitation extremes using generalized extreme value theory in convection-resolving climate simulations. Climate Dynamics, 55 (1): 61-75.

Christensen J H, Christensen O B. 2007. A summary of the PRUDENCE model projections of changes in European climate by the end of this century. Climatic Change, 81 (1): 7-30.

Cosby B J, Hornberger G M, Clapp R B, et al. 1984. A statistical exploration of the relationships of soil moisture characteristics to the physical properties of soils. Water Resources Research, 20 (6): 682-690.

Deardorff J W. 1978. Efficient prediction of ground surface temperature and moisture, with inclusion of a layer of vegetation. Journal of Geophysical Research: Oceans, 83 (C4): 1889-1903.

Ding Y H, Chan J C L. 2005. The East Asian summer monsoon: an overview. Meteorology and Atmospheric Physics, 89: 117-142.

Fowler H J, Ekström M, Blenkinsop S, et al. 2007. Estimating change in extreme European precipitation using a multimodel ensemble. Journal of Geophysical Research: Atmospheres, 112 (D18): e2007jd008619.

Fu Y H, Gao X J, Zhu Y M, et al. 2021. Climate change projection over the Tibetan Plateau based on a set of RCM simulations. Advances in Climate Change Research, 12 (3): 313-321.

Gao Y H, Xiao L H, Chen D L, et al. 2018. Comparison between past and future extreme precipitations simulated by global and regional climate models over the Tibetan Plateau. International Journal of Climatology, 38 (3): 1285-1297.

Gao Y H, Xu J W, Zhang M, et al. 2022. Regional climate dynamical downscaling over the Tibetan Plateau—from quarter-degree to kilometer-scale. Science China Earth Sciences, 65 (12): 2237-2247.

Gu H H, Yu Z B, Peltier W R, et al. 2020. Sensitivity studies and comprehensive evaluation of RegCM4.6.1 high-resolution climate simulations over the Tibetan Plateau. Climate Dynamics, 54 (7): 3781-3801.

Guo Z Y, Fang J, Sun X G, et al. 2020. Decadal long convection-permitting regional climate simulations over Eastern China: evaluation of diurnal cycle of precipitation. Climate Dynamics, 54 (3): 1329-1349.

Guo D L, Sun J Q, Yu E T. 2018. Evaluation of CORDEX regional climate models in simulating temperature and precipitation over the Tibetan Plateau. Atmospheric and Oceanic Science Letters, 11 (3): 219-227.

Hawkins E, Osborne T M, Ho C K, et al. 2013. Calibration and bias correction of climate projections for crop modelling: an idealised case study over Europe. Agricultural and Forest Meteorology, 170: 19-31.

Henderson-Sellers A, Yang Z L, Dickinson R E. 1993. The project for intercomparison of land-surface parameterization schemes. Bulletin of the American Meteorological Society, 74 (7): 1335-1349.

Hillel D. 1980. Applications of Soil Physics. New York: Academic Press.

Holland G, Done J, Bruyere C, et al. 2010. Model investigations of the effects of climate variability and change on future Gulf of Mexico tropical cyclone activity. Houston: Offshore Technology Conference.

Holtslag A A M, Boville B A. 1993. Local versus nonlocal boundary-layer diffusion in a global climate model. Journal of Climate, 6 (10): 1825-1842.

Holtslag A A M, De Bruijn E I F, Pan H L. 1990. A high resolution air mass transformation model for short-range weather forecasting. Monthly Weather Review, 118 (8): 1561-1575.

Hong S Y, Kanamitsu M. 2014. Dynamical downscaling: fundamental issues from an NWP point of view and recommendations. Asia-Pacific Journal of Atmospheric Sciences, 50 (1): 83-104.

Ji Z M, Kang S C. 2013. Double-nested dynamical downscaling experiments over the Tibetan Plateau and their projection of climate change under two RCP scenarios. Journal of the Atmospheric Sciences, 70 (4): 1278-1290.

Jia K, Ruan Y F, Yang Y Z, et al. 2019a. Assessment of CMIP5 GCM simulation performance for temperature projection in the Tibetan Plateau. Earth and Space Science, 6 (12): 2362-2378.

Jia K, Ruan Y F, Yang Y Z, et al. 2019b. Assessing the performance of CMIP5 global climate models for simulating future precipitation change in the Tibetan Plateau. Water, 11 (9): 1771.

Kendon E J, Prein A F, Senior C A, et al. 2021. Challenges and outlook for convection-permitting climate modelling. Philosophical Transactions of the Royal Society A: Mathematical, Physical and Engineering Sciences, 379 (2195): 20190547.

Knist S, Goergen K, Simmer C. 2020. Evaluation and projected changes of precipitation statistics in convection-permitting WRF climate simulations over Central Europe. Climate Dynamics, 55 (1): 325-341.

Leung R, Mearns L O, Giorgi F, et al. 2003. Regional climate research: needs and opportunities. Bulletin of the American Meteorological Society, 84: 89-95.

Li D, Yang K, Tang W J, et al. 2020. Characterizing precipitation in high altitudes of the western Tibetan Plateau with a focus on major glacier areas. International Journal of Climatology, 40 (12): 5114-5127.

Lind P, Belušić D, Christensen O B, et al. 2020. Benefits and added value of convection-permitting climate modeling over Fenno-Scandinavia. Climate Dynamics, 55 (7): 1893-1912.

Meredith E P, Ulbrich U, Rust H W. 2020. Subhourly rainfall in a convection-permitting model. Environmental Research Letters, 15 (3): 034031.

Navarro-Racines C, Tarapues J, Thornton P, et al. 2020. High-resolution and bias-corrected CMIP5 projections for climate change impact assessments. Scientific Data, 7: 7.

O'Neill B C, Kriegler E, Riahi K, et al. 2014. A new scenario framework for climate change research: the concept of shared socioeconomic pathways. Climatic Change, 122 (3): 387-400.

Prein A F, Holland G J, Rasmussen R M, et al. 2013. Importance of regional climate model grid spacing for the simulation of heavy precipitation in the Colorado headwaters. Journal of Climate, 26 (13): 4848-4857.

Prein A F, Langhans W, Fosser G, et al. 2015. A review on regional convection-permitting climate modeling: demonstrations, prospects, and challenges. Reviews of Geophysics (Washington, D C, 53 (2): 323-361.

Prein A F, Liu C H, Ikeda K, et al. 2020. Simulating North American mesoscale convective systems with a convection-permitting climate model. Climate Dynamics, 55 (1): 95-110.

Sato T, Kimura F, Kitoh A. 2007. Projection of global warming onto regional precipitation over Mongolia using a regional climate model. Journal of Hydrology, 333 (1): 144-154.

Scaff L, Prein A F, Li Y P, et al. 2020. Simulating the convective precipitation diurnal cycle in North America's current and future climate. Climate Dynamics, 55 (1): 369-382.

Schwitalla T, Warrach-Sagi K, Wulfmeyer V, et al. 2020. Near-global-scale high-resolution seasonal simulations with WRF-Noah-MP v. 3.8.1. Geoscientific Model Development, 13 (4): 1959-1974.

Slingo A. 1989. A GCM parameterization for the shortwave radiative properties of water clouds. Journal of the Atmospheric Sciences, 46 (10): 1419-1427.

Stevens B, Acquistapace C, Hansen A, et al. 2020. The added value of large-eddy and storm-resolving models for simulating clouds and precipitation. Journal of the Meteorological Society of Japan Ser II, 98 (2): 395-435.

Sugimoto S, Takahashi H G. 2016. Effect of spatial resolution and cumulus parameterization on simulated precipitation over south Asia. Sola, 12A: 7-12.

Wang Y, Yang K, Zhou X, et al. 2020. Synergy of orographic drag parameterization and high resolution greatly reduces biases of WRF-simulated precipitation in central Himalaya. Climate Dynamics, 54 (3): 1729-1740.

Wetzel P J, Chang J T. 1987. Concerning the relationship between evapotranspiration and soil moisture. Journal of Climate and Applied Meteorology, 26 (1): 18-27.

Wu G X, Liu Y M, He B, et al. 2012. Thermal controls on the Asian summer monsoon. Scientific Reports, 2: 404.

Wu G X, He B, Duan A M, et al. 2017. Formation and variation of the atmospheric heat source over the Tibetan Plateau and its climate effects. Advances in Atmospheric Sciences, 34 (10): 1169-1184.

Wu J, Gao X J. 2020. Present day bias and future change signal of temperature over China in a series of multi-GCM driven RCM simulations. Climate Dynamics, 54 (1): 1113-1130.

Xu J W, Gao Y H, Chen D L, et al. 2017. Evaluation of global climate models for downscaling applications centred over the Tibetan Plateau. International Journal of Climatology, 37 (2): 657-671.

Xu Z F, Han Y, Tam C Y, et al. 2021. Bias-corrected CMIP6 global dataset for dynamical downscaling of the historical and future climate (1979-2100). Scientific Data, 8 (1): 293.

Xu Z F, Yang Z L. 2015. A new dynamical downscaling approach with GCM bias corrections and spectral nudging. Journal of Geophysical Research: Atmospheres, 120 (8): 3063-3084.

Yang T, Hao X B, Shao Q X, et al. 2012. Multi-model ensemble projections in temperature and precipitation extremes of the Tibetan Plateau in the 21st century. Global and Planetary Change, 80: 1-13.

Yun Y, Liu C, Luo Y, et al. 2020. Convection-permitting regional climate simulation of warm-season precipitation over Eastern China. Climate Dynamics, 54: 1469-1489.

Zhang H W, Gao Y H. 2021. Projected changes in precipitation recycling over the Tibetan Plateau based on a global and regional climate model. Journal of Hydrometeorology, 22 (10): 2633.

Zhang H W, Gao Y H, Xu J W, et al. 2019. Decomposition of future moisture flux changes over the Tibetan Plateau projected by global and regional climate models. Journal of Climate, 32 (20): 7037-7053.

Zhao Y, Zhou T J, Li P X, et al. 2021. Added value of a convection permitting model in simulating atmospheric water cycle over the Asian water tower. Journal of Geophysical Research: Atmospheres, 126 (13): e2021jd034788.

Zhou X, Yang K, Beljaars A, et al. 2019. Dynamical impact of parameterized turbulent orographic form drag on the simulation of winter precipitation over the western Tibetan Plateau. Climate Dynamics, 53 (1): 707-720.

Zhu X H, Wang W Q, Fraedrich K. 2013. Future climate in the Tibetan Plateau from a statistical regional climate model. Journal of Climate, 26 (24): 10125-10138.

Zhu X, Wei Z G, Dong W J, et al. 2020. Dynamical downscaling simulation and projection for mean and extreme temperature and precipitation over central Asia. Climate Dynamics, 54 (7): 3279-3306.

Zou L W, Zhou T J. 2022. Mean and extreme precipitation changes over China under SSP scenarios: results from high-resolution dynamical downscaling for CORDEX East Asia. Climate Dynamics, 58 (3): 1015-1031.

第 2 章　青藏高原植被动态分析与模拟*

植被是一定地区中植物群落的总体。由于植被在固定太阳能，为其他生物提供第一性生产，以及为人类社会提供最基本的供给、支撑、调剂和文化服务功能等方面的巨大作用，对植被的观察和研究很早就受到人类社会的重视。早期的植被研究主要是观察和分析植被的组成和基本功能。现代植被科学主要研究植被的组成、结构、功能、过程、服务和物候及其与环境的关系。随着气候变化和人类活动影响的加剧，研究上述植被基本特征与气候和人类活动的关系，进而预测植被未来的可能变化成为植被科学研究的主要任务。开展植被科学研究的前提是通过各种方式对植被本底数据进行准确观察、获取和记录。植被本底数据包括多种类型，其中植被分布数据与环境资源管理和可持续利用密切相关，成为最基本的植被本底数据。为方便而直观地呈现植被分布数据，采用合适的植被分类体系和符号，以图件的形式反映植被空间分布成为植被分布数据的主要表现形式。通过对不同时段植被分布与环境关系的综合分析，可以预测特定区域内植被分布的时空分布规律，结合未来环境变化情景数据可以预测未来植被的分布式样。本章在地面观察数据、遥感数据、模型模拟和人工分析的基础上构建青藏高原近似复原、20 世纪 80 年代、2020 年、2035 年和 2050 年 5 个时期的植被图，分析青藏高原植被的时空分异特征及其驱动因素，为青藏高原植被的保护和可持续利用提供基本科学资料与对策。

2.1　青藏高原植被模拟技术与方法

由于特殊的地理位置和独有的自然生态系统，青藏高原分布有大量的特有种，特有种子植物共有 3764 种（不包含种下分类单元），占中国特有种子植物的 24.9%，珍稀濒危物种数量也非常多。根据世界自然保护联盟（IUCN）红色名录的标准，青藏高原目前已知的维管植物中有 662 种受威胁物种和灭绝物种，约占中国维管植物中受威胁物种和灭绝物种的 1/5（傅伯杰等，2021；于海彬等，2018）。特有植物的集中分布意味着环境和植被的多样性与复杂性，准确理解青藏高原植被分布面临巨大挑战。

此外，这些特有的植物资源作为植被的组成部分，与植被共同成为中国珍贵的资源宝库和重要的生态安全屏障，但全球变化和人类活动给青藏高原带来深刻影响。研究表明，在 2010 年之前的 50 年，高海拔地区的气候变化更为强烈，欧洲阿尔卑斯山的气温上升率超过全球平均气温上升率的 2 倍，而青藏高原气温变化速率相当于全球变暖速率的 3 倍（陈德亮等，2015；姚檀栋等，2017；Rumpf et al.，2022）。近年来，青藏高原部分地区气温快速升高，明显的气候变暖导致青藏高原的生态系统更加脆弱，必然影响植被的空间分

---

* 本章作者：周继华、郑元润。

布格局（朴世龙等，2019）。因此，理解青藏高原过去植被动态，预测未来植被可能变化，是有效应对和减缓全球变化影响的重要需求。

青藏高原广袤的面积，众多的极高山和深切峡谷，复杂的气候、地形、地貌、土壤和植被类型决定了青藏高原植被数据获取、分类和制图的复杂性，传统和现代方法与技术运用、模型模拟和人工辨识相结合是植被格局分析的有效方法。

2.1.1 数据来源

由于知识积累和技术发展等多方面因素，学者对青藏高原实际范围的理解和认知处于不断发展的过程，其中张镱锂等（2002）发布的青藏高原实际范围被学界广泛接受，覆盖中国境内青藏高原范围，青藏高原在中国境内的面积为254.23万km^2。张镱锂等（2021）根据地貌特征和高原山体的完整性等特征，发布了新的青藏高原实际范围，其行政范围涉及中国、印度、巴基斯坦、塔吉克斯坦、阿富汗、尼泊尔、不丹、缅甸、吉尔吉斯斯坦9个国家，面积为308.34万km^2，较2014版增加了54.11万km^2。本章青藏高原近似复原植被图、2020年、2035年、2050年植被图采用张镱锂等（2021）发布的青藏高原实际范围中国境内部分，20世纪80年代青藏高原植被图采用张镱锂等（2021）发布的青藏高原实际范围。

以往主要通过人工野外调查的方式获取植被分布数据。这种方法采用踏查的方法获取区域植被分布数据、了解植物群落边界，结合样方和样带调查方法尽可能详细地记录植物群落学数据。其优点是数据相对准确；缺点是需要耗费大量人力、物力，需时较长，对于一些人工难以到达的区域，数据获取困难。另外，野外调查人员专业水平不一，对植物和植物群落的认知存在差异，导致获取的数据质量不一，影响后期植被分布数据的质量。随着技术进步，间接获取植被分布数据的方法得到了越来越多的重视，如使用航空影像数据、气球观察数据、卫星遥感数据等遥感观察数据等。著名的遥感数据如Landsat TM 数据、Landsat ETM+、SPOT、MODIS、AVHRR、IKONOS、QuickBird、ASTER、AVIRIS、Hyperion（Xie et al.，2008）、Google Earth 数据、中国高分系列遥感数据等。遥感数据的优点是能够快速且在较短时间内对大范围植被进行重复观察，从而获得不同时间尺度的观察数据，对理解植被的时空动态十分有益。缺点是数据分辨率仍然较低，对一些难以区分的植被类型辨识效果欠佳，尤其在缺少人工观察数据的区域，应用效果不确定性较大。近年来，三维激光雷达数据由于数据分辨率较高，并且能给出三维植被分布数据，在局域植被研究中获得较广泛的运用，但由于覆盖区域小，使用成本较高，仍存在遥感数据普遍存在的不能有效区分部分植被的问题。近期出现的人工智能和无人机技术可望在较大程度上提高植被识别的精度，同时提高植被数据获取的效率。本章考虑各种数据获取方法的优劣，采用野外调查、文献收集和遥感数据相结合的方法获取青藏高原植被制图所需数据。主要数据包括青藏高原地貌、地形、气候数据、土地利用数据、土壤数据、植被类型数据、遥感数据等，数据获取方式如下。

(1) 地貌、地形与气候数据

ASTER GDEM（30m 分辨率）数据下载自国家青藏高原科学数据中心（https://data.

tpdc. ac. cn/），由 ASTER GDEM 得到海拔，使用 ArcGIS 10.0（ESRI 2010）的 Spatial Analyst 工具计算坡向和坡度，生成地形地貌图。

根据数据可获得性和数据时段尽量接近植被制图年份的原则获取气候数据，气候数据空间分辨为5km，下载自 http：//www. worldclim. org/，覆盖1980～1989年、2010～2018年两个时段，通过计算得到4个时段19个气候因子，包括年平均气温、平均气温日较差、等温性、气温季节性变动系数、最热月份最高温度、最冷月份最低温度、气温年较差、最湿季平均温度、最干季平均温度、最暖季平均温度、最冷季平均温度、年降水量、最湿月份降水量、最干月份降水量、降水量季节性变化、最干季降水量、最湿季降水量、最暖季降水量、最冷季降水量。这些气候变量对植被分布具有重要影响，并在植被模型中经常被用作生物气候限制因子（Sitch et al.，2003）。由于上述数据缺乏2016～2020年、2031～2035年、2046～2050年3个时段的数据，这3个时段的数据来自 CESM 数据集（Karger et al.，2020），空间分辨率约为4km。

（2）土壤数据

世界土壤数据库（HWSD）土壤数据集来源于国家青藏高原科学数据中心。

（3）土地利用数据

1980～2020年栅格土地利用数据来自中国科学院资源环境科学数据平台（http：//www. resdc. cn），分辨率为1km。

（4）植被类型数据

20世纪80年代和2020年植被类型数据来自2019年、2020年、2021年的青藏高原野外考察记录数据（564个）。1980～1985年 Landsat 3 影像（分辨率为90m），1986～1987年 Landsat 4-5 TM 影像（分辨率为30m），2016～2020年 Landsat 8 OLI 影像（分辨率为30m），该数据下载自美国地质勘探局网站和地理空间数据云（http：//www. gscloud. cn/）。通过目视解译，分别在1980～1987年、2016～2020年两个时段各选取2900个数据，数据选取的原则是尽可能向1980年或2020年集中，充分考虑不同植被类型和在研究区域均匀分布；对于各类文献报道的青藏高原植被分布数据，数据选取的原则是尽可能向2020年集中，前后时间相差不超过5年，获得196个数据。合计获得1980年植被数据2900个，2020年植被数据3660个。

2.1.2 遥感数据

前述提到的青藏高原1980～1987年、2016～2020年遥感影像经地形图几何校正后镶嵌而成。主要包括波段组合、地形图几何配准（采用多项式几何校正方法）、投影变换、数字镶嵌等处理工作。利用均方根误差法评价单景影像几何配准精度，利用采样法评价数字镶嵌影像精度，完成青藏高原遥感影像数字镶嵌图，得到植被制图基本数据。预处理工具为 ENVI 5.1。在数据可得的情况下，同时参考 Google Earth 数据和欧洲空间局 Sentinel-2 系列卫星遥感影像等高精度遥感数据。

2.1.3　植被模拟与制图

目前，青藏高原植被分布资料主要有《中华人民共和国植被图（1∶1 000 000）》（中国科学院中国植被图编辑委员会，2007），主要采用地面调查数据制图，反映 20 世纪末的植被状况；更新的《中华人民共和国植被图（1∶1 000 000）》（Su et al.，2020），采用地面观察和遥感数据；基于地形-气候-遥感信息的青藏高原植被图（周广胜等，2023），采用地面观察、遥感、地形及气候数据，采用随机森林模型制图，考虑了多源数据及地形影响，结果更为可靠。但由于采用随机森林模型进行植被自动分类，虽然植被制图总体精度为 89.5%，但高寒灌丛草甸的制图精度为 56.9%，湿地的制图精度为 64.6%，并且存在湿地错分为高寒草甸和水体，落叶阔叶林与针阔混交林之间的混淆，以及高寒草甸与湿地、高寒灌丛草甸之间的混淆（周广胜等，2023）。另外，上述青藏高原植被数据资料来源为 20 世纪末和 2020 年左右，缺乏二者之前的植被分布资料，制约了对青藏高原植被动态的分析。本章基于地面观察数据、各类遥感数据、地形数据、气候数据、土地利用数据等目前各类可用植被图件资料，采用随机森林模型进行青藏高原植被分布模拟，再利用前述各类植被分布资料进行交叉验证分析，对青藏高原模拟植被图进行人工修正，获得更为可靠的 20 世纪 80 年代、2020 年青藏高原植被分布图；结合植被地带性分析，以 20 世纪 80 年代植被图为基础，获得青藏高原近似复原植被图；以本章获得的 2020 年青藏高原植被图为基础，采用随机森林模型模拟 2035 年、2050 年青藏高原植被图，为青藏高原研究提供可靠的植被分布序列资料。

1. 植被指数

光谱植被指数广泛应用于植被和土地覆盖分类。Zhou 等（2016）研究表明使用气候、地形变量以及 14 个夏季（7 月）光谱植被指数，运用随机森林模型可以较好地模拟青藏高原东北部黑河流域上游祁连山区的植被分布。因此，本章使用 14 个光谱夏季植被指数进行遥感数据的植被分类。使用的光谱植被指数包括比值植被指数（ratio vegetation index，RVI）、亮度指数（brightness index，BI）、绿度植被指数（green vegetation index，GVI）、湿度指数（wetness index，WI）、差值植被指数（differenced vegetation index，DVI）、绿度比值（green ratio，GR）、近红外比值（MIR ratio，MR）、土壤校正植被指数（soil-adjusted vegetation index，SAVI）、优化土壤校正植被指数（optimization of soil-adjusted vegetation index，OSAVI）、大气阻抗植被指数（atmospherically resistant vegetation index，ARVI）、归一化植被指数（normalized difference vegetation index，NDVI）、增强植被指数（enhanced vegetation index，EVI）、归一化耕作指数（normalized difference tillage index，NDTI）、归一化衰败植被指数（normalized difference senescent vegetation index，NDSVI），其计算方法见 Zhou 等（2016）。

2. 植被分布模型

本章使用 Zhou 等（2016）在青藏高原东北部黑河流域上游祁连山区推荐的随机森林

模型进行青藏高原植被分类。随机森林模型使用 EnMAP Box（van der Linden et al.，2015）的默认设置生成，包含100个树，节点计算使用基尼 Gini 系数。EnMAP Box 是一款由德国环境制图与分析计划（Environmental Mapping and Analysis Program）项目组基于交互式数据语言（interactive data language，IDL）开发的处理高光谱遥感数据的工具包。该工具包提供数据归一化、支持向量机和随机森林分类与回归、滤波等功能。

3. 20 世纪 80 年代和 2020 年植被制图方法

（1） 基于机器学习模型的植被模拟制图

采用随机森林模型，气候数据、地形数据和1980年和2020年 Landsat 影像夏季光谱植被指数，1980年2900个植被数据，2020年3660个植被数据全部用于模型训练，模拟生成1980年和2020年植被图，将其作为后续人工植被模拟制图的基础。

（2） 植被图人工修正

植被图人工修正主要是对地面观察数据、各类发表文献中有植被分布记录的数据、各类遥感数据、1:100万植被图、气候、地形、地貌、土壤数据进行交叉验证，编制 20 世纪 80 年代和 2020 年植被分布图。以 2020 年植被图为例，阐述植被图修正过程，所使用的数据尽量接近 2020 年，除前述指明的时间外，其他数据与 2020 年相比，前后时间相差不超过 5 年。

植被分类标准、图例单位和系统。采用《中华人民共和国植被图（1:1 000 000）》的分类标准、图例单位和系统，包括植被型组、植被型两个单位（中国科学院中国植被图编辑委员会，2007）。

分辨率。主要底图地形图的分辨率为30m，主要遥感数据的分辨率为30m，编制 20 世纪 80 年代植被图时参考的少量 1986~1987 年的遥感数据分辨率为90m，Google Earth 数据分辨率最高为 1m，最低为 30~100m。综合考虑，20 世纪 80 年代和 2020 年植被图的分辨率可达到 100m。根据制图精度，图斑面积大于或等于 $1000m^2$，对于面积小于 $1000m^2$ 的图斑，使其与相邻图斑融合。

目视解译标志建立。根据地面观察数据，确定植物群落和特殊地物在遥感影像中的具体位置，判读其在遥感影像上所显示的形状、色调及纹理特征，建立目视解译标志。

特殊地物与植物群落提取和制图。使用分辨率为30m 的地形图、Landsat 高精度遥感影像、Google Earth 数据、冰川数据，以及前述各类数据，在随机森林模型植被预分类的基础上，提取青藏高原易识别的地物，主要包括冰川、裸露沙漠、裸露戈壁、裸露盐碱地、水系及水体等地物，以及栽培植被等。

在随机森林模型植被预分类的基础上，优先根据地面观察资料修正每个单元的植物群落类型。在无地面观察数据的区域，结合全国 1:100 万植被图、Landsat 遥感数据、Google Earth 数据、气候数据、土壤数据等逐一对植物群落分布单元进行分析，修正每个单元的植物群落类型，形成初步的青藏高原植被图。

一致性检查。对于初步的青藏高原植被图，再一次利用现有资料（包括 1:100 万中国植被图、土地利用图、土壤图、地形图、遥感影像资料）进行一致性检查，确保植被图与气候、土壤、地形、现有相关图件和遥感资料逻辑相符。

植被图整饰。与 1:100 万中国植被图一致，采用图斑和数字相结合的方法，表示不同植被类型和制图单位，使其达到清晰易读、重点突出的要求。

4. 近似复原植被图编制

以 20 世纪 80 年代植被图为基础，考虑气候、地形、地貌、土壤特点和周边残存自然植被，将栽培植被和居民地用邻近区域自然植被替代，形成青藏高原近似复原植被图。

5. 未来植被图模拟

在完成的 2020 年植被图中，忽略面积小于青藏高原（张镱锂等，2021）国内部分面积 0.02% 的植被型（植被亚型，共 6 个）。在每个面积大于 5000km^2 的植被型（植被亚型）和无植被地段中提取 100 个以上植被类型数据；在面积小于 5000km^2 的植被型（植被亚型）和无植被地段中，视面积大小提取 10~50 个植被类型数据，共获得 4690 个植被类型数据，并且每个植被类型数据尽量均匀地分布于青藏高原。连同 2020 年地面观察数据（760 个），共 5450 个数据。其中，4360 个数据用于随机森林模型训练，1090 个数据用于随机森林模型验证。以 2016~2020 年气候数据的平均值（Karger et al., 2020）及其计算得到的 19 个气候因子和地形数据训练随机森林模型，模型总体精度为 58.5%，Kappa 系数为 0.55，训练生成的随机森林模型能够较好地模拟 2020 年青藏高原植被类型分布。虽然 2020~2050 年地形变化不大，但在青藏高原地形变化剧烈的区域，地形作为辅助控制因子，可以提高植被模拟精度。运用此模型，采用 2031~2035 年气候数据的平均值和 2046~2050 年气候数据的平均值及其计算得到的 19 个气候因子，以及地形数据，分别模拟得到 2035 年和 2050 年青藏高原植被图。

2.1.4 制图结果评估

通过上述机器学习模型模拟和人工综合分析制图相结合的方法获得青藏高原近似复原、20 世纪 80 年代、2020 年、2035 年、2050 年 5 个时期的植被图（图 2-1）。近似复原植被图、20 世纪 80 年代植被图、2020 年植被图分别包含 11 个植被型组、43 个植被型、2 个植被亚型。受大气候、地形、土壤等条件影响，5 个时期青藏高原由东南向西北呈现森林、灌丛、草甸、草原、荒漠的植被分布格局未发生变化，但各类型植被的面积和分布范围发生变化。根据主要制图数据的空间分辨率，近似复原植被图及 20 世纪 80 年代和 2020 年青藏高原植被图的空间分辨率可以达到 100m。

在近似复原植被到 2050 年青藏高原（2021 年张镱锂等发布实际范围的中国境内部分）植被型（植被亚型）中，面积较大的是高寒禾草、苔草草原，其面积为 58.84 万 km^2，其次是高寒嵩草、杂类草草甸，其面积为 57.47 万 km^2，面积超过 1 万 km^2 的其他植被型还包括高山稀疏植被、亚高山硬叶常绿阔叶灌丛、亚热带和热带山地针叶林、高寒垫状矮半灌木荒漠、亚高山落叶阔叶灌丛、温带半灌木、矮半灌木荒漠、温带丛生矮禾草、矮半灌木荒漠草原、温带丛生禾草典型草原、高山垫状植被、温带禾草、杂类草盐生草甸、亚高山常绿针叶灌丛、亚热带硬叶常绿阔叶林和矮林、温带灌木荒漠、亚热带、热

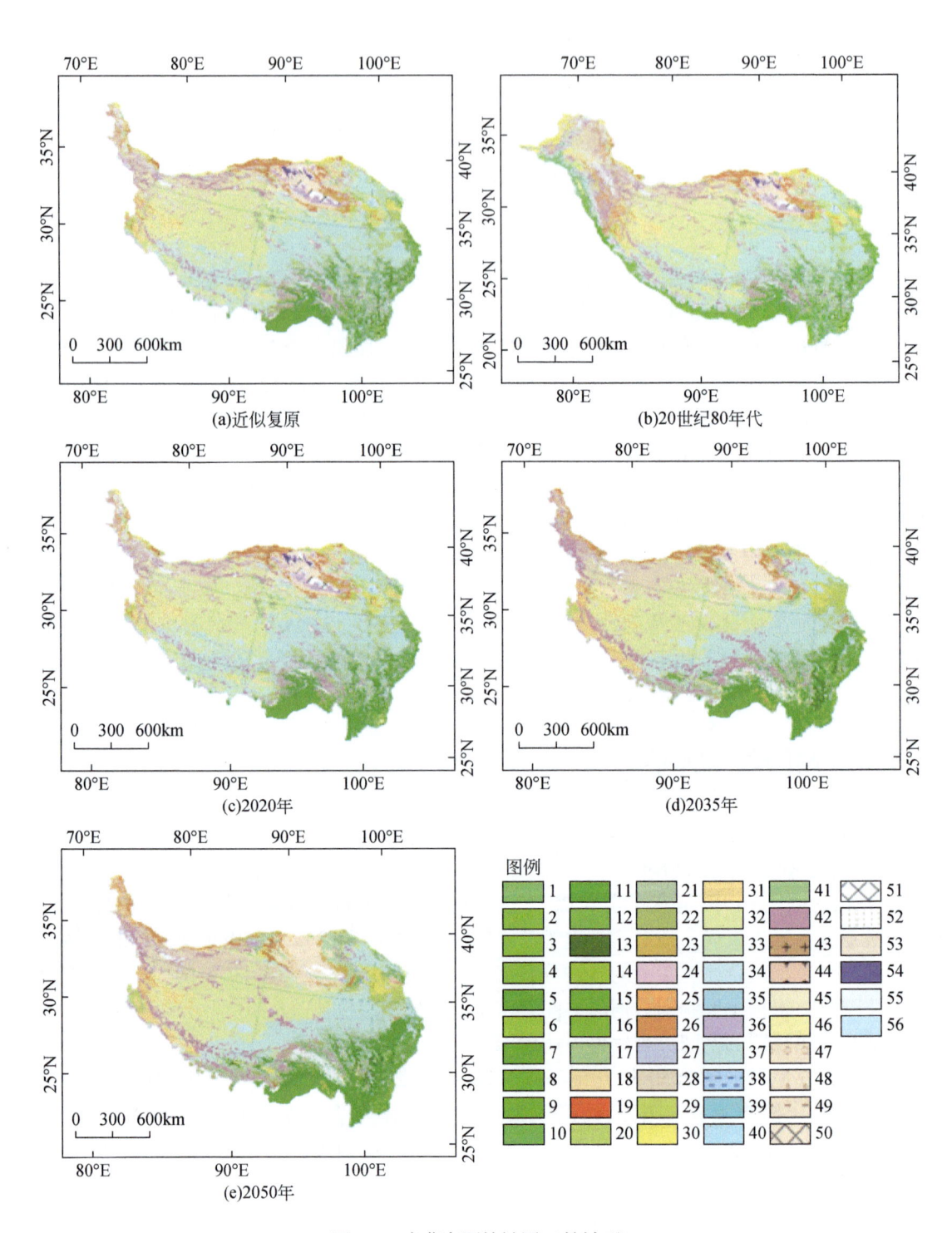

图 2-1 青藏高原植被图（植被型）

带常绿阔叶、落叶阔叶灌丛（常含稀树），亚热带季风常绿阔叶林。无植被地段中冰川积雪面积最大，其次是水体，裸露石山、裸露戈壁、风蚀残丘、裸露盐碱地的面积也超过1万 km²（表2-1）。

表2-1 青藏高原不同时段植被型（植被亚型）面积　　　　（单位：万 km²）

编号	植被型（植被亚型）	近似复原	20世纪80年代	2020年	2035年	2050年
1	寒温带和温带山地针叶林	0.66	0.66	0.41	0.29	1.44
2	温带针叶林	0.10	0.10	0.07	0.01	0.01
3	亚热带针叶林	0.71	0.63	0.67	1.63	1.83
4	热带针叶林	0.0012	0.0012	0.0008	0.00	0.00
5	亚热带和热带山地针叶林	12.11	12.02	13.93	15.30	20.86
6	亚热带山地针叶、常绿阔叶、落叶阔叶混交林	0.12	0.12	0.13	0.56	0.48
7	温带落叶阔叶林	0.64	0.62	0.41	0.52	0.48
8	温带落叶小叶疏林	0.01	0.01	0.01	0.00	0.00
9	亚热带落叶阔叶林	0.36	0.35	0.25	2.33	1.52
10	亚热带常绿、落叶阔叶混交林	0.05	0.05	0.05	0.07	0.33
11	亚热带常绿阔叶林	0.22	0.22	0.47	0.98	1.03
12	亚热带季风常绿阔叶林	1.11	1.11	1.09	1.77	1.77
13	亚热带硬叶常绿阔叶林和矮林	1.69	1.64	1.32	2.41	2.11
14	热带季雨林	0.00	0.00	0.00	0.00	0.00
15	热带雨林	0.14	0.14	0.14	0.19	0.20
16	亚热带、热带竹林和竹丛	0.09	0.09	0.08	0.19	0.12
17	温带落叶灌丛	0.52	0.46	0.61	0.50	0.33
18	亚热带、热带常绿阔叶、落叶阔叶灌丛（常含稀树）	1.71	1.49	1.75	2.24	1.43
19	亚热带、热带旱生常绿肉质多刺灌丛	0.05	0.05	0.05	0.04	0.07
20	亚高山落叶阔叶灌丛	9.13	9.01	9.46	4.61	4.99
21	亚高山硬叶常绿阔叶灌丛	13.57	13.49	12.81	14.52	15.43
22	亚高山常绿针叶灌丛	1.85	1.85	1.95	3.00	3.83
23	温带矮半乔木荒漠	0.85	0.85	1.29	1.22	3.00
24	温带灌木荒漠	1.59	1.59	1.75	3.23	6.14
25	温带草原化灌木荒漠	0.04	0.04	0.03	0.00	0.00
26	温带半灌木、矮半灌木荒漠	8.63	8.63	8.55	9.60	6.66
27	温带多汁盐生矮半灌木荒漠	0.69	0.69	0.68	1.21	0.74
28	高寒垫状矮半灌木荒漠	11.58	11.58	11.24	20.69	18.61

续表

编号	植被型（植被亚型）	近似复原	20 世纪 80 年代	2020 年	2035 年	2050 年
29	温带禾草、杂类草草甸草原	0.31	0.25	0.26	1.50	0.34
30	温带丛生禾草典型草原	4.45	4.07	4.12	3.91	4.87
31	温带丛生矮禾草、矮半灌木荒漠草原	6.33	6.29	6.26	9.83	9.78
32	高寒禾草、苔草草原	58.84	58.81	58.26	52.22	53.75
33	亚热带、热带草丛	0.44	0.42	0.19	0.14	0.12
34	温带禾草、杂类草草甸	0.62	0.59	0.24	0.14	0.18
35	温带禾草、苔草及杂类草沼泽化草甸	0.004	0.004	0.0001	0.00	0.00
36	温带禾草、杂类草盐生草甸	2.03	1.97	1.85	1.29	0.70
37	高寒嵩草、杂类草草甸	57.47	57.34	56.55	42.00	37.96
38	寒温带、温带沼泽	0.07	0.07	0.07	0.04	0.21
39	亚热带、热带沼泽	0.001	0.001	0.001	0.00	0.00
40	高寒沼泽	0.57	0.57	0.56	0.23	0.35
41	高山垫状植被	2.55	2.55	2.55	1.83	2.23
42	高山稀疏植被	38.06	37.95	37.80	31.88	30.02
43	一年一熟短生育期耐寒作物（无果树）	0.00	0.55	0.23	1.07	0.73
44	一年一熟粮食作物及耐寒经济作物、落叶果树园	0.00	0.65	0.53	0.07	0.58
45	两年三熟或一年两熟旱作和落叶果树园	0.00	0.08	0.01	0.00	0.00
46	一年两熟水旱粮食作物、果树园和经济林	0.00	0.22	0.15	0.00	0.00
47	裸露沙漠	0.73	0.73	0.73	1.38	0.16
48	裸露戈壁	2.06	2.06	2.06	3.56	2.30
49	裸露石山	2.56	2.55	2.56	4.81	5.24
50	裸露盐碱地	1.15	1.15	1.05	2.38	1.85
51	盐壳	0.76	0.76	0.70	0.21	1.00
52	龟裂地	0.06	0.06	0.06	0.09	0.00
53	风蚀残丘	1.82	1.82	1.82	3.48	4.91
54	风蚀裸地	0.79	0.79	0.78	0.23	0.00
55	冰川积雪	4.17	4.29	4.17	6.82	6.07
56	水体	4.01	4.02	5.38	1.90	1.36

通过使用高精度遥感数据，与《中华人民共和国植被图（1∶1 000 000）》（中国科学院中国植被图编辑委员会，2007）相比，本章编制的青藏高原植被图对植物群落边界描绘更为准确，如在白朗县、江孜县附近对栽培植被（淡棕色）、长芒草草原（黄色）、小嵩草高寒草甸（淡绿色）边界的描绘，本章的 20 世纪 80 年代植被图明显要比《中华人民共

和国植被图（1:1 000 000）》（中国科学院中国植被图编辑委员会，2007）更为精细，表明本章的青藏高原植被图精度更高（图2-2）。

从植被型（植被亚型）和非植被地段斑块数目（均为青藏高原中国境内部分）来看，《中华人民共和国植被图（1:1 000 000）》（中国科学院中国植被图编辑委员会，2007）斑块数目为15 068个。本章完成的近似复原、20世纪80年代、2020年（中国境内部分）植被图斑块数分别为64 402个、69 904个、125 960个，分别增加3.3倍、3.6倍、7.4倍。进一步说明本章所完成的植被图在植被类型斑块划分时更为精确。

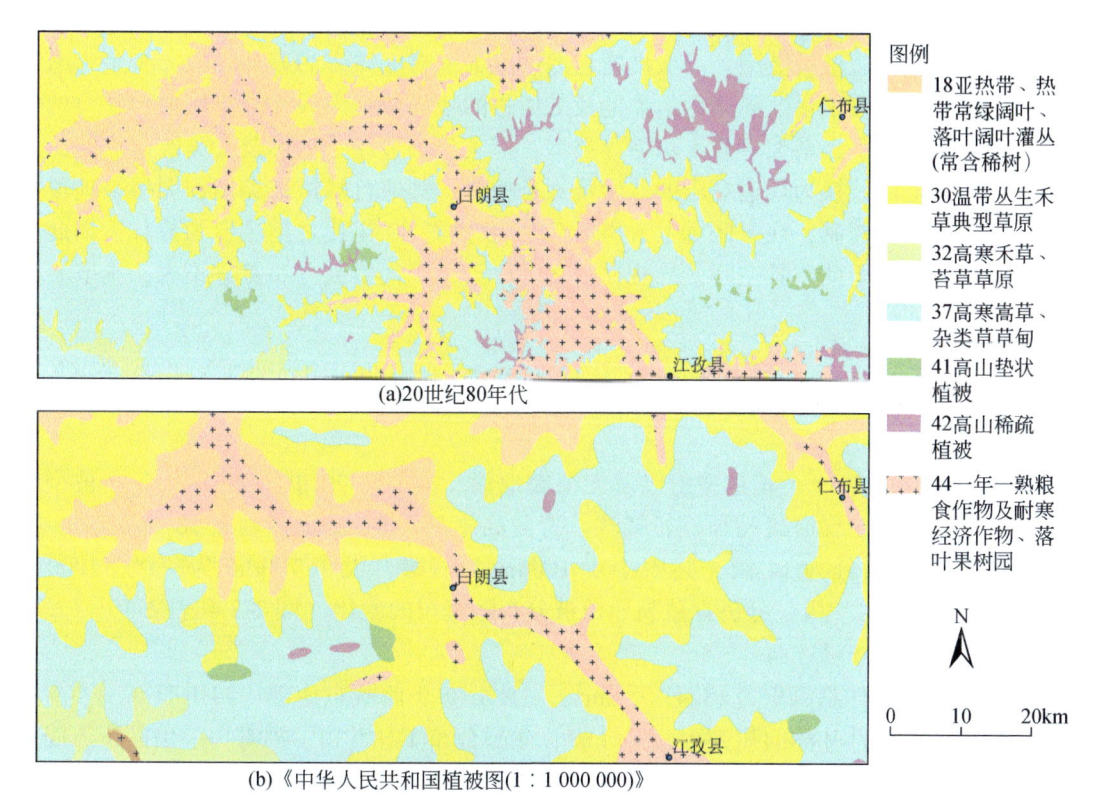

图 2-2 青藏高原植被图局部

2.2 青藏高原植被空间分异特征

植被空间分布的主控自然因子是大气候，其次受地形和土壤条件的影响。人类活动，如农田开垦，居民区、水库等重大工程建设也会对植被分布造成巨大影响。受自然因素影响，植被分布表现出三向地带性规律：①纬度地带性，是因纬度变化引起的热量变化而产生的植被地域分异；②经度地带性，是经度变化导致水分条件变化而产生的植被地域分异；③垂直地带性，在纬度和经度地带性分异规律的基础上，植被分布于不同的海拔表现出分异特征，垂直地带性总体上遵循纬度地带性。青藏高原地域面积广阔，地形变化剧烈，因此存在由南至北的植被经向变化和自东向西的纬向变化。随高山和河谷等地形地貌变化,植被的垂直分异特征非常明显。本节主要分析青藏高原近似复原植被和20世纪80年代人类干扰尚不剧烈以及21世纪10年代人类干扰显著增强以来植被的空间分异特征。

2.2.1 青藏高原近似复原植被空间分异特征

以20世纪80年代植被图为基础,考虑气候、地形、地貌、土壤特点和周边残存自然植被,将栽培植被和居民地用邻近区域自然植被替代,形成青藏高原近似复原植被图。栽培植被在青藏高原东部及南部主要分布于大江大河的河谷区域,如河湟谷地、"一江两河"区域等,基于其周边植被类型,一般推断自然情况下东部区域多为森林植被,少量为灌丛或草甸、草原等。在干旱区如柴达木盆地及其周边的栽培植被因人为灌溉形成,在自然情况下一般为温带禾草、杂类草盐生草甸等类型,但其分布边界受地形及人类改造影响而难以确认,将其范围替换为周边对应的盐生草甸类型等。其他自然植被类型和无植被地段主要受气候和地形等控制,在大区域上人类活动在20世纪80年代之前主要为放牧,因此一般未进行修改。基于此,其空间分异规律与20世纪80年代植被分布差异不大,本节不再赘述。

2.2.2 20世纪80年代青藏高原植被空间分异特征

青藏高原共包含11个植被型组以及无植被地段。本节对20世纪80年代各植被型组分布的地理位置及主要海拔特征进行描述。青藏高原97.75%的海拔在2500~6000m,在此将青藏高原海拔分为14级,其中小于1000m为一级,大于7000m为一级,1000~7000m每500m分为一级,分析青藏高原植被分布随海拔的变化(图2-3和表2-1)。

(1)针叶林

青藏高原针叶林总面积为13.41万km²,主要分布于西藏东南部、四川西部、云南西北部。其中,西藏针叶林面积为6.12万km²,主要分布于林芝市、昌都市、山南市;四川针叶林面积为4.28万km²,主要分布于甘孜藏族自治州(简称甘孜州)、阿坝藏族羌族自治州(简称阿坝州);云南针叶林面积为1.65万km²,主要分布于迪庆藏族自治州(简称迪庆州)。

针叶林包含的植被型和面积如下:寒温带和温带山地针叶林0.66万km²,温带针叶林0.10万km²,亚热带针叶林0.63万km²,热带针叶林0.0012万km²,亚热带和热带山地针叶林12.02万km²。寒温带和温带山地针叶林主要分布于青海与甘肃交界一带山区,温带针叶林主要分布于四川阿坝州、甘肃甘南藏族自治州(简称甘南州),亚热带针叶林主要分布于四川凉山彝族自治州(简称凉山州)、云南丽江市、西藏林芝市,热带针叶林主要分布于西藏日喀则市吉隆县南端喜马拉雅山南麓,亚热带和热带山地针叶林主要分布于西藏林芝市和昌都市及四川甘孜州和阿坝州。

93.65%的针叶林分布于海拔2500~4500m处,其中,61.4%集中分布在海拔3000~4000m处。寒温带和温带山地针叶林主要分布于海拔3000~4000m处,温带针叶林主要分布于海拔2000~3500m处,亚热带针叶林主要分布于海拔2000~3500m处,热带针叶林主

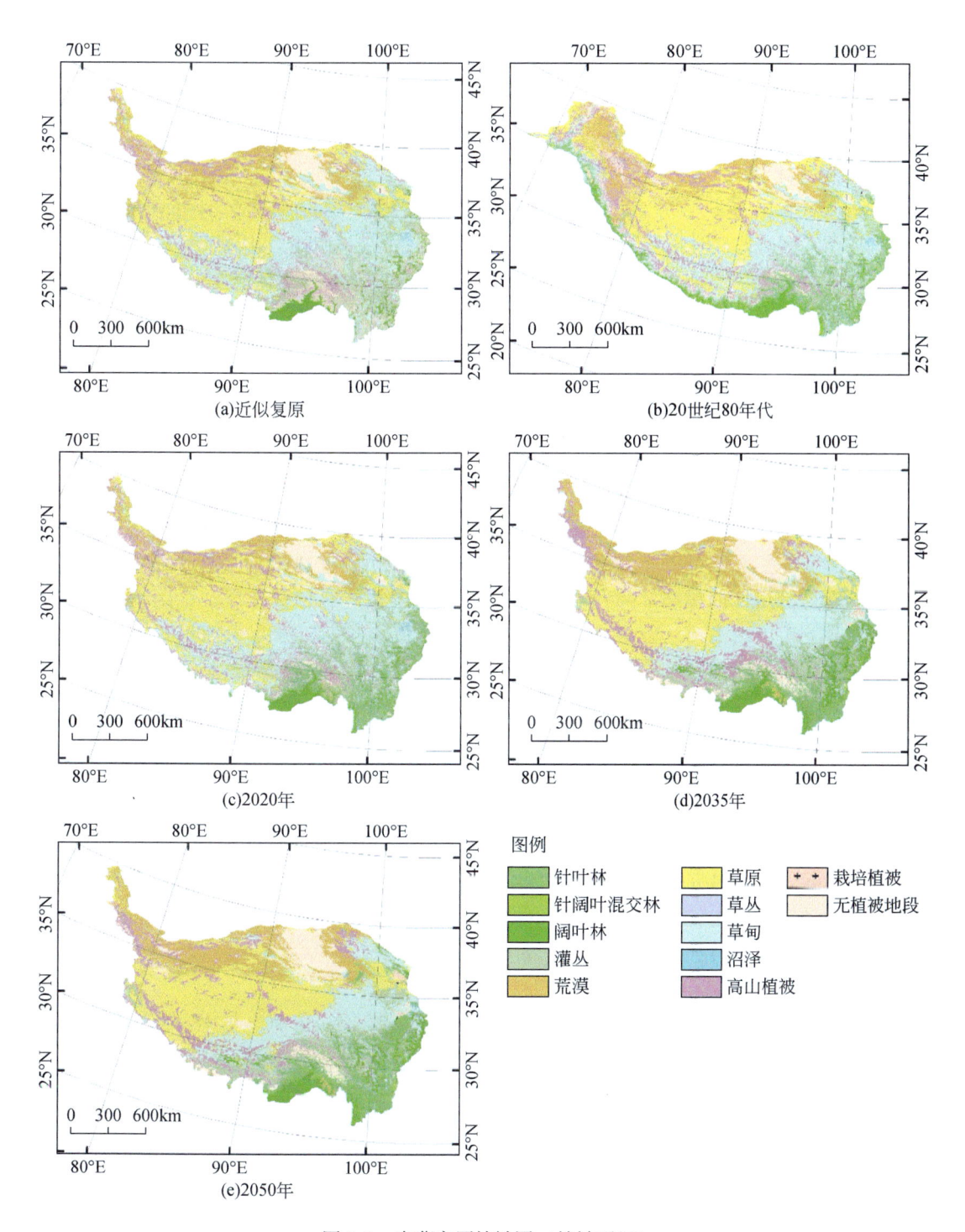

图 2-3 青藏高原植被图（植被型组）

要分布于海拔 2000~2500m 处，亚热带和热带山地针叶林主要分布于海拔 2500~4500m 处。

(2) 针阔叶混交林

针阔叶混交林中只有一种植被型，为亚热带山地针叶、常绿阔叶、落叶阔叶混交林，其面积为0.12万km²，主要分布于四川阿坝州、西藏山南市等，主要分布于海拔2500~4000m处。

(3) 阔叶林

阔叶林总面积为4.23万km²，主要分布于西藏东南部、四川西部、甘肃南部、云南西北部。其中，西藏阔叶林面积为1.36万km²，主要分布于林芝市、山南市；四川阔叶林面积为2.22万km²，主要分布于甘孜州、阿坝州；甘肃阔叶林面积为0.30万km²，主要分布于甘南州；云南阔叶林面积为0.24万km²，主要分布于迪庆州。

阔叶林包含的植被型和面积如下：温带落叶阔叶林0.62万km²，温带落叶小叶疏林0.01万km²，亚热带落叶阔叶林0.35万km²，亚热带常绿、落叶阔叶混交林0.05万km²，亚热带常绿阔叶林0.22万km²，亚热带季风常绿阔叶林1.11万km²，亚热带硬叶常绿阔叶林和矮林1.64万km²，热带雨林0.14万km²，亚热带、热带竹林和竹丛0.09万km²。温带落叶阔叶林主要分布于甘肃甘南州、青海海东市。温带落叶小叶疏林主要分布于甘肃兰州市。亚热带落叶阔叶林主要分布于四川阿坝州、甘孜州及西藏林芝市。亚热带常绿、落叶阔叶混交林主要分布于四川阿坝州、成都市、雅安市。亚热带常绿阔叶林主要分布于怒江傈僳族自治州（简称怒江州）、迪庆州及四川凉山州。亚热带季风常绿阔叶林主要分布于西藏林芝市、山南市。亚热带硬叶常绿阔叶林和矮林主要分布于四川甘孜州、阿坝州、凉山州。热带雨林主要分布于西藏林芝市。亚热带、热带竹林和竹丛主要分布于四川雅安市、阿坝州。

93.88%的阔叶林分布于海拔1000~4000m处，其中，64.63%集中在海拔2000~3500m处。温带落叶阔叶林主要分布于海拔2000~3500m处，温带落叶小叶疏林主要分布于海拔2500~3500m处，亚热带落叶阔叶林主要分布于海拔2500~4500m处，亚热带常绿、落叶阔叶混交林主要分布于海拔1500~3500m处，亚热带常绿阔叶林主要分布于海拔2000~3500m处，亚热带季风常绿阔叶林主要分布于海拔1000~2500m处，亚热带硬叶常绿阔叶林和矮林主要分布于海拔2500~4000m处，热带雨林分布于海拔小于1500m处，亚热带、热带竹林和竹丛主要分布于海拔1500~3500m处。

(4) 灌丛

灌丛总面积26.35万km²，灌丛主要分布于西藏、四川、青海。其中，西藏灌丛面积为10.52万km²，主要分布于昌都市、林芝市等；四川灌丛面积为7.9万km²，主要分布于甘孜州、阿坝州；青海灌丛面积为4.68万km²，主要分布于果洛藏族自治州（简称果洛州）、玉树藏族自治州（简称玉树州）等。

灌丛包含的植被型和面积如下：温带落叶灌丛0.46万km²，亚热带、热带常绿阔叶、落叶阔叶灌丛（常含稀树）1.49万km²，亚热带、热带旱生常绿肉质多刺灌丛0.05万km²，亚高山落叶阔叶灌丛9.01万km²，亚高山硬叶常绿阔叶灌丛13.49万km²，亚高山常绿针叶灌丛1.85万km²。温带落叶灌丛主要分布于甘肃甘南州和四川阿坝州。亚热带、热带常绿阔叶、落叶阔叶灌丛（常含稀树）主要分布于西藏昌都市、山南市、日喀则市。亚热带、热带旱生常绿肉质多刺灌丛主要分布于四川甘孜州、凉山州。亚高山落叶阔叶灌丛主要分布于甘肃甘南州，四川甘孜州，青海果洛州、玉树州、海南藏族自治州（简称海南州）、海西蒙古族藏族自治州（简称海西州）等。亚高山硬叶常绿阔叶灌丛主要分布于四川甘孜州，西藏昌都市、林芝市。亚高山常绿针叶灌丛主要分布于西藏林芝市、山南市等。

91.32%的灌丛分布于海拔3000~5000m处，其中，62.58%分布于海拔3500~4500m处。温带落叶灌丛主要分布于海拔2000~3500m处，亚热带、热带常绿阔叶、落叶阔叶灌丛（常含稀树）主要分布于海拔2500~4000m处，亚热带、热带旱生常绿肉质多刺灌丛主要分布于海拔1500~3500m处，亚高山落叶阔叶灌丛主要分布于海拔3000~5000m处，亚高山硬叶常绿阔叶灌丛主要分布于海拔3500~5000m处，亚高山常绿针叶灌丛主要分布于海拔4000~5000m处。

(5) 荒漠

荒漠总面积23.38万km^2，荒漠主要分布于新疆、青海、西藏。其中，新疆荒漠面积为11.43万km^2，主要分布于巴音郭楞蒙古自治州（简称巴音郭楞州）、和田地区等；青海荒漠面积为6.54万km^2，主要分布于海西州；西藏荒漠面积为4.62万km^2，主要分布于阿里地区、那曲市等。

荒漠包含的植被型和面积如下：温带矮半乔木荒漠0.85万km^2，温带灌木荒漠1.59万km^2，温带草原化灌木荒漠0.04万km^2，温带半灌木、矮半灌木荒漠8.63万km^2，温带多汁盐生矮半灌木荒漠0.69万km^2，高寒垫状矮半灌木荒漠11.58万km^2。温带矮半乔木荒漠主要分布于青海海西州。温带灌木荒漠主要分布于青海海西州。温带草原化灌木荒漠主要分布于青海海南州。温带半灌木、矮半灌木荒漠主要分布于青海海西州和新疆巴音郭楞州。温带多汁盐生矮半灌木荒漠主要分布于青海海西州。高寒垫状矮半灌木荒漠主要分布于新疆巴音郭楞州、和田地区，西藏阿里地区、那曲市。

98.12%的荒漠分布于海拔2500~5500m处，其中，72.99%分布于海拔3000~5000m处。温带矮半乔木荒漠主要分布于海拔2500~3500m处，温带灌木荒漠主要分布于海拔2500~4000m处，温带草原化灌木荒漠主要分布于海拔2500~3500m处，温带半灌木、矮半灌木荒漠主要分布于海拔2500~4500m处，温带多汁盐生矮半灌木荒漠主要分布于海拔2500~4000m处，高寒垫状矮半灌木荒漠主要分布于海拔4000~5500m处。

(6) 草原

草原总面积69.42万km^2，主要分布于西藏、青海、新疆。其中，西藏草原面积为46.94万km^2，主要分布于阿里地区、那曲市等；青海草原面积为13.11万km^2，主要分布于海西州、玉树州；新疆草原面积为6.61万km^2，主要分布于巴音郭楞州。

草原包含的植被型和面积如下：温带禾草、杂类草草甸草原0.25万km^2，温带丛生禾草典型草原4.07万km^2，温带丛生矮禾草、矮半灌木荒漠草原6.29万km^2，高寒禾草、苔草草原58.81万km^2。温带禾草、杂类草草甸草原主要分布于青海海东市、黄南藏族自治州（简称黄南州）。温带丛生禾草典型草原主要分布于甘肃酒泉市，青海海南州、海西州，西藏日喀则市。温带丛生矮禾草、矮半灌木荒漠草原主要分布于西藏阿里地区。高寒禾草、苔草草原主要分布于西藏那曲市、阿里地区，青海玉树州、海西州。

97.67%的草原分布于海拔3000~5500m处，其中，84.72%分布于海拔4000~5500m

处。温带禾草、杂类草草甸草原主要分布于海拔2000~3000m处，温带丛生禾草典型草原主要分布于海拔2500~4500m处，温带丛生矮禾草、矮半灌木荒漠草原主要分布于海拔3000~5000m处，高寒禾草、苔草草原主要分布于海拔4500~5500m处。

（7）草丛

草丛总面积0.42万km²，包含一个植被型，为亚热带、热带草丛。草丛主要分布于云南怒江州、迪庆州。89.41%的草丛分布于海拔1500~3500m处。

（8）草甸

草甸总面积59.90万km²，草甸主要分布于青海、西藏、四川。其中，青海草甸面积为26.15万km²，主要分布于玉树州、海西州；西藏草甸面积为21.44万km²，主要分布于那曲市、日喀则市；四川草甸面积为9.12万km²，主要分布于甘孜州。

草甸包含的植被型和面积如下：温带禾草、杂类草草甸0.59万km²，温带禾草、苔草及杂类草沼泽化草甸0.004万km²，温带禾草、杂类草盐生草甸1.97万km²，高寒嵩草、杂类草草甸57.34万km²。温带禾草、杂类草草甸主要分布于云南迪庆州、丽江市、怒江州，四川凉山州、甘孜州。温带禾草、苔草及杂类草沼泽化草甸主要分布于新疆巴音郭楞州。温带禾草、杂类草盐生草甸主要分布于青海海西州。高寒嵩草、杂类草草甸主要分布于青海玉树州、果洛州、海西州，西藏日喀则市、那曲市，四川甘孜州。

92.89%的草甸分布于海拔3500~5500m处，其中，65.97%分布于海拔4000~5000m处。温带禾草、杂类草草甸主要分布于海拔2500~4000m处，温带禾草、苔草及杂类草沼泽化草甸主要分布于海拔3000~3500m处，温带禾草、杂类草盐生草甸主要分布于海拔2500~3000m处，高寒嵩草、杂类草草甸主要分布于海拔3500~5500m处。

（9）沼泽

沼泽总面积0.64万km²，主要分布于四川阿坝州。

沼泽包含的植被型和面积如下：寒温带、温带沼泽0.07万km²，亚热带、热带沼泽0.001万km²，高寒沼泽0.57万km²。寒温带、温带沼泽主要分布于青海海西州。亚热带、热带沼泽主要分布于四川阿坝州。高寒沼泽主要分布于四川阿坝州、甘孜州，甘肃甘南州。

82.74%的沼泽分布于海拔3000~4000m处。寒温带、温带沼泽主要分布于海拔2500~3500m处，亚热带、热带沼泽主要分布于海拔3000~3500m处，高寒沼泽主要分布于海拔3000~4000m处。

（10）高山植被

高山植被总面积40.5万km²，高山植被主要分布于西藏、新疆、青海。其中，西藏高山植被面积为20.63万km²，新疆高山植被面积为9.32万km²，青海高山植被面积为7.15万km²。

高山植被的植被型和面积如下：高山垫状植被2.55万km²，高山稀疏植被37.95万km²。高山垫状植被主要分布于青海海西州、玉树州，新疆巴音郭楞州。高山稀疏植被主要分布于西藏阿里地区、那曲市、日喀则市，新疆和田地区、巴音郭楞州。

96.71%的高山植被分布于海拔4000~6000m处，其中，68.78%分布于海拔4500~5500m处。高山垫状植被主要分布于海拔4000~5500m处，高山稀疏植被主要分布于海拔

4500～6000m 处。

（11）栽培植被

栽培植被总面积 1.5 万 km²，主要分布于青海、四川、西藏。其中，青海栽培植被面积为 0.64 万 km²，四川栽培植被面积为 0.29 万 km²，西藏栽培植被面积为 0.29 万 km²。

栽培植被的植被型和面积如下：一年一熟短生育期耐寒作物（无果树）0.55 万 km²，一年一熟粮食作物及耐寒经济作物、落叶果树园 0.65 万 km²，两年三熟或一年两熟旱作和落叶果树园 0.08 万 km²，一年两熟水旱粮食作物、果树园和经济林 0.22 万 km²。一年一熟短生育期耐寒作物（无果树）主要分布于青海海南州、海北藏族自治州（简称海北州）、海东市，甘肃甘南州。一年一熟粮食作物及耐寒经济作物、落叶果树园主要分布于西藏日喀则市，青海西宁市、海东市、海西州。两年三熟或一年两熟旱作和落叶果树园主要分布于四川阿坝州、甘孜州。一年两熟水旱粮食作物、果树园和经济林主要分布于四川凉山州，云南丽江市、迪庆州、怒江州。

97.87% 的栽培植被分布于海拔 1500～4500m 处，其中，73.43% 分布于海拔 2000～3500m 处。一年一熟短生育期耐寒作物（无果树）主要分布于海拔 2500～3500m 处，一年一熟粮食作物及耐寒经济作物、落叶果树园主要分布于海拔 2500～4000m 处，两年三熟或一年两熟旱作和落叶果树园主要分布于海拔 2000～3500m 处，一年两熟水旱粮食作物、果树园和经济林主要分布于海拔 1500～3000m 处。

（12）无植被地段

无植被地段总面积 18.23 万 km²，无植被地段主要分布于青海、西藏、新疆。其中，青海无植被地段面积为 10.43 万 km²，西藏无植被地段面积为 4.95 万 km²，新疆无植被地段面积为 2.15 万 km²。

无植被地段的类型和面积如下：裸露沙漠 0.73 万 km²，裸露戈壁 2.06 万 km²，裸露石山 2.55 万 km²，裸露盐碱地 1.15 万 km²，盐壳 0.76 万 km²，龟裂地 0.06 万 km²，风蚀残丘 1.82 万 km²，风蚀裸地 0.79 万 km²，冰川积雪 4.29 万 km²，水体 4.02 万 km²。裸露沙漠主要分布于青海海西州、甘肃酒泉市、新疆巴音郭楞州。裸露石山主要分布于青海海西州、玉树州。裸露戈壁、裸露盐碱地、盐壳、龟裂地、风蚀残丘、风蚀裸地主要分布于青海海西州。冰川积雪主要分布于西藏林芝市、阿里地区，新疆和田地区、喀什地区。水体主要分布于西藏那曲市、阿里地区，青海海西州、玉树州等。

95.85% 的无植被地段分布于海拔 2500～6000m 处，其中，44.55% 分布于海拔 2500～3500m 处，41.66% 分布于海拔 4500～6000m 处。裸露沙漠主要分布于海拔 3000～4500m 处，裸露戈壁主要分布于海拔 2500～3500m 处，裸露石山主要分布于海拔 4500～5500m 处，裸露盐碱地主要分布于海拔 2500～3000m 处，盐壳主要分布于海拔 2500～3000m 处，龟裂地主要分布于海拔 2500～3500m 处，风蚀残丘主要分布于海拔 2500～3000m 处，风蚀裸地主要分布于海拔 2500～3000m 处，冰川积雪主要分布于海拔 5000～6500m 处，水体主要分布于海拔 4000～5000m 处。

2.2.3　2020 年青藏高原植被空间分异特征

2020 年植被分布总体格局与 20 世纪 80 年代类似，基于精度更高的遥感数据及辅助数据，采用模拟和人工制图相结合的方法编制了2020年植被图。主要变化是部分栽培植被因城镇扩张、退耕还林等面积减少；各植被型边界更加准确，面积变化较小，分布的主要市县变化不大。

2.3 青藏高原未来植被可能变化

1906~2005年，全球平均气温升高了0.74℃，预计到21世纪末全球平均气温将升高1.1~6.4℃。而降水变化的不确定性更高，一些地区降水明显增加，一些地区降水明显减少[①]。气候是影响植被分布的主要影响因素，从根本上影响着植被分布范围和变化速度（Grimm et al.，2013）。其次，全球约75%的陆地生物群落受到人类活动影响，已成为世界许多地区植被变化的主要因素（Ellis，2011）。我国建设社会主义现代化强国的总体战略是从二〇二〇年到二〇三五年基本实现社会主义现代化；从二〇三五年到本世纪中叶把我国建成富强民主文明和谐美丽的社会主义现代化强国。为准确理解未来气候变化和人类活动对植被的影响，为我国社会经济发展提供植被分布基础资料支撑，本节分析2035年和2050年青藏高原植被空间分布的基本规律。

2.3.1 2035年青藏高原植被空间分异特征

针叶林面积为17.23万km^2，主要分布于四川阿坝州、甘孜州，西藏林芝市，云南迪庆州。对比2020年，主要植被型变化如下：亚热带针叶林面积由0.67万km^{2}增加到1.63万km^2，亚热带和热带山地针叶林面积由13.93万km^{2}增加到15.30万km^2。

针阔叶混交林面积0.56万km^2，主要分布于四川甘孜州、阿坝州。

阔叶林8.46万km^2，主要分布于四川甘孜州、阿坝州，西藏林芝市。对比2020年，主要植被型变化如下：亚热带落叶阔叶林面积由0.25万km^{2}增加到2.33万km^2，亚热带硬叶常绿阔叶林和矮林面积由1.32 km^{2}增加到2.41 km^2。

灌丛面积为24.91万km^2，主要分布于西藏昌都市、日喀则市，四川甘孜州，青海海南州。对比2020年，主要植被型变化如下：亚热带、热带常绿阔叶、落叶阔叶灌丛（常含稀树）面积由1.75万km^{2}增加到2.24万km^2，亚高山硬叶常绿阔叶灌丛面积由12.81万km^{2}增加到14.52万km^2，亚高山常绿针叶灌丛面积由1.95万km^{2}增加到3.0万km^2。

荒漠面积为35.95万km^2，主要分布于新疆巴音郭楞州、和田市，西藏阿里地区，青海海西州。对比2020年，主要植被型变化如下：温带灌木荒漠面积由1.75万km^{2}增加到3.23万km^2，温带半灌木、矮半灌木荒漠面积由8.55万km^{2}增加到9.6万km^2，高寒垫状矮半灌木荒漠面积由11.24万km^{2}增加到20.69万km^2。

草原面积为67.46万km^2，主要分布于西藏那曲市、阿里地区，青海玉树州。对比

[①] Intergovernmental Panel on Climate Change. 2007. Climate Change 2007: Synthesis Report. Contribution of Working Groups Ⅰ, Ⅱ and Ⅲ to the Fourth Assessment Report of the Intergovernmental Panel on Climate Change [Core Writing Team, Pachauri R K and Reisinger A]. IPCC, Geneva, Switzerland, 104 pp.

2020 年，主要植被型变化如下：温带禾草、杂类草草甸草原面积由 0.26 万 km² 增加到 1.5 万 km²，温带丛生矮禾草、矮半灌木荒漠草原面积由 6.26 万 km² 增加到 9.83 万 km²，高寒禾草、苔草草原面积由 58.26 万 km² 减少到 52.22 万 km²。

草丛面积为 0.14 万 km²，主要分布于四川凉山州，云南丽江市。

草甸面积为 43.43 万 km²，主要分布于青海玉树州、果洛州，西藏那曲市，四川甘孜州。对比 2020 年，主要植被型变化如下：高寒嵩草、杂类草草甸面积由 56.55 万 km² 减少到 42.0 万 km²。

高山植被面积为 33.71 万 km²，主要分布于西藏阿里地区、日喀则市，新疆和田地区、喀什地区，青海海西州。对比 2020 年，主要植被型变化如下：高山稀疏植被面积由 37.8 万 km² 减少到 31.88 万 km²。

栽培植被面积为 1.14 万 km²，主要分布于甘肃甘南州、青海西宁市等。

无植被地段面积为 24.86 万 km²，主要分布于青海海西州，西藏那曲市、阿里地区等。

2.3.2　2050 年青藏高原植被空间分异特征

针叶林面积为 24.14 万 km²，主要分布于四川阿坝州、甘孜州，西藏林芝市，云南迪庆州。对比 2035 年，主要植被型变化如下：寒温带和温带山地针叶林面积由 0.29 万 km² 增加到 1.44 万 km²，亚热带和热带山地针叶林面积由 15.3 万 km² 增加到 20.86 万 km²。

针阔叶混交林面积为 0.48 万 km²，主要分布于四川甘孜州、阿坝州、凉山州。

阔叶林面积为 7.56 万 km²，主要分布于四川甘孜州、阿坝州，西藏林芝市。对比 2035 年，主要植被型变化如下：亚热带落叶阔叶林面积由 2.33 万 km² 减少到 1.52 万 km²。

灌丛面积为 26.08 万 km²，主要分布于西藏昌都市、日喀则市，四川甘孜州。对比 2035 年，主要植被型变化如下：亚热带、热带常绿阔叶、落叶阔叶灌丛（常含稀树）面积由 2.24 万 km² 减少到 1.43 万 km²，亚高山硬叶常绿阔叶灌丛面积由 14.52 万 km² 增加到 15.43 万 km²，亚高山常绿针叶灌丛面积由 3.0 万 km² 增加到 3.83 万 km²。

荒漠面积为 35.15 万 km²，主要分布于新疆巴音郭楞州、和田市，西藏阿里地区，青海海西州。对比 2035 年，主要植被型变化如下：温带灌木荒漠面积由 3.23 万 km² 增加到 6.14 万 km²，温带半灌木、矮半灌木荒漠面积由 9.6 万 km² 减少到 6.66 万 km²，高寒垫状矮半灌木荒漠面积由 20.69 万 km² 减少到 18.61 万 km²。

草原面积为 68.74 万 km²，主要分布于西藏那曲市、阿里地区，青海玉树州。对比 2035 年，主要植被型变化如下：温带禾草、杂类草草甸草原面积由 1.5 万 km² 减少到 0.34 万 km²，温带丛生禾草典型草原面积由 3.91 万 km² 增加到 4.87 万 km²，高寒禾草、苔草草原面积由 52.22 万 km² 增加到 53.75 万 km²。

草丛面积为 0.12 万 km²，主要分布于四川凉山州和云南丽江市。

草甸面积为 38.84 万 km²，主要分布于青海玉树州、果洛州，西藏那曲市，四川甘孜州。对比 2035 年，主要植被型变化如下：高寒嵩草、杂类草草甸面积由 42.0 万 km² 减少到 37.96 万 km²。

沼泽面积为 0.56 万 km²，主要分布于甘肃甘南州和青海海西州。

高山植被面积为 32.25 万 km²，主要分布于西藏阿里地区、日喀则市、那曲市，新疆和田地区、喀什地区，青海海西州。对比 2035 年，主要植被型变化如下：高山稀疏植被面积由 31.88 万 km² 减少到 30.02 万 km²。

栽培植被面积为 1.31 万 km²，主要分布于甘肃甘南州，青海海东市、西宁市等。

无植被地段面积为 22.89 万 km²，主要分布于青海海西州，西藏那曲市、阿里地区等。

2.4 青藏高原植被时空变化与归因分析

植被变化是由气候因素和人类活动共同影响的。目前，已有许多分析植被时空变化的方法，包括机理模拟模型，如谢菲尔德（Sheffield）动态全球植被模型（dynamic global vegetation model）；统计分析模型，如皮尔逊（Pearson）相关系数、偏相关系数分析等。冗余分析（redundancy analysis，RDA）是分析多个环境变量与植被之间关系的典范对应分析方法，能够提供环境条件对植被变化的解释率，并对每个解释变量的典型特征值进行显著性检验，因而成为植被分布与环境关系分析的主要方法之一。通常采用景观指数反映植被的空间变化，运用空间统计分析方法分析植被景观指数与气候因子及人类干扰因子之间的关系，揭示植被空间变化的主控因子。植被分类水平也会影响植被分布与环境关系的分析结果。本节采用的植被数据包括植被型和植被型组，因此采用 RDA 方法与植被型组和植被型水平的景观指数及环境因子分析植被空间分布格局和环境的关系。在植被型组水平上，根据植被类型和各类型质心的变化分析植被的时间变化规律。

2.4.1 植被时间变化及驱动因素

本章分别在植被型组和植被型水平上，从各时段植被类型面积变化、单一植被面积动态变化率和综合植被面积动态变化率等方面阐述植被类型的时间变化规律；运用重心偏移模型分析植被型组水平植被的变化方向。由于复原植被图是在 20 世纪 80 年代植被分布数据的基础上复原人类干扰形成的植被类型，变化时间较长，因此本节从 20 世纪 80 年代的植被分布数据开始分析其变化趋势。

1. 数据和方法

各时期植被分布数据仍为 2021 年张镱锂等发布的青藏高原实际范围的中国境内部分。

动态变化率指某区域特定时段内植被类型的整体变化速率，利用动态变化率表示研究区植被类型在各时期的变化速率，采用下述方法进行计算。

（1）单一植被面积动态变化率

单一植被面积动态变化率表示研究区内某类型植被面积在一定时期内的净变化情况，公式如下：

$$K = \frac{LU_b - LU_a}{LU_a} \times \frac{1}{T} \times 100\% \tag{2-1}$$

式中，K 为动态变化率；LU_a、LU_b 分别为期始、期末某植被类型的面积；T 为时间间隔，

年。当 |K| ≤0.5 时，表示变化小；当 0.5< |K| ≤1.5 时，表示变化中等；当 |K| > 1.5 时，表示变化大。

（2）综合植被面积动态变化率

综合植被面积动态变化率表示研究区植被面积的整体变化速率，公式如下：

$$C = \left(\frac{\sum_{i=1}^{n} \Delta U_{i-j}}{2\sum_{i=1}^{n} U_i} \right) \times \frac{1}{T} \times 100\% \tag{2-2}$$

式中，C 为植被面积综合变化率；ΔU_{i-j} 为某植被类型在起始时间的面积（i）减去期末时间的面积（j）的绝对值；U_i 为起始时间 i 类型植被的面积；2 表示两个时期；T 为时间间隔。

2. 结果

（1）20 世纪 80 年代至 2050 年植被型组的面积变化

20 世纪 80 年代至 2050 年针叶林和栽培植被的面积总体呈增加趋势，草原、草丛、草甸和高山植被的面积总体呈下降趋势。20 世纪 80 年代至 2020 年植被型组面积整体变化较小，针叶林、草甸和无植被地段面积变化较大。针叶林面积增加 1.67 万 km²，无植被地段面积增加 1.07 万 km²，草甸面积减少 1.27 万 km²。2020~2035 年植被面积变化较大，荒漠和无植被地段面积分别增加 12.41 万 km² 和 5.55 万 km²，草甸和高山植被面积分别减少 15.21 万 km² 和 6.64 万 km²。2035~2050 年植被面积变化介于 20 世纪 80 年代至 2020 年和 2020~2035 年，变化较大的植被型组包括针叶林、草甸、高山植被、草原和无植被地段，针叶林和草原面积分别增加 6.91 万 km² 和 1.28 万 km²，草甸、高山植被和无植被地段面积分别减少 4.59 万 km²、1.46 万 km² 和 1.97 万 km²（表 2-2）。以上结果可能是由于 20 世纪 80 年代和 2020 年植被分布数据均为通过综合方法编制而成的，而 2035 年和 2050 年植被分布数据为根据地形和气候数据模拟得到的。虽然这种模拟是基于 2020 年的植被分布、气候和地形条件建模后的模拟，但由于 1980 年和 2020 年的气候数据是基于观察数据，再经模拟处理得到的，可靠性很高；而 2035 年和 2050 年气候数据是通过气候模式预测得到的，准确性和数据性质可能与 20 世纪 80 年代和 2020 年数据差异较大有关。因此，表现在面积变化上 20 世纪 80 年代至 2020 年植被面积变化较小，而 2020~2035 年植被面积变化较大，2035~2050 年植被面积变化又较小，这可能反映了在气候数据预测和基于此的植被分布数据模拟方面均存在较大的提升空间。

（2）20 世纪 80 年代至 2050 年植被型组面积动态变化率

20 世纪 80 年代至 2020 年植被型组面积动态变化率均较小，2035~2050 年除针叶林和沼泽外，其他植被型组面积动态变化率均较小，这两个时期各植被型组面积动态变化率变化较小。2020~2035 年植被型组面积动态变化率变化大，针叶林、灌丛、草原和高山植被面积动态变化率均较小，其他植被型组面积动态变化率变化大（表 2-3）。

表 2-2　20 世纪 80 年代至 2050 年植被型组面积及其变化　（单位：万 km^2）

植被型组	面积 20 世纪 80 年代	面积 2020 年	面积 2035 年	面积 2050 年	面积变化 20 世纪 80 年代至 2020 年	面积变化 2020~2035 年	面积变化 2035~2050 年
针叶林	13.41	15.08	17.23	24.14	1.67	2.15	6.91
针阔混交林	0.12	0.13	0.56	0.48	0.01	0.43	-0.08
阔叶林	4.23	3.82	8.46	7.56	-0.41	4.64	-0.90
灌丛	26.35	26.63	24.91	26.08	0.28	-1.72	1.17
荒漠	23.38	23.54	35.95	35.15	0.16	12.41	-0.80
草原	69.42	68.90	67.46	68.74	-0.52	-1.44	1.28
草丛	0.42	0.19	0.14	0.12	-0.23	-0.05	-0.02
草甸	59.90	58.64	43.43	38.84	-1.26	-15.21	-4.59
沼泽	0.64	0.63	0.27	0.56	-0.01	-0.36	0.29
高山植被	40.50	40.35	33.71	32.25	-0.15	-6.64	-1.46
栽培植被	1.50	0.92	1.14	1.31	-0.58	0.22	0.17
无植被地段	18.23	19.31	24.86	22.89	1.08	5.55	-1.97

表 2-3　20 世纪 80 年代至 2050 年植被型组面积动态变化率　（单位：%）

植被型组	20 世纪 80 年代至 2020 年	2020~2035 年	2035~2050 年
针叶林	0.31	0.95	2.67
针阔叶混交林	0.21	22.05	-0.95
阔叶林	-0.24	8.10	-0.71
灌丛	0.03	-0.43	0.31
荒漠	0.02	3.51	-0.15
草原	-0.02	-0.14	0.13
草丛	-1.37	-1.75	-0.95
草甸	-0.05	-1.73	-0.70
沼泽	-0.04	-3.81	7.16
高山植被	-0.01	-1.10	-0.29
栽培植被	-0.91	1.59	0.99
无植被地段	0.15	1.92	-0.53

20 世纪 80 年代至 2020 年、2020~2035 年和 2035~2050 年植被型组的综合植被面积动态变化率分别为 0.03%、0.66% 和 0.25%，各时期的综合植被面积动态变化率均较小，表明各时期整体上变化较小。

（3）20世纪80年代至2050年植被型的面积变化

20世纪80年代至2020年和2035~2050年植被型的面积变化较小，2020~2035年植被型的面积变化较大。20世纪80年代至2020年植被型面积变化较大的是亚热带和热带山地针叶林和水体，面积分别增加1.91万km²和1.36万km²。2020~2035年植被型面积变化较大的是高寒禾草、苔草草原，高寒嵩草、杂类草草甸，高山稀疏植被，高寒垫状矮半灌木荒漠。高寒垫状矮半灌木荒漠面积增加9.45万km²，高寒禾草、苔草草原，高寒嵩草、杂类草草甸，高山稀疏植被面积分别减少6.04万km²、14.55万km²和5.92万km²。2035~2050年植被型面积变化较大的是高寒嵩草、杂类草草甸，亚热带和热带山地针叶林与温带半灌木、矮半灌木荒漠。亚热带和热带山地针叶林面积增加5.56万km²，高寒嵩草、杂类草草甸与温带半灌木、矮半灌木荒漠分别减少4.04万km²和2.94万km²（表2-4）。

表2-4　20世纪80年代至2050年植被型的面积变化　　　　（单位：万km²）

植被型	20世纪80年代至2020年	2020~2035年	2035~2050年
高寒禾草、苔草草原	-0.55	-6.04	1.53
高寒嵩草、杂类草草甸	-0.79	-14.55	-4.04
高山稀疏植被	-0.15	-5.92	-1.86
亚高山硬叶常绿阔叶灌丛	-0.68	1.71	0.91
亚热带和热带山地针叶林	1.91	1.37	5.56
高寒垫状矮半灌木荒漠	-0.34	9.45	-2.08
亚高山落叶阔叶灌丛	0.45	-4.85	0.38
温带半灌木、矮半灌木荒漠	-0.08	1.05	-2.94
温带丛生矮禾草、矮半灌木荒漠草原	-0.03	3.57	-0.05
冰川积雪	-0.12	2.65	-0.75
温带丛生禾草典型草原	0.05	-0.21	0.96
水体	1.36	-3.48	-0.54
高山垫状植被	0	-0.72	0.4
裸露石山	0.01	2.25	0.43
裸露戈壁	0	1.5	-1.26
温带禾草、杂类草盐生草甸	-0.12	-0.56	-0.59
亚高山常绿针叶灌丛	0.1	1.05	0.83
风蚀残丘	0	1.66	1.43
亚热带硬叶常绿阔叶林和矮林	-0.32	1.09	-0.3
温带灌木荒漠	0.16	1.48	2.91
亚热带、热带常绿阔叶、落叶阔叶灌丛（常含稀树）	0.26	0.49	-0.81

续表

植被型	面积变化		
	20世纪80年代至2020年	2020~2035年	2035~2050年
裸露盐碱地	-0.1	1.33	-0.53
亚热带季风常绿阔叶林	-0.02	0.68	0
温带矮半乔木荒漠	0.44	-0.07	1.78
风蚀裸地	-0.01	-0.55	-0.23
盐壳	-0.06	-0.49	0.79
裸露沙漠	0	0.65	-1.22
温带多汁盐生矮半灌木荒漠	-0.01	0.53	-0.47
寒温带和温带山地针叶林	-0.25	-0.12	1.15
一年一熟粮食作物及耐寒经济作物、落叶果树园	-0.12	-0.46	0.51
亚热带针叶林	0.04	0.96	0.2
温带落叶阔叶林	-0.21	0.11	-0.04
温带禾草、杂类草草甸	-0.35	-0.1	0.04
高寒沼泽	-0.01	-0.33	0.12
一年一熟短生育期耐寒作物（无果树）	-0.32	0.84	-0.34
温带落叶灌丛	0.15	-0.11	-0.17
亚热带、热带草丛	-0.23	-0.05	-0.02
亚热带落叶阔叶林	-0.1	2.08	-0.81
温带禾草、杂类草草甸草原	0.01	1.24	-1.16
亚热带常绿阔叶林	0.25	0.51	0.05
一年两熟水旱粮食作物、果树园和经济林	-0.07	-0.15	0
热带雨林	0	0.05	0.01
亚热带山地针叶、常绿阔叶、落叶阔	0.01	0.43	-0.08
温带针叶林	-0.03	-0.06	0
亚热带、热带竹林和竹丛	-0.01	0.11	-0.07
两年三熟或一年两熟旱作和落叶果树园	-0.07	-0.01	0
寒温带、温带沼泽	0	-0.03	0.17
龟裂地	0	0.03	-0.09
亚热带常绿、落叶阔叶林混交林	0	0.02	0.26
亚热带、热带旱生常绿肉质多刺灌丛	0	-0.01	0.03
温带草原化灌木荒漠	-0.01	-0.03	0
温带落叶小叶疏林	0	-0.01	0

续表

植被型	面积变化		
	20世纪80年代至2020年	2020~2035年	2035~2050年
温带禾草、苔草及杂类草沼泽化草甸	0	0	0
热带针叶林	0	0	0
亚热带、热带沼泽	0	0	0
热带季雨林	0	0	0

（4）20世纪80年代至2050年植被型面积动态变化率

20世纪80年代至2020年大部分植被型面积动态变化率处于较小或中等变化水平，温带禾草、杂类草草甸，亚热带常绿阔叶林，两年三熟或一年两熟旱作和落叶果树园，温带禾草、苔草及杂类草沼泽化草甸这四种植被型面积动态变化率较大。2020~2035年植被型面积动态变化率大，有46种植被型处于中等变化水平以上，其中，亚热带落叶阔叶林，温带禾草、杂类草草甸草原，一年一熟短生育期耐寒作物（无果树）的单一植被面积动态变化率较大，分别达到55.47%、31.79%和24.35%。2035~2050年植被型面积动态变化率较大，有27种植被型处于中等变化水平以上，其中一年一熟粮食作物及耐寒经济作物、落叶果树园，寒温带、温带沼泽与寒温带和温带山地针叶林变化率最大，分别达到48.57%、28.33%、26.44%（表2-5）。

表2-5　20世纪80年代至2050年植被型面积动态变化率　　　　（单位:%）

植被型	植被型面积动态变化率		
	20世纪80年代至2020年	2020~2035年	2035~2050年
高寒禾草、苔草草原	-0.02	-0.69	0.20
高寒嵩草、杂类草草甸	-0.03	-1.72	-0.64
高山稀疏植被	-0.01	-1.04	-0.39
亚高山硬叶常绿阔叶灌丛	-0.13	0.89	0.42
亚热带和热带山地针叶林	0.40	0.66	2.42
高寒垫状矮半灌木荒漠	-0.07	5.60	-0.67
亚高山落叶阔叶灌丛	0.12	-3.42	0.55
温带半灌木、矮半灌木荒漠	-0.02	0.82	-2.04
温带丛生矮禾草、矮半灌木荒漠草原	-0.01	3.80	-0.03
冰川积雪	-0.07	4.24	-0.73
温带丛生禾草典型草原	0.03	-0.34	1.64
水体	0.85	-4.31	-1.89
高山垫状植被	0	-1.88	1.46

续表

植被型	植被型面积动态变化率		
	20世纪80年代至2020年	2020~2035年	2035~2050年
裸露石山	0.01	5.86	0.60
裸露戈壁	0	4.85	-2.36
温带禾草、杂类草盐生草甸	-0.15	-2.02	-3.05
亚高山常绿针叶灌丛	0.14	3.59	1.84
风蚀残丘	0	6.08	2.74
亚热带硬叶常绿阔叶林和矮林	-0.49	5.51	-0.83
温带灌木荒漠	0.25	5.64	6.01
亚热带、热带常绿阔叶、落叶阔叶灌丛（常含稀树）	0.44	1.87	-2.41
裸露盐碱地	-0.22	8.44	-1.48
亚热带季风常绿阔叶林	-0.05	4.16	0
温带矮半乔木荒漠	1.29	-0.36	9.73
风蚀裸地	-0.03	-4.70	-6.67
盐壳	-0.20	-4.67	25.08
裸露沙漠	0	5.94	-5.89
温带多汁盐生矮半灌木荒漠	-0.04	5.20	-2.59
寒温带和温带山地针叶林	-0.95	-1.95	26.44
一年一熟粮食作物及耐寒经济作物、落叶果树园	-0.46	-5.79	48.57
亚热带针叶林	0.16	9.55	0.82
温带落叶阔叶林	-0.85	1.79	-0.51
温带禾草、杂类草草甸	-1.48	-2.78	1.90
高寒沼泽	-0.04	-3.93	3.48
一年一熟短生育期耐寒作物（无果树）	-1.45	24.35	-2.12
温带落叶灌丛	0.82	-1.20	-2.27
亚热带、热带草丛	-1.37	-1.75	-0.95
亚热带落叶阔叶林	-0.71	55.47	-2.32
温带禾草、杂类草草甸草原	0.10	31.79	-5.16
亚热带常绿阔叶林	2.84	7.23	0.34
一年两熟水旱粮食作物、果树园和经济林	-0.80	-6.67	0
热带雨林	0	2.38	0.35
亚热带山地针叶、常绿阔叶、落叶阔叶混交林	0.21	22.05	-0.95
温带针叶林	-0.75	-5.71	0

续表

植被型	植被型面积动态变化率		
	20世纪80年代至2020年	2020~2035年	2035~2050年
亚热带、热带竹林和竹丛	-0.28	9.17	-2.46
两年三熟或一年两熟旱作和落叶果树园	-2.19	-6.67	0
寒温带、温带沼泽	0	-2.86	28.33
龟裂地	0	3.33	-6.67
亚热带常绿、落叶阔叶混交林	0	2.67	24.76
亚热带、热带旱生常绿肉质多刺灌丛	0	-1.33	5.00
温带草原化灌木荒漠	-0.63	-6.67	0
温带落叶小叶疏林	0	-6.67	0
温带禾草、苔草及杂类草沼泽化草甸	-2.44	-6.67	0
热带针叶林	0.83	-6.67	0
亚热带、热带沼泽	0	-6.67	0
热带季雨林	0	0	0

20世纪80年代至2020年、2020~2035年和2035~2050年的综合植被面积动态变化率分别为0.05%、1%和0.53%，各时期植被面积变化均处于较小或中等变化水平，整体上植被面积变化较小。

(5) 植被型组平均中心的时空偏移

采用重心偏移模型对青藏高原植被型组的平均中心进行分析，结果表明不同类型植被呈现不同的偏移趋势，各时段偏移距离和偏移方向均有所不同。各时段内大部分植被型组的偏移距离差异较小，但沼泽的偏移距离相对较大。与20世纪80年代至2020年和2020~2035年相比，2035~2050年的偏移距离较小，主要是向西北和东南方向发生偏移。偏移最大的是沼泽，向东南方向偏移183.48km，偏移最小的是草丛，向西北方向偏移13.94km。20世纪80年代至2020年处于中等偏移水平，主要是向东南方向发生偏移，其次是西北方向。偏移最大的是荒漠，向东南方向偏移464.56km，偏移最小的是阔叶林，向西北方向偏移39.55km。2020~2035年的偏移距离较大，主要是向西北方向偏移，其次是东北方向偏移。偏移最大的是沼泽，向西北方向偏移780.36km，偏移最小的是针叶林，向西南方向偏移83.2km（表2-6和图2-4）。

表2-6 植被型组平均中心的偏移趋势 （单位：km）

植被型组	20世纪80年代至2020年		2020~2035年		2035~2050年	
	偏移距离	偏移方向	偏移距离	偏移方向	偏移距离	偏移方向
针叶林	147.71	正西	83.2	西南	58.62	西北
针阔混交林	120.22	西南	125.55	东北	15.1	东南

续表

植被型组	20世纪80年代至2020年		2020~2035年		2035~2050年	
	偏移距离	偏移方向	偏移距离	偏移方向	偏移距离	偏移方向
阔叶林	39.55	西北	154.38	西南	16.68	西北
灌丛	113.77	东南	226.61	西北	41.14	西南
荒漠	464.56	东南	439.58	西北	27.97	西北
草原	148.17	正北	202.98	西北	121.85	西南
草丛	54.73	西南	186.56	东北	13.94	西北
草甸	48.15	东南	122.14	西北	32.4	东南
沼泽	159.6	西北	780.36	西北	183.48	东南
高山植被	57.47	正北	152.32	西北	40.41	东南
栽培植被	234.98	东北	285.83	东北	22.13	西北

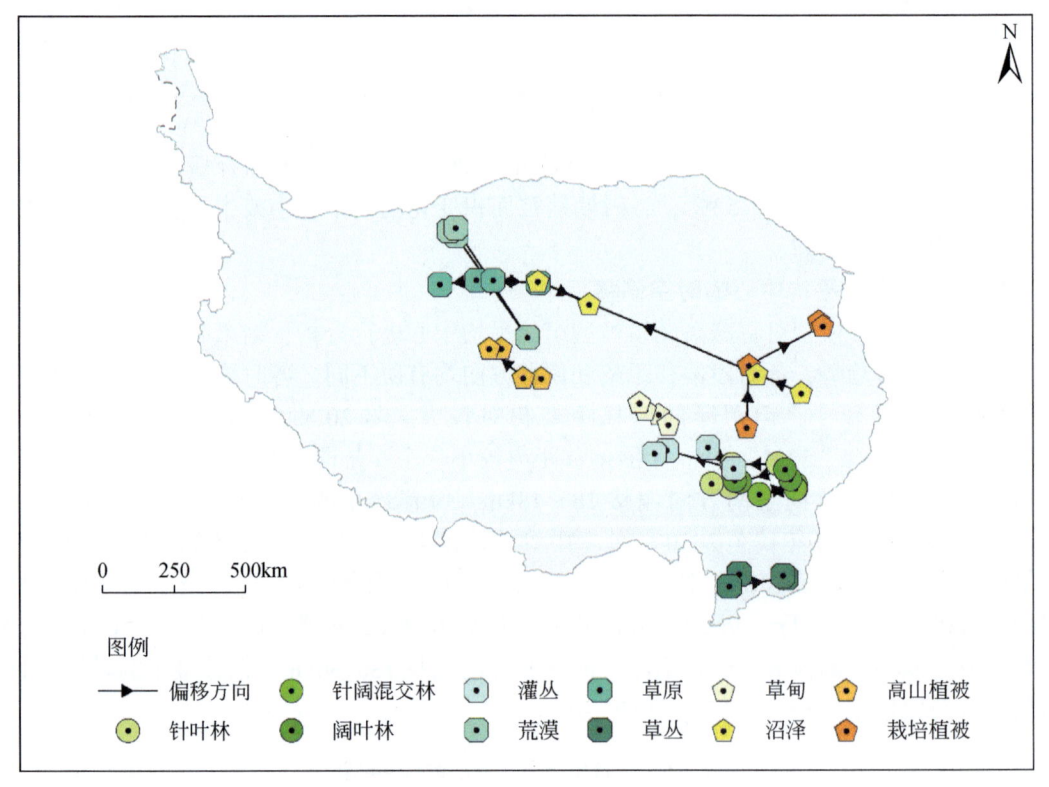

图 2-4　植被型组平均中心的时空偏移

2.4.2　植被空间分异驱动因素

本章分别在植被型组和植被型水平上，采用景观指数反映植被分布格局的变化，分析其与生态因子和人类干扰的关系。由于近似复原植被分布数据是在20世纪80年代数据的基础上经过植被地带性分析和去除人为干扰可能影响后得到的；2035年和2050年的植被分布数据是通过气候和地形数据模拟得到的。因此，在分析植被空间分异驱动因素时仅分析20世纪80年代和2020年这两个时段的植被分布数据。

1. 数据和方法

（1）数据来源

本研究使用的生态因子包括地形、土壤、降水、温度、大气和人为干扰因子（表2-7）。地形数据为ASTER GDEM（分辨率为30m）数据，下载自寒区旱区科学数据中心（http://westdc.westgis.ac.cn/），土壤数据来源于世界土壤数据库（HWSD1.2）（https://www.fao.org/soils-portal/data-hub/en/），气温和降水数据来自CESM数据集（Karger et al.，2020）。大气数据和人类干扰数据均来源于国家青藏高原科学数据中心（https://data.tpdc.ac.cn/），其中，人类干扰数据来源于1990~2020年青藏高原农牧区人类活动强度1km网格数据集，潜在蒸散发来源于1901~2022年中国1km逐月潜在蒸散发数据集，太阳辐射数据来源于1983~2017年中国区域融合日照时数的高分辨率（10km）地表太阳辐射数据集，表面压强来源于1979~2015年中国区域高时空分辨率（10km）地面气象要素驱动数据集。

表2-7 研究中用到的景观指数

类型	生态因子
地形	海拔（altitude，ALTITUDE）
	坡度（slope，SLOPE）
	坡向（aspect，ASPECT）
土壤	土壤质地（topsoil texture，TEXTURE）
	土壤深度（reference soil depth，DEPTH）
	表层土壤砾石含量（topsoil gravel content，T_GRAVEL）
	表层土壤粉砂百分比（topsoil silt fraction，T_SILT）
	表层土壤黏土百分比（topsoil clay fraction，T_CLAY）
	表层土壤有机碳百分比（topsoil organic carbon，T_OC）
	表层土壤酸碱度（topsoil pH（H_2O），T_pH_H_2O）
	表层土壤阳离子交换能力（topsoil CEC（clay），T_CEC）
	表层土壤盐基饱和度（topsoil base saturation，T_BS）
	表层土壤碳酸钙（topsoil calcium carbonate，T_CACO3）
	表层土壤硫酸钙（topsoil gypsum，T_CASO4）
	表层土壤可交换钠百分比（topsoil sodicity（ESP），T_ESP）
	表层土壤导电性（topsoil salinity（Elco），T_ECE）
	下层土壤砾石含量（subsoil gravel content，S_GRAVEL）

续表

类型	生态因子
土壤	下层土壤粉砂百分比（subsoil silt fraction, S_SILT）
	下层土壤黏土百分比（subsoil clay fraction, S_CLAY）
	下层土壤有机碳百分比（subsoil organic carbon, S_OC）
	下层土壤酸碱度（subsoil pH（H_2O）, S_pH_H_2O）
	下层土壤阳离子交换能力（subsoil CEC（clay）, S_CEC）
	下层土壤盐基饱和度（subsoil base saturation, S_BS）
	下层土壤碳酸钙（subsoil calcium carbonate, S_CACO3）
	下层土壤硫酸钙（subsoil gypsum, S_CASO4）
	下层土壤可交换钠百分比（subsoil sodicity（ESP）, S_ESP）
	下层土壤导电性（subsoil salinity（ECE）, S_ECE）
温度	年均温（annual mean temperature, AMT）
	最热月最高气温（max temperature of warmest month, MTWM）
	最冷月最低气温（min temperature of coldest month, MTCM）
	最热季均温（mean temperature of warmest quarter, MTWQ）
	最冷季均温（mean temperature of coldest quarter, MTCQ）
	等温性（月均温/年均温）（isothermality, ISO）
降水	年均降水量（annual precipitation, AP）
	最湿月降水（precipitation of wettest month, PWM）
	最干月降水（precipitation of driest month, PDM）
	最湿季降水（precipitation of wettest quarter, PWQ）
	最干季降水（precipitation of driest quarter, PDQ）
	降水季降水（precipitation seasonality, PS）
大气	潜在蒸散（potential evapotranspiration, EVAP）
	太阳辐射（solar radiation, RADIA）
	表面压强（surface pressure, PRESS）
人类干扰	人口密度、国内生产总值、夜间灯光指数、放牧强度、道路网等（human, HUMAN）

（2）数据处理

使用 ArcGIS 将所有生态因子数据处理为 4km 分辨率的栅格数据，属性数据（如坡向、土壤质地）转换为数字型数据。限于数据可得性，20 世纪 80 年代植被分布分析所用数据如下：温度、降水、潜在蒸散、太阳辐射和表面压强数据为 1980~1984 年均值；人类干扰数据为 1990 年人类活动强度数据。2020 年植被分布分析所用数据如下：温度、降水和蒸散数据为 2016~2020 年均值；人类干扰数据为 2020 年人类活动强度数据；太阳辐射为 2013~2017 年均值；表面压强数据为 2011~2015 年均值。20 世纪 80 年代和 2020 年植被分布分析所用土壤数据和地形数据相同，均为多年均值。

（3）植被格局指数计算

考虑景观指数在景观格局分析中的代表性，同时尽量覆盖景观组成、形状、聚集度和连接度等特征（Gao et al.，2017）。本章选用的景观指数包括：表示景观组成的斑块数量（number of patches，NP）、斑块丰富度（patch richness，PR）、平均形状指数（mean shape index，SHAPE）；表示景观分布的最大斑块指数（largest patch index，LPI）、散布与并列指数（interspersion juxtaposition index，IJI）、连接度指数（connectivity index，CONNECT）、香农多样性指数（Shannon's diversity index，SHDI）。采用 Fragstats 4.2 计算得到上述指数（Gao et al.，2017）。

（4）最优尺度选择

尺度反映了景观的空间异质性，确定合理的空间尺度是准确分析植被格局的关键，较小的尺度往往忽略了景观功能和结构的复杂性，较大的尺度则简化了输入参数（Fang et al.，2017）。本章采用拐点分析法，分析景观指数随尺度的变化趋势，根据尺度拐点确定最优尺度（Du et al.，2014；Fu et al.，2021）。以 20 世纪 80 年代植被数据为例，分析尺度 1~500km 的景观指数，发现景观指数在 30km×30km~100km×100km 尺度时拐点明显；在 60km×60km 时，方差变异解释率超过 55%，样本覆盖区域广，样本数量较多，因此将 60km×60km 作为最优尺度。

（5）景观指数与环境因素的相关性

Shapiro-Wilk 检验显示，所有变量均呈正态分布，满足参数检验的基本要求。对景观格局指数数据进行去趋势对应分析（detrended correspondence analysis，DCA），显示物种梯度长度小于 3，因而使用 RDA 方法分析景观指数和环境数据的关系。使用蒙特卡罗置换检验评估排序轴的显著性，并显示景观指数和选定环境变量之间的关系（Gao et al.，2017；Peng et al.，2016）。使用前向选择变量法用于确定环境变量的相对重要性。使用 CANOCO for Windows V4.5 进行分析和制图（Hejcmanovā-Nežerková and Hejcman，2006）。

2. 结果和分析

（1）20 世纪 80 年代景观指数与环境因子的关系

1）植被型组水平。

所有因子对景观格局的总解释率为 56.4%，温度、大气、降水、土壤、地形和人类干扰的解释率分别是 34.9%、10.2%、8.8%、2.3%、0.2% 和 <0.1%。前向选择变量表明最冷月最低气温可解释变化的 28.7%（$P=0.002$），高于任何变量。潜在蒸散和降水季降水的影响显著，分别占变异的 9.4%（$P=0.002$）和 4.9%（$P=0.002$）（表 2-8）。

表 2-8　20 世纪 80 年代植被型组水平景观格局与环境因子的关系

变量	变异解释率/%	P
最冷月最低气温（MTCM）	28.7	0.002
潜在蒸散（EVAP）	9.4	0.002
降水季降水（PS）	4.9	0.002
最干月降水（PDM）	3.3	0.002

续表

变量	变异解释率/%	P
最热月最高气温（MTWM）	2.4	0.002
年均温（AMT）	1.9	0.002

注：仅显示解释率>1%且$P<0.05$的变量。

20世纪80年代植被型组7个景观指数与6个环境因子（变异解释率>1%且$P<0.05$）的冗余分析图（图2-5）显示，最冷月最低气温和潜在蒸散与斑块数量、斑块丰富度、香农多样性指数和散布与并列指数呈正相关，与平均形状指数相关性较小，与最大斑块指数和连接度指数呈负相关。降水季降水与最大斑块指数和连接度指数呈正相关，与斑块数量、斑块丰富度、香农多样性指数和散布与并列指数呈负相关。

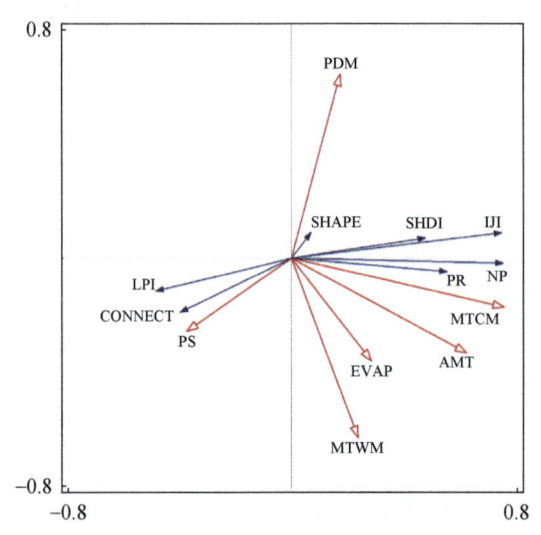

图2-5 20世纪80年代植被型组水平景观指数与环境因子的冗余分析

红色箭头代表最冷月最低气温（MTCM）、潜在蒸散（EVAP）、降水季降水（PS）、最干月降水（PDM）、最热月最高气温（MTWM）、年均温（AMT）。蓝色箭头代表最大斑块指数（LPI）、平均形状指数（SHAPE）、连接度指数（CONNECT）、斑块丰富度（PR）、香农多样性指数（SHDI）、散布与并列指数（IJI）、斑块数量（NP）

2）植被型水平。

所有因子对景观格局的总解释率为58.8%，温度、大气、降水、土壤、地形和人类干扰的解释率分别为34.7%、14.6%、13.4%、1.8%、0.1%和0.2%。前向选择变量表明最冷月最低气温可解释变异的31.5%（$P=0.002$），高于其他变量。潜在蒸散和降水季降水的影响显著，分别占变异的7.6%（$P=0.002$）和7%（$P=0.002$）（表2-9）。

20世纪80年代植被型7个景观指数与7个环境因子（变异解释率>1%且$P<0.05$）的冗余分析图（图2-6）显示，最冷月最低气温和潜在蒸散与斑块数量、散布与并列指数、斑块丰富度、香农多样性指数和平均形状指数呈正相关。降水季降水与最大斑块指数和连接度指数呈正相关，与斑块数量、散布与并列指数、斑块丰富度、香农多样性指数和平均形状指数呈负相关。

表 2-9　20 世纪 80 年代植被型水平景观格局与环境因子的关系

变量	变异解释率/%	P
最冷月最低气温（MTCM）	31.5	0.002
潜在蒸散（EVAP）	7.6	0.002
降水季降水（PS）	7	0.002
最干月降水（PDM）	3.5	0.002
最湿月降水（PWM）	2.4	0.002
最热季均温（MTWQ）	1.8	0.002
最热月最高气温（MTWM）	1.4	0.002

注：仅显示解释率>1%且 $P<0.05$ 的变量。

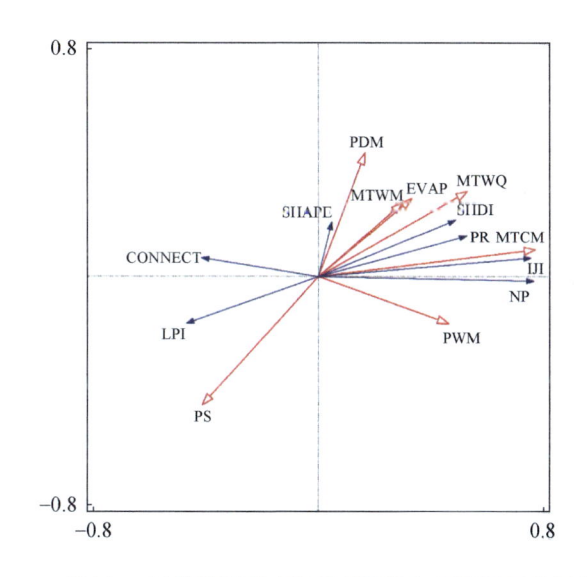

图 2-6　20 世纪 80 年代植被型水平景观指数与环境因子的冗余分析
红色箭头代表最冷月最低气温（MTCM）、潜在蒸散发（EVAP）、降水季降水（PS）、最干月降水（PDM）、最湿月降水（PWM）、最热季均温（MTWQ）、最热月最高气温（MTWM）。蓝色箭头代表最大斑块指数（LPI）、平均形状指数（SHAPE）、连接度指数（CONNECT）、斑块丰富度（PR）、香农多样性指数（SHDI）、散布与并列指数（IJI）、斑块数量（NP）

（2）2020 年景观指数与环境因子的关系

1）植被型组水平。

所有因子对景观格局的总解释率为 62.4%，温度、降水、土壤、大气、地形和人类干扰的解释率分别为 41.1%、16.6%、2.6%、1.6%、0.3% 和 0.2%。前向选择变量表明最冷月最低气温可解释变异的 29%（$P=0.002$），高于其他变量。降水季降水和最热月最高气温的影响显著，分别占变异的 8.5%（$P=0.002$）和 7.2%（$P=0.002$）（表 2-10）。

表 2-10　2020 年植被型组水平景观格局与环境因子的关系

变量	变异解释率/%	P
最冷月最低气温（MTCM）	29	0.002
降水季降水（PS）	8.5	0.002
最热月最高气温（MTWM）	7.2	0.002
最湿月降水（PWM）	4	0.002
等温性（月均温/年均温）（ISO）	2.6	0.002
最干季降水（PDQ）	2.5	0.002
最热季均温（MTWQ）	1.6	0.002

注：仅显示解释率>1% 且 $P<0.05$ 的变量。

2020 年植被型组 7 个景观指数与 7 个环境因子（变异解释率>1% 且 $P<0.05$）的冗余分析图（图 2-7）显示，最冷月最低气温与斑块丰富度、斑块数量、香农多样性指数和散布与并列指数呈正相关，与连接度指数的相关性小，与最大斑块指数和平均形状指数呈负相关。降水季降水与平均形状指数、最大斑块指数和连接度指数呈正相关，与斑块丰富度、斑块数量、香农多样性指数和散布与并列指数呈负相关。

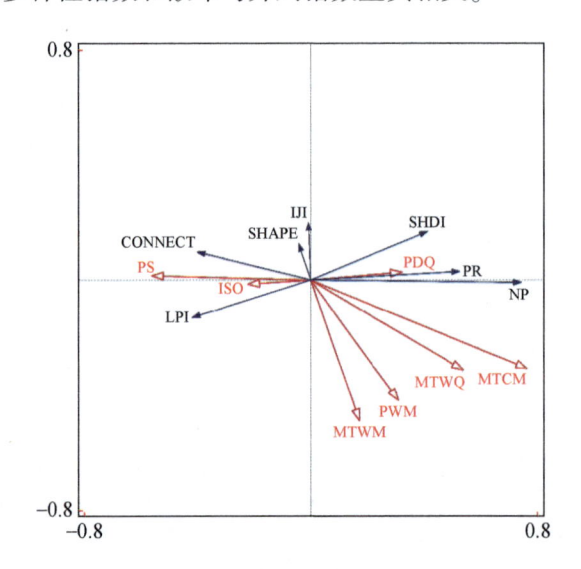

图 2-7　2020 年植被型组水平景观指数与环境因子的冗余分析

红色箭头代表最冷月最低气温（MTCM）、降水季降水（PS）、最热月最高气温（MTWM）、最湿月降水（PWM）、等温性（月均温/年均温）（ISO）、最干季降水（PDQ）、最热季均温（MTWQ）。蓝色箭头代表最大斑块指数（LPI）、平均形状指数（SHAPE）、连接度指数（CONNECT）、斑块丰富度（PR）、香农多样性指数（SHDI）、散布与并列指数（IJI）、斑块数量（NP）

2）植被型水平。

所有因子对景观格局的总解释率为 64.6，温度、降水、土壤、大气、地形和人类干扰的解释率分别是 42.5%、18%、2.1%、1.2%、0.7% 和 0.1%。前向选择变量表明最冷月最低气温可解释变异的 29.4%（$P=0.002$），高于其他变量。降水季降水和最热月最高气温的影响显著，分别占变异的 10.2%（$P=0.002$）和 5.3%（$P=0.002$）（表 2-11）。

表 2-11　2020 年植被型水平景观格局与环境因子的关系

变量	变异解释率/%	P
最冷月最低气温（MTCM）	29.4	0.002
降水季降水（PS）	10.2	0.002
最热月最高气温（MTWM）	5.3	0.002
最湿月降水（PWM）	2.6	0.002
等温性（月均温/年均温）（ISO）	4	0.002
最干季降水（PDQ）	3.3	0.002
最热季均温（MTWQ）	2.2	0.002

注：仅显示解释率>1% 且 $P<0.05$ 的变量。

2020 年植被型 7 个景观指数与 7 个环境因子（变异解释率>1% 且 $P<0.05$）的冗余分析图（图 2-8）显示，最冷月最低气温与斑块丰富度、斑块数量和香农多样性指数呈正相关，与连接度指数、最大斑块指数和平均形状指数呈负相关。降水季降水与平均形状指数、最大斑块指数和连接度指数呈正相关，与斑块丰富度、斑块数量、香农多样性指数和散布与并列指数呈负相关。

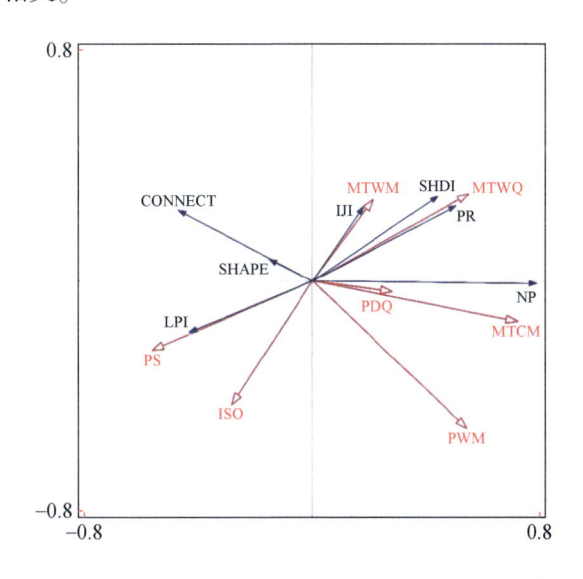

图 2-8　2020 年植被型水平景观指数与环境因子的冗余分析

红色箭头代表最冷月最低气温（MTCM）、降水季降水（PS）、最热月最高气温（MTWM）、最湿月降水（PWM）、等温性（月均温/年均温）（ISO）、最干季降水（PDQ）、最热季均温（MTWQ）。蓝色箭头代表最大斑块指数（LPI）、平均形状指数（SHAPE）、连接度指数（CONNECT）、斑块丰富度（PR）、香农多样性指数（SHDI）、散布与并列指数（IJI）、斑块数量（NP）

综上所述，在植被型组水平，20 世纪 80 年代和 2020 年植被格局的环境因子总解释率分别为 56.4% 和 62.4%，2020 年重要影响因子变化解释率更高。两个时期景观指数与环境因子之间的相关性相似，共同的影响因子为最冷月最低气温、降水季降水和最热月最高气温；最冷月最低气温与斑块丰富度、斑块数量、香农多样性指数和散布与并列指数呈正相关。在植被型水平，20世纪80年代和2020年植被格局的环境因子总解释率分别为58.8%和64.6%。2020年重要影响因子变化解释率更高。两个时期景观指数与环境因子之间的相关性相似，共同的影响因子为最冷月最低气温、降水季降水和最热月最高气温，与植被型组水平的影响因子相同。最冷月最低气温与斑块丰富度、斑块数量、香农多样性指数和散布与并列指数呈正相关，降水季降水与最大斑块指数和连接度指数呈正相关。

参 考 文 献

陈德亮, 徐柏青, 姚檀栋, 等. 2015. 青藏高原环境变化科学评估: 过去、现在与未来. 科学通报, 60 (32): 3023-3035.

傅伯杰, 欧阳志云, 施鹏, 等. 2021. 青藏高原生态安全屏障状况与保护对策. 中国科学院院刊, 36 (11): 1298-1306.

朴世龙, 张宪洲, 汪涛, 等. 2019. 青藏高原生态系统对气候变化的响应及其反馈. 科学通报, 64 (27): 2842-2855.

姚檀栋, 陈发虎, 崔鹏, 等. 2017. 从青藏高原到第三极和泛第三极. 中国科学院院刊, 32 (9): I0006-I0006, 924-931.

于海彬, 张镱锂, 刘林山, 等. 2018. 青藏高原特有种子植物区系特征及多样性分布格局. 生物多样性, 26 (2): 130-137.

张镱锂, 李炳元, 刘林山, 等. 2021. 再论青藏高原范围. 地理研究, 40 (6): 1543-1553.

张镱锂, 李炳元, 郑度. 2002. 论青藏高原范围与面积. 地理研究, 21 (1): 1-8.

中国科学院中国植被图编辑委员会. 2007. 中华人民共和国植被图 (1: 1 000 000). 北京: 地质出版社.

周广胜, 任鸿瑞, 刘通, 等. 2023. 一种基于地形-气候-遥感信息的区域植被制图方法及其在青藏高原的应用. 中国科学: 地球科学, 53 (2): 227-235.

Du S H, Wang Q, Guo L. 2014. Spatially varying relationships between land-cover change and driving factors at multiple sampling scales. Journal of Environmental Management, 137: 101-110.

Ellis E C. 2011. Anthropogenic transformation of the terrestrial biosphere. Philosophical Transactions Series A, Mathematical, Physical, and Engineering Sciences, 369 (1938): 1010-1035.

Fang S, Zhao Y H, Han L, et al. 2017. Analysis of landscape patterns of arid valleys in China, based on grain size effect. Sustainability, 9 (12): 2263.

Fu G, Wang W, Li J S, et al. 2021. Prediction and selection of appropriate landscape metrics and optimal scale ranges based on multi-scale interaction analysis. Land, 10 (11): 1192.

Gao N N, Zhou J H, Zhang X L, et al. 2017. Correlation between vegetation and environment at different levels in an arid, mountainous region of China. Ecology and Evolution, 7 (14): 5482-5492.

Grimm N B, Iii F C, Bierwagen B, et al. 2013. The impacts of climate change on ecosystem structure and function. Frontiers in Ecology and the Environment, 11 (9): 474-482.

Hejcmanová-Nežerková P, Hejcman M. 2006. A canonical correspondence analysis (CCA) of the vegetation-environment relationships in Sudanese savannah, Senegal. South African Journal of Botany, 72 (2): 256-262.

Karger D N, Schmatz D R, Dettling G, et al. 2020. High-resolution monthly precipitation and temperature time series from 2006 to 2100. Scientific Data, 7 (1): 248.

Peng Y, Mi K, Qing F T, et al. 2016. Identification of the main factors determining landscape metrics in semi-arid agro-pastoral ecotone. Journal of Arid Environments, 124: 249-256.

Rumpf S B, Gravey M, Brönnimann O, et al. 2022. From white to green: snow cover loss and increased vegetation productivity in the European Alps. Science, 376 (6597): 1119-1122.

Sitch S, Smith B, Prentice I C, et al. 2003. Evaluation of ecosystem dynamics, plant geography and terrestrial carbon cycling in the LPJ dynamic global vegetation model. Global Change Biology, 9 (2): 161-185.

Su Y J, Guo Q H, Hu T Y, et al. 2020. An updated vegetation map of China (1:1 000 000). Science Bulletin, 65 (13): 1125-1136.

van der Linden S, Rabe A, Held M, et al. 2015. The EnMAP-box: a toolbox and application programming interface for EnMAP data processing. Remote Sensing, 7 (9): 11249-11266.

Xie Y, Sha Z, Yu M. 2008. Remote sensing imagery in vegetation mapping: a review. Journal of Plant Ecology, 1 (1): 9-23.

Zhou J H, Lai L M, Guan T Y, et al. 2016. Comparison modeling for alpine vegetation distribution in an arid area. Environmental Monitoring and Assessment, 188 (7): 408.

第 3 章 青藏高原耕地资源时空变化*

耕地是粮食生产的基本物质资源,也是人类社会生存和发展的重要基础。中国的人口占世界总人口的21%,人均耕地面积却只有世界人均耕地面积的1/4,并面临着快速工业化、城市化进程的诸多挑战。保护中国的耕地资源,对实现联合国可持续发展目标,保障国家粮食安全与社会稳定具有重要意义。青藏高原有"第三极"和"世界屋脊"之称,是世界上最重要的高寒农牧区之一。该地区虽然耕地面积有限,但山盆结构的高原地形导致粮食运输不便,加之其特色食源青稞已成为该地区居民生活及藏族文化的有机组成部分,耕地资源对于保障区域粮食供给及社会文化至关重要。长期以来,青藏高原地区因其独特的地理环境,耕地利用面临低温冻害、干旱、水土流失等生态环境问题胁迫,同时,农业机会成本的增加导致耕地撂荒现象频发;不合理的耕地空间转换导致土壤肥力下降,粮食安全风险增加。充分认识青藏高原地区耕地资源质量与利用的空间格局与时间变化特征是探索区域性耕地资源保护与可持续利用路径的重要基础,对维护青藏高原地区的粮食安全和社会稳定具有重要意义。本章聚焦揭示青藏高原地区耕地资源时空变化特征,包括青藏高原耕地面积时空变化过程,青藏高原耕地资源质量格局与驱动因素,青藏高原耕地集约利用时空变化。

3.1 青藏高原耕地面积时空变化过程

3.1.1 青藏高原耕地面积变化与驱动特征分析

1. 研究数据

(1) 耕地利用变化数据

基于 GlobeLand30 数据集,计算 2000~2010 年和 2010~2020 年青藏高原耕地面积变化量,分析耕地空间分布特征。GlobeLand30 是 30m 分辨率的全球土地覆盖数据集。在 GlobeLand30 数据集中,土地覆盖被分为十个类别(耕地、林地、草地、灌木、湿地、水体、苔原、建设用地、裸地、永久冰雪)。该数据集收集和分类来自专题制图仪(Landsat Thematic Mapper,TM)和增强型专题制图仪(Enhanced TM plus,ETM+)卫星的 10 000 多幅遥感影像。

---

* 本章作者:3.1,杜彬、刘晨钰、叶思菁、宋长青;3.2,任书义、叶思菁、宋长青;3.3,蒋嘉益、王纪龙、李冀、叶思菁。

（2）耕地面积变化驱动指标数据

耕地面积评价指标及影响因素的所有数据均为 1km 分辨率的栅格数据，可以有效地刻画区域耕地面积分布特征和驱动关系的复杂特征。其中，田面坡度依据中国科学院资源环境科学数据平台的全国数字高程模型（digital elevation model，DEM）数据进行计算；耕地质量指标数据来自自然资源管理部门的农用地质量监测数据；GDP、降水、人口和温度数据分别来自中国科学院资源环境科学数据平台发布的公里网格数据；耕地占补平衡指数和耕作距离数据根据 GlobeLand30 数据集计算得到。

2. 研究方法

（1）耕地转出面积占比计算

本研究计算了青藏高原地区耕地转出为其他土地利用类型的面积占比，如式（3-1）所示。OP_{AB}、OP_{AG}、OP_{AF}、OP_{AWO} 分别表示耕地转出为建设用地、草地、林地、水体和其他用地的面积占耕地总转出面积的比例。O_{AB}、O_{AG}、O_{AF}、O_{AW}、O_{AO} 分别代表耕地转出为建设用地、草地、林地、水体和其他用地的面积。O_A^* 表示耕地转出面积的总和。

$$OP_{AD} = \frac{O_{AB}}{O_A^*}; OP_{AG} = \frac{O_{AG}}{O_A^*}; OP_{AF} = \frac{O_{AF}}{O_A^*}; OP_{AWO} = \frac{O_{AW} + O_{AO}}{O_A^*};$$
$$O_A^* = O_{AB} + O_{AG} + O_{AF} + O_{AW} + O_{AO} \tag{3-1}$$

（2）随机森林模型

随机森林是一种集成学习方法，集合多棵决策树对相同的变量进行重复预测，可以有效处理大规模数据集，同时引入随机性，不易发生过拟合。对每棵决策树，随机森林方法进行自助抽样，使误差估计能够基于袋外样本数据。在生成树时，随机产生每个节点，并且节点的分割由少数变量组成。当随机森林被用来解决回归问题时，每棵决策树结果的平均值成为预测值。本研究具体应用随机森林算法步骤如下。

1）按照75%和25%的比例分别划分训练集和测试集。

2）在训练集中运用自展法（bootstrap）从 N 个样本中有放回地抽取 n 个样本。

3）在决策树的每个节点需要分裂时，随机从 M 个变量中选出 m 个变量，满足条件 $m \ll M$，本研究选择基尼指数作为信息增益策略来进行节点划分。

4）每棵决策树自上而下地进行递归分割，直至满足终止条件。

5）将训练集中预测好的模型应用到测试集中，使用 R^2 和均方根误差（root mean squared error，RMSE）作为评价指标进行精度评价。

6）在训练好的模型中重新排列某列特征值的顺序，观测降低了多少模型的准确率，以此来获取变量的重要性得分。不重要的变量被剔除后对模型准确率的影响很小，重要变量则相反。

3. 研究结果

（1）青藏高原地区耕地面积变化分析

在 2000~2010 年、2010~2020 年，青藏高原地区耕地总面积分别增加了 70.81万 hm^2 和 48.16 万 hm^2 [图 3-1（a）]。在 2000~2010 年，城市扩张是青藏高原地区耕地占用的主要驱动因素之一,尤其在新疆、青海、甘肃等[图3-1(b)],而四川和云南的退耕还林比例较高,在这些地区耕地主要被林地占用,西藏则主要呈现退耕还草的趋势,耕地主要被草地占用;2010~2020年,耕地转为建设用地的面积占比明显缩小,生态退耕成为耕地占用的主导因素[图3-1(c)],在青藏高原地区,退耕还草的比例明显增加,四川和云南仍维持较高的退耕还林比例。从县级尺度视角,在2000~2010年,青藏高原地区耕地面积变化表现出东增西减的特征,其中,青藏高原东部边缘县区耕地面积增加量大幅高于其他县区[图3-1(d)],西藏和青海也呈现东增西减的特征。总体来看,位于甘肃和四川的县区耕地面积增加量较高;2010~2020年,青藏高原东部县区的耕地面积变化由增转减,而西部县区表现出耕地面积增加[图3-1(e)]。尤其在四川的县区,此变化十分明显。西藏东部、甘肃东部和新疆南部的耕地面积明显增加,新疆南部的耕地面积增加最多。

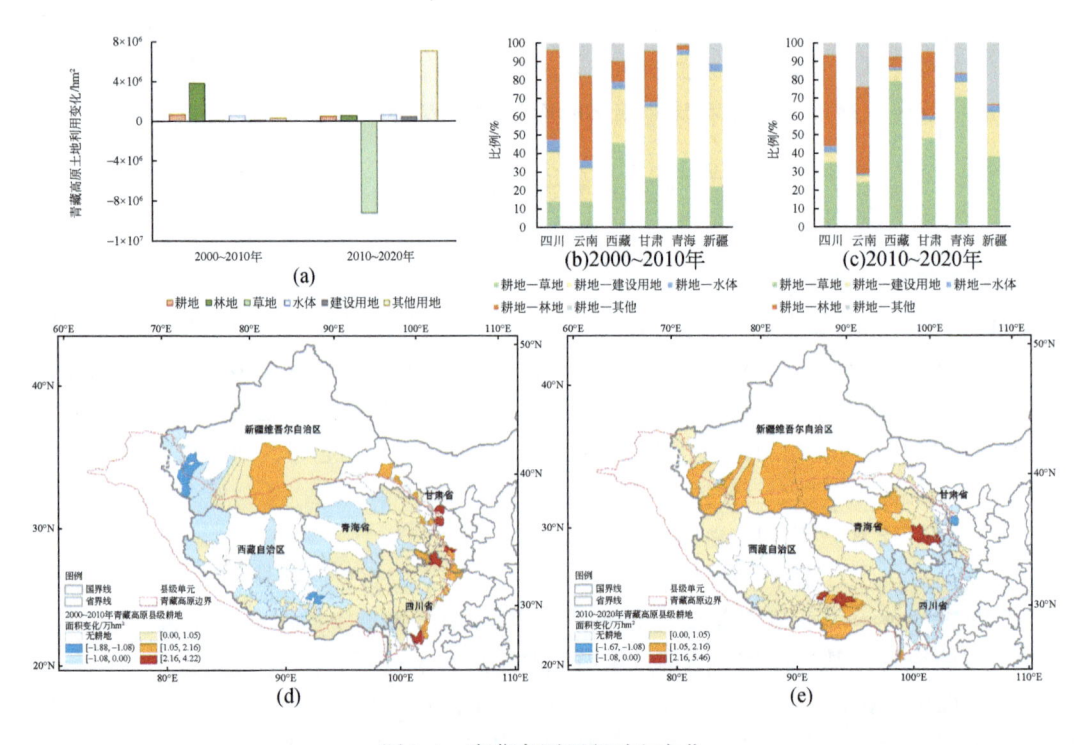

图3-1 青藏高原面积时空变化

(a) 2000~2010年、2010~2020年青藏高原地区土地利用类型变化面积;(b)~(c) 2000~2010年与2010~2020年耕地转为草地、林地、建设用地、水体与其他土地利用类型面积占耕地总转出面积的比例;(d)~(e) 2000~2010年与2010~2020年青藏高原地区县级单元耕地面积变化量

(2) 青藏高原地区耕地面积变化驱动特征分析

从影响耕地面积的宏观自然和社会经济影响因素出发,运用随机森林回归方法,探索青藏高原耕地面积变化的驱动特征。首先选取耕地面积变化评价指数为因变量,选取对耕地面积具有影响的耕地占补平衡指数、海拔、GDP、耕地质量、耕作距离、耕地密度、降水、人口、坡度和温度为自变量,按市级行政区划分别进行随机森林回归分析。

随机森林回归结果（表3-1）显示，训练集模型 R^2 为 0.51~0.99，RMSE 为 0.03~1.34；测试集模型 R^2 为 0.16~0.99，RMSE 为 0.04~4.03，除部分城市样本较少导致 R^2 较低外，各影响因素变量与耕地面积的拟合效果良好。甘孜州、阿里地区的随机森林回归拟合效果较好。这些城市的训练集和测试集的 R^2 都较高，测试集的 R^2 分别为 0.98 和 0.99，同时 RMSE 较小，说明模型在这些地区的预测精度较高。模型在该地区的拟合效果好且预测能力非常强。除此之外，甘南州、海北州、那曲市、昌都市等地区的训练集和测试集的 R^2 和 RMSE 结果也呈现较好的水平。武威市和日喀则市的拟合效果相对较差，在这些地区，训练集的结果优于测试集。

表 3-1 随机森林回归拟合精度

市级行政区划	训练集 R^2	测试集 R^2	训练集 RMSE	测试集 RMSE
阿坝州	0.96	0.65	0.12	0.37
甘孜州	0.99	0.98	0.03	0.04
凉山州	0.92	0.62	0.40	0.79
迪庆州	0.82	0.48	0.08	0.19
阿里地区	0.99	0.99	—	—
昌都市	0.97	0.78	0.07	0.18
拉萨市	—	—	—	—
林芝市	—	—	—	—
那曲市	0.97	0.88	0.07	0.14
山南市	0.93	0.61	0.11	0.29
日喀则市	0.51	0.16	0.03	0.14
甘南州	0.91	0.74	0.10	0.22
酒泉市	—	—	—	—
兰州市	0.93	0.63	0.36	0.79
武威市	0.94	0.32	1.34	4.03
张掖市	—	—	—	—
果洛州	0.93	0.55	0.08	0.23
海东市	0.94			
海北州	0.88	0.77	0.24	0.39
海西州	—	—	—	—
玉树州	0.88	0.72	0.19	0.30

从空间角度看，西藏的藏北地区拟合优度要明显优于青海、甘肃和西藏的藏南地区。甘孜州位于四川西部，地理环境复杂，其模型拟合精度高可能与其独特的地理位置和相对封闭的环境有关，这种地理环境可能导致其数据特征与其他地区有所不同，进而影响模型的拟合效果。阿里地区位于西藏西部，其模型拟合精度高可能与该地区的地理环境、气候条件以及社会经济活动的独特性有关。昌都市位于西藏东部，与四川、云南等接壤，是藏东的政治、经济中心。昌都市的模型拟合精度较高，可能与其作为藏东重要城市的地位有关，社会经济活动相对集中，数据收集可能更为全面和系统，从而提高了模型的拟合效

果。那曲市位于西藏北部,地处高原,自然环境独特。独特的自然环境和相对稳定的社会经济活动使得模型能够较好地拟合该地区的数据。

拉萨市是西藏的首府,位于西藏中部,是政治、经济、文化和宗教中心。拉萨市作为西藏的中心城市,具有一定的复杂性,数据可能受到多种因素的影响,导致模型难以准确拟合。林芝市位于西藏东南部,地处雅鲁藏布江中下游,其模型拟合精度低可能与该地区的自然环境多样性有关。该地区的生态环境丰富,可能导致数据具有较大的变异性,从而增加模型的拟合难度。酒泉市位于甘肃西北部,地处河西走廊西端,是进入新疆的重要门户。张掖市位于甘肃中部,是河西走廊的重要城市之一。这些城市可能受到多种外部因素(如该地区的地理环境、气候条件以及社会经济活动的复杂性)的影响,增加了模型的拟合难度。

随机森林回归的变量重要性得分结果(图3-2)显示,耕作距离和海拔对各区域耕地面积变化都具有较为重要的影响,变量重要性得分多数大于或等于0.10。其中,海拔主要通过影响农作物所需光、温、水、土等自然因素的再分配以及耕地利用的便捷程度间接影响耕地面积,当海拔达到一定的界限时,水热条件低于农作物生长的最低需求,农作物的

	耕地占补平衡指数	海拔	GDP	耕地质量	耕作距离	耕地密度	降水	人口	坡度	气温
阿坝州	0	0	0	0	0.98	0	0	0	0	0.02
甘孜州	0	0.01	0	0.86	0.02	0	0.06	0	0	0.02
凉山州	0.07	0.20	0.04	0	0.43	0.09	0	0.11	0.06	0
迪庆州	0	0.05	0.21	0	0.54	0	0.01	0.20	0	0
阿里地区	0	0	0.50	0	0	0	0	0.50	0	0
昌都市	0.02	0.09	0.13	0.17	0.15	0.02	0.10	0.24	0.02	0.06
拉萨市	0	0.20	0.40	0	0.20	0.20	0	0	0	0
林芝市	0	0	0	0	0	0	0	0	0	0
那曲市	0	0	0.50	0	0.15	0.02	0.09	0.21	0.02	0.01
山南市	0.03	0.15	0.07	0	0.21	0.03	0.08	0.32	0.05	0.07
日喀则市	0.20	0.36	0.07	0	0.05	0.18	0.09	0.04	0	0
甘南州	0.06	0.03	0.07	0	0.28	0	0.48	0.03	0	0
酒泉市	0.13	0.31	0	0.13	0	0.16	0.19	0	0.02	0.07
兰州市	0.09	0.03	0.04	0.03	0.35	0.03	0.19	0.05	0.10	0.10
武威市	0.07	0.02	0.06	0	0.33	0	0.28	0.01	0.16	0.06
张掖市	0	0	0	0	0	0	0	0	0	0
果洛州	0.06	0.07	0.04	0.52	0.11	0	0.02	0.03	0.06	0.03
海东市	0	0.13	0	0	0.36	0.13	0.07	0.26	0.04	0
海北州	0.06	0.16	0.13	0.10	0.16	0.02	0.11	0.03	0.12	0.10
海西州	0.19	0.14	0.05	0	0.06	0.08	0.10	0.12	0	0.26
玉树州	0.01	0.10	0.17	0.03	0.33	0.01	0.24	0.06	0.04	0.02

图3-2 随机森林回归的变量重要性得分

分布会被限制。因此，高海拔地区通常不太适合农业生产，耕地面积相对较小。对于多数区域（剔除变量重要性得分为 0 的地区），耕作距离变量的重要性得分多数大于 0.20，体现了耕作距离对高原地区耕地面积变化的重要影响。耕作距离较近的地区通常更容易被农民开垦利用，因为耕作距离较近的耕地更容易维护和管理，农民更愿意在距离较近的地区进行种植。因此，这些地区的耕地面积相对较大。相反，耕作距离较远的地区由于交通不便，较少被农民开垦利用，导致耕地面积减少。此外，青藏高原地区地势复杂、交通不便，从耕地到市场的运输成本相对较高，距离较远的地区通常需要农民投入更多的时间、人力和物力来进行耕种和管理，这会增加农业生产的成本，降低农民的预期收益，从而影响其耕地面积的选择和规模。

对于甘孜州，其独特的地理位置和自然环境可能对耕地面积变化产生显著影响。甘孜州地处高原，高海拔可能导致水热条件低于农作物生长的最低需求，从而限制农业用地的扩张。高原气候特殊，低温和干旱可能影响农作物的生长周期和产量，进而影响农民对耕地的利用和管理。此外，甘孜州的经济发展水平和人口密度相对较低，可能反而有助于保护现有耕地免受过度开发的压力。阿坝州的情况与甘孜州类似，但也有其独特的影响因素：阿坝州的土壤类型和肥力可能影响农作物的生长和产量，从而影响农民对耕地的选择和利用。拉萨市作为西藏的首府，随着 GDP 的增长和人口密度的增加，可能会占用部分农业用地，对耕地造成更大的压力，导致耕地面积减少。兰州市的耕地面积变化受到各指标不同程度的影响，兰州市作为甘肃的省会，受益于政策扶持和农业技术的推广，从而在耕地面积管理上取得一定的平衡。

综上所述，耕作距离和海拔对各城市的耕地面积和农业生产具有显著影响。耕作距离的远近直接影响农民耕作的成本和效率，而海拔则通过影响气候条件、土壤质量等因素间接影响农业生产。各城市受不同因素影响的情况和原因复杂多样。为了更深入地了解这些影响及其原因，需要结合具体的数据和各地区的实际情况进行深入分析。同时，政府和相关机构也应密切关注这些因素的变化趋势，制定合理的政策和措施来保护和管理耕地资源。这有助于我们更准确地评估各地区的农业生产潜力，为未来的农业发展规划提供有力支持。

4. 讨论与结论

本节对青藏高原耕地数量及空间格局进行了深入研究，分析了 2000~2020 年青藏高原地区耕地面积变化及其驱动特征。在 2000~2010 年和 2010~2020 年，青藏高原地区的耕地总面积分别增加了 70.81 万 hm^2 和 48.16 万 hm^2。耕地面积变化的主要驱动因素经历了从城市扩张到生态退耕的转变。生态退耕政策在 2010~2020 年成为主导因素，反映了青藏高原地区生态环境保护与农业发展之间的平衡挑战。

随机森林回归结果显示，海拔和耕作距离对各区域耕地面积变化具有较为重要的影响，变量重要性得分多数大于或等于 0.10，这与青藏高原地区特殊的地理环境和气候条件密切相关。耕作距离对耕地面积变化具有显著影响。在不同地区和不同环境条件下，其影响表现为多方面的差异性。在城市周边或交通便利的地区，耕作距离较近的地区耕地面积相对较大，土地利用效率更高；而在边远地区或交通不便的地区，耕作距离较远的地区耕地面积较小，土地利用效率较低。此外，耕作距离还受到政府政策的影响，政府投资改善基础设施等措施可能会对耕地面积变化产生积极影响。

本节揭示了青藏高原地区耕地面积变化的驱动特征，为制定合理的耕地资源管理政策提供了科学依据。保障青藏高原地区耕地可持续生产能力对居民福祉具有至关重要的作用。未来的研究应进一步深入探讨耕地面积变化的驱动机制，保护并合理利用耕地资源，协同粮食需求保障与生态环境保护，促进耕地资源的合理利用和农业的可持续发展。

3.1.2 青藏高原国家级自然保护区耕地面积变化与驱动分析

1. 方法与数据

（1）数据来源

本研究主要涉及三类数据，如表 3-2 所示。第一类数据为耕地相关数据。耕地面积的数据来源是分辨率为 30m 的 GlobeLand30 2000 年/2010 年/2020 年三期地表覆盖数据集（陈军等，2016；Jun et al.，2014）。1km 网格耕地密度用公里格网内耕地面积占比表征，栅格属性值为该栅格内的耕地面积，如图 3-3 所示。

表 3-2　数据类型与数据来源

类别	数据指标	指标	数据集	数据类型	年份
耕地相关数据	耕地面积	CA	GlobeLand30 地表覆盖数据集	30m 栅格	2000/2010/2020
	耕地密度	CD	1km 网格耕地密度数据集	1km 栅格	2000/2010/2020
生态相关数据	国家级自然保护区边界	—	中国自然保护区生物标本资源共享平台	矢量	2000/2010/2020
	生物群落	—	Ecoregions 2017© Resolve 数据集	矢量	2017
	物种丰富度	—	世界生物多样性地图数据	10km 栅格	鸟类 2019 哺乳类 2018 两栖类 2017
解释变量：影响因素相关数据	农田生产潜力	CPP	中国农田生产潜力数据集	1km 栅格	2010
	人口密度	PD PD$_{NPA}$	中国人口空间分布公里网格数据集	1km 栅格	2019
	人均农业用水量	AW	中国城市统计年鉴	市级	2020
	人均农村用电量	RE	中国城市统计年鉴	市级	2020
	农村人均收入	FI	中国城市统计年鉴	市级	2020
	农村受教育年限	EY	中国城市统计年鉴	市级	2020
	农业 GDP 占比	AG	中国城市统计年鉴	市级	2020

续表

类别	数据指标	指标	数据集	数据类型	年份
解释变量：影响因素相关数据	城镇人口比例	CP	中国城市统计年鉴	市级	2020
	地形起伏度	TR	中国1:1 000 000数字高程模型数据	市级	—
	农村基尼系数	GI$_{Rural}$	中国城市统计年鉴	市级	2020
	城市人均GDP	GDP$_{City}$	中国城市统计年鉴	市级	2020
	保护区平均建立年份	YE	中国自然保护区生物标本资源共享平台	市级	1956~2020

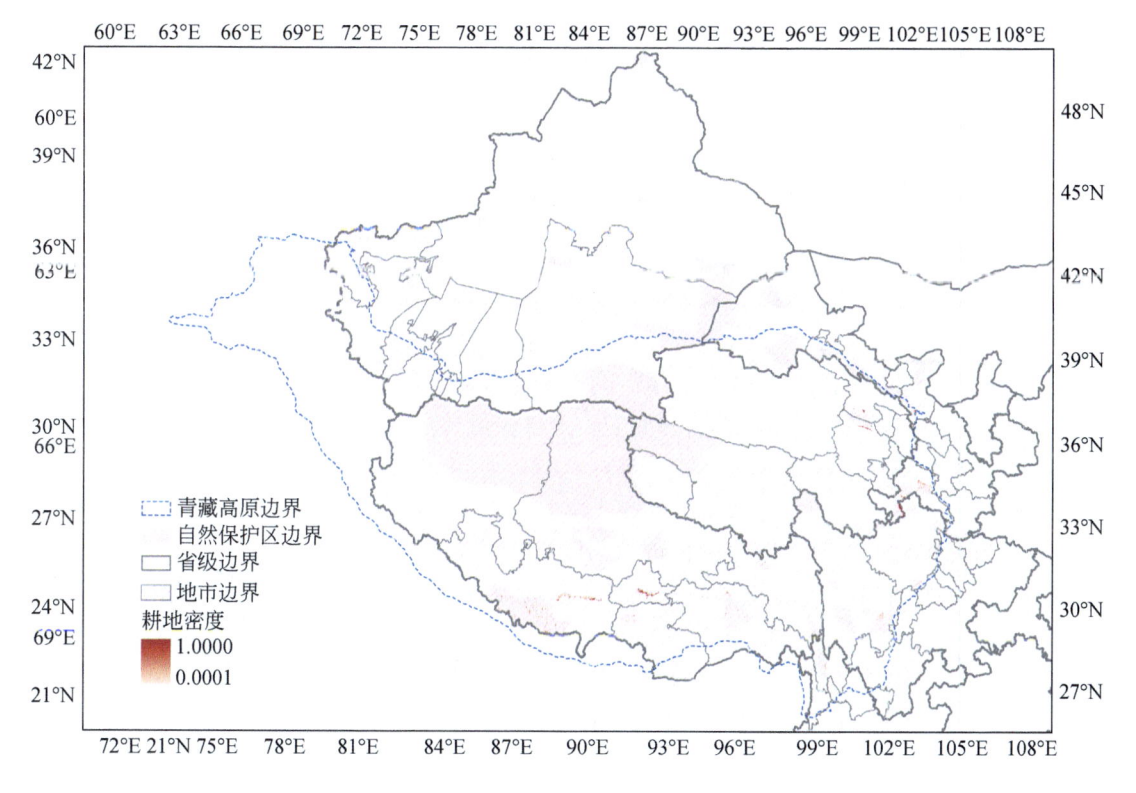

图3-3 青藏高原国家级自然保护区内耕地分布

第二类数据为生态相关数据。国家级自然保护区（national protected areas，NPA）边界（图3-3）的数据来源是中国自然保护区生物标本资源共享平台。生物群落边界的数据来源是Ecoregions 2017© Resolve 数据集（Dinerstein et al.，2017；Olson et al.，2001）。物种丰富度数据的来源是世界生物多样性地图数据，主要包括全球10km分辨率的三类脊椎动物（包括2019年鸟类、2018年哺乳类、2017年两栖类）的物种丰富度栅格数据（Jenkins et al.，2013；Pimm et al.，2014）。

第三类数据涉及各地级市国家级自然保护区内耕地密度的影响因素分析。其中，1km分辨率的农田生产潜力和人口栅格数据来源于中国科学院资源环境科学数据平台（徐新良, 2017b; 徐新良和刘洛, 2017)。农村基尼系数、农村人均收入、农村受教育年限、人均农村用电量、人均农业用水量等指标来源于《中国城市统计年鉴2020》(国家统计局, 2021)。保护区平均建立年份数据来源于中国自然保护区生物标本资源共享平台。对各地级市及其保护区内的人口密度和耕地密度进行对数转换,并对耕地密度以外的其他可能影响因素进行了 Z 分数(Z score)标准化处理,以保证各影响因素之间的可比性。

(2) 多元线性回归

本研究采用多元线性回归,选取可能的解释变量,以分析位于青藏高原的各地市2020年国家级自然保护区内耕地密度的影响因素。

多元线性回归的基本形式为

$$y=\beta_0+\beta_1 x_1+\beta_2 x_2+\cdots+\beta_p x_p+\varepsilon \tag{3-2}$$

式中,y 为因变量;x_1, x_2, $\cdots$, x_p 为自变量;β_0, β_1, β_2, $\cdots$, β_p 为回归系数;ε 为误差项。

使用最小二乘法估计回归系数,使误差平方和最小:

$$\sum_{i=1}^{n}(y_i-\hat{y}_i)^2=\sum_{i=1}^{n}(y_i-\beta_0-\beta_1 x_{i1}-\beta_2 x_{i2}-\cdots-\beta_p x_{ip})^2 \tag{3-3}$$

式中,$\hat{y}_i$ 为自变量 x_1, x_2, $\cdots$, x_p 的线性组合得到的预测值。

多元线性回归模型还可以表示为矩阵形式:

$$Y=X\beta+\varepsilon \tag{3-4}$$

式中,Y 为观察值向量;X 为 $n\times(p+1)$ 的常数矩阵;β 为 $(p+1)\times 1$ 的回归系数向量;ε 为 $n\times 1$ 的误差向量。其中,n 为样本量;p 为自变量数量。

使用矩阵方法,求解 β 的最小二乘解:

$$\beta=(X^\mathrm{T}X)^{-1}X^\mathrm{T}Y \tag{3-5}$$

式中,X^T 为 X 的转置矩阵。如果 $X^\mathrm{T}X$ 可逆,则最小二乘解存在且唯一。

本研究列举了14个对青藏高原各地级市国家级自然保护区内耕地密度(CD_{NPA})产生影响的潜在解释变量,因此有 2^{14} 种可能的模型。式(3-6)为包含所有潜在解释变量的模型:

$$\ln CD_{NPA}=\beta_0+\beta_1\ln CD+\beta_2\ln PD+\beta_3\ln PD_{NPA}+\beta_4 AG+\beta_5 AW+\beta_6 EY+\beta_7 FI$$
$$+\beta_8 CPP+\beta_9 GDP_{City}+\beta_{10} GI_{Rural}+\beta_{11} RE+\beta_{12} YE+\beta_{13} TR+\beta_{14} CP \tag{3-6}$$

式中,CD 为某地级市的耕地密度;PD 为人口密度;AG 为农业 GDP 占比;AW 为人均农业用水量;EY 为农村受教育年限;FI 为农村人均收入;CPP 为农田生产潜力;GDP_{City} 为城市人均 GDP;GI_{Rural} 为农村基尼系数;RE 为人均农村用电量;YE 为保护区平均建立年份;TR 为地形起伏度;CP 为城镇人口比例。

为提高数据分布的正态性和模型系数的可比性,本研究对耕地密度和人口密度进行了对数转换,并使用 Z score 转换对除耕地密度以外的所有解释变量进行了标准化处理。

(3) 赤池准则

20世纪70年代中期,日本统计学家赤池弘次创造性地发现了玻尔兹曼熵与 K-L 信息理论和费雪的最大似然理论之间的形式关系,构造了一种能够评估统计模型的复杂度和衡量统计模型拟合优良性的标准,称为赤池准则(Akaike information criterion,AIC)

（Akaike，1974；Anderson，2008）。

为衡量各模型拟合的优良性，本研究依次计算2^{14}个模型的AIC，AIC最小值对应的模型即为最佳模型。AIC是模型拟合精度和参数数量的加权函数，可以表示为

$$\mathrm{AIC} = 2k - 2\ln L \tag{3-7}$$

式中，k为参数的数量；L为似然函数。

AIC的本质是一种信息损失函数，具有最小信息损失的模型即为最佳模型，代表最佳假设。如果没有适当的惩罚项，即参数数量k，那么最佳模型就是包含所有参数的最大模型。然而，这可能导致过拟合的问题。因此，AIC能够表征模型拟合的优良性，同时限制过拟合的可能。

在模型误差服从独立正态分布的假设条件下：

$$\ln L = -\frac{n}{2}\ln\frac{\sum \hat{\varepsilon}_i^2}{n} \tag{3-8}$$

AIC还可以表示为

$$\mathrm{AIC} = 2k + n\ln\frac{\mathrm{RSS}}{n} \tag{3-9}$$

式中，n为样本数；$\hat{\varepsilon}_i$为模型的估计残差；RSS为残差平方和。

在样本量较小的情况下（$\frac{n}{k}<40$），AIC表现不佳，转变成AIC_c：

$$\mathrm{AIC}_c = \mathrm{AIC} + 2k\frac{k+1}{n-k-1} \tag{3-10}$$

式中，第2项为偏置校正项，当$n \gg k$时，AIC_c收敛于AIC。

2. 研究结果

（1）国家级自然保护区耕地时空格局变化

按照省（自治区、直辖市）划分的青藏高原国家级自然保护区内耕地面积与耕地密度分布如图3-4所示。2000~2020年，青藏高原国家级自然保护区内耕地面积不断扩张，由11.67万hm²增长至16.7万hm²［图3-4（a）］。2000~2020年，耕地扩张的地区集中在甘肃和西藏的国家级自然保护区，其耕地面积增量占总增量的98.6%，而青海、四川、新疆和云南的国家级自然保护区内耕地面积变化不大。2000~2010年，甘肃国家级自然保护区内耕地面积增长超过一倍（101.5%），西藏则降低了23.4%。2010~2020年，西藏保护区内耕地面积增长了84.8%，超过600km²，是2010~2020年青藏高原国家级自然保护区内耕地扩张的主力。2000~2020年，青藏高原国家级自然保护区内的耕地密度由0.29下降至0.28，继而增长至0.30，呈现出先减后增的趋势［图3-4（b）］。2000~2020年，青海（>0.45）、甘肃（>0.33）的国家级自然保护区内耕地密度始终高于平均水平。新疆国家级自然保护区内的耕地在2000~2010年经历了从无到有的变化，2010~2020年耕地密度（>0.35）始终高于青藏高原的整体水平。西藏国家级自然保护区内耕地密度与整体水平相当。四川（<0.16）和云南（<0.13）的国家级自然保护区内耕地密度最低。

按照经纬度统计的青藏高原国家级自然保护区内外耕地密度分布如图3-5所示。结果表明，耕地密度存在显著的空间分异。国家级自然保护区外与整体耕地密度大致相当，国

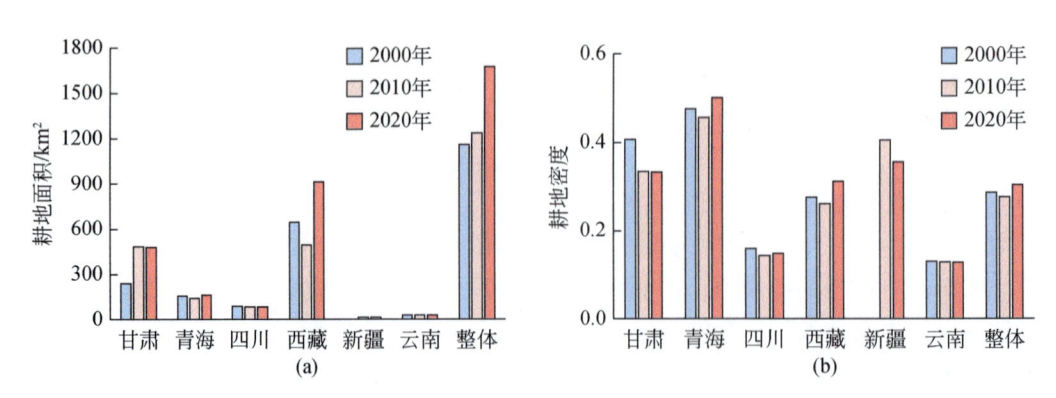

图 3-4 按照省（自治区、直辖市）划分的青藏高原国家级自然保护区内耕地面积与耕地密度分布

家级自然保护区内耕地密度普遍低于国家级自然保护区外耕地密度。就纬度分布而言，部分位于 29°N～33°N 附近的国家级自然保护区内耕地密度显著高于国家级自然保护区外耕地密度，特别是 33°N 处平均耕地密度达到了 0.67 的峰值［图 3-5（a）］。就经度分布而言，部分高于整体水平的耕地密度出现在 89°E～91°E，特别是 91°E 处平均耕地密度达到了 0.54 的峰值［图 3-5（b）］。整体而言，西藏的日喀则市和拉萨市与四川阿坝州和甘肃甘南州的交界处是国家级自然保护区内耕地密度较高的地区（图 3-3）。

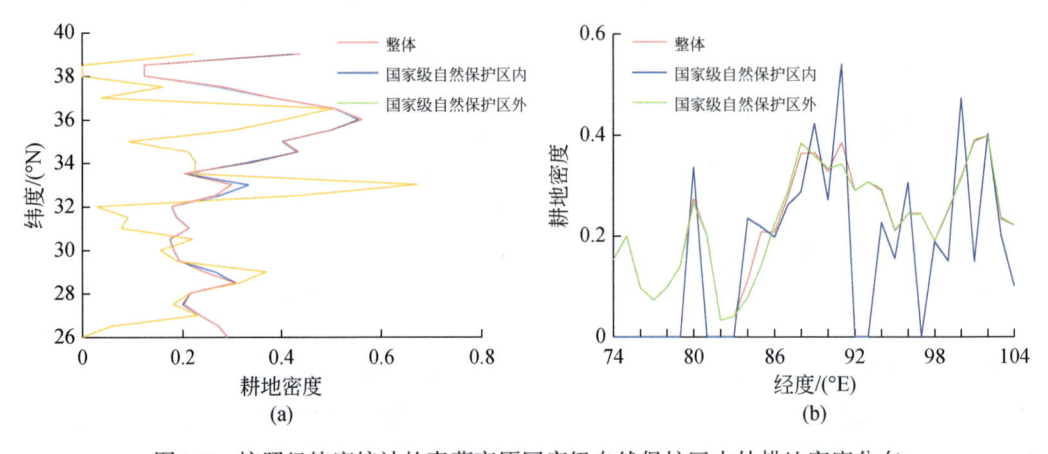

图 3-5 按照经纬度统计的青藏高原国家级自然保护区内外耕地密度分布

自然保护区是生态系统、物种、经济、人口、土地利用协调的结果（Volis，2018；Zhao et al.，2022）。按照陆地生物群落与保护区类型进行划分，以描述自然本底和人为管理对青藏高原国家级自然保护区内耕地分布情况的影响。按照生物群落类型划分的青藏高原国家级自然保护区内耕地密度分布如图 3-6（a）所示。2000～2020 年，位于温带阔叶林和混交林群落的国家级自然保护区内耕地密度（<0.04）最低，并逐年降低；位于温带针叶林与山地草原和灌丛群落的国家级自然保护区内耕地密度较高，并持续增加。其中，位于山地草原和灌丛群落的国家级自然保护区耕地密度始终大于 0.3，面临着严重的农业扩张问题，是未来重点生态恢复与耕地管控的区域。按照保护区类型划分的青藏高原国家级自然保护区内耕地密度分布如图 3-6（b）所示。结果表明，已于 1984 年建立保护法的

森林保护区内耕地密度始终较低，维持在 0.21 的水平。湿地保护区内耕地密度处于中等水平，并呈现出先减后增的变化特征。野生动物保护区（>0.37）和荒漠保护区（>0.34）内耕地密度较高。虽然 1988 年已颁布了《中华人民共和国野生动物保护法》，但 2000~2020 年野生动物保护区内的耕地密度持续增加，由 0.38 增长至 0.43。此外，荒漠保护区面临着严峻的不可持续的农业实践与水源安全等问题（Shaumarov et al., 2012），多年来却缺乏重视与保护。为实现各种类型保护区的生态治理与可持续发展，国家层面的管理条例亟待补充完善（Xie et al., 2014）。

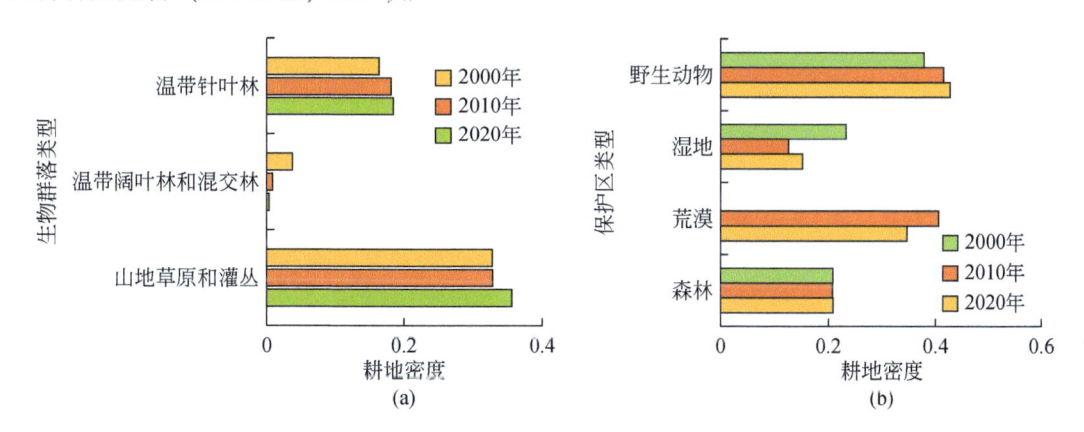

图 3-6 青藏高原国家级自然保护区内耕地密度分布（按生物群落类型与保护区类型划分）
本研究涉及 4 种陆地生物群落，分别为温带阔叶林和混交林、温带针叶林、山地草原和灌丛与沙漠和旱灌丛，沙漠和旱灌丛保护区内没有耕地；本研究包括 4 种类型的自然保护区，分别为野生动物类型、湿地生态系统类型、荒漠生态系统类型和森林生态系统类型

(2) 国家级自然保护区内外耕地密度关系

对青藏高原 2000~2020 年各地级市国家级自然保护区内外的耕地密度进行分区统计。就空间范围而言，少数城市的国家级自然保护区内耕地密度大于国家级自然保护区外耕地密度（图 3-7），其通常位于青藏高原的边缘地带。例如，青藏高原北部的巴音郭楞盟、青海与甘肃交界处的海北州、武威市等地区，以及位于边境地区的昌都市、日喀则市等地区。国家级自然保护区内耕地密度大于国家级自然保护区外意味着省界城市可能存在突出的粮食安全保障问题，原因有两点：①区位因素引发的人地矛盾。一方面，中国的省界通常按照地理区域和山脉走向划分，位于青藏高原边界的城市通常位于偏远山区或国界处，交通闭塞（Fan et al., 2022）。另一方面，虹吸效应和本地优先政策使得政策、资本等资源向大城市倾斜（Yao et al., 2021），加剧了这些边缘地区与大城市的发展差距，使得国家级自然保护区内面临着剧烈的人口压力与发展需求（韩念勇，2000）。②多部门协同导致的管理低效。多省（自治区、直辖市）共同规划管理的国家级自然保护区需要各个政府部门的密切协调配合（Volis, 2018）。各部门监管标准不一致、利益冲突且缺乏有效沟通，会导致权责不清、管理混乱（He et al., 2018；Xie et al., 2014）。就时间变化而言，2000~2020 年，新疆巴音郭楞盟和西藏各地市的国家级自然保护区内出现了高比例的耕地，其他地区国家级自然保护区内外耕地比例相对稳定。

(a)2000年

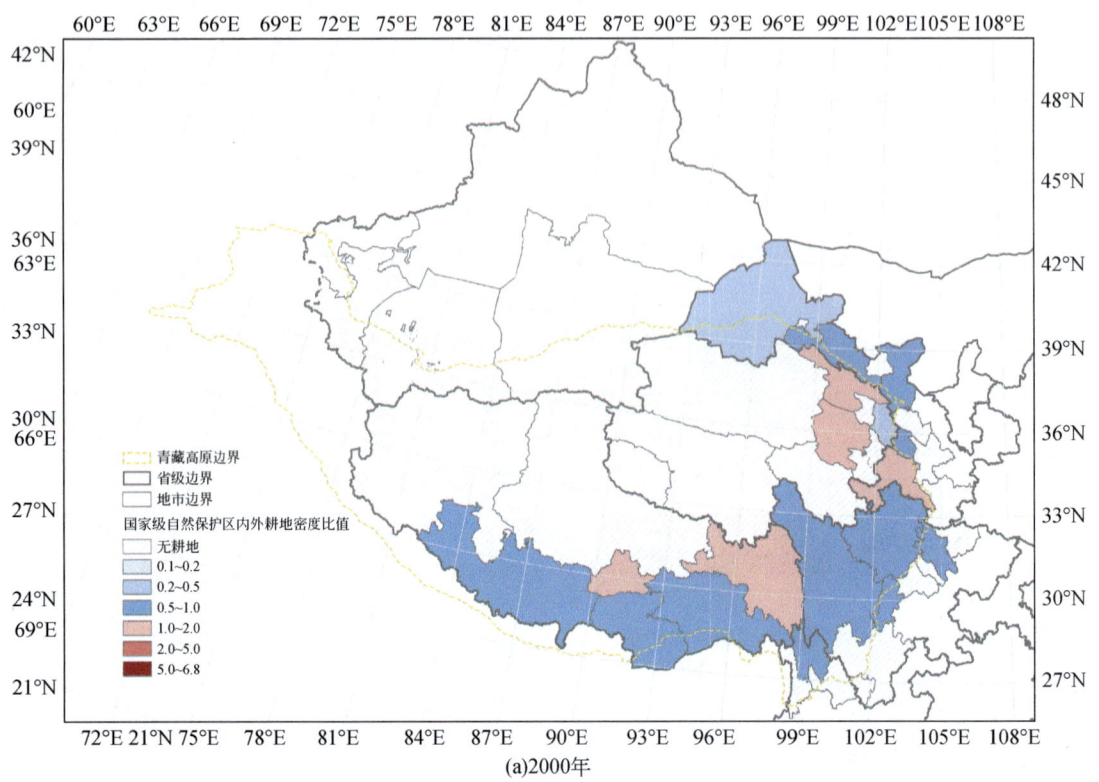

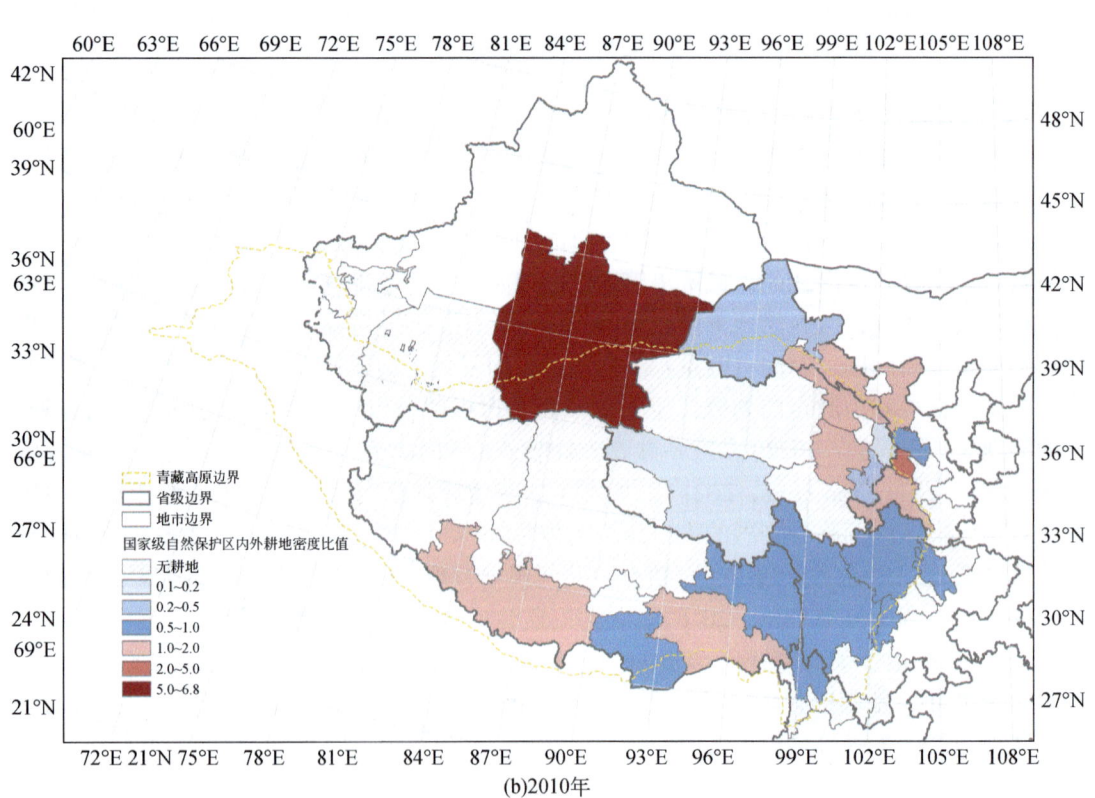

(b)2010年

(c)2020年

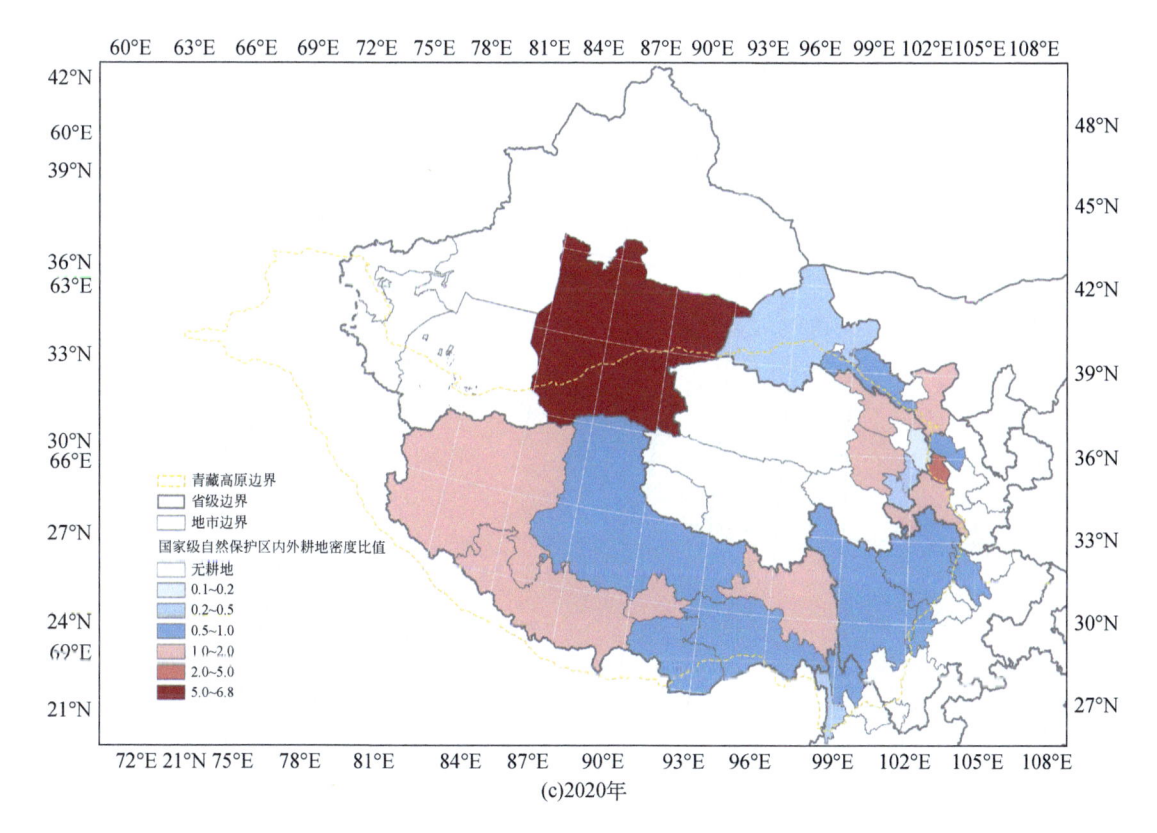

图 3-7　2000~2020 年青藏高原国家级自然保护区内外耕地密度比值

（a）~（c）为 2000~2020 年保护区内外耕地密度比值，颜色越深，耕地密度比值越大，蓝色代表耕地密度比值小于 1，红色代表耕地密度比值大于 1

（3）国家级自然保护区耕地密度与物种丰富度协变性

对鸟纲、哺乳纲、两栖纲三类脊椎动物的物种丰富度的 10km 栅格数据进行叠加，得到物种丰富度栅格数据。结果表明，耕地密度与总物种丰富度的协变关系具有两极分化特征，即粮食生产和生物多样性保护存在权衡关系（图 3-8）。一方面，青藏高原东南部地区的国家级自然保护区多表现出低耕地密度-高物种丰富度的特征。西南山地和四川盆地作为中国重要的生物多样性热点区（Xu and Wilkes，2004），耕地利用强度较低，农业对国家级自然保护区物种的胁迫较小。另一方面，位于青海、甘肃交界处和新疆巴音郭楞盟的国家级自然保护区表现出高耕地密度-低物种丰富度的特征。这些地区的耕地开垦往往伴随着化肥农药投入，应当严格管控不合理的耕地利用行为。其他地区的国家级自然保护区基本呈现出低耕地密度-低物种丰富度的特征，但未来需要更加严格和本土化的保护措施，否则将面临严重的物种灭绝和生物多样性损失问题（Jenkins et al.，2013）。通过设置优先保护地，严格限制耕作规模，并充分评估保护行为的有效性，尤其需要关注耕地对当地特化种的影响（Vijay and Armsworth，2021）。

（4）国家级自然保护区内耕地扩张影响因素

考虑自然本底与社会条件、农业基础等因素，应用多元线性回归模型分析 2020 年青

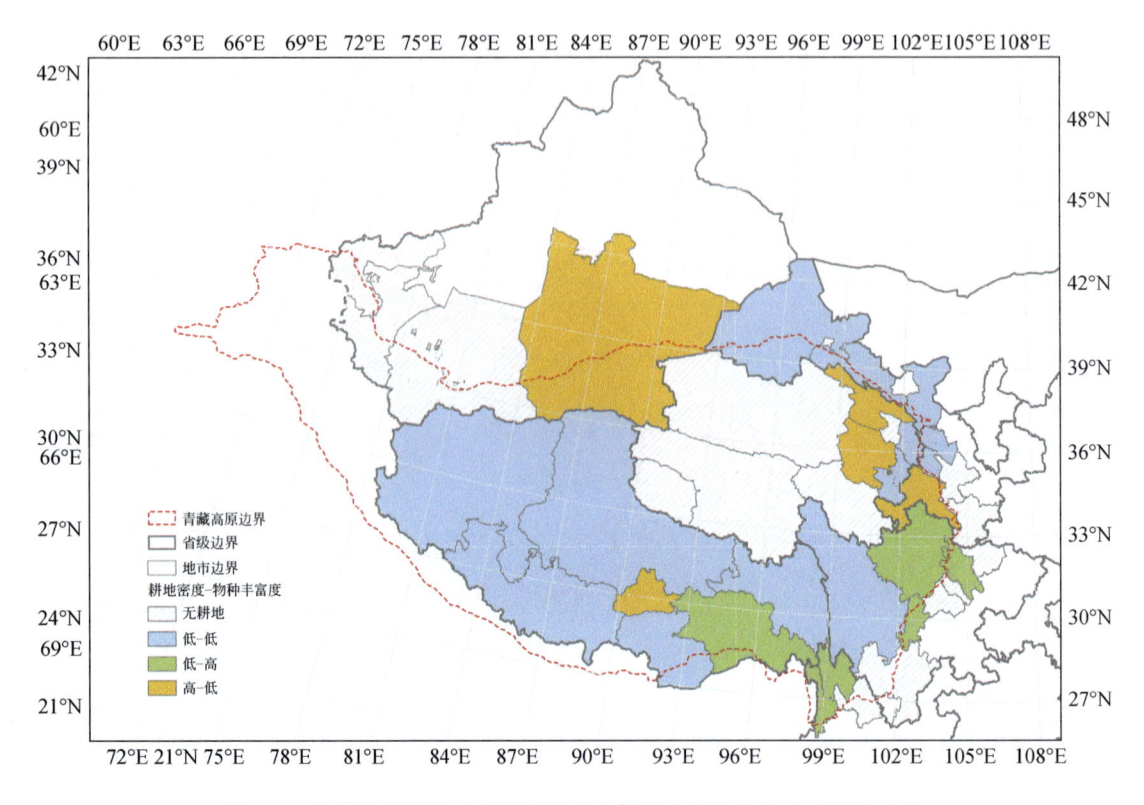

图 3-8　青藏高原国家级自然保护区内耕地密度与物种丰富度协变性

藏高原各地级市的平均耕地密度、平均人口密度等 14 个潜在解释变量对国家级自然保护区内耕地开发程度的驱动作用。研究结果表明，仅有 1 个解释变量进入了最终模型（表3-3），其他因素均没有通过显著性检验。青藏高原地势高耸，气候高寒，土地贫瘠，人口稀少。在农田生产潜力较高（$\beta=0.757$，$R^2=0.573$），即具备土壤、地形、耕地分布、气候条件和农业技术等综合条件的地区，国家级自然保护区内耕地开发程度较高，说明农业适宜性是青藏高原耕地扩张的主要影响因素。

表 3-3　2020 年青藏高原国家级自然保护区内耕地密度驱动因素

解释变量	回归系数	T 检验	P 值	R^2
农田生产潜力	0.757	3.279	0.011	0.573

人均耕地面积可能是未来调控国家级自然保护区内人口与耕地资源配置的重要参考（蔡运龙等，2002）。因此，应用多元线性回归模型分析 2010~2020 年青藏高原各地级市的 14 个潜在解释变量对国家级自然保护区内人均耕地面积变化的影响机制。结果（表3-4）表明，城镇人口比例和平均耕地密度是主导因素（$R^2=0.808$）。对于城镇人口比例高（$\beta=0.781$）的城市，农村人口迁出导致国家级自然保护区内人均耕地面积增加；平均耕地密度低（$\beta=-0.581$）的城市可能存在严重的粮食安全问题，农户越倾向于开垦国家级自然保护区内的耕地，以改善生存条件。因此，相较于传统的"一刀切"退耕政策，本研

究建议在西南边境地区保留适量耕地，以满足戍边地区的经济社会稳定。

表 3-4 青藏高原 2010～2020 年国家级自然保护区内人均耕地面积变化驱动因素

解释变量	回归系数	T 检验	P 值	R^2
城镇人口比例	0.781	4.666	0.002	0.808
平均耕地密度	-0.581	-3.468	0.010	

3. 讨论与结论

（1）结论

自然保护区内广泛存在的耕地是全球范围内难以清除的现象。由于人类活动密集，自然保护区内的环境保护目标常常被民生目标挤压。青藏高原作为我国乃至亚洲的重要生态安全屏障和生物多样性保护的关键区域，生态环境极其脆弱，对人类活动的影响十分敏感。因此，权衡青藏高原自然保护区内的生态保护与农业活动是一个关键而复杂的问题。为解决保护与农业之间的冲突，研究保护区内的耕地具有重要意义。本研究对青藏高原国家级自然保护区内耕地的时空格局变化与驱动因素进行评价。首先，按照省（自治区、直辖市）、经纬度、生物群落和保护区类型统计保护区内的耕地时空分布格局，以描述其空间异质性。其次，量化青藏高原各地市保护区内外耕地密度的空间关系。从生态保护与耕地利用的权衡视角出发，测度国家级自然保护区内耕地密度与物种丰富度的协变关系。最后，利用多元线性回归分析青藏高原各地市国家级自然保护区内耕地开发的综合驱动因素，以确定可持续的耕地管护措施。

本研究的主要结论如下：2000～2020 年，青藏高原的国家级自然保护区内耕地不断扩张，耕地面积由 11.67 万 hm^2 增长至 16.76 万 hm^2。平均耕地密度约为 0.3，并呈现出先减后增的趋势。位于温带针叶林与山地草原和灌丛两类生物群落的国家级自然保护区内耕地密度较高，并持续增加，是未来耕地管控的重点区域。野生动物类型和荒漠生态系统类型的国家级自然保护区内耕地密度较高，相关保护条例与监管措施亟待完善。部分位于 29°N～33°N 和 89°E～91°E 附近的国家级自然保护区内耕地密度较高，西藏的日喀则市和拉萨市与四川阿坝州和甘肃甘南州的交界处是国家级自然保护区内耕地密度较高的地区。就国家级自然保护区内外耕地密度的空间分布而言，有少数城市的国家级自然保护区内耕地密度大于国家级自然保护区外，其通常位于青藏高原边缘地带。西藏地区面临着尤为严重的耕地扩张问题。管理权的分散与人地矛盾可能是国家级自然保护区内耕地管理和保护措施执行低效的主要原因。粮食生产和生物多样性在国家级自然保护区内存在权衡关系，高耕地密度和高物种丰富度很难共存。位于青海、甘肃交界处和新疆南部的国家级自然保护区内，耕地扩张侵占了物种栖息地，加剧了生物多样性损失。这些地区应当积极推动生态退耕，发展生态友好型农业，引导低化肥、零农药投入的耕作模式。对青藏高原国家级自然保护区内耕地开发密度进行驱动因素分析，发现在农田生产潜力较高、自然资源禀赋好的地区，国家级自然保护区内耕地开发程度较高，这说明农业适宜性是青藏高原耕地扩张的主要影响因素。另外，2010～2010 年人均耕地面积变化的影响因素研究结果表明，在青藏高原生存和温饱对于居民而言是比生态保护更迫切的问题。本研究建议西南边境区域保留适量的农业发展空间与城市建设空间，以保障戍边地区经济社会稳定。

（2）讨论

自然保护区的设立目标是最大限度地保护自然生态系统和生物多样性（Wade et al., 2020），因此，政府通常会对自然保护区内的农业活动进行严格限制，如对核心区进行生态退耕（Zhang et al., 2017）。然而，本研究表明，目前青藏高原的国家级自然保护区内仍然存在 16 万 hm² 以上的耕地，其存在进一步扩张的趋势，这一结果与赵锐锋等（2013）的结论一致，特别是青藏高原北部与青海和甘肃交界处，自然保护区内耕地密度较大，这是因为中国的农作物补贴和农业税免除政策鼓励农民耕种，农业边际收益高，新疆、甘肃的自然保护区被侵占种植玉米的现象十分严重（Xu et al., 2016）。因此，调整财政激励政策，并建立更严格的管控措施是阻止自然保护区内耕地无序扩张的有效手段。此外，在青藏高原生态环境脆弱且农村基础设施差的边境地区，如西藏聂拉木县，在自然保护区内适度保留耕地，对于缓和农民生计与生态的冲突、稳定戍边人口、加强地方治理具有重要意义（Xu and Melick, 2007）。反之，强制退耕的危害可能大于收益，如导致农户私开、偷开自然保护区内的耕地，进而加剧土壤有机质流失与氮磷污染。适当的生态补偿也是行之有效的保护策略（He et al., 2018；Zhang et al., 2017）。应当尽快推动荒漠、湿地等类型保护区管理条例的颁布，以提供有力的法律依据（Xie et al., 2014）。此外，多部门共同管理也是自然保护区内耕地无序扩张的原因之一，因此需要明确政府各部门的管理职责。

3.2 青藏高原耕地资源质量综合评估与影响因素分析

本节以西藏和青海为研究区，进行区域耕地质量评价。考虑到用单一的加权方法很难合理地评价复杂的耕地系统，本研究试图提出一种结合主观和客观赋权的方法，将专业知识和数据差异结合，使评价过程中的信息损失程度降到最低。在此基础上，引入随机森林模型，探索区域宏观自然-经济-社会因素对西藏和青海耕地质量的影响，以期为西藏和青海耕地保护提供合理化参考。此外，考虑到耕地破碎化对耕地利用的限制性影响，本研究通过对平均地块面积（mean patch size，MPS）、耕地密度和面积加权平均形状指数（area-weighted mean shape index，AWMSI）的分析，从自然资源禀赋、空间分区和利用便利性 3 个维度揭示青藏高原地区耕地破碎化的特征并对其影响因素进行探索。

3.2.1 西藏和青海耕地质量综合评估

1. 数据来源

耕地质量评价指标及影响因素数据详细来源如表 3-5 所示，所有数据均为 1km 分辨率的栅格数据，可以有效刻画区域耕地质量分布特征和驱动关系的复杂特征。其中，西藏和青海耕地质量评价数据中的田面坡度依据中国科学院资源环境科学数据平台的全国 DEM 数据进行计算，其他数据来自自然资源部门的农用地质量监测数据。

表 3-5　耕地质量评价数据来源

指标	资料名称	资料来源
田面坡度	DEM 数字高程模型	中国科学院资源环境科学数据平台
有效土层厚度	全国土地利用调查数据库	自然资源部门
土壤有机质含量	农用地质量监测数据	自然资源部门
土壤质地	农用地质量监测数据	自然资源部门
剖面构型	农用地质量监测数据	自然资源部门
灌溉保证程度	农用地质量监测数据	自然资源部门
田间道路通达度	农用地质量监测数据	自然资源部门

2. 指标评分方法

本研究对西藏和青海的耕地质量评价指标的评分标准参照《耕地质量调查监测与评价方法》和《农用地质量分等规程》，详细评分标准如表 3-6 所示。

表 3-6　耕地质量评价指标评分标准

指标	100	90	80	70	60	50	40	30	20
田面坡度/（°）	<2	2~10	—	10~15	—	—	15~25	—	—
有效土层厚度/cm	≥150	100~150	—	60~100	—	30~60	—	<30	—
土壤有机质含量/（g/kg）	≥40	30~40	20~30	10~20	6~10	<6	—	—	—
土壤质地	壤土	—	黏土	砂土	—	—	砾质土	—	—
剖面构型	通体壤、壤/砂/壤	壤/黏/壤	—	砂/黏/砂、壤/黏/黏、壤/砂/砂	砂/黏/砂	黏/砂/黏、通体黏、黏/砂/砂	通体砂、通体砾	—	—
灌溉保证程度	充分满足	基本满足	—	一般满足	—	—	无灌溉条件	—	—
田间道路通达度	高	—	—	一般	—	—	—	低	—

3. 耕地质量评价权重设计

(1) 专家权重

德尔菲（Delphi）法最早由美国学者在 20 世纪创立，其采用问卷调查的方式综合多位专家意见，并经过多轮问卷调查使专家不断修正自己的意见，依据专家经验知识逐步确定最优权重，又被称为专家打分法。本研究在拟定指标体系后，采用德尔菲法对专家意见进行整理统计来确定专家权重。本研究综合土地管理、土壤学、地理学、政府部门人员、耕地调查一线各领域中近 30 位专家的意见，通过问卷调查逐步确定最优权重，专家权重用 ω'_j 来表示。

（2）熵权权重

熵权法是一种用待评价指标来确定指标权重的客观评价法，具有较强的操作性。它能够有效反映数据隐含的信息，增强指标的差异性和分辨性，以避免选取指标的差异性过小而造成分析不清，因此它可以达到全面反映各类信息的目的。熵权法的计算原理如式（3-11）和式（3-12）所示。

$$y_{ij} = \frac{x_{ij}}{\sum_{i=1}^{n} x_{ij}}$$

$$e_j = -\frac{1}{\ln n} \sum_{i=1}^{n} (y_{ij} \ln y_{ij}) \tag{3-11}$$

式中，x_{ij} 为第 i 个地块的第 j 个指标标准化后的值；n 为评价地块个数；y_{ij} 为 x_{ij} 出现的频率，即 $y_{ij} = \frac{x_{ij}}{\sum_{i=1}^{n} x_{ij}}$；$e_j$ 为第 j 个指标的信息熵，由此可以计算出第 j 个指标的熵权：

$$\omega''_j = \frac{1 - e_j}{n - \sum_{j=1}^{n} e_j} \tag{3-12}$$

（3）组合权重

德尔菲法依据专业知识，是对指标在影响评价对象机理上重要性的表达，而熵权法依据数据特征，是对数据分异性的描述，为综合两者的优点，提出以下方法，如式（3-13）所示：

$$\omega_j = \alpha \omega'_j + (1 - \alpha) \omega''_j \tag{3-13}$$

式中，ω_j 为第 j 个指标的综合权重；α 为权重修正系数，α 越大表示主观权重的影响越大，用来表征应用客观计算的数据分异性对主观计算的指标重要性进行修正的幅度，考虑到当前我国对农用地的评价仍需借鉴大量已有经验，本研究综合考虑将 α 设为 0.7；ω'_j 为第 i 个指标的专家权重；ω''_j 为第 i 个指标的熵权权重。

4. 研究结果

西藏和青海耕地质量评价结果显示，该地区耕地质量指数分布在 [35.2，95.2]。依托于 GIS 平台，运用等间距法将耕地质量指数 [35.2，40)、[40，60)、[60，80)、[80，95.2] 划分为低等地、中等地、良等地和优等地（图 3-9）。结果显示，西藏和青海的耕地质量以中等地为主，其面积占比达 44.6%，优等地和良等地面积占比分别为 24.0% 和 30.9%。从空间角度看，优等地和良等地主要分布在西藏的"一江两河"地区，多连片分布于拉萨河和年楚河的下游地区，邻近水源，灌溉保证率较高。此外，"一江两河"下游地区河谷开阔，多形成谷宽 3～10km 的冲积平原，田面坡度普遍较小，适宜农业管理和作物生长。但受制于高原土壤发育条件，该地区耕地土壤以高山草甸土和亚高山草甸土为主，土壤有机质含量较低，成为该地区耕地质量的主要限制性因素。此外，高原地区居民点散布，耕作距离普遍较远，导致农业成本增加和农民耕作积极性减弱。中等地多分布于青海社会经济最发达的河湟谷地，该地区多数耕地土壤以灌淤土为主，相较于"一江两河"地区，土层较厚，土壤有机质含量较高。然而，受制于大的地理格局，区域多数耕地属于坡耕地，田面坡度制约了耕地质量的提高，也加剧了地区水土流失的风险。此外，除位于河谷地区的耕地外，多数位于山地丘陵地区的耕地无灌溉条件，灌溉保证率较低，严重制约该地区农业发展。与"一江两河"地区相似，该地区多数耕地，尤其是位于山地丘陵地区的耕地，耕作距离（>2km）较远。在未来的农村居民点调整和高标准农田建设中，应当针对地区灌溉保证率和耕作距离的短板，改善耕地利用条件，并进行空间布局优化，以增强耕地的可持续利用与发展。

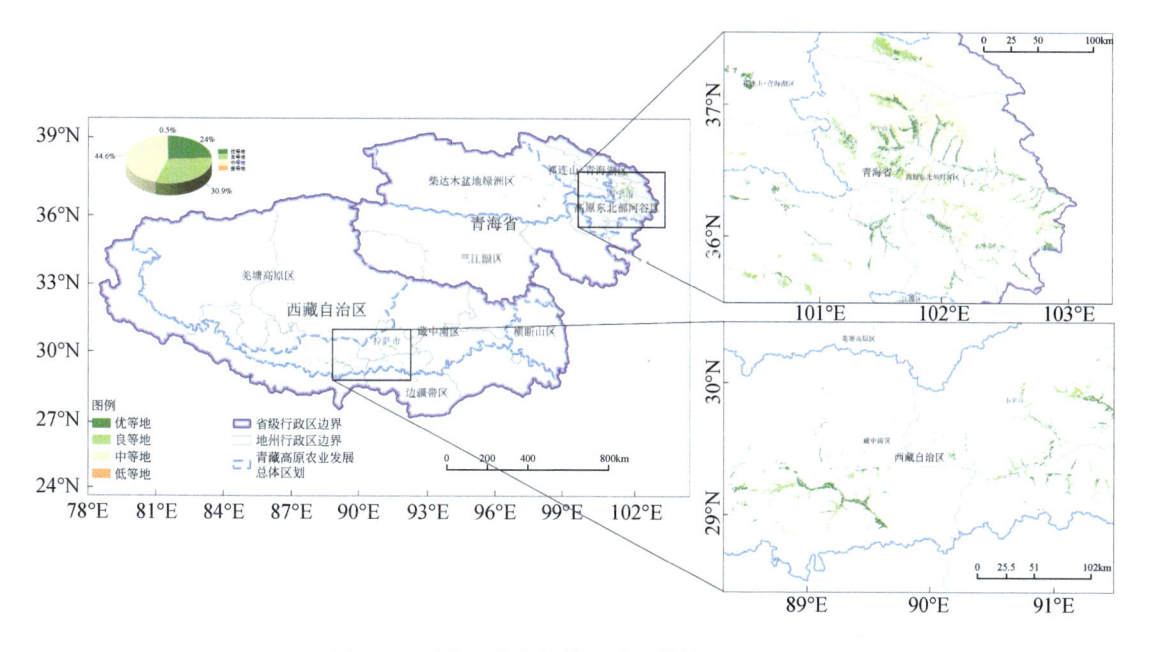

图 3-9　西藏和青海的耕地质量结构及空间分布

5. 讨论与结论

耕地质量评价是对复杂耕地系统的综合评价，评价过程中常涉及自然、经济和社会等多方面因素，其实践性和有效性一直是学界关注的焦点。本研究应用主客观权重结合的综合权重分析方法对西藏和青海的耕地质量及其空间分布规律进行分析，主要分析结果显示，西藏和青海的耕地以中等地为主，其面积占比达 44.6%，优等地和良等地面积占比分别为 24.0% 和 30.9%。优等地和良等地主要分布在西藏的"一江两河"地区，土壤有机质为该地区主要的限制性因素。中等地多分布于青海的湟水谷地地区，该地区多数耕地土壤以灌淤土为主，相较于"一江两河"地区，土层较厚，土壤有机质含量较高。由于不合理开垦，该区域多数耕地属于坡耕地，过高的田面坡度制约了耕地质量的提高，也加剧了地区水土流失的风险。此外，多数位于青海山地丘陵地区的耕地无灌溉条件，灌溉保证率较低，严重制约该地区农业发展。

本研究面向耕地资源稀缺的西藏和青海，在充分考虑区域耕地资源特点的基础上，面向国家和地区需求，构建了耕地质量评价体系，丰富了耕地质量评价的理论和实践，但仍存在以下不足。

1) 在构建指标体系的过程中，本研究所选的各个指标可以反映耕地质量各个维度的特征。然而，受限于西藏和青海地区数据的可获取性，许多反映耕地质量其他维度特征的指标（如排水条件、土壤生物多样性、林网化程度）并没有被考虑在内，导致评价结果无法全面满足耕地绿色发展、可持续利用和占补平衡的需求。

2) 权重是耕地质量指标汇总和评估的关键步骤。经典的加权方法通常可以分为主观加权和客观加权两类，为了结合二者的优势，本研究同时考虑属性和决策者的权重、主观偏好和客观权重，并将其有效地结合起来，与只使用主观或客观方法的研究相比，所提出的方法得到了更准确的决策结果。但在综合主客观权重方面，本研究应用经验系数来进行合成权重组合，这一定程度上影响了耕地质量评价结果的客观性。后续应开展对主观权重和客观权重组合方法的研究，以进一步增强耕地质量评价结果的可靠性。

3.2.2 西藏和青海的耕地质量影响因素分析

1. 数据来源

在分析西藏和青海的耕地质量影响因素时，本研究首先采用吕昌河和刘亚群（2021）提出的农牧业调控分区方案，在考虑气候、地形、植被类型和盖度、土地利用类型及占比、自然保护区分布，以及生态保护重点和农业发展方向，将研究区划分为藏中南区、边疆带、三江源区、高原东北部河谷区、柴达木盆地绿洲区、祁连山-青海湖区、羌塘高原区和横断山区8个区（图3-10），分别对其影响因素和区域差异进行分析。

耕地质量影响因素数据中的海拔来自中国科学院资源环境科学数据平台的全国DEM数据；距城镇距离数据依据Gong等（2019）发布的1978~2017年中国人类住区变化数据进行计算得到；GDP、降水、人口密度和温度数据分别来自中国科学院资源环境科学数据平台发布的公里网格数据；地块面积数据来自第二次全国土地调查数据，详情见表3-7。

表3-7 耕地质影响因素数据

指标	资料名称	资料来源
海拔	DEM数据	中国科学院资源环境科学数据平台
距城镇距离	1978~2017年中国人类住区变化数据	Gong等（2019）
GDP	中国GDP空间分布公里网格数据集	中国科学院资源环境科学数据平台
地块面积	第二次全国土地调查数据	自然资源部
降水	中国1980年以来逐年年降水量空间插值数据集	中国科学院资源环境科学数据平台
人口密度	中国人口空间分布公里网格数据集	中国科学院资源环境科学数据平台
温度	中国1980年以来逐年年平均气温空间插值数据集	中国科学院资源环境科学数据平台

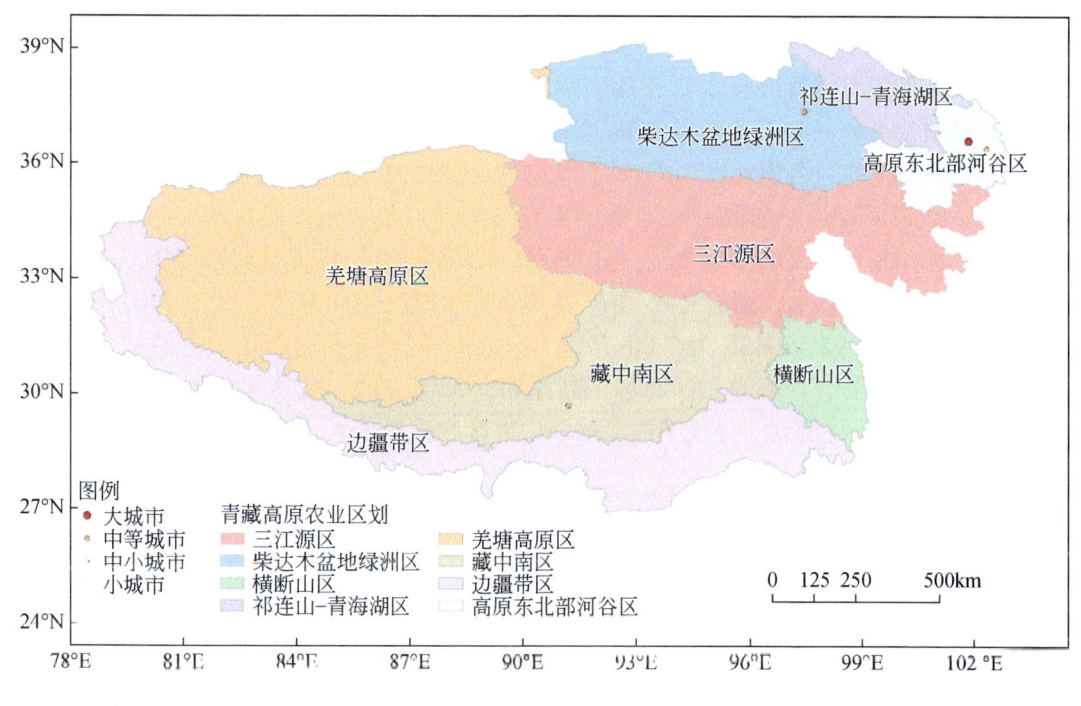

图 3-10　西藏和青海的空间位置及农业区划

2. 研究方法

（1）随机森林回归

本研究使用随机森林方法探讨西藏和青海耕地质量的影响因素及区域差异。采用随机森林方法研究分析海拔、距城镇距离、GDP、地块面积、降水、人口密度和温度等自然-社会-经济因素对耕地质量的影响。随机森林方法的具体应用过程与3.1.1节一致。

（2）偏相关性分析

偏相关分析是在对其他变量的影响进行控制的条件下，衡量多个变量中某两个变量之间的线性相关程度的方法，其相关性程度用偏相关系数来衡量。在耕地质量受到多变量影响的情况下，变量之间的相关关系复杂，直接研究影响因素与耕地质量间的简单相关系数往往不能正确说明其真实关系，只有除去其他变量影响后再计算相关系数，才能真正反映其相互作用关系。偏相关系数可以用式（3-14）来进行计算：

$$\rho_{XY|Z} = \mathrm{cor}(\hat{\epsilon},\hat{\delta}) = \frac{\mathrm{cov}(\hat{\epsilon},\hat{\delta})}{\sqrt{\mathrm{var}(\hat{\epsilon})}\sqrt{\mathrm{var}(\hat{\delta})}} \qquad (3\text{-}14)$$

式中，$\rho_{XY|Z}$为变量X和Y控制变量Z的偏相关系数；$\hat{\epsilon}$、$\hat{\delta}$分别为X、Y与控制变量Z建立的多元线性回归的残差；$\mathrm{cor}(\hat{\epsilon}、\hat{\delta})$为$\hat{\epsilon}$、$\hat{\delta}$的相关系数；$\mathrm{cov}(\hat{\epsilon}、\hat{\delta})$为$\hat{\epsilon}$、$\hat{\delta}$的协方差；$\mathrm{var}(\hat{\epsilon})$、$\mathrm{var}(\hat{\delta})$分别为$\hat{\epsilon}$、$\hat{\delta}$的方差。残差$\hat{\epsilon}$、$\hat{\delta}$分别消除了$X$、$Y$与$Z$之间的线性相关关系，因此计算$\hat{\epsilon}$、$\hat{\delta}$之间的相关系数可以得到其偏相关系数。

3. 研究结果

围绕耕地质量重点提升,本研究从影响耕地质量的宏观自然和社会经济影响因素出发,运用随机森林回归和偏相关性分析方法,探索西藏和青海各农业区的主要限制性因素,并从宏观角度探讨各农业区的影响因素差异及主要提升路径。首先,本研究选取耕地质量评价指数为因变量,选取对耕地质量具有影响的海拔、距城镇距离、GDP、地块面积、降水、人口密度和温度为自变量,分农业区划分别进行随机森林回归分析。随机森林回归结果(表3-8)显示,训练集模型 R^2 为 0.82~0.97,RMSE 为 1.25~4.04;测试集模型 R^2 为 0.53~0.92,RMSE 为 2.00~5.23,各影响因素变量与耕地质量的拟合效果良好。从空间角度来看,青海的三江源区、高原东北部河谷区、柴达木盆地绿洲区和祁连山-青海湖区的拟合优度要明显优于西藏的藏中南区和边疆带区。

表3-8 随机森林回归拟合精度

农业区划	训练集 R^2	测试集 R^2	训练集 RMSE	测试集 RMSE
藏中南区	0.93	0.56	1.71	4.39
边疆带区	0.93	0.53	1.85	5.23
三江源区	0.82	0.78	4.04	4.55
高原东北部河谷区	0.95	0.66	1.98	5.21
柴达木盆地绿洲区	0.97	0.92	1.25	2.23
祁连山-青海湖区	0.94	0.90	1.39	2.00

随机森林回归的变量重要性得分结果(表3-9)显示,距城镇距离和海拔变量对各区域耕地质量都具有较为重要的影响,变量重要性得分多数大于 0.15。其中,海拔主要通过影响农作物所需光、温、水、土等自然因素的再分配以及耕地利用的便捷程度间接影响耕地质量,当海拔达到一定的界限时,水热条件低于农作物生长的最低需求,农作物的分布会被限制。因此,对于同一区域,一般海拔越低的地区,耕地质量越高。对于多数农业区划,海拔变量的重要性得分多数大于 0.20,并且与耕地质量呈现出显著的负偏相关关系($P \leq 0.01$),体现了海拔对高原地区耕地质量的重要影响(表3-10)。距城镇距离指标体现区域城镇化对耕地质量的影响。产业结构、经济发展程度和城市规模扩张引起人们耕地利用行为及土壤环境的变化,是城镇化对耕地质量空间分布的主要影响方式。一方面,耕地距城镇距离对耕地农业基础设施条件具有重要影响,邻近城镇的耕地由于受到经济发展的辐射,灌溉条件和耕作距离更容易被改善。另一方面,城市近郊地区由于集约生产强度、耕地产出率、粮食商品率较高等,土壤表层元素较易流失,易发生土壤退化及污染问题。各农业区的耕地质量与距城镇距离相关性结果显示,西藏的藏中南区和边疆带区距城镇距离与耕地质量呈现负相关,随着耕地远离城镇,耕地质量呈现出下降趋势,而青海的三江源区水源涵养农牧业限控区、高原东北部河谷区、柴达木盆地绿洲区、祁连山-青海

湖区与其相反。西藏受经济发展和自然条件限制，现代农业发展水平较低，20世纪90年代以来，该地区通过兴修水利和改善中低产田等方式使得耕地质量逐步提升。此类以政府为主导的农业投资方式往往使邻近城镇周边耕地的基础设施更易得到改善。与西藏情况相反，位于青海的耕地，耕地利用强度和开垦历史更长，由于邻近城镇周边的耕地长期具有更高的耕地利用强度，该区域土壤更易发生退化，距城镇距离较远地区的土壤性状更差。在此情景下，距城镇距离可以作为表征城镇化与耕地质量之间协调性的指标。在藏中南等农业现代化水平较低、亟须提高人口承载力的地区，应持续加强农业投资，大力实施高标准农田建设工程，改善农业基础设施，消除土壤障碍因子。而在河谷农业地区，则应更加注重耕地的"休养生息"，采取休耕、免耕等保护性耕作方式，加强土壤的养护。

表3-9 随机森林回归变量重要性得分

农业区划	海拔	距城镇距离	GDP	地块面积	降水	人口密度	温度
藏中南区	0.33	0.16	0.11	0.10	0.11	0.10	0.08
边疆带区	0.28	0.38	0.04	0.11	0.08	0.04	0.06
三江源区	0.57	0.20	0.03	0.02	0.11	0.02	0.05
高原东北部河谷区	0.26	0.11	0.13	0.08	0.09	0.22	0.11
柴达木盆地绿洲区	0.27	0.18	0.22	0.02	0.17	0.04	0.09
祁连山-青海湖区	0.02	0.68	0.08	0.01	0.07	0.03	0.11

表3-10 耕地质量与影响因素偏相关性系数

农业区划	海拔	距城镇距离	GDP	地块面积	降水	人口密度	温度
藏中南区	-0.02	-0.22**	0.13**	0.26**	0.15**	0.19**	-0.04**
边疆带区	-0.28**	-0.44**	0.12**	0.26**	0.28**	0.27**	0.2**
三江源区	-0.55**	0.39**	0.38**	0.18**	-0.09**	0.19**	0.06
高原东北部河谷区	-0.26**	0.2**	0.08**	-0.09**	-0.31**	0.06**	0.19**
柴达木盆地绿洲区	-0.24**	0.06*	0.3**	-0.05	0.32**	0.18**	-0.37**
祁连山-青海湖区	-0.24**	0.72**	0.02	0.38**	0.1**	-0.14**	-0.39**

* $P \leq 0.05$。
** $P \leq 0.01$。

分区域来看，对于西藏和青海主要的耕地分布区藏中南区和高原东北部河谷区，前者最主要的影响因素为海拔，其次为距城镇距离。与其相同，海拔同样对高原东北部河谷具有重要影响，但由于生产方式、农业发展模式和产业结构等，该区域农民的生存发展更加依赖于耕地，因此耕地质量与人口密度的分布更趋于一致。在柴达木盆地绿洲区，除受到海拔、距城镇距离和GDP因素的影响外，降水也是制约该区域耕地质量的重要因素，对于该区域的耕地质量提升，应针对水资源短缺的特点，重点补齐灌溉条件限制的短板。在边疆带区和三江源区，海拔和距城镇距离对耕地质量的影响相比于其他地区更加显著。

4. 讨论与结论

耕地质量和随机森林回归的影响因素分析结果显示，海拔和距城镇距离对高原地区整体耕地质量具有重要影响。在多数地区，海拔与耕地质量呈现出负相关关系，即优质耕地普遍布局在海拔较低的河谷地区。距城镇距离对耕地质量的影响则存在区域差异性。在西藏的藏中南区和边疆带区，政府投资改善基础设施是区域主导的耕地利用方式，这使得高质量耕地往往布局在城镇周边。在该地区持续加强农业投资、实施高标准农田建设工程，改善耕地利用的基础设施，在空间上不断优化其利用布局。而在青海的高原东北部河谷区等地区，布局在城镇周边的耕地利用强度更高，使得邻近城镇周边的耕地质量更低，更容易发生土壤退化问题。在该地区则应主动采取休耕、免耕等措施进行耕地"养护"，不断促进区域耕地的可持续利用。

3.2.3 青藏高原耕地破碎度空间格局与驱动因素分析

1. 研究方法

本研究的总体目标是以青藏高原为例，估算耕地破碎化的空间模式，并确定青藏高原内的区域驱动因素。本研究分别从自然资源禀赋、空间分区和利用便利性3个维度，利用平均地块面积、耕地密度和面积加权平均形状指数（AWMSI）揭示耕地破碎化的特征。首先，以1km网格为基本统计单元，展示了耕地破碎化指标的空间格局。耕地的初始空间数据以矢量格式组织，来源于第二次全国土地调查。此外，本研究利用随机森林模型和偏相关分析方法（详细计算方法参考3.2.2节），识别了耕地破碎化的区域主导因素，并对其影响的空间差异有了更广泛的认识。

本研究以县为单位组织初始耕地地块数据，每个县作为一个独立的空间数据文件。本研究参考 Ye 等（2024a）的方法，栅格单元网格大小设定为1km^2，每个网格的计算包括耕地密度、MPS 和 AWMSI。较高的耕地破碎度与较低的土地密度和 MPS 相关，而较高的AWMSI 则表示较高的耕地破碎度。随后的步骤将生成基于1km 网格的耕地破碎化地图，可在多个网格中同时执行。

步骤1：将县级耕地地块矢量数据从高斯3度投影转换为阿尔伯斯等面积圆锥投影。

步骤2：使用阿尔伯斯投影法以中国大陆边界框为基础生成1km^{2}的网格。

步骤3：在不改变原始形状的前提下，在每个网格内整理相交的耕地地块。

步骤4：利用式（3-15）提取并计算每个网格的 MPS，输出基于1km 网格的 MPS 地图。使用式（3-16）可生成 AWMSI 地图。根据网格边界框对矢量数据文件进行剪切。网格耕地密度按土地面积占网格总面积（1km^2）的比例计算。

$$MPS = \frac{A}{N} \tag{3-15}$$

$$\text{AWMSI} = \sum_{i=1}^{N} \frac{0.25 \times P_i}{\sqrt{a_i}} \times \frac{a_i}{A} \tag{3-16}$$

利用式（3-15）计算 MPS，并将结果赋值给网格；输出基于网格的 1km MPS 地图。A 表示特定矢量数据文件（网格）的耕地总面积；N 表示耕地地块数量。同样地，可利用式（3-16）生成基于 1km 网格的 AWMSI 地图。对于具体的耕地地块 i，其周长和面积分别表示为 P_i 和 a_i。最后，利用网格的边界框对每个网格的相应矢量数据文件进行裁剪。根据耕地面积占网格总面积（$1km^2$）的比例计算出每个网格的耕地密度。

2. 数据来源

耕地破碎化指标是根据耕地地块矢量数据计算的。耕地的初始空间数据以矢量格式组织，取自 2007~2009 年进行的第二次全国土地调查。与使用耕地覆盖栅格数据相比，本研究旨在利用耕地地块矢量数据来阐明由土地使用权分散和种植结构多样化导致的耕地破碎化。为此，研究计算了 1km 网格内的海拔、坡度、城市边界距离、耕作距离、GDP、人口密度 6 个因子，定量估算区域耕地破碎化的驱动力。高程和坡度的栅格图像来自 ASTER GDEM V3 数据集。每个网格到城市边界的距离用 2010 年城市土地利用数据到最近城乡边界网格的欧氏距离表示，分辨率为 1km（何春阳等，2022）。对于每块耕地，耕作距离用距最近农村居民区（不包括道路）的欧氏距离表示。1km 分辨率网格内的耕作距离计算为网格内所有耕地地块的平均耕作距离。农村居民点数据取自 2010 年 GlobeLand30 数据集（Chen et al.，2017）。2010 年基于 1km 网格的 GDP 和人口数据来自中国科学院资源环境科学数据平台（徐新良，2017a，2017b）。表 3-11 提供了详细信息。

表 3-11 估算耕地破碎化指标并分析其驱动因素的相关数据集详细信息

数据集	指标定义	数据源
耕地地块	通过遥感和实地调查生成的各县耕地地块	2007~2009 年第二次全国土地调查
ASTER GDEM V3 数据集	美国国家航空航天局（NASA）和日本经济产业省发布的空间分辨率为 30m 的数字高程模型数据集	地理空间数据云（http://www.gscloud.cn）
1km 分辨率城市土地利用数据	1992 年、1996 年、2000 年、2006 年、2010 年和 2016 年的全球城市土地数据	He et al.，2018
2010 年 GlobeLand30 数据集	经同行评审的 30 m 空间分辨率的全球土地覆盖数据集	Chen et al.，2017
1km 分辨率 GDP 数据集	1995 年、2000 年、2005 年、2010 年、2015 年和 2019 年的县级 GDP 数据降尺度至千米网格单位	徐新良，2017a（http://www.resdc.cn/，doi:10.12078/2017121101）
1km 分辨率人口密度数据集	1995 年、2000 年、2005 年、2010 年、2015 年和 2019 年县级人口数据按比例降尺度至千米网格单位	徐新良，2017b（http://www.resdc.cn/，doi:10.12078/2017121101）

3. 研究结果

（1）青藏高原耕地破碎度的空间格局

耕地破碎度是指耕地被分割成许多小块的程度，是衡量耕地利用效率的重要指标之一。耕地破碎度越高，耕地利用效率越低，农业生产成本越高。总体来说，青藏高原耕地破碎度较高，主要表现为平均地块面积小、耕地密度低、AWMSI 高，这与青藏高原特殊的地理环境条件密切相关。青藏高原地形复杂，海拔高，气候寒冷，耕地资源有限，同时人口密度较低，农业生产水平不高，耕地利用率较低。

图 3-11（a）显示，青藏高原耕地平均地块面积总体呈"西大东小"的格局。其中，位于青藏高原主体地区的西藏和青海的耕地平均地块面积较大，多在 1hm² 以上；而位于横断山区的四川、甘肃和云南的耕地平均地块面积较小，多在 0.5hm² 以下。耕地面积的空间分布格局与青藏高原地区的地形、气候和人口分布具有显著的相关关系。首先，青藏高原地形复杂，地势起伏度较大。在平坦的河谷地区，耕地地块面积较大，有利于机械化作业；而在山地丘陵地区，耕地地块面积较小，多为梯田，耕作方式较为传统。其次，对于寒冷干燥、降水稀少的高原地区，在降水充沛的河谷地区，耕地地块面积较大，能够种植多种农作物；而在降水较少的地区，耕地地块面积较小，多以旱地农业为主。最后，从社会经济发展的角度来说，青藏高原人口分布不均，东部人口密度较大，耕地地块面积较小；西部人口密度较小，耕地地块面积较大。

从图 3-11（b）可以看出，青藏高原耕地密度总体呈"河谷密集、山地稀疏"的分布格局。河谷地区地形平坦，水资源丰富，适合耕作，耕地密度较高。山地地区地形复杂，水资源匮乏，不适合耕作，耕地密度较低。其中，青海是青藏高原东部重要的农业区，耕地资源相对丰富，耕地密度较高。其中，湟水谷地、海晏共和盆地、柴达木盆地等地区是青海的主要农业产区，耕地密度多在 50% 以上。而位于青藏高原东缘西部的四川，耕地资源相对丰富，耕地密度较高。其中，川西高原河谷地区是四川重要的农业区，耕地密度

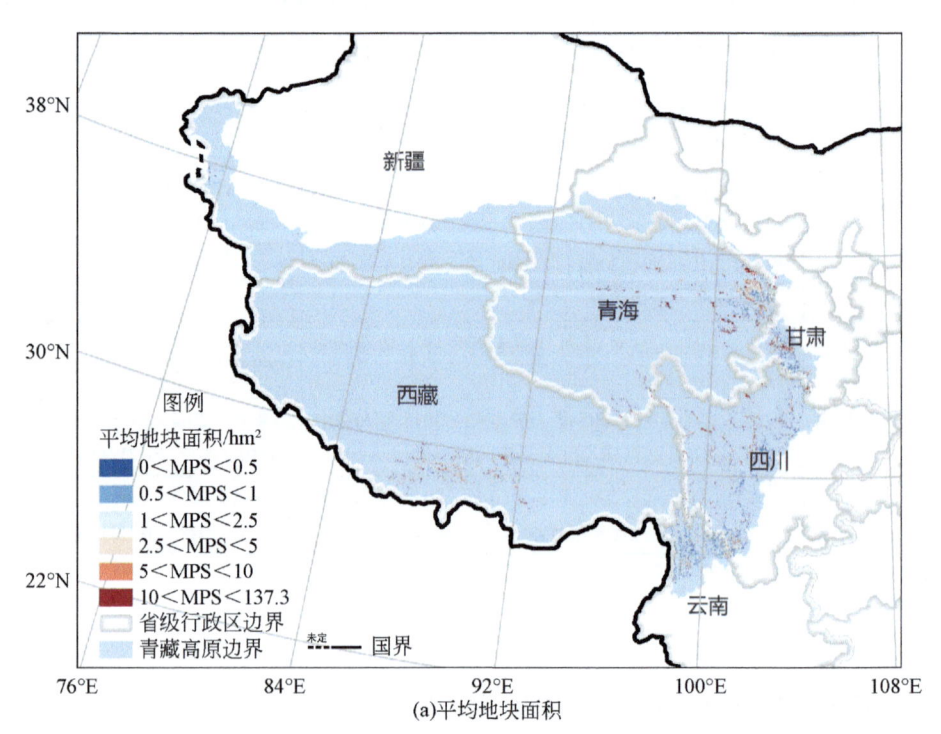

(a) 平均地块面积

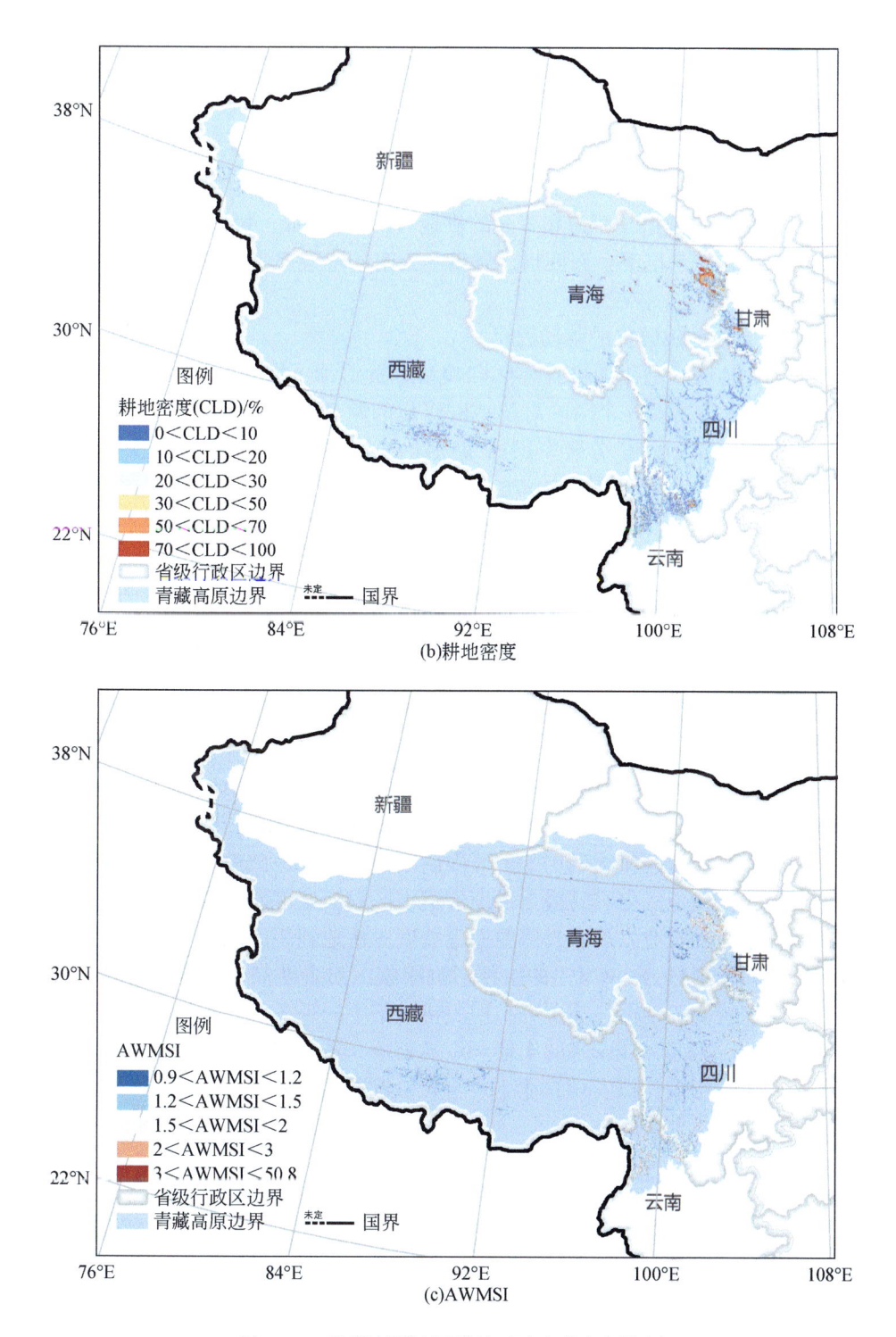

图 3-11 青藏高原地区耕地破碎度的空间格局

多在30%以上。此外，地处青藏高原腹地，地形复杂的西藏，气候寒冷干燥，耕地资源稀缺，耕地密度较低，雅鲁藏布江流域、拉萨河谷、尼洋河谷等地区是西藏的主要农业区，耕地密度多数只有10%左右。

AWMSI用于衡量耕地形状的复杂程度。AWMSI越高，表明耕地形状越复杂。从图3-11（c）可以看出，青藏高原耕地AWMSI总体与平均地块面积相似，呈"东部复杂、西部简单"的分布格局。其中，西藏和青海的耕地AWMSI较低，耕地多沿河流、沟谷分布，形状较为简单，多在1.5以下；而四川、甘肃和云南的耕地多呈块状分布，并较容易受到地形切割，AWMSI较高，多在2.0以上。

（2）青藏高原耕地破碎化的驱动因素

对于青藏高原地区，利用随机森林回归模型定量估计了海拔、坡度、城市边界距离、耕作距离、GDP、人口密度6个因子对耕地破碎化的驱动力。6个因子的样本数据是基于与耕地破碎化地图一致的公里分辨率网格组织的。交叉验证平均地块面积、耕地密度和AWMSI的模型拟合值（R^2）分别为0.76、0.93和0.86。这一结果表明建立的随机森林回归模型适用于解释各因子对耕地破碎化的驱动力。最后计算偏相关系数来证明这6个因子与耕地破碎化的正相关或负相关关系。

距城镇距离是限制青藏高原地区耕地密度的主导因素，并且具有显著的正向影响（$P<0.01$），说明大面积耕地集中在距城镇距离较远的地区。此外，随机森林的结果显示，海拔也是影响青藏高原地区耕地面积的重要因素，也就是说，大块耕地分布更加集中在低海拔、距城镇距离较远的地区。坡度是限制青藏高原地区耕地密度的主导因素，并且具有显著的负向影响（$P<0.01$），更多的耕地集中坡度较低的地区。此外，耕作距离成为青藏高原地区耕地利用的限制因素，更多的耕地集中在耕作距离较远的地区。AWMSI的主导因素是人口密度，这些地形指标的影响为显著正向影响（$P<0.01$）。

坡度作为青藏高原地区耕地利用的重要限制因素，对耕地破碎度也有着明显影响。本研究表明，坡度较低的地区更容易成为耕地的集中区域，这可能与机械化农业生产的需求相关。因此，在未来的农业发展中，需要考虑坡度对耕地利用的限制，以促进农业生产的可持续发展。人口密度作为AWMSI的主要影响因素，对青藏高原地区的耕地利用具有重要意义。人口密度较高的地区往往更容易形成耕地集中的现象，这可能与人口对农业劳动力需求的影响有关。因此，在未来的土地利用规划中，需要综合考虑青藏高原地区人口密度演变对耕地利用的影响，以实现农业生产与人口发展的良性互动。

4. 讨论与结论

本研究以青藏高原为研究对象，旨在估算耕地破碎度的空间模式，并确定该地区的区域驱动因素。通过对平均地块面积、耕地密度和AWMSI的分析，从自然资源禀赋、空间分区和利用便利性3个维度揭示耕地破碎度的特征。结果显示，青藏高原地区的耕地破碎度高，主要表现为平均地块面积小、耕地密度低、AWMSI高，这与该地区特殊的地理环境［包括复杂的地形、高海拔、寒冷气候以及有限的耕地资源（图3-12）］密切相关。耕地平均地块面积呈现出西大东小的格局，受地形、气候和人口分布影响显著。距城镇距离、海拔、坡度、耕作距离、GDP和人口密度等因素是影响耕地破碎化的重要因素。距城镇距离是主导因素之一，对耕地密度具有显著的正向影响，表明大面积耕地更多地分布在距城镇距离较远的地区。坡度和耕作距离也限制着耕地密度，前者呈现负向影响，后者使更多耕地集中在耕作距离较远的地区。AWMSI 主要受人口密度影响，呈现显著的正向影响，表明人口密度较高的地区更容易形成耕地破碎化现象。这些发现为青藏高原地区的耕地利用和土地规划提供了重要参考，有助于实现农业生产与可持续发展的平衡。

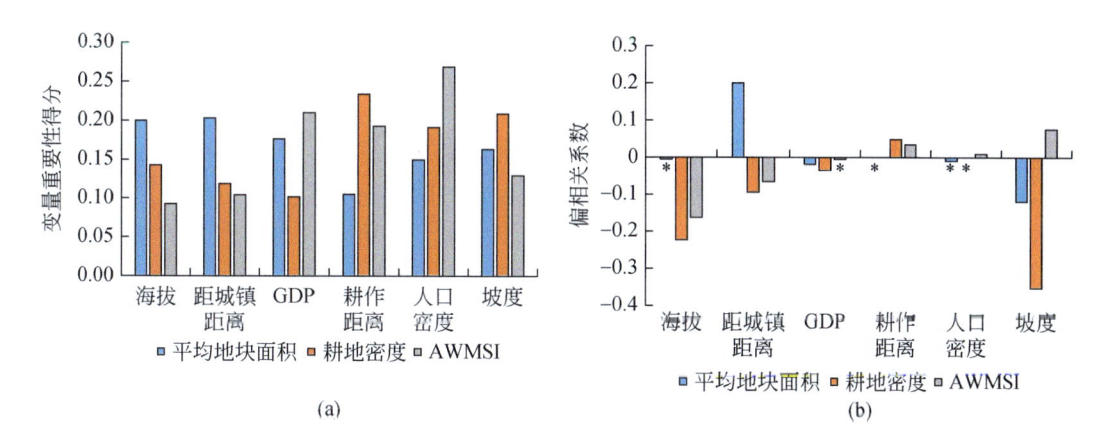

图 3-12　青藏高原地区耕地破碎度的影响因素分析
（a）耕地破碎度影响因素的重要性分析；（b）影响因素与耕地破碎度的偏相关系数。
$*P \leqslant 0.01$

要提高区域土地利用效率，应在认识土地利用效率多维特征和主导因素的基础上，颁布和实施有效的政策。耕地破碎化空间格局的认知与监管对土地计算相关的数据、理论和方法提出了很高的要求。首先，高分辨率遥感数据的出现加强了学者对土地覆被变化的研究，并逐渐使人们对全球耕地分布的时空变化有了清晰的认识。虽然取得了这些成就，但在满足认知耕地空间格局的研究要求方面仍存在差距。其中一个挑战是，在使用 10m 级空间分辨率的遥感图像时，可能会低估耕地破碎度，这主要是由于难以识别耕地地块的边缘（如田埂）以及极小地块中发生的变化。此外，缺乏作物类型的空间数据也阻碍了对多样化作物种植所导致的土地退化程度的准确估算。因此，未来的工作重点应是获取更高分辨率的空间数据，尤其是作物类型指标，以加强对耕地地块空间分区和时空变化的识别。另外，现有的地貌破碎化指标在估算区域尺度的土地复合利用率时可能存在局限性。例如，未充分考虑梯田等地形因素，而且由于耕地的离散分布和总体分布并存，用于评估景观聚类的常用方法可能会低估景观破碎度。为应对这些挑战，有必要推动理论和创新方法的发展，以在考虑地形和分布特征差异的同时，确定耕地破碎化估算单位并估算耕地破碎化程度。未来的研究应探索使用更多指标来表征耕地破碎化，并研究它们在不同区域和尺度上的相互作用。

3.3 青藏高原耕地集约利用时空变化分析

3.3.1 青藏高原耕地产出强度评估

1. 方法与数据

(1) 能量分析方法

作物具有吸收及储存能量的特性，可以吸收来自土壤、空气、水分中的养分并将其转化为太阳能。考虑到不同地区产出的同类作物所包含的能量具有相对一致的特点，能量分析方法可以被用来计算不同地区所关注作物的产出能量，并可对其进行直接加总。从某地具体年内的某类作物来看，该类作物产出能量计算方法见式（3-17）。

$$SEN_l = Y_l \times NCC_l \tag{3-17}$$

式中，SEN_l 为某年内第 l 类作物产出能量；Y_l 为某年内第 l 类作物总产量，t；NCC_l 为第 l 类作物对应的能量转换系数，kJ/t，详见数据部分。

耕地单位面积产出能量反映的是耕地的产出强度，本研究中耕地单位面积产出能量作为产出集约度的衡量指标被使用，从某年内某地的具体情况来看，耕地单位面积产出能量由所选类别作物产出能量加总再除以对应播种面积加总后得出，计算方法见式（3-18）：

$$ALUI_{out} = \frac{\sum_{l=1}^{n} SEN_l}{\sum_{l=1}^{n} S_l} \tag{3-18}$$

式中，$ALUI_{out}$ 为耕地所选类别作物产出能量，kJ/hm²；SEN_l 为第 l 类作物产出能量，kJ；n 为构成所选类别的作物要素总数。例如，在计算主粮类产出强度时，只需将构成主粮类产出的作物类型代入式（3-18）中计算便可。

除此之外，两地区各类主粮及油料作物逐年产出能量占该类作物全国产出能量的比例（单位:%）被用于反映各类作物的产出对全国产出的贡献。同时，两地区各类主粮及油料作物产出强度与该类作物全国平均产出强度的比值（单位:%）被用于反映该地区当前不同类型作物产出强度相比全国平均产出强度的水平。折线图作为呈现集约度变化情况的重要方式，在本研究中被用来呈现西藏、青海与全国各类作物产出集约度逐年变化情况，并用以进行趋势分析。青海与西藏两地各类主粮与油料作物产出能量对全国该类作物产出能量的贡献，以及该地区耕地生产该类作物产出强度相较全国耕地生产该类作物产出强度的差异，在研究中通过折线图与柱状图组合的形式呈现这两个指标，用以揭示两者的变化及二者变化的协同性。

(2) 数据来源

耕地产出强度评估中所使用的数据主要由两部分组成，二者分别是青海、西藏、全国耕地产出及播种面积数据，所选作物的能量转换系数。数据来源及数据应用情况见表3-12。

表 3-12 耕地产出强度评估使用数据来源及数据应用情况

数据	数据描述	数据来源	数据应用
作物省级产量数据Y_l	每年青海、西藏、全国的主粮与油料作物l的产量（单位：t），包括稻谷、小麦、玉米、薯类、豆类及油料	1999~2020年中国统计年鉴，辅以1999~2020年各省（自治区、直辖市）统计年鉴补充	李双成等，2001 姚冠荣等，2014 姚成胜等，2014
作物省级播种面积数据S_l	每年青海、西藏、全国的作物l的播种面积（单位：hm^2），包括稻谷、小麦、玉米、薯类、豆类及油料		
能量转换系数NCC_l	作物l可供人体吸收的能量（单位：kJ/t），包括稻谷、小麦、玉米、薯类、豆类及油料	FAOSTAT(http://www.fao.org/food-agriculture-statistics/statistical-domains/crop-livestock-and-food/methodology/en/)	Tilman et al., 2011

首先是 1998~2019 年我国青海、西藏以及全国的作物产出及播种面积数据，该部分数据主要来源于 1999~2020 年中国统计年鉴，被用来计算耕地产出强度。耕地产出强度主要由我国青海、西藏以及全国每年的主粮与油料两类作物产量及播种面积综合计算得出，其中，主粮作物包括稻谷、小麦、玉米、薯类、豆类。考虑到耕地利用过程中的连续性，本研究应用标准差法进行单位面积产出能量的异常值检测，逐年的单位面积产出强度的变化率被计算并用于异常变化率检测。对于超出置信区间时段的变化率，程序自动将窗口右端年份对应的集约度数值替换为该值前后 2 年的均值，实现异常值识别与替换。

能量转换系数是单位质量作物所能提供的能量，由于不同作物的营养成分不同，因此不同作物的能量转换系数并不一致。本研究所用能量转换系数源于联合国粮食及农业组织数据库（Food and Agriculture Organization statistics database，FAOSTAT）并经换算而得出，具体数值见表 3-13。

表 3-13 能量转换系数表　　　　　（单位：kJ/g）

作物名称	能量转换系数 NCC_l
稻谷	11.723 04
小麦	13.983 912
玉米	14.905 008
豆类	14.235 12
薯类	3.809 988
油料作物	37.011 312

2. 研究结果

图 3-13 呈现了青海、西藏以及全国的主粮（包括稻谷、小麦、玉米、薯类、豆类）与油料作物单位面积产出能量随时间变化曲线图，其中，图 3-13（a）为主粮作物单位面积产出能量随时间变化图，图 3-13（b）为油料作物单位面积产出能量随时间变化图。

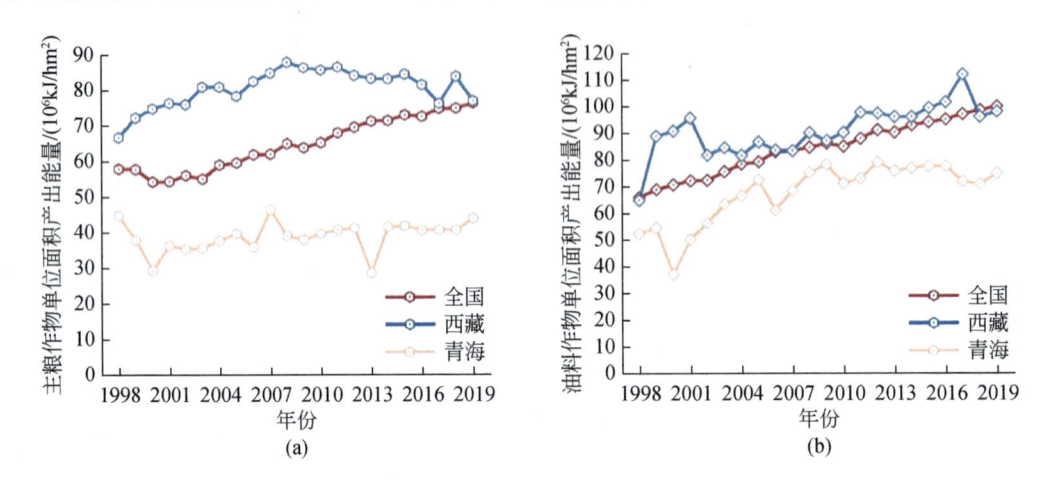

图 3-13　主粮与油料作物单位面积产出能量变化曲线图

由图 3-13 可知，1998～2019 年青海与西藏以及全国的单位面积油料与主粮作物产出能量均呈现出不同程度的增长。其中，全国单位面积主粮与油料作物产出能量基本呈现出稳步增长的变化模式，主粮作物单位面积产出能量由 1998 年的 $5.81×10^7 kJ/hm^2$ 上升至 2019 年的 $7.64×10^7 kJ/hm^2$，单位面积油料作物产出能量由 1998 的 $6.63×10^7 kJ/hm^2$ 上升至 2019 年的 $1.00×10^8 kJ/hm^2$。青海与西藏两地的主粮与油料作物单位面积产出能量相比全国的变化模式呈现出一定的差异。具体而言，青海主粮作物单位面积产出能量低于全国平均水平，虽处于增长状态但增速落后于全国；而西藏主粮作物单位面积产出能量高于全国平均水平，由 $6.69×10^7 kJ/hm^2$ 波动增长至 2008 年的 $8.81×10^7 kJ/hm^2$，此后缓慢下降，至 2019 年与全国平均水平基本一致。西藏油料作物单位面积产出能量与全国油料作物单位面积产出能量相比，除呈现出一定的波动外，变化模式基本相同；而青海油料作物单位面积产出能量则在经历了 2012 年以前的波动性快速增长后在 $7.7×10^7 kJ/hm^2$ 左右波动。

构成主粮的不同类型作物（稻谷、小麦、玉米、豆类、薯类）单位面积产出能量变化如图 3-14、图 3-15 所示。总的来看，全国的各类作物单位面积产出能量大体呈现出稳步上升态势，但不同类型作物变化程度不一。对于西藏与青海两地，除西藏玉米单位面积产出能量以及青海薯类单位面积产出能量与全国相应作物的单位面积产出能量具有较好的一致性外，其余作物的单位面积产出能量及其变化特征与全国相比相差较大，部分区域作物单位面积产出能量还呈现出快速下降的变化趋势。

具体来看，在全国小麦单位面积产出能量大幅增加的期间，青海小麦单位面积产出能量呈先增长后趋于稳定的变化趋势，在 2009 年后大致维持在 $5.32×10^7 kJ/hm^2$ 水平，距离全国平均水平仍有较大差距。西藏小麦单位面积产出能量则呈先增长后降低的变化趋势，

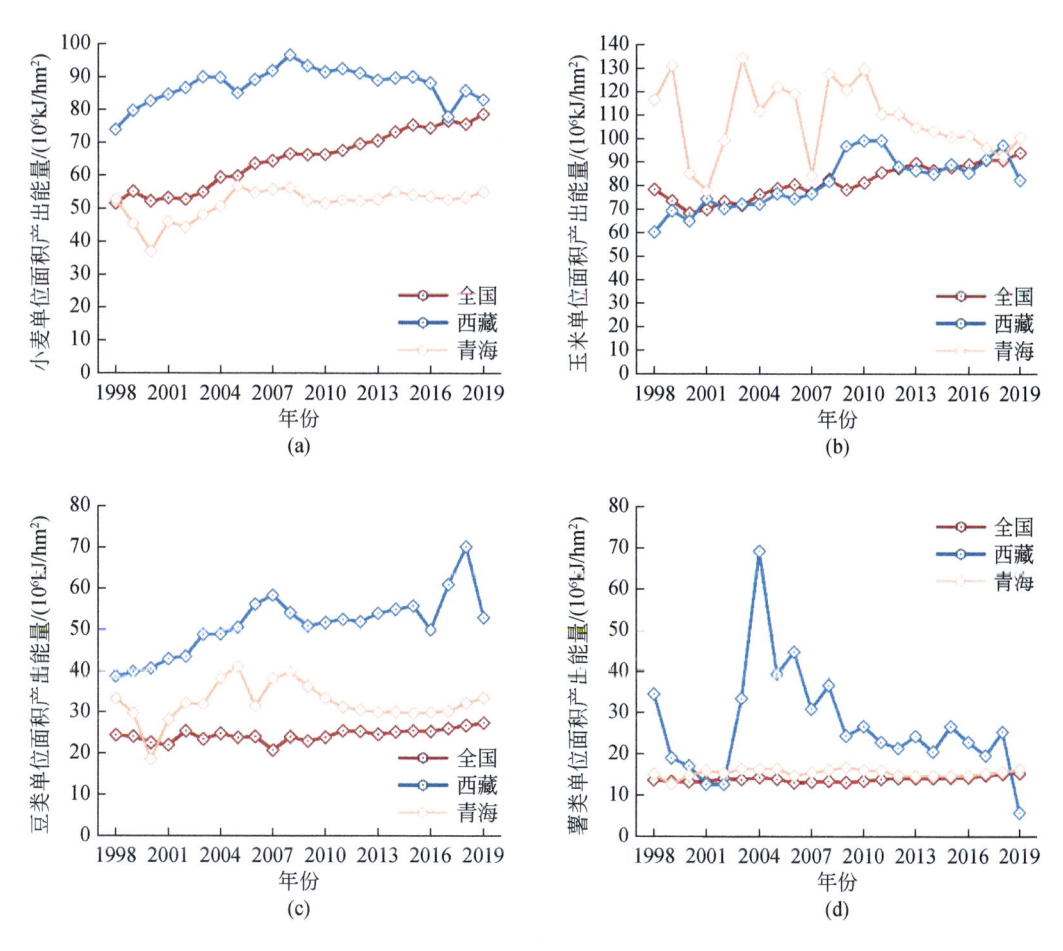

图 3-14 小麦、玉米、豆类、薯类作物单位面积产出能量变化曲线图

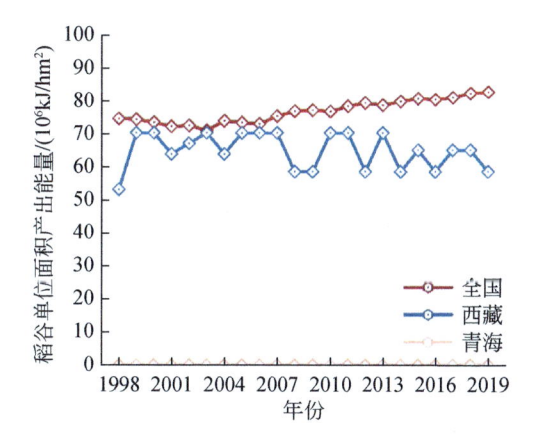

图 3-15 稻谷单位面积产出能量变化曲线图

如图 3-14（a）所示。

2010年以前，青海玉米单位面积产出能量经历了较大幅度波动，整体水平高于全国平均水平。2010年后，青海玉米单位面积产出能量呈现出稳步降低的变化趋势，并于2018年降至$9.27\times10^7 kJ/hm^2$，几乎与全国平均水平相同。西藏的玉米单位面积产出能量除2009~2011年略高于全国外，其余时段均与全国几乎相同。西藏玉米单位面积产出能量由1998年的$6.06\times10^7 kJ/hm^2$上升至2019年的$8.25\times10^7 kJ/hm^2$，如图3-14（b）所示。

全国豆类单位面积产出能量于1998~2019年缓慢上升，而西藏豆类单位面积产出能量平均增速则略快于全国。相比于全国豆类单位面积产出能量由1998年的$2.44\times10^7 kJ/hm^2$上升至2019年的$2.74\times10^7 kJ/hm^2$，西藏豆类单位面积产出能量由1998年的$3.87\times10^7 kJ/hm^2$上升至2019年的$5.29\times10^7 kJ/hm^2$。青海豆类单位面积产出能量在经历了2008年前的波动上升后，在2008年后下降，并在稳定一定时间后开始缓慢上升，于2019年上升至$3.36\times10^7 kJ/hm^2$，回到了2010年水平，如图3-14（c）所示。

青海与全国的薯类作物单位面积产出能量的数值及变化基本一致，青海的薯类作物单位面积产出能量表现为由$1.51\times10^7 kJ/hm^2$到$1.63\times10^7 kJ/hm^2$的缓慢增长模式。而西藏薯类作物的单位面积产出能量则在2004年达到顶峰（$6.93\times10^7 kJ/hm^2$）后快速波动下降，并于2019年降至$5.86\times10^6 kJ/hm^2$，如图3-14（d）所示。

在全国稻谷产出能量由$7.46\times10^7 kJ/hm^2$至$8.28\times10^7 kJ/hm^2$的缓慢上升时期，西藏稻谷单位面积产出能量则在$5.50\times10^7 \sim 7.0\times10^7 kJ/hm^2$波动，其波动幅度越发减小并呈现出一定的下降态势。由于青海并未大量播种稻谷，因此其值为$0kJ/hm^2$，如图3-15所示。

3. 讨论与结论

(1) 讨论

为量化评估西藏与青海两地各类主粮与油料作物产出能量对全国各类主粮与油料作物产出能量的贡献，以及地区各类作物单位面积产出能量相较全国该类作物单位面积产出能量，结果如图3-16、图3-17所示。

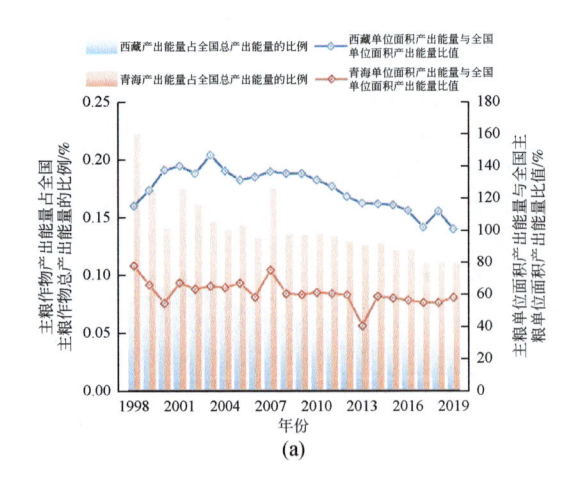

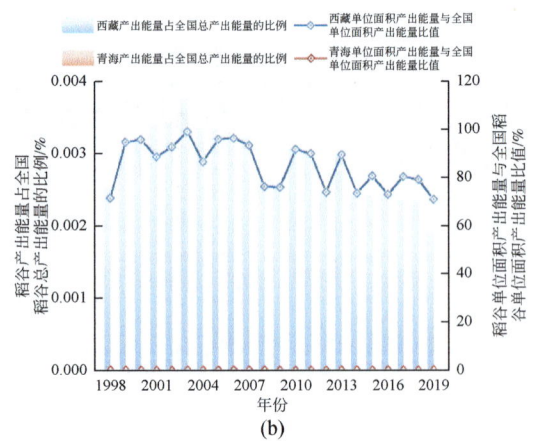

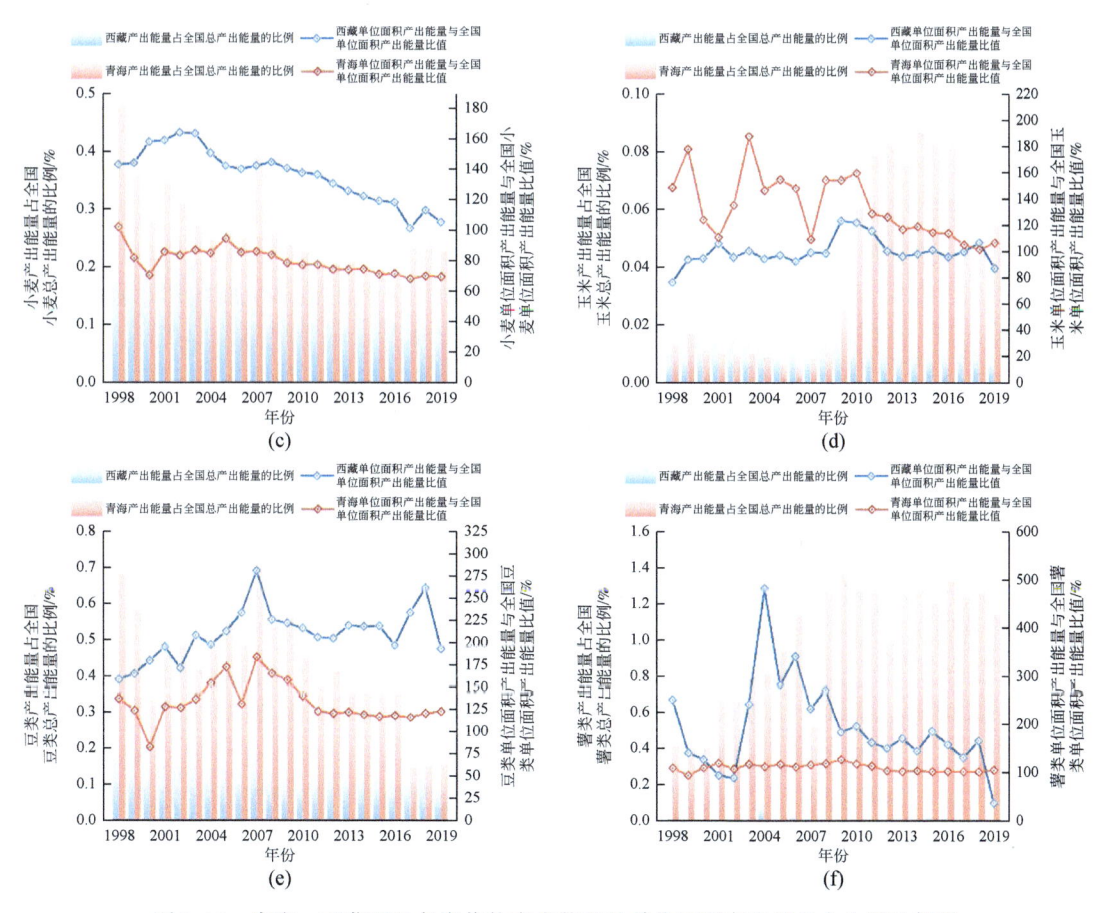

图 3-16 青海、西藏两地各类作物产出能量及单位面积产出能量占全国比例图

图 3-17 青海、西藏两地油料作物产出能量及单位面积产出能量占全国比例图

总的来看，青海所选主粮与油料作物产出能量除稻谷无数据，玉米前期产出能量占全国总产出能量的比例略低于西藏外，青海其余作物总产出能量占比基本都高于西藏，这主要是由于青海农作物的播种面积更大。西藏除玉米单位面积产出能量与全国玉米单位面积产出能量外，其他主粮（包括稻谷、小麦、豆类、薯类）及油料作物产出能量与全国对应作物单位面积产出能量比值均高于青海，并且部分作物单位面积产出能量高于全国水平，这可能与20世纪90年代以来，西藏进行了大量低质耕地的生态保护改造，形成了较高的主粮生产强度有关。同时，两地主粮单位面积产出能量与全国主粮单位面积产出能量比值均在缓慢下降。1998~2019年西藏主粮单位面积产出能量与全国主粮单位面积产出能量比值平均为125%，但该比值不断下降。青海主粮单位面积产出能量与全国主粮单位面积产出能量比值也在下降，但青海主粮单位面积产出能量基本维持在全国主粮单位面积产出能量的60%，说明青海主粮单位面积产出能量同全国主粮单位面积产出能量变化基本一致，如图3-16（a）所示。西藏的耕地主粮单位面积产出能量相较全国耕地主粮单位面积产出能量不断降低主要与全国主粮单位面积产出能量提升但西藏主粮单位面积产出能量降低相关。两地油料作物单位面积产出能量与全国油料作物单位面积产出能量比值以及总产出能量占比均呈现出先增后减变化模式。

如图3-16（d）所示，虽然西藏的玉米单位面积产出能量相较全国基本维持在100%左右，但其薯类、稻谷、小麦较全国单位面积产出能量却在下降，图3-16（b）、（c）、（f）所示，其中，薯类单位面积产出能量相较全国薯类单位面积产出能量由480%降至40%，这主要与西藏薯类、稻谷、小麦这三类作物单位面积产出能量降低有关。同时，西藏豆类与油料单位面积产出能量较全国单位面积产出能量也在2007年后呈现出了下降趋势[图3-16（e）与图3-17]，这可能与2005年后该地区豆类与油料作物单位面积产出能量增速慢于全国该类作物单位面积产出能量增速有关。西藏耕地的这种变化可能与自2005年中央政治局召开推进西藏经济社会跨越式发展会议后，西藏地区经济高速发展有关，拉萨市、日喀则市、山南市、林芝市等地区城镇快速发展，侵占了大量优质耕地（陈伊多和杨庆媛，2022）；大量耕地可能因施肥结构不合理与气候变化带来的土壤有机质含量下降、土壤养分不均衡等而恶化；土地矿化、过度放牧导致水土流失加重，间接侵害耕地养分等也可能是造成地区作物单位面积产出能量相较全国作物单位面积产出能量降低的原因。除此之外，青藏高原地区开展的生态脆弱区保护政策也可能是西藏作物单位面积产出能量相较全国作物单位面积产出能量降低的主观影响因素。

而对于青海而言，小麦、豆类、油料作物的单位面积产出能量相较全国的变化与各类作物当年产出能量占当年全国该类作物产出能量比例的变化具有一定的一致性，青海小麦、豆类、油料作物的单位面积产出能量较全国在2007年后基本呈现出稳中有降的变化趋势，如图3-16（c）、（e）及图3-17所示。青海这3类作物单位面积产出能量较全国降低的主要原因是对应作物全国单位面积产出能量在不断升高，但青海相应作物单位面积产出能量却基本稳定。2009年后，青海这3类作物在单位面积产出能量基本稳定的情况下播种面积有所减少，致使总产出能量下降。全国除油料作物播种面积及单位面积产出能量未明显变化使油料作物总产出能量无明显增加外，小麦与豆类总产出能量均在播种面积基本不变甚至减少的情况下因单位面积产出能量的增加而快速增加。薯类产出能量占全国产出能量的比例大幅升高但单位面积产出能量与全国单位面积产出能量比值却基本稳定在100%［图3-16（f）］，以及2010年后玉米产出能量占全国产出能量比例的大幅升高［图3-16（d）］反而带来单位面积产出能量较全国平均单位面积产出能量的下降，结合产量与播种面积数据，这可能是青海自2009年开始大面积播种玉米致使玉米总产量增加，但播种面积急速上涨可能致使耕种精细程度的降低，从而导致青海的玉米单位面积产出能量降低，而薯类虽然播种面积也有所增加，但变化幅度远不如玉米变化明显，并且其不利于机械化作业（挖坑、浇水、插秧、封土，全部需要手工操作），致使其仍以人工耕种为主，使得耕作精细程度变化不大。

(2) 结论

全国的主粮（稻谷、小麦、玉米、豆类、薯类）与油料作物单位面积产出能量均在1998~2019年不断提升，而青海和西藏两地油料与主粮单位面积产出能量相较1998年虽均有所上涨，但却在2011年后增速放缓，同时西藏的主粮单位面积产出能量、青海的油料单位面积产出能量还呈现出降低的态势。

青海主粮（玉米、小麦、豆类、薯类）与油料作物产出能量基本均明显高于西藏，这可能与青海有更多适宜耕种的耕地有关。对于西藏而言，除玉米单位面积产出能量略低于青海外，其余主粮（稻谷、小麦、豆类、薯类）及油料作物单位面积产出能量均高于青海，并且一些作物单位面积产出能量高于全国平均水平，这可能与20世纪90年代以来，西藏进行了大量低质耕地的生态保护改造，形成了较高的主粮单位面积产出能量有关。

西藏的薯类、稻谷、小麦这3类作物单位面积产出能量降低的同时全国这三类作物单位面积产出能量上升，致使西藏这3类作物单位面积产出能量相较全国这3类作物单位面积产出能量降低；豆类、油料作物单位面积产出能量相较全国该类作物单位面积产出能量相对降低；这种变化可能与西藏2005年来经济高速发展使优质耕地被侵占，施肥结构不合理等使耕地质量下降以及与生态脆弱区开展的生态保护政策乃至气候变化有关。

青海2009年后小麦、豆类、油料作物虽单位面积产出能量略有增加，但增速慢于全国，并且由于播种面积不断减少致使总产出量也不断减少，进而导致青海这3类作物产出能量占全国这3类作物产出能量的比例降低；青海自2009年开始大面积播种玉米，但由播种面积的急速上涨带来的耕种精细程度降低可能是玉米总产量增加但单位面积产出能量降低的原因。薯类播种面积虽也有增加，但由于薯类耕种过程不利于机械化作业，其耕种过程仍需人工投入，耕作精细程度变化不大。由此来看，对于青海的玉米种植地而言，在机械化耕种的同时保持耕作精细程度以实现总产量与单位面积产出能量的双提升不失为一条不错的方法。

青藏高原对我国有着至关重要的生态作用，同时青藏高原地域分布广阔，因此青藏高原上不同区域对不同作物生产的限制性生态因子也不尽相同。为此细化研究精度与尺度，选取更为多样的产出作物种类（如包括蔬菜、青藏高原重要农作物青稞、其他经济作物等），并针对县区级开展更详细的产出集约度评估，同时对各地能量产出强度降低的原因进行深入探究，这对于指导青藏高原区农业生产及评估其耕地发展可持续度有着十分重要的意义。

3.3.2 青藏高原耕地利用投入强度评估

1. 方法与数据

(1) 能值分析方法

能值理论由生态能量学发展而来,20 世纪 40 年代林德曼开创生态系统生态学和能量生态学,20 世纪 50 年代,Odum 在林德曼研究的基础上,提出了能值理论(张艳红,2017)。能值被定义为产品或服务被提供过程中直接或间接地在转换中所消耗的能量总和(Perrotti,2020)。

研究中能值以太阳焦耳(sej)为单位,各能值转换系数在给定太阳能值基准的情况下,由相关学者通过能量流动网络分析等手段计算,能值转换系数的使用可以将不同计量单位的能量、物质、货币转换为统一的能值单位(王娟和张仲伍,2020)。近年来能值理论在我国运用越发广泛(王小龙等,2020),能值理论在我国不同尺度耕地集约化评价研究中也被广泛运用(Xie et al.,2021;戴毅豪等,2018;汤进华和李晖,2016),同时 Odum 等国外学者经过长期的努力已经计算和积累了大量物质和产品的能值转换系数,这也使得使用能值理论对集约度进行评价成为可能。

对一年中的某地区而言,第 i 类投入要素投入能值的主要计算方式为该类要素实际投入量乘以对应能值转换系数,理论公式见式(3-19):

$$\mathrm{SEM}_i = Q_i \times \mathrm{SET}_i \qquad (3\text{-}19)$$

式中,i 为投入要素类型;SEM_i 为该地区第 i 类要素该年总投入能值;Q_i 为该地区第 i 类要素年总投入量;SET_i 为该地区第 i 类要素的太阳能值转换系数。某地区某年内,耕地第 i 类要素投入强度 ALUI_i 则是通过该类别实际投入能值除以总播种面积得到的。研究中总投入强度 $\mathrm{ALUI}_{\mathrm{in\_total}}$(单位:sej/hm²)由化肥投入强度 $\mathrm{ALUI}_{\mathrm{in\_fer}}$(单位:sej/hm²)、农药投入强度 $\mathrm{ALUI}_{\mathrm{in\_pes}}$(单位:sej/hm²)、地膜投入强度 $\mathrm{ALUI}_{\mathrm{in\_mf}}$(单位:sej/hm²)、农业机械动力投入强度 $\mathrm{ALUI}_{\mathrm{in\_am}}$(单位:sej/hm²)、劳动力投入强度 $\mathrm{ALUI}_{\mathrm{in\_lab}}$(单位:sej/hm²)加总后得到,详见式(3-20):

$$\mathrm{ALUI}_{\mathrm{in\_total}} = \mathrm{ALUI}_{\mathrm{in\_fer}} + \mathrm{ALUI}_{\mathrm{in\_pes}} + \mathrm{ALUI}_{\mathrm{in\_mf}} + \mathrm{ALUI}_{\mathrm{in\_am}} + \mathrm{ALUI}_{\mathrm{in\_lab}} \qquad (3\text{-}20)$$

具体来看,农药投入强度、地膜投入强度、农业机械动力投入强度、劳动力投入强度的计算公式如式(3-21)~式(3-24)所示:

$$\mathrm{ALUI}_{\mathrm{in\_pes}} = \frac{Q_{\mathrm{pes}} \cdot \mathrm{SET}_{\mathrm{pes}}}{S_{\mathrm{sum}}} \qquad (3\text{-}21)$$

$$\mathrm{ALUI}_{\mathrm{in\_mf}} = \frac{Q_{\mathrm{mf}} \cdot \mathrm{SET}_{\mathrm{mf}}}{S_{\mathrm{sum}}} \qquad (3\text{-}22)$$

$$\mathrm{ALUI}_{\mathrm{in\_am}} = \frac{Q_{\mathrm{am}} \cdot \mathrm{SET}_{\mathrm{am}}}{S_{\mathrm{sum}}} \qquad (3\text{-}23)$$

$$\mathrm{ALUI}_{\mathrm{in\_lab}} = \frac{Q_{\mathrm{lab}} \cdot \mathrm{SET}_{\mathrm{lab}}}{S_{\mathrm{sum}}} \qquad (3\text{-}24)$$

理论公式中SET_i表示各类投入要素的太阳能值转化率,因此在研究中使用SET_{pes}表示农药的太阳能值转换系数(单位:sej/t),SET_{mf}表示地膜的太阳能值转换系数(单位:sej/t),SET_{am}表示农业机械动力的太阳能值转换系数(单位:sej/kW),SET_{lab}表示劳动力的太阳能值转换系数(单位:sej/人)。在理论公式中,Q_i表示各类投入要素的投入量,同样在研究中使用Q_{pes}表示农药的投入量(单位:t),Q_{mf}表示地膜的投入量(单位:t),Q_{am}表示农业机械动力的投入量(单位:kW),Q_{lab}表示劳动力的投入量(单位:人)。

同时,考虑到化肥投入由氮、磷、钾及复合肥四类构成,因此在研究中计算化肥总投入能值时需分别计算年内氮肥投入量Q_{FN}(单位:t)乘以氮肥能值转换系数SET_{FN}(单位:sej/t)、年内磷肥投入量Q_{FP}(单位:t)乘以磷肥能值转换系数SET_{FP}(单位:sej/t)、年内钾肥投入量Q_{FK}(单位:t)乘以钾肥能值转换系数SET_{FK}(单位:sej/t)、年内复合肥投入量Q_{FC}(单位:t)乘以复合肥能值转换系数SET_{FC}(单位:sej/t),并将这四类化肥投入能值加总再除以总播种面积得到化肥投入强度,详见式(3-25):

$$ALUI_{in\_fer} = \frac{(Q_{FN} \cdot SET_{FN}) + (Q_{FP} \cdot SET_{FP}) + (Q_{FK} \cdot SET_{FK}) + (Q_{FC} \cdot SET_{FC})}{S_{sum}}$$

(3-25)

此外,两地区各类投入要素逐年投入能值除以该投入要素当年全国投入能值被用来反映各投入要素当年的投入能值占全国投入能值比例(单位:%)。两地区各类投入要素逐年单位面积投入能值除以当年该投入要素全国的单位面积投入能值作为反映该投入要素在该地区的投入强度较全国该投入要素投入强度而言的力度指标(单位:%)。

折线图作为呈现集约度变化情况的重要方式,在研究中被用来呈现西藏、青海与全国各类投入集约度逐年的变化情况,并用以进行趋势分析。折线图与柱状图的组合在研究中被用来呈现青海与西藏两地各类投入量相较全国当年投入量的比例,以及该地区该类投入要素相较全国当年该类投入要素投入的力度,并可间接呈现这两者的变化及二者变化的协同性。

(2) 数据处理

投入集约度评估中所使用的数据主要由两部分组成,二者分别是青海、西藏、全国耕地各类要素投入量及各类作物总播种面积数据,以及所选投入要素的能量转换系数,数据来源及数据应用情况见表3-14。

对于1998~2019年我国青海、西藏以及全国的耕地各要素投入及各类作物总播种面积数据,该部分数据由1999~2020年中国统计年鉴中相应省(自治区、直辖市)相应年份所对应的数据摘录而来,被用来计算耕地投入集约度。作物总播种面积数据不同于投入集约度评估中所选的主要指标对应作物播种面积的直接加总,作物总播种面积涵盖作物种类更全面。同样相似于产出集约度评估中基于标准差的异常值检测与处理方法被使用,用来实现异常值识别与替换。

能值转换系数是单位投入要素被提供过程中直接或间接地在转换中所消耗的太阳能量总和,由于不同类型投入要素的诞生方式不同,因此各投入要素所对应的太阳能值转换系数也不同。虽然由不同途径生成的同类投入要素能值转换系数理论上也存在差异,但考虑到研究复杂性,本研究中暂未考虑地域差异带来的能值转换系数差异,所用到的各投入要素能值转换系数具体数值见表3-15。

表3-14 投入集约度评估使用数据来源及数据应用情况

数据	数据描述	数据来源	数据应用
作物省级投入量数据（Q_i）	每年青海、西藏、全国的化肥、农药、地膜、农业机械动力、劳动力投入量，包括Q_{pes}、Q_{mf}、Q_{am}、Q_{lab}、Q_{FN}、Q_{FP}、Q_{FK}、Q_{FC}	中国统计年鉴（1999~2020年），辅以1999~2020年各省（自治区、直辖市）统计年鉴补充	姚冠荣等，2014 Yin et al.，2019 Yin et al.，2020 Xie et al.，2021
作物总播种面积数据（S_{sum}）	每年青海、西藏、全国的各类作物总播种面积（单位：hm^2）	中国统计年鉴（1999~2020年）	叶思菁等，2019 Ye et al.，2020 Ye et al.，2022
能值转换系数（SET_i）	每年青海、西藏、全国的化肥、农药、地膜、农业机械动力、劳动力等投入要素的太阳能值转换系数，包括SET_{pes}、SET_{mf}、SET_{am}、SET_{lab}、SET_{FN}、SET_{FP}、SET_{FK}、SET_{FC}	陆宏芳等，2005 姚成胜等，2014	陆宏芳等，2005 谢花林等，2012 姚成胜等，2014 Yin et al.，2020

表3-15 能值转换系数表

SET_i指标名称	能值转换系数	数据来源
SET_{FN}	$3.80×10^{15}$（sej/t）	陆宏芳等，2005
SET_{FP}	$3.90×10^{15}$（sej/t）	陆宏芳等，2005
SET_{FK}	$1.10×10^{15}$（sej/t）	陆宏芳等，2005
SET_{FC}	$2.80×10^{15}$（sej/t）	陆宏芳等，2005
SET_{lab}	$4.79×10^{12}$（sej/人）	姚成胜等，2014
SET_{pes}	$1.62×10^{15}$（sej/t）	陆宏芳等，2005
SET_{mf}	$3.80×10^{14}$（sej/t）	陆宏芳等，2005
SET_{am}	$1.65×10^{13}$（sej/kW）	姚成胜等，2014

2. 研究结果

图3-18为青海、西藏以及全国的各类投入要素单位面积投入能值随时间变化曲线图。结果显示，全国、青海、西藏的耕地单位面积投入能值于2015年前均处于上升阶段，前期两地单位面积投入能值均低于全国水平且西藏单位面积投入能值增速快于全国与青海，但2015年后青海耕地单位面积投入能值依然低于全国且同全国耕地单位面积投入能值均出现了下降趋势。此时，西藏单位面积投入能值继续增长，并于2015年超过全国单位面积投入能值［图3-18（a）］。

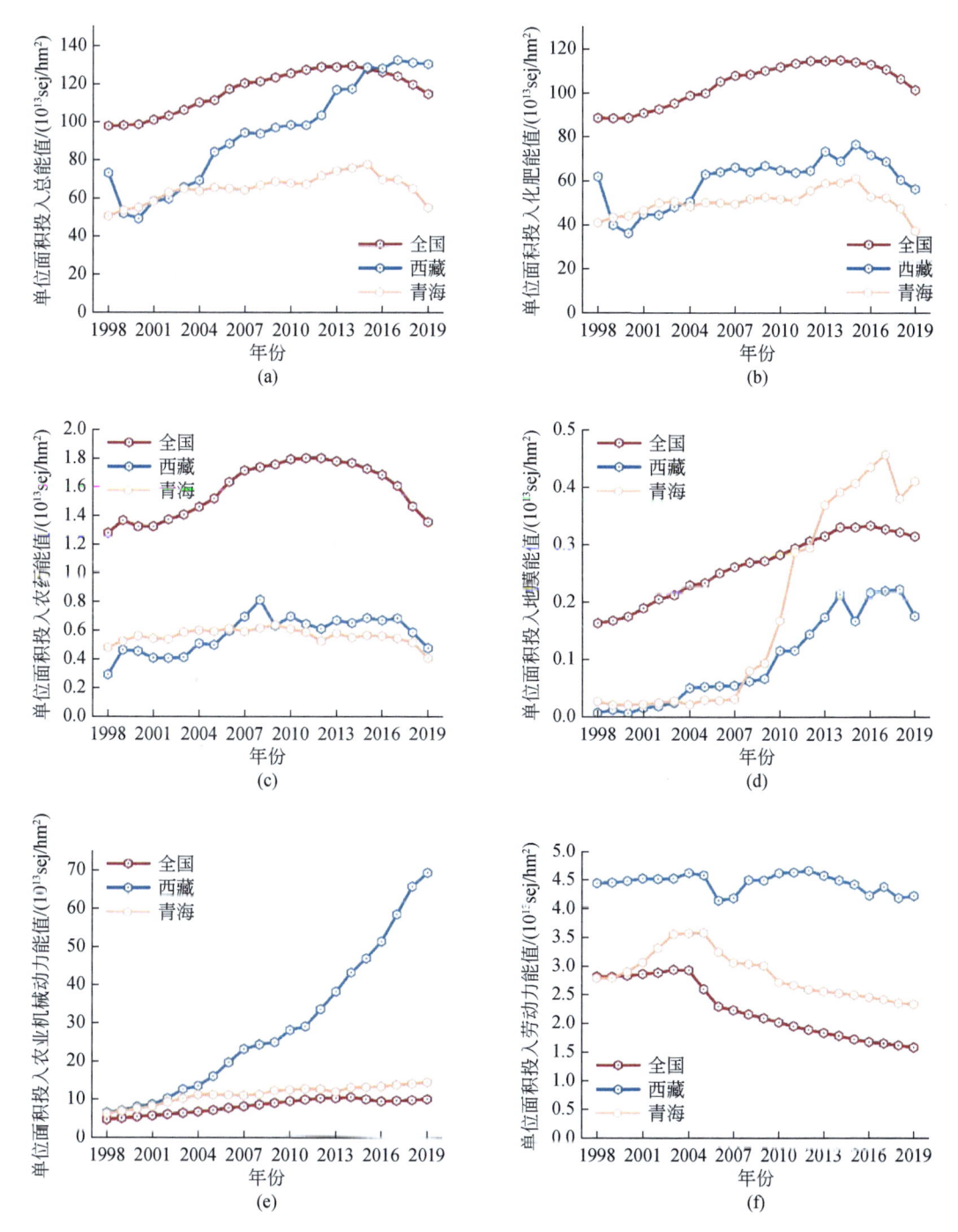

图 3-18 青海、西藏两地各类投入要素单位面积投入能值变化图

具体来看，青海单位面积投入能值在 1998 年为 $5.083\times10^{14}\,\mathrm{sej/hm^2}$，2015 年达到高点 $7.8\times10^{14}\,\mathrm{sej/hm^2}$，随后降至 $5.534\times10^{14}\,\mathrm{sej/hm^2}$，回到 2000 年的水平。而西藏单位面积投入能值则由 1999 年的 $5.22\times10^{14}\,\mathrm{sej/hm^2}$ 开始增长，于 2015 年达到 $1.2907\times10^{15}\,\mathrm{sej/hm^2}$，

超过全国单位面积投入能值，于 2019 年上升至 $1.3075\times10^{15}\,\mathrm{sej/hm^2}$。这主要是由于长期以来总投入能值中一直以化肥投入为主导（长期以来化肥投入能值占总投入能值比例超过60%），如图 3-19 所示。而从 2015 年开始，伴随着于全国开展的农药、化肥零增长行动，各地的化肥单位面积投入能值均出现了下降趋势［图 3-18（b）］，化肥投入能值占总投入能值比例下降，全国与青海和西藏两地农药投入强度及农药投入能值占总投入能值比例降低［图 3-18（c）、图 3-19］，同时青海与西藏的农药与化肥投入能值占总投入能值比例均低于全国中两类投入能值占总投入能值的比例。但西藏自 2003 年开始农业机械动力类投入能值快速增长［图 3-18（e）］，致使西藏单位面积农业机械动力投入能值占总投入能值的比例也由最初的 9% 不断增长，达到总投入能值的 50% 并于 2018 年超过单位面积化肥投入能值占总投入能值的比例，农业机械动力投入成为第一大投入能值要素［图 3-19（a）］，进而致使西藏单位面积总投入能值不断增长［图 3-18（a）］。

对于农业机械动力投入而言，青海农业机械动力单位面积投入能值变化基本与全国农业机械动力单位面积投入能值变化一致，但不同于全国农业机械动力投入能值占总投入能值比例较慢的变化［5%~9%］，青海农业机械动力投入能值占总投入能值的比例由 1998 年的 13% 达到了 2019 年的 27%［图 3-19（b）］。

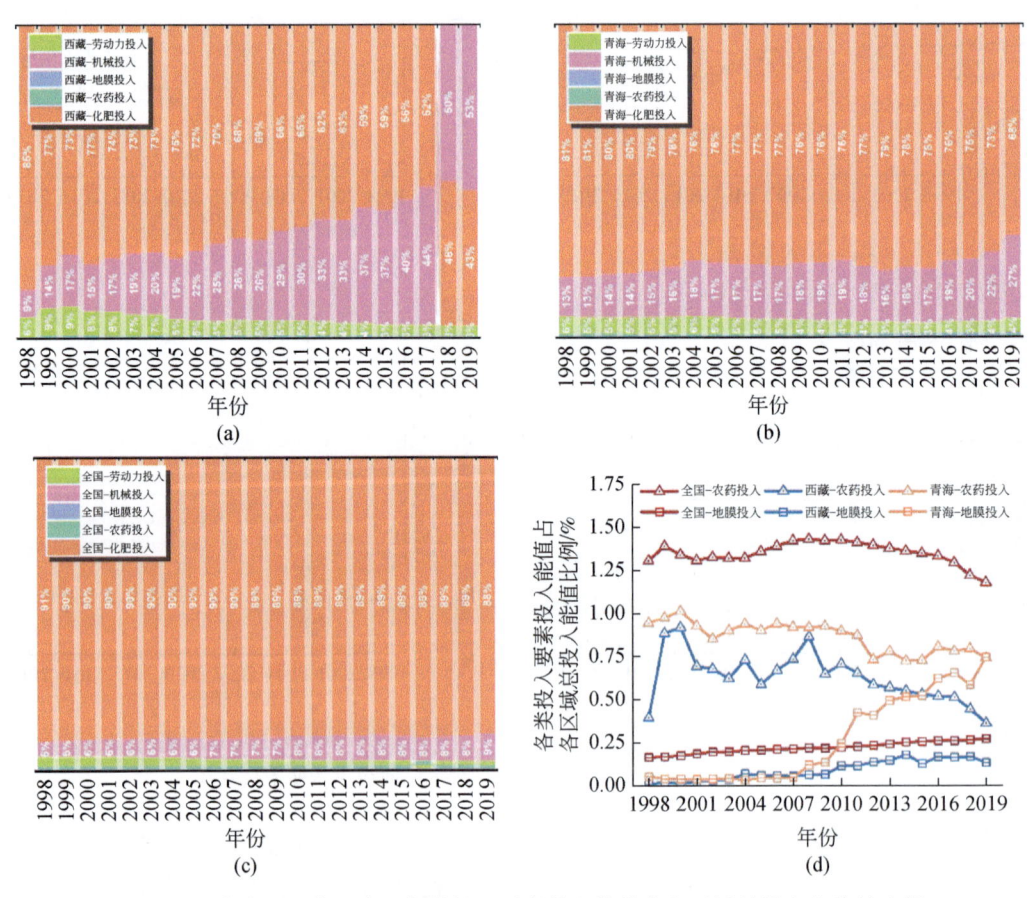

图 3-19 青海、西藏、全国各类投入要素投入能值占各区域总投入能值的比例

1998~2019年，全国的劳动力投入强度基本呈现出先微增后缓慢降低的变化过程，而西藏的劳动力投入强度则基本稳定，青海的劳动力投入强度先增长后降低，但青海与西藏的劳动力投入强度基本均高于全国。具体来看，西藏的劳动力投入强度基本维持在 $4.5\times10^{13}\,\text{sej/hm}^2$ 且2012年以后呈现出略有降低的变化态势，青海的劳动力投入强度则经历了2000年前与全国劳动力投入强度相似的阶段，至2005年达到最高值 $3.59\times10^{13}\,\text{sej/hm}^2$，随后下降至 $2.34\times10^{13}\,\text{sej/hm}^2$，如图 3-18 (f) 所示，整个过程两地劳动力投入强度占总劳动力投入强度的比例基本保持稳定 [图 3-19 (a)、(b)]。青海、西藏劳动力投入强度高于全国的现象可能与两地的经济发展状态以及耕作模式有关，同时相对于全国较弱的经济条件及产业结构也使两地单位面积耕种从业人员数较全国偏多，并且西藏尤甚。

对于地膜投入强度而言，全国地膜投入强度先增加后略微降低，这可能与白色污染控制有关，青海与西藏两地地膜投入强度则都呈现出了先快速增长随后趋于平稳且略有降低的变化趋势 [图 3-18 (d)]。在全国地膜投入强度于2009年前稳步逐年增长的前期内，青海与西藏两地地膜投入强度都呈现出为较为缓慢的阶段式增长期，截至2009年青海与西藏的地膜投入强度分别为 $9.4\times10^{11}\,\text{sej/hm}^2$ 与 $6.7\times10^{11}\,\text{sej/hm}^2$，均低于此时全国的地膜投入强度 ($2.7\times10^{12}\,\text{sej/hm}^2$)。随后青海的地膜投入强度便开始快速增长，于2013年超过全国地膜投入强度，并在2017年达到了 $4.6\times10^{12}\,\text{sej/hm}^2$。西藏的地膜投入强度则于2014年后基本在 $2\times10^{12}\,\text{sej/hm}^2$ 波动。除此之外，整个过程西藏的地膜投入强度占总投入强度比例一直低于全国水平，而青海的地膜投入强度占总投入强度比例于2010年后便高于全国地膜投入强度占总投入强度比例。考虑到西藏与青海均处于我国高海拔地区，温度较低，适当增大西藏的地膜投入强度可能会对作物所需温度给予一定的保障，从而提高作物产量与单位面积产出能量。

3. 讨论与结论

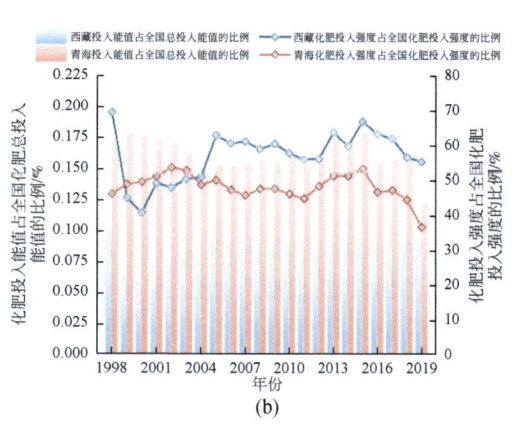

(1) 讨论

青海与西藏两地各类投入要素投入能值占全国对应投入要素总投入能值的比例，以及两地各类投入要素投入强度占全国对应投入要素投入强度的比例图被绘制，用以彰显投入强度与投入能值与全国变化的协同性，如图 3-20 所示。

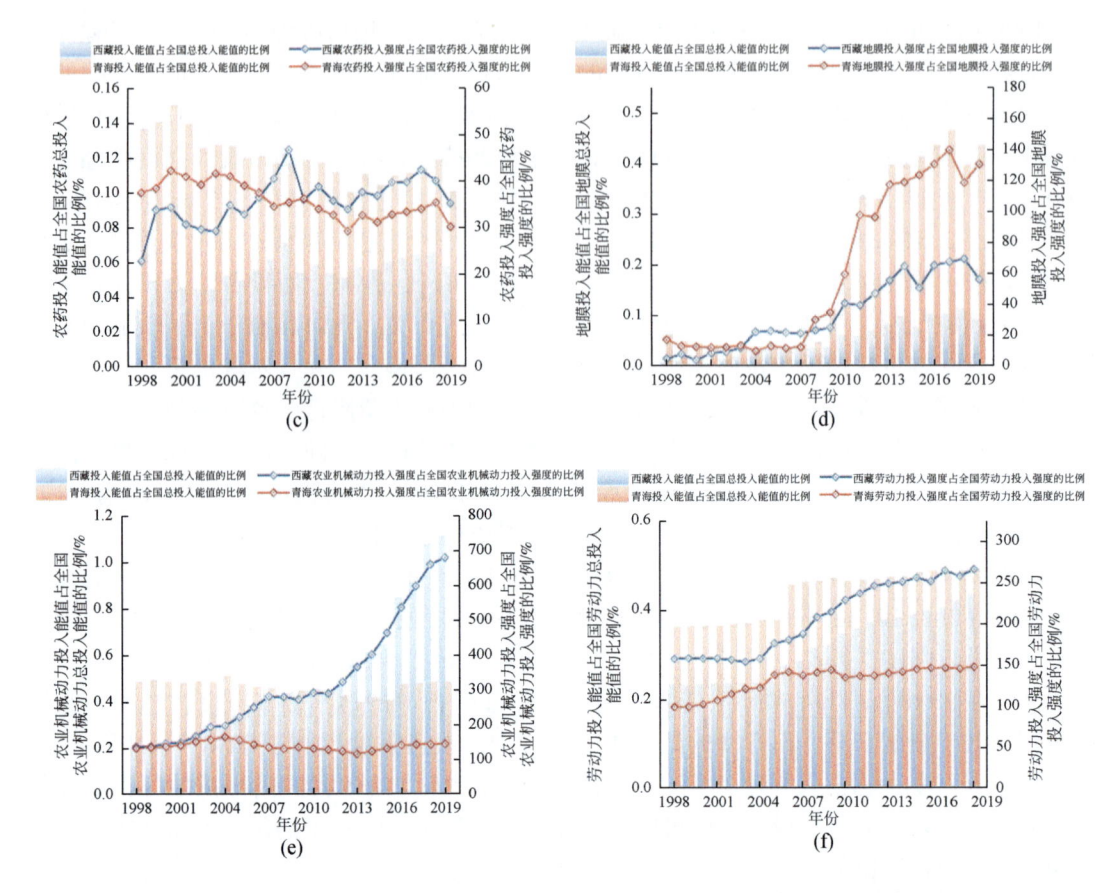

图 3-20　青海、西藏两地各类投入要素投入强度与投入能值占全国比例图

结果表明，对于投入要素而言，两地区投入能值占全国投入能值的比例以及投入强度占全国投入强度的比例二者之间存在一定的协同性。投入能值占比的增加往往也会同步引起投入强度占比的增加（图 3-20）。

总的来看，包括总投入在内，青海除地膜投入能值占全国总投入能值的比例快速增长外，其余投入要素投入能值占全国总投入能值的比例虽存在一定波动但总体而言基本稳定。同时，除西藏农业机械动力投入大量增加导致青海农业机械动力投入能值占全国农业机械动力总投入能值的比例低于西藏农业机械动力投入能值占全国农业机械动力总投入能值的比例外，其余各类投入要素中青海投入能值占总投入能值的比例基本均高于西藏。

西藏由于农业机械动力大量投入，2019 年农业机械动力投入强度接近全国的 700%［图 3-20（e）］。西藏劳动力投入强度虽有所下降，但由于其经济条件较全国仍存在一定差距，劳动力投入强度下降速度慢于全国，致使其投入强度占全国投入强度的比例自 2004 年后还呈现出升高态势，2019 年已为全国劳动力投入强度的 265% 以上［图 3-20（f）］。西藏化肥、地膜投入强度低于全国投入强度的 70%，农药投入强度不足全国投入强度的 50%。西藏农药投入强度占全国农药投入强度的比例近年来降低也说明当地更为积极地响应了农药零增长号召。

青海地膜投入强度占全国地膜投入强度的比例自 2012 年后便超过 110%，最高时接近

140%，农业机械动力投入强度占全国农业机械动力投入强度的比例常年稳定在140%左右，劳动力投入强度占全国劳动力投入强度的比例由100%上升至接近150%并保持稳定。但总投入强度以及化肥投入强度均低于全国投入强度的60%，2019年青海化肥投入强度大约为全国化肥投入强度的35%，农药投入强度占全国农药投入强度的比例不超过45%，三者占比正逐渐降低。化肥作为增产的重要手段，在合理范围内未来可适当增加化肥投入。

产出投入比，在一定程度上作为衡量单位物质量投入所获取的收益的重要手段，可用以呈现各种类型投入效率，见图3-21。为探究不同类型投入要素单位投入所产出的能量，主粮与油料作物组成的总产出能量被计算，并将其除以各类投入要素投入能值，以求得各类投入要素单位能值投入所获取的能量产出。

研究结果表明，全国各类投入要素产出投入比大致均经历了先降低后升高的变化过程，但农业机械动力投入与地膜投入产出投入比回升不明显 [图3-21（d）、(e)]，而劳动力产出投入比提升明显 [图3-21（f）]，说明劳动力的减少并没有阻碍单位人员生产作物能量的提升。而对于西藏而言，各类投入要素产出投入比均由最开始的高于全国，在经历不同程度的下降后低于全国以及青海水平 [图3-21（a）~（f）]，1998~2019年西藏总产出强度虽有所提升，但相比总投入的快速提升略显不足，2011年后农业机械动力投入强度的大幅提升以及农业机械动力投入量占总投入量的比例快速提升并超过化肥投入量占总投入量的比例可能是单位总投入收益降低速度远大于单位化肥投入收益降低速度的原因，说明单纯的农业机械动力投入强度的增加对提升总产出强度效果有限，不讲究投入要素配比单纯依靠高投入维持高产出的粗放模式一定程度上可能已经失效。青海作物产出能量与总投入能值的比值以及总产出能量与化肥、农药投入能值的比值均高于全国水平，比值虽有大幅波动但总体趋势同全国产出投入比变化基本一致 [图3-21（a）~（c）]。同时，青海单位劳动力投入所获得的作物产出总能量虽高于西藏，但相比全国仍有不足 [图3-21（f）]。未来可保持现有地膜投入模式，巩固优势，优化其他投入要素配置情况。

结合相关研究中基于全国各省（自治区、直辖市）投入产出数据，由耦合投入产出关系建立的评估模型可知，当前青海已由严重依赖劳动力投入强度，低增产性投入和农业机械动力投入模式转向了高地膜投入强度、中等肥料与农业机械动力投入强度，低农药与劳动力的投入强度的投入模式（Ye et al.，2024b）。这是因为在高原与山地区域高地膜投入强度可以使耕地更好地利用温度，从而提高主粮单位面积产出能量，保持低农药投入强度的投入模式则可能与过剩农药投入强度降低主粮单位面积产出能量有关，目前青海的农药投入强度仅为 6×10^{12} sej/hm^2，远低于由全国省级数据得到的农药投入强度的预警阈值（1.12×10^{13} sej/hm^2），是否提升投入强度需考虑地区脆弱性条件及需要。适当的肥料与农业机械动力投入强度既可以促进主粮单位面积产出能量，又可以避免因使用过量而带来的抑制效果的出现。目前，青海的化肥投入强度不足 4×10^{14} sej/hm^2，低于由全国省级数据得出的化肥投入强度的预警阈值（9.27×10^{14} sej/hm^2）。由于高原与山地区内农业机械动力投入强度与主粮及油料两种作物的单位面积产出能量之间存在正相关关系，因此增加青海的农业机械动力投入强度似乎可提高主粮与油料的单位面积产出能量，并且由于高原区高农

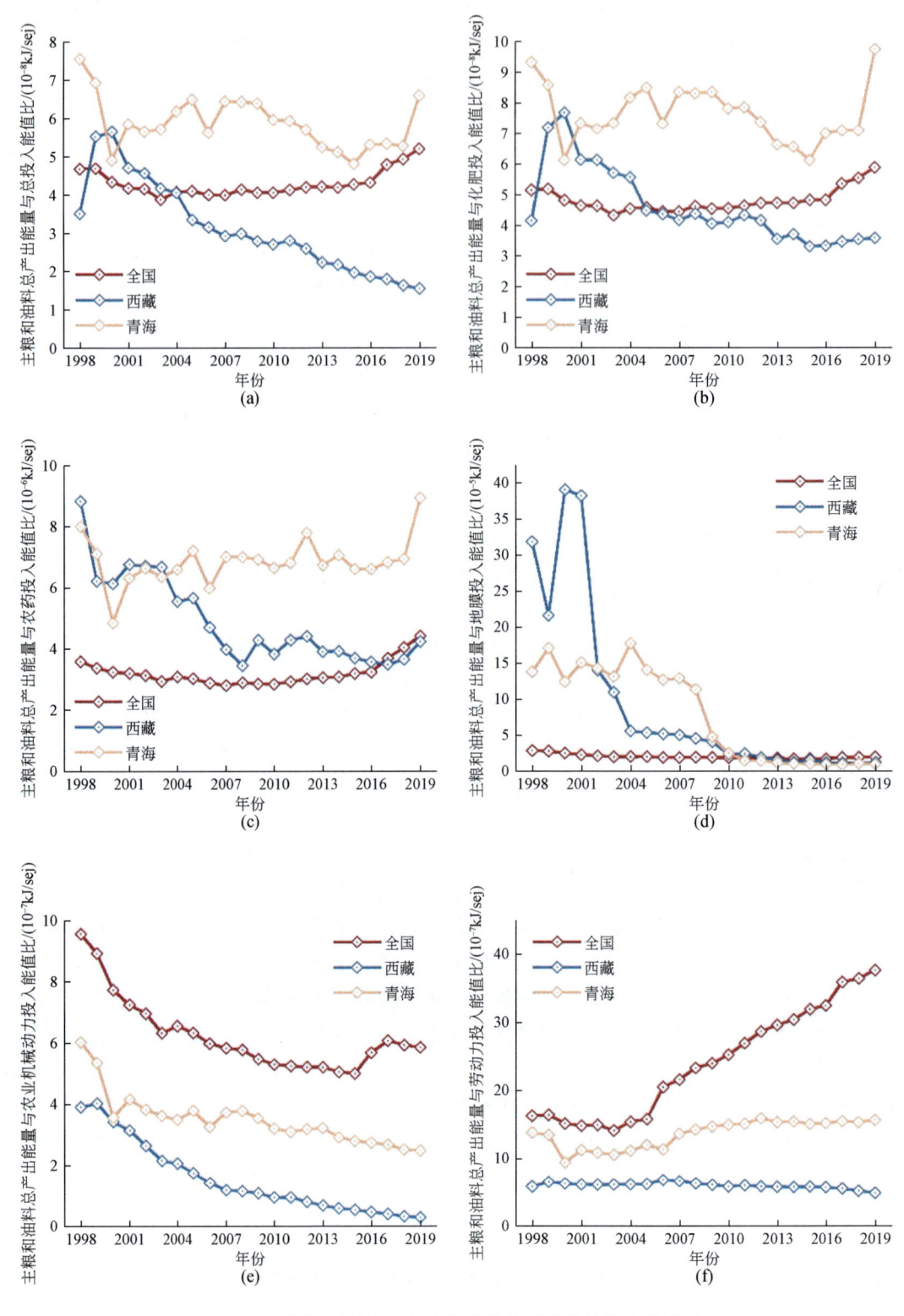

图 3-21 青海、西藏、全国各类投入要素单位投入收益图

业机械动力与劳动力投入强度对促进主粮与油料产出的协同作用,因此劳动力投入强度逐年降低,但相较全国仍有着更高劳动力投入强度的青海似乎适当提升农业机械动力投入强度实现二者平衡发展将对提升主粮与油料产出有着重要效果。

西藏则由与青海前期相同的投入模式转向了高化肥投入强度与高农业机械动力投入强度的发展模式(Ye et al.,2024b)。此区域由于劳动力投入强度长期处于高值,因此高农业机械动力投入强度也可促进主粮单位面积产出能量的提升。不过,在高原区虽然高农业机械动力投入强度对主粮与油料单位面积产出能量有着正相关关系,但由于极高农业机械动力投入强度将削弱其与单位面积产出能量之间的正相关关系,并使其对增产的促进效果变差,因此2011年后农业机械动力投入强度以超过全国农业机械动力投入强度700%的过量投入可能并未对增产起到预期的理想效果。研究表明,在高原与山地区,高地膜投入强度可促进主粮与油料单位面积产出能量,但目前西藏的地膜投入强度虽有所上升但也不足全国地膜投入强度的80%,青海地膜投入强度占全国地膜投入强度的比例高达140%的这一数值似乎是一个不错的目标。化肥投入强度已由$8\times10^{14}\,\text{sej/hm}^2$下降,但即使是高值期,相较由全国省级数据得到的化肥投入强度的预警阈值($9.27\times10^{14}\,\text{sej/hm}^2$)也有一定提升空间。目前,西藏的农药投入强度仅为$6\times10^{12}\,\text{sej/hm}^2$,低于由全国省级数据得到的农药的预警阈值($1.12\times10^{13}\,\text{sej/hm}^2$),是否提升投入强度需考虑地区脆弱性条件及病虫害是否已经可控。

由于数据的使用以及研究对现实的抽象过程中可能存在一定的误差,因此将全国省级数据得到的预警阈值作为高原区可持续农业开发边界是否考虑了高原区特异性的情况,仍需在未来进行深入的探究,从而找到适用于两地的合理的投入边界与适当的集约化发展路径。

(2)结论

青海总投入强度同全国总投入强度变化较为一致,呈现出先增加后减少的变化模式,但总投入强度低于全国。西藏总投入强度起初与青海总投入强度接近,但自1999年后便开始快速持续增长,于2015年超过全国单位面积投入强度,并于2017年后基本稳定。化肥和农药投入占青海与全国总投入中的绝大多数,因此伴随化肥和农药零增长政策带来的化肥和农药投入强度降低是青海与全国总投入强度降低的主要原因,而西藏农业机械动力大量投入,并逐步成为总投入中的主要投入要素,削弱了化肥与农药投入强度降低对总投入强度的影响,致使西藏总投入强度增加。青海与西藏的劳动力投入强度基本均高于全国,青海的劳动力投入强度在起初与全国劳动力投入强度相近的基础上经历了先增加后减少的变化模式,但西藏劳动力投入强度虽已呈现出降低的趋势,但目前相较全国仍处于高位。西藏与青海以及二者与全国的差异可能与经济发展及地形差异有关。全国的地膜投入强度于2016年前后呈现为先增加后降低的变化模式,青海与西藏的地膜投入强度于2009年前小幅阶段式增长,并在经历了快速增长后于2016年以后有趋于稳定的趋势。其中,西藏地膜投入强度与西藏当年地膜投入能值占西藏当年总投入能值的比例均低于全国,而青海自2010年地膜投入能值占青海当年总投入能值的比例超过全国后,地膜投入强度也于2013年超过全国水平。由于青藏高原海拔较高,气候较为寒冷,温度可能成为作物生产的限制性因素,因此两地地膜投入强度的增长可能与此有关,但目前西藏地膜投入强度不及全国。

不同于产出维度，各类投入强度与各类投入量占全国的比例具有较好的一致性，投入量占比的增加往往也会同步引起投入强度占全国对应要素投入强度比例的增加。

投入产出比结果表明：西藏各要素产出投入比均由最开始高于全国在经历不同程度的下降后低于全国以及青海水平，其间投入强度不断增长，但作物单位面积产出能量增长有限，这可能是由于农业机械动力投入强度大幅提升并超过化肥成为主要投入因素，这也说明农业机械动力投入强度的大幅提升对提升作物单位面积产出能量效果有限，对于此地而言高产出可能仍需高化肥投入强度维持。青海的作物产出能量占总产出能量的比例以及总产出能量与化肥、农药投入能值的比值均高于全国水平，劳动力单位投入对应的产出能量变化虽高于西藏，但相比全国平均水平仍有不足，未来可巩固现有优势，优化投入配置。

青海地膜投入强度占全国地膜投入强度的比例自2012年后便超过110%，最高时接近140%，农业机械动力投入强度占全国农业机械动力投入强度的比例常年稳定在140%左右，劳动力投入强度占全国劳动力投入强度的比例由100%上升至接近150%并保持稳定。但总投入强度以及化肥投入强度均低于全国投入强度的60%，2019年青海化肥投入强度大致为全国化肥投入强度的35%，农药投入强度占全国农药总投入强度的比例不超过45%，三者投入强度占全国投入强度的比例正逐渐降低。结合由全国数据得到的耦合投入产出关系所建立的模型，青海可适当提升动力类投入强度，并结合需求在地区耕地承载力范围内适当提升化肥投入强度以实现增产。目前，西藏农业机械动力投入强度接近全国农业机械动力投入强度的700%，劳动力投入强度为全国劳动力投入强度的265%，但化肥、地膜投入强度低于全国投入强度的70%，农药投入强度不足全国农药投入强度的50%，但劳动力投入强度与全国投入强度的比值在2017年前波动上升，在2017年后呈下降趋势。结合由全国数据得到的耦合投入产出关系所建立的模型，西藏可适量降低过剩的动力类投入强度，提升地膜投入强度，在耕地承载力范围可按需适当提升化肥、农药投入强度，提高耕地肥力、控制病虫害实现增产。数据使用及研究模型对现实的抽象过程可能存在误差，同时面向我国高原区的合理投入开发边界与集约化路径仍需在未来进行深入探究。

3.3.3 青藏高原耕地氮利用率变化

1. 数据与方法

(1) 数据

本研究主要使用了2种数据集。首先，农业投入数据集、农村人口与牲畜数量数据集、作物播种面积数据集、区域氮沉降率数据集被用来计算省级氮投入。农业投入数据集中的年度省级化肥投入用于计算合成氮投入量。农村人口与牲畜数量数据集涵盖了青海、西藏每年农村人口和牲畜数量，包括牛、马、驴、骡、猪、羊，用于计算有机肥氮投入。作物播种面积数据集涵盖了青海、西藏所有主要作物类型的年省级播种面积，包括水稻、玉米、小麦、大豆、土豆、花生、油菜、芝麻、棉花、甘蔗、甜菜、烟草、蔬菜、纤维、水果、茶叶，可用来计算作物的生物固氮投入。区域氮沉降率数据集参考Liu等（2013）

的研究，使用其中拟合的模型计算青海、西藏各年份的年度氮沉降率。其次，作物产量数据集被用来计算氮产出量，它涵盖了青海、西藏所有主要作物类型的年省级产量，作物类型与作物播种面积数据集相同。以上所有数据缺失值使用相邻年份的数据进行插值。表3-16显示了详细的数据集信息。

表3-16 用于计算氮投入与氮产出的数据集信息

数据集	指标	数据源
农业投入数据集	年度省级化肥投入（kg），包括单一氮肥投入、复合肥投入	中国农村统计年鉴
农村人口与牲畜数量数据集	年度省级农村总人口和牲畜数量，包括牛、马、驴、骡、猪、羊	中国农村统计年鉴
作物播种面积数据集	年度省级作物播种面积（hm^2），包括水稻、玉米、小麦、大豆、土豆、花生、油菜、芝麻、棉花、甘蔗、甜菜、烟草、蔬菜、纤维、水果、茶叶	中国农村统计年鉴
作物产量数据集	年度省级作物产量（kg），包括水稻、玉米、小麦、大豆、土豆、花生、油菜、芝麻、棉花、甘蔗、甜菜、烟草、蔬菜、纤维、水果、茶叶	中国农村统计年鉴
区域氮沉降率数据集	中国省级年度氮沉降率［kg N/（$hm^2 \cdot a$）］	Liu et al., 2013

（2）氮过程模型

如图3-22所示，农田系统氮过程模型基于土壤氮收支被建立，包含氮投入、氮产出、氮盈余与土壤氮循环（Oenema et al., 2003）。各氮投入组分和氮产出的计算方法参考Yan等（2014）的研究，详细计算方式见表3-17。

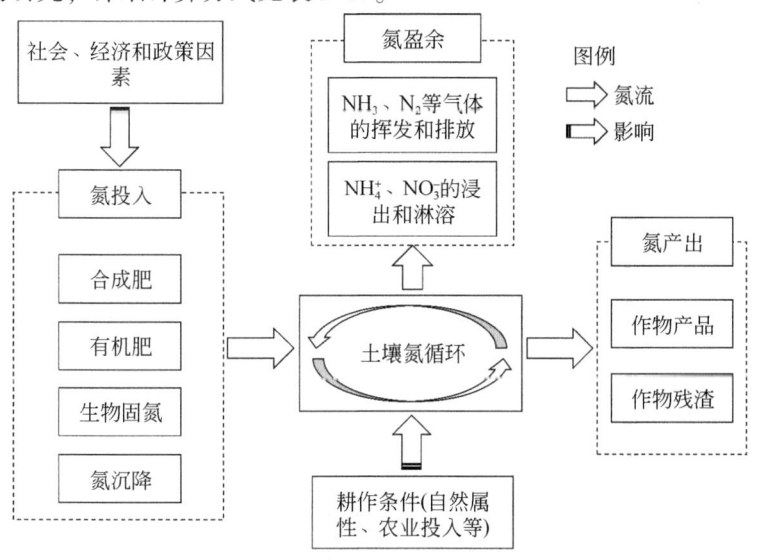

图3-22 农田系统氮过程模型
社会、经济、政策因素影响氮投入。
耕作条件如自然条件、农业管理实践等影响农田系统土壤氮循环过程

表 3-17 氮投入组分与氮产出计算

指标	指标含义	计算公式	参数解释
N_syn	年度单位面积投入的化肥中的氮	$N_\text{syn}=(N_\text{fert\_N}-N_\text{fert\_com}\times R)/\text{Area}$	$N_\text{fert\_N}$和$N_\text{fert\_com}$分别为年度投入单一和复合化肥的总量，kg N；R为复合化肥的氮比例；Area为总播种面积，hm^2
N_man	年度单位面积投入的有机肥中的氮	$N_\text{man}=\sum_j(\text{Num}_j\times \text{NE}_j\times \text{MR}_j)/\text{Area}$	Num_j为人类和牲畜的数量；NE_j为不同人类和牲畜排泄物中的氮含量；MR_j为还田率
N_fix	年度单位面积作物的生物固氮	$N_\text{fix}=\sum_i(\text{Area}_i\times \text{FR}_i)/\text{Area}$	Area_i为作物面积；FR_i为不同作物的生物固氮量
N_depo	年度单位面积氮沉降	$N_\text{depo}=\text{DR}$	DR 为大气氮沉降率，$\text{kg N}/(\text{hm}^2\cdot a)$
N_input	年度单位面积氮投入	$N_\text{input}=N_\text{syn}+N_\text{man}+N_\text{fix}+N_\text{depo}$	
N_uptake	年度单位面积氮产出	$N_\text{uptake}=\sum_k(\text{yield}_k\times \text{NC}_k+\text{yield}_k\times \text{RR}_k\times \text{NR}_k)/\text{Area}$	yield_k为作物的产量；RR_k为作物残渣与作物产量的比率；NC_k和NR_k分别为作物和作物残渣中的氮含量

如式（3-26）所示，氮利用效率（nitrogen use efficiency，NUE）为氮产出（N_uptake）与氮投入（N_input）的比值。N_sur为氮投入和氮产出的差值，如式（3-27）所示。N_sur被视为表示农业土壤对环境的潜在氮损失的有效指标，包含N_2、N_2O、NO 排放，NH_3挥发，NO_3^-的浸出，径流和土壤中的氮循环。

$$\text{NUE}=\frac{N_\text{uptake}}{N_\text{input}} \quad (3-26)$$

$$N_\text{sur}=N_\text{input}-N_\text{uptake} \quad (3-27)$$

（3）基于线性模型评估合成氮与土壤氮对氮产出的贡献

基于已有研究发现的合成氮投入、总氮投入与氮产出之间显著的线性关系，线性方程被用于评估合成氮的利用率与土壤氮对氮产出的贡献，如式（3-28）、式（3-29）所示（Yan et al.，2014，2022）。其中，N_syn表示省（自治区、直辖市）单位面积合成氮投入[单位：$\text{kg N}/(\text{hm}^2\cdot a)$]；$N_\text{input}$表示省（自治区、直辖市）单位面积总氮投入[单位：$\text{kg N}/(\text{hm}^2\cdot a)$]；$N_\text{uptake}$表示省（自治区、直辖市）单位面积氮产出[单位：$\text{kg N}/(\text{hm}^2\cdot a)$]；$a_1$和$a_2$为线性拟合计算得出的参数，分别表达合成氮的利用率和总氮投入对氮产出的影响；b_1表示作物从合成氮以外的所有氮源（包括有机肥氮投入、作物固氮、氮沉降、土壤肥力）中吸收的氮；b_2表示土壤肥力氮贡献（soil fertility nitrogen contribution，SFNC）。a_1越高，说明当年投入的合成氮被利用得越多。

$$N_\text{uptake}=a_1\times N_\text{syn}+b_1 \quad (3-28)$$

$$N_\text{uptake}=a_2\times N_\text{input}+b_2 \quad (3-29)$$

我国省（自治区、直辖市）内部往往具有相似的化肥管理政策。针对青海、西藏，分别建立一个跨越连续 5 年的时间窗口并以 1 年为步长滑动。针对每个特定时间窗口（如 t_0、t_0+1、t_0+2、t_0+3、t_0+4），其包含年份对应的 N_{syn}、N_{input} 和 N_{uptake} 被作为样本输入线性方程来拟合计算常数 b_1 和 b_2。某些年份可能同时属于多个时间窗口，其对应的常数 b_1 和 b_2 取各时间窗口的平均值。然后，对于特定年份，结合其 N_{syn}、N_{uptake} 和 b_1 计算合成氮贡献率（synthetic nitrogen contribution rate，SNCR），如式（3-30）所示。SNCR 越高，说明该年投入的合成氮更多地被用于作物生长。

$$\text{SNCR} = \frac{N_{uptake} - b_1}{N_{syn}} \tag{3-30}$$

（4）基于随机森林分析氮投入对氮产出的影响特征

随机森林是 Breiman 于 2001 年提出的一种集成学习算法，它结合多个决策树来提高单个树的回归或分类性能（Breiman，2001）。决策树表示一组从根到叶按层次组织的树形结构。当构造单棵决策树时，假设共有 N 个样本，有放回地随机选择 N 个样本作为根节点处的样本。假设每个样本有 M 个属性（特征），在决策树的每个节点需要分裂时，随机从这 M 个特征中选取出 m（$m<<M$）个特征。采用某种策略，从这 m 个特征中来选择 1 个特征作为该节点的分裂属性。决策树形成过程中每个节点都要按照上一步来分裂，一直到不能够再分裂为止。随机森林模型由成百上千棵决策树组成，每棵决策树都会有一个结果，最终投票结果最多的类别（或平均值）就是最终的模型预测结果。在随机森林模型中，每个特征的特征重要性根据袋外样本随机替换的均方误差的百分比增加进行排序，以评估每个特征对因变量的影响。通过边际效应图可以探究各特征对模型预测的具体影响。如式（3-31）所示，x_S 表示给定特征的特征值；$x_C^{(i)}$ 是样本集中其他特征的实际特征值；M 表示给定特征的分位数区间；n 表示样本集中给定特征在分位数区间内的样本数；$\widehat{f_{M,x_S}}(x_S)$ 表示对于给定特征的特征值 S 预测的平均边际效应。

$$\widehat{f_{M,x_S}}(x_S) = \frac{1}{n}\sum_{i=1}^{n} \hat{f}(x_S, x_C^{(i)}) \tag{3-31}$$

本研究中，将合成氮投入、有机肥氮投入、作物固氮投入与氮沉降投入作为自变量，氮产出作为因变量建立模型。使用各省（自治区、直辖市）所有年份的数据按照 4∶1 的比例划分训练集和测试集，使用训练集训练模型并使用测试集测试模型，得到 R^2 并将其作为模型评估指标。根据得到的模型，使用特征重要性得分和各氮投入组分的边际效应图来解释各项氮投入组分对氮产出的影响。

2. 研究结果

（1）青藏高原地区 NUE 时空变化

如图 3-23 所示，本研究评估了 1985～2020 年青海、西藏与中国整体 NUE 的变化趋势。中国整体 NUE 在 35%～55%。1985～1989 年 NUE 从 46.29% 开始下降。1990～1999 年 NUE 在 40% 左右呈现波动趋势。1999～2003 年 NUE 继续下降，在 2003 年 NUE 达到最低值（36.44%）。2000～2020 年 NUE 上升，其中，2016～2020 年 NUE 上升最快，在 2020 年 NUE 达到最高值（54.53%）。

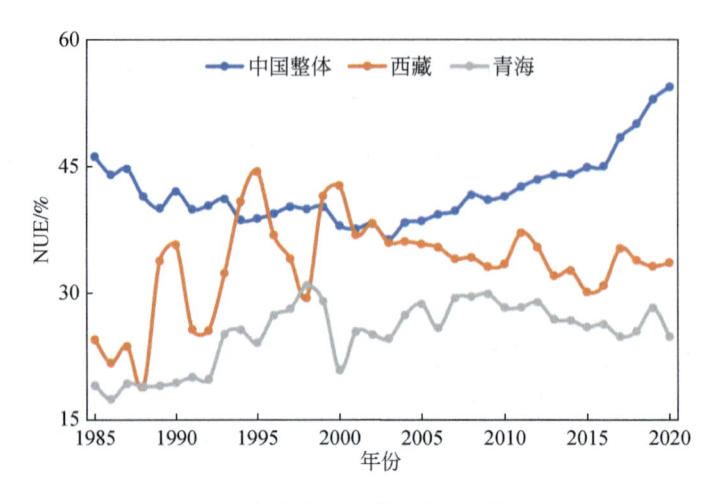

图 3-23 1985~2020 年青海、西藏与中国整体 NUE 的变化趋势

青海、西藏 NUE 基本低于中国整体水平，其中，西藏 NUE（除 1998 年外）高于青海 NUE。青海 NUE 在 1985~1998 年上升，在 1998 年达到最高值（31%），而后在 28% 左右呈现波动趋势。西藏 NUE 在 1985~2000 年剧烈波动，整体呈现上升趋势，在 1995 年达到最高值（44.46%）。西藏 NUE 在 2001~2020 年保持稳定，在 35% 左右波动。

(2) 青藏高原地区 SNCR 与 SFNC 时空变化

SNCR 越高，说明当年投入的合成氮越多地被用于作物生长，反之说明当年投入的合成氮没能被充分利用，甚至加重环境风险，对作物生长产生负面影响。如图 3-24 所示，本研究评估了 1985~2020 年青海、西藏 SNCR 的变化趋势。整体来看，青海的 SNCR 高于西藏，说明青海的合成氮投入更多地被作物吸收。青海 SNCR 呈现出先上升后下降的趋势，在 1985~2005 年从 0.44 上升至 0.81，这段时间对应氮产出的快速增长 [54~102kg N/(hm²·a)]。青海 SNCR 在 2006~2020 年下降至 0.09，这段时间氮产出下降至 90kg N/(hm²·a) 左右。西藏 SNCR 在 1985~2000 年下降，最低为 −0.49，这段时间经历了合成氮投入的快速增加 [11~70 kg N/(hm²·a)]，而氮产出没有获得相应增幅。而后西藏 SNCR 在 2001~2005 年增加变为正值；在 2006~2015 年随着合成氮投入的继续增加，其

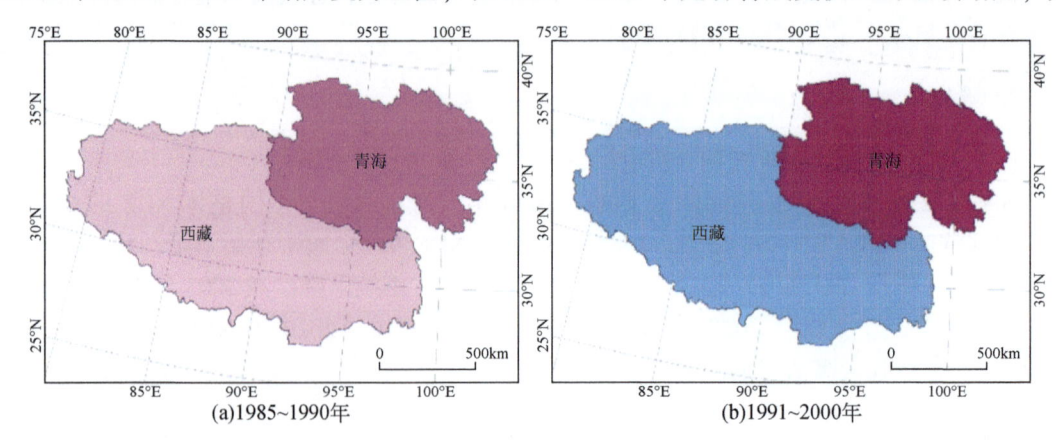

(a) 1985~1990 年　　　　　　　　　　(b) 1991~2000 年

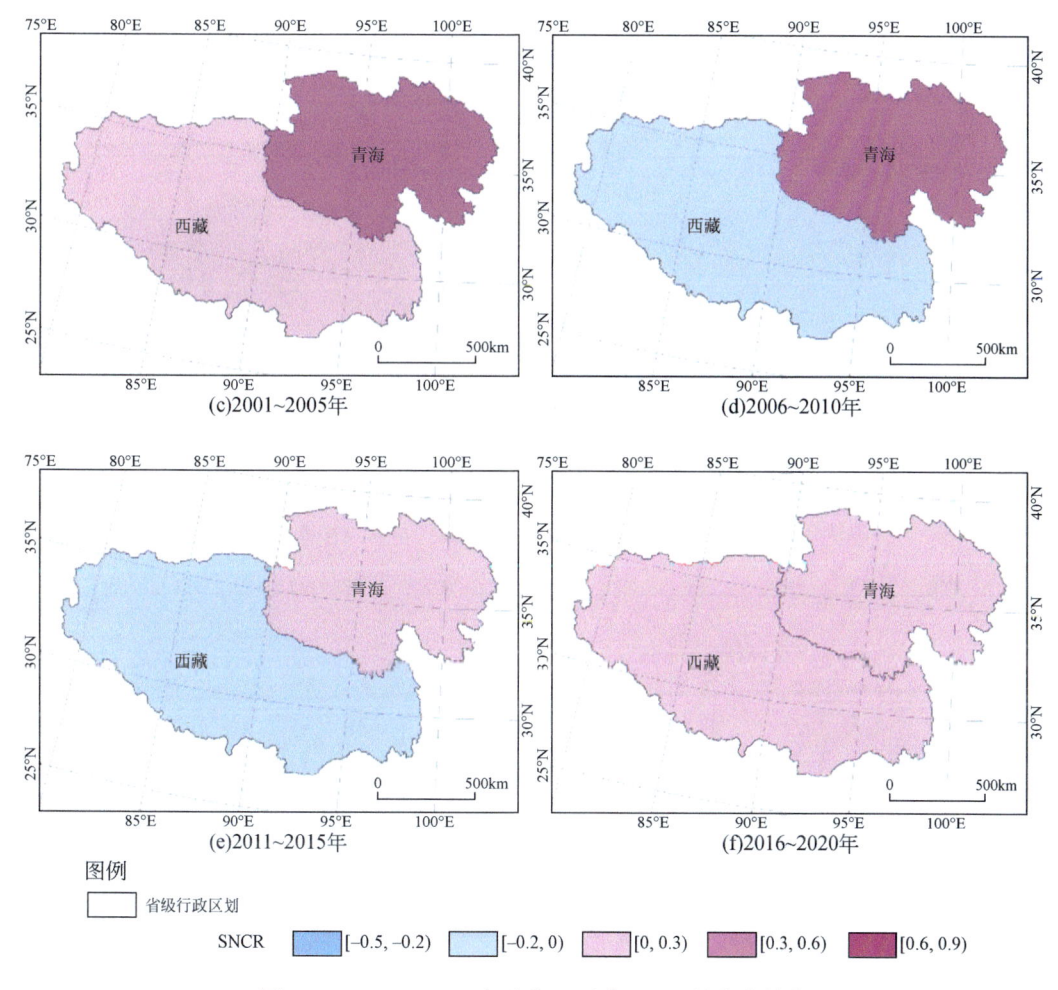

图 3-24　1985~2020 年青海、西藏 SNCR 的变化趋势

下降为负值。2016 年后西藏合成氮投入开始下降，SNCR 变为正值。

SFNC 越高，说明作物生长更多地依赖土壤中的氮肥力。如图 3-25 所示，本研究评估了 1985~2020 年青海、西藏 SFNC 的变化趋势。总体上看，青海、西藏 SFNC 在 1985~2020 年呈现出上升趋势，作物生长从过度依赖氮投入逐渐转变为对土壤本身肥力氮的依赖。青海 SFNC 在 1985~2020 年基本保持为正值；在 1985~2000 年快速增加，在 1991~2000 年达到最高值 [134kg N/(hm²·a)]；而后在 2001~2010 年保持在 20kg N/(hm²·a) 以下，在 2011 年后上升到 100kg N/(hm²·a) 以上。西藏 SFNC 在 1985~1990 年为负值，而后在 1991~2015 年快速增加至 90kg N/(hm²·a)，在 2016~2020 年随着氮产出的减少下降至 30kg N/(hm²·a)。

（3）青藏高原地区氮投入组分的贡献分析

本研究基于随机森林模型，研究各氮投入组分与氮产出之间的直接关系与响应。特征重要性用来表示氮产出对各氮投入组分的敏感性，结果如表 3-18 所示。氮沉降在青海、西藏的特征重要性明显高于其他氮投入组分，分别高达 0.47 和 0.57。其次是作物固氮，在青海的特征重要性达到 0.27，在西藏的特征重要性达到 0.23。合成氮投入在青海的特征重要性高于西藏，分别为 0.21 和 0.14。有机肥投入在青海、西藏都表现出极低的特征重要性，仅有 0.05。

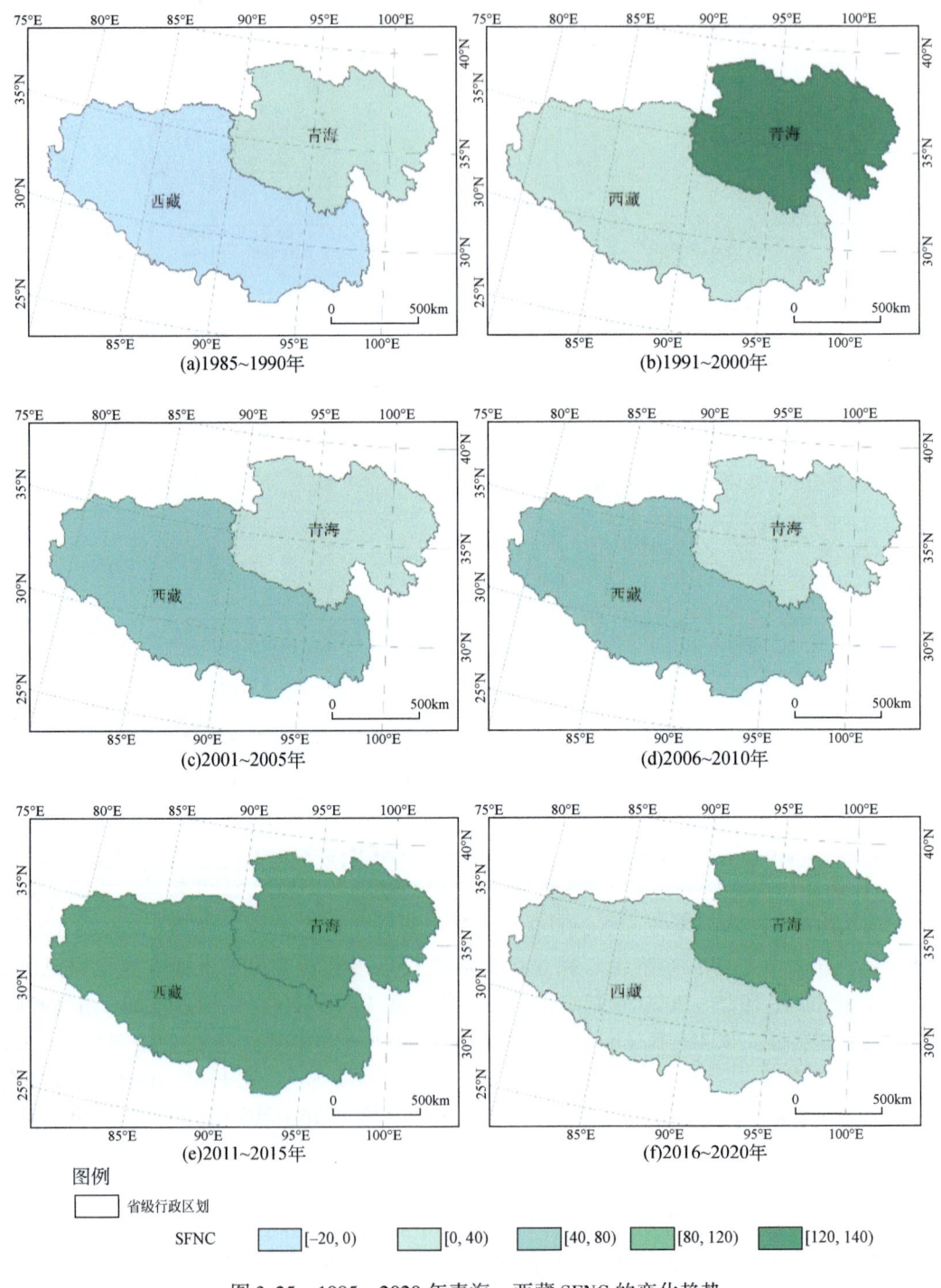

图 3-25　1985～2020 年青海、西藏 SFNC 的变化趋势

表 3-18 基于随机森林模型的青海、西藏氮投入组分特征重要性结果

特征重要性	N_{syn}	N_{man}	N_{fix}	N_{depo}
青海	0.21	0.05	0.27	0.47
西藏	0.14	0.05	0.23	0.57

边际效应图展示了 N_{uptake}、NUE 对各氮投入组分变化的直接响应，如图 3-26 所示。合成氮投入对 N_{uptake} 在青海、西藏都表现出较明显的促进作用。合成氮投入的增加会导致 N_{uptake} 的明显增加，但在高合成氮投入时 N_{uptake} 可能呈现停滞甚至减少趋势。NUE 随着合成氮投入达到较高水平也会减少，说明在提高合成氮投入增产的同时，存在着 NUE 下降的环境风险，这指示了增加合成氮投入量对 N_{uptake} 和 NUE 促进作用的阈值，在青海、西藏合成氮投入的正向作用维持在 90 kg N/(hm²·a) 左右。有机肥氮投入对 N_{uptake} 没有表现出明显的正向作用，220 kg N/(hm²·a) 以上时在青海甚至表现出负面作用，N_{uptake} 和 NUE 随着有机肥氮投入的增加下降明显，这说明有机肥的管理和利用可能存在问题，并不能很好地作用于作物生长。作物固氮在一定范围内对 N_{uptake} 表现出一定的正向作用，随着固氮量的增加，N_{uptake} 和 NUE 略有上升，但固氮量超过一定的阈值 [青海的阈值为 15kg N/(hm²·a)，西藏的阈值为 8kg N/(hm²·a)] 会给 N_{uptake} 和 NUE 带来负面影响。氮沉降的增加会导致 N_{uptake} 的增加。随着氮沉降的增加，NUE 表现出先升后降的趋势，这可能对应了作物生长给氮沉降带来的土壤速效氮吸收的饱和。

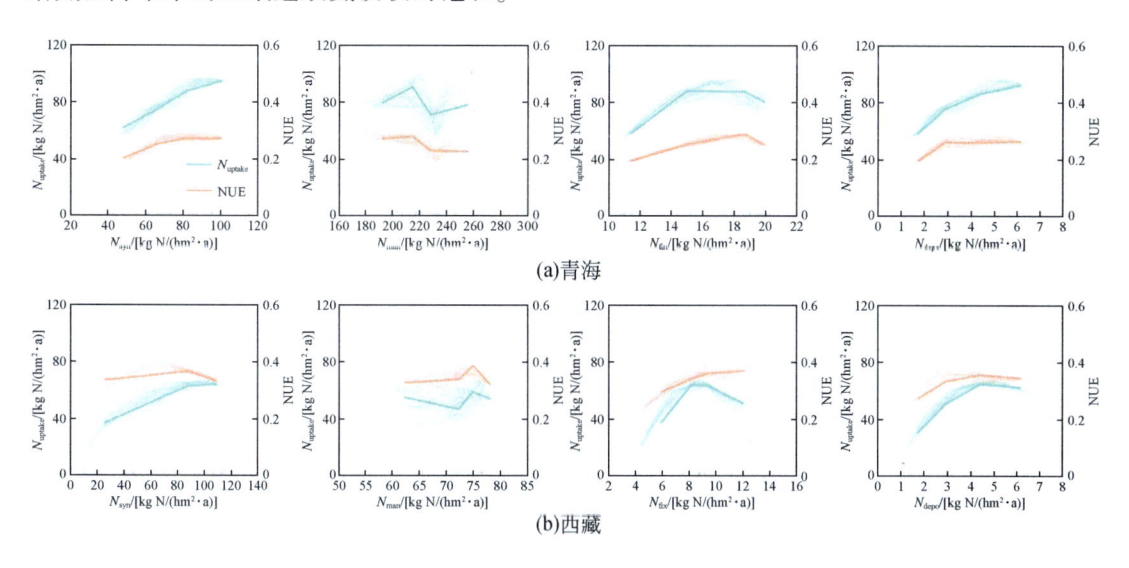

图 3-26 基于随机森林模型的青海、西藏 N_{uptake}、NUE 与各氮投入组分的边际效应图

颜色较浅的线表示 50 次蒙特卡罗模拟的结果；x 轴上的蓝线表示数据的分布。

(a) $R^2_{train}=0.97$，$R^2_{test}=0.55$；(b) $R^2_{train}=0.99$，$R^2_{test}=0.92$

3. 讨论与结论

（1）讨论

本研究基于同一省（自治区、直辖市）、5 年滑动窗口内的数据建立线性模型，分别输入合成氮投入与氮产出、总氮投入与氮产出进行拟合，R^2 表现如图 3-27 所示。这种同时考虑空间异质性与时间异质性的方法平均 R^2 均在 0.4 以上，说明该方法能较好地解释合成氮或总氮投入对氮产出的贡献和影响，从而计算合成氮贡献率与土壤肥力氮贡献率。同时，本研究使用的随机森林模型也有较好的 R^2 表现，如图 3-27 所示。基于青海和西藏各氮投入组分与氮产出建立的随机森林模型训练 R^2 均在 0.95 以上，测试 R^2 分别为 0.55 和 0.92，说明其能够较好地拟合氮投入与氮产出之间的直接联系，从而分析氮产出对各氮投入组分的响应。

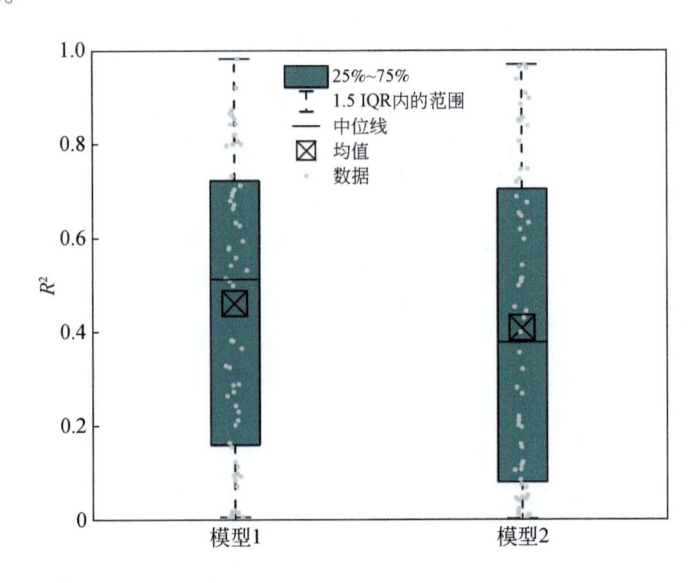

图 3-27　线性模型的 R^2 箱型图
模型 1 是基于合成氮投入与氮产出拟合的线性方程；模型 2 是基于总氮投入与氮产出拟合的线性方程。
1.5IQR 表示 1.5 倍四分位区间

本研究采用的基于滑动窗口的模型拟合方法不仅适用于本研究中的省级尺度，还可扩展到其他空间尺度（如县级甚至点位尺度）。在更细微的空间尺度上，这种方法考虑到了更加具体的局地特性，因此能够生成更加精确和可靠的结果。更进一步地，相比那些直接对自然环境要素和经济指标进行建模分析以探究其与氮利用指标间关系的研究，本研究采取了一种更加直接和具有针对性的建模策略。通过拟合氮投入组分与氮产出之间的关系，得到了更为明确和直观的结果，能够为氮的高效管理和优化提供更具操作性和精确性的参考依据。

本研究在数据和研究尺度上存在一定的局限性。数据的局限性（统计作物收获和固氮的氮量时作物未统计完全；统计数据与真实值之间存在误差）可能影响本研究结果的准确性。省级尺度对于为农户提供详细的建议来说较粗糙。未来，需要收集氮收支的农田实验数据或县级农业统计年鉴数据，以获得更加精细准确的结果。

（2）结论

本研究基于氮投入与氮产出的计算探讨了 1985~2020 年青海、西藏农田生态系统氮利用情况。基于滑动时间窗口，线性模型被用于评估 SNCR 与 SFNC 的时空趋势。随机森林模型被用于探究氮投入对氮产出的影响。结果表明：首先，青海、西藏 NUE 基本低于中国整体水平，其中西藏 NUE（除 1998 年外）高于青海。其次，青海的 SNCR 高于西藏，青海、西藏 SFNC 在 1985~2020 年呈现出上升趋势，并且基本保持为正值。最后，氮沉降在青海、西藏的特征重要性明显高于其他氮投入组分，有机肥投入特征重要性最低。在青海、西藏合成氮投入对氮产出都表现出较明显的正向作用，但存在一定阈值；有机肥氮投入对氮产出没有表现出明显的正向作用；作物固氮在一定范围内对氮产出表现出一定的正向作用；氮沉降的增加会导致氮产出的增加。

3.3.4 青藏高原耕地碳排放强度变化

1. 方法与数据

（1）研究数据

本研究以青海-西藏地区耕地系统为研究对象，所利用的数据主要分为以下几类。

用于计算农业生产活动产生的碳排放量数据：本部分数据包括农用化肥施用量、农用塑料薄膜使用量、农药使用量、灌溉面积以及农业机械总动力，均来源于中国农村统计年鉴。

用于计算种植水稻产生的碳排放量数据：本部分数据包括水稻播种面积，数据来源于中国农村统计年鉴。

用于耕地系统碳排放的驱动因素数据：本研究选取 7 种耕地系统碳排放的驱动因素，包括年均降水量、年均最高温度、基尼系数、恩格尔系数、人均受教育年限、农村人均用电量、单位面积农业机械动力。年均降水量原始数据来源于国家气象科学数据共享服务平台-中国地面气候资料日值数据集（V3.0）；年均最高温度原始数据来源于美国国家海洋和大气管理局（National Oceanic and Atmospheric Administration，NOAA）下设的国家环境信息中心（National Centers for Environmental Information，NCEI）；基尼系数原始数据来源于中国统计年鉴；恩格尔系数原始数据来源于中国统计年鉴、中国城市统计年鉴、中国农村统计年鉴、中国社会统计年鉴、各省（自治区、直辖市）的统计公报以及其他统计年鉴；人均受教育年限原始数据来源于中国人口与就业统计年鉴；农村人均用电量原始数据来源于中国农村统计年鉴；单位面积农业机械动力原始数据来源于中国农村统计年鉴。

用于计算主粮作物根系固碳量与产出能量的数据：本部分选取的数据为水稻、玉米、小麦、大豆的产量数据，来源于中国农村统计年鉴。

（2）耕地利用碳排放计算方法

碳排系数法由 IPCC 提出（Ogle et al., 2019）。IPCC 碳排系数是指在特定活动或过程中单位产生的碳排放量，通常以单位能量、单位产量或其他适当的单位表示。青海-西藏地区耕地系统生产投入选取化肥、农药、农膜、农业机械和农业灌溉五部分，采用碳排系数法对这五部分投入碳排进行计算，具体公式如下：

$$E = E_f + E_p + E_m + E_e + E_i \tag{3-32}$$

式中，E、E_f、E_p、E_m、E_e、E_i分别为耕地系统碳排放总量、化肥投入引起的碳排放量、农药投入引起的碳排放量、农膜投入引起的碳排放量、农业机械投入引起的碳排放量和农业灌溉投入引起的碳排放量，单位均为 kg C。其中各项投入的计算公式如下：

$$E_f = G_f \times A \tag{3-33}$$

$$E_p = G_p \times B \tag{3-34}$$

$$E_m = G_m \times C \tag{3-35}$$

$$E_e = (A_e \times D) + (W_e \times F) \tag{3-36}$$

$$E_i = G_i \times G \tag{3-37}$$

式中，G_f、G_p、G_m、G_i分别为化肥使用量（kg）、农药使用量（kg）、农膜使用量（kg）和灌溉面积（hm²）。A_e 和 W_e 分别为农作物种植面积（hm²）和农业机械总动力（kW）。A、B、C、D、F、G 分别为化肥、农药、农膜、农作物、农业机械和农业灌溉的碳排放系数。参考相关研究（West and Marland, 2002），具体取值为：$A = 0.8956$ kg/kg，$B = 4.9341$ kg/kg，$C = 5.18$ kg/kg，$D = 16.47$ kg/hm²，$F = 0.18$ kg/kW，$G = 266.48$ kg/hm²。

此外，本研究还计算了主粮作物根系固碳量和产出能量，用于探究耕地系统固碳能力与粮食生产效益。

主粮作物固碳量的计算参考的是 Huang 等（2007）的研究，论文中选取水稻、小麦、玉米和大豆这四种作物的地下部分根系固碳量进行计算，计算公式如下：

$$C_{ir} = y_i \times F_{id} \times (1 + R_{iry}) \times R_{irs} \times F_{icr} \tag{3-38}$$

式中，C_{ir}、y_i、F_{id}、R_{iry}、R_{irs}、F_{icr} 分别为主粮作物的根系固碳量、单位面积的经济产量、作物干重比、作物根系比、作物根芽率和作物固碳率，具体取值如表 3-19 所示。

表 3-19 主粮作物根系固碳计算系数

作物种类	干重比	根系比	根芽率	固碳率
水稻	0.85	1.32	0.1	0.42
小麦	0.85	1.3	0.08	0.45
玉米	0.78	1.27	0.09	0.47
大豆	0.85	1.72	0.11	0.49

能量分析法使用联合国粮食及农业组织提供的单位质量产出作物对人所能提供的能量作为衡量指标，选择水稻、小麦、玉米和大豆这四种作物进行计算。将总产出能量除以对应播种面积，得到省级尺度主粮作物单位面积产出能量值。

$$EN = \sum_{i=1}^{m} M_i \times K_i \tag{3-39}$$

式中，EN 为主粮作物总产出能量；M_i 为第 i 类作物实物产出量；K_i 为第 i 类作物对应所能让人吸收的能量折算系数；m 为作物总类数。

$$AVEN = \frac{EN}{S} \tag{3-40}$$

式中，AVEN 为主粮作物单位面积产出能量；S 为主粮作物对应的播种面积。

（3）随机森林模型

随机森林模型由 Breiman（2001）提出，是一种基于决策树的 Bagging 集成学习算法。决策树是一种结构类似于树的分类器。在这种分类器中，每个节点通过选择最佳的分裂属性来不断分类，直至满足特定的停止条件，例如所有的叶节点数据属于同一类。当有新的样本需要分类时，决策树会根据从根节点到某叶节点的路径来确定样本的类别。随机森林模型从训练样本中抽取多个样本集，利用抽取的样本集分别构建决策树模型，将若干决策树聚集在一起，投票或取平均得到最终结果。

本研究运用随机森林模型得到青海-西藏地区耕地系统碳排放各驱动因素的重要程度，为驱动因素分析以及后续的模拟调控提供了基础。

（4）累积局部效应

累积局部效应（accumulated local effects，ALE）由 Apley 和 Zhu（2020）提出，是一种用于可解释机器学习模型的可视化工具，用于解释机器学习模型中连续特征与目标变量之间的关系。其能解释模型输入变量对预测结果的影响，特别适用于评估特征在局部区域内的平均影响。与传统全局解释不同，ALE 通过分割特征空间并计算每个区间内的模型预测值变化，累积这些变化量来揭示特征对模型预测的全局影响。这种方法避免了特征相关性导致的偏差，提供更准确的特征重要性解释，尤其适合分析复杂模型中特征的非线性和交互作用。

相关公式如下，其中 X_S 为选中用于解释的特征；X_C 为其他特征。

$$\hat{f}_{S,\text{ALE}}(x_S) = \int_{z_{0,S}}^{x_S} E_{X_C|X_S=x_S}\left[\hat{f}^S(X_S, X_C) \mid X_S = z_S\right] \mathrm{d}z_S - \text{constant} \tag{3-41}$$

本研究运用 ALE 算法，探究青海-西藏地区单位面积耕地系统中各驱动因素对碳排放的影响机制。

2. 研究结果

（1）青海-西藏地区耕地碳排放量时间变化

本研究分析了 2000~2020 年青海-西藏地区耕地系统碳排放量时间变化趋势，结果如图 3-28 所示。在此期间，青海-西藏地区耕地系统碳排放总量呈现先增长后下降的趋势，在 2015 年达到最高点。单位面积耕地系统碳排放量也显示出先增长后下降的趋势，同样在 2015 年达到最高点。本研究探究了农业生产投入引起的碳排放量占总农业投入的碳排放量的比例变化，以及其在 2000~2020 年的动态变化。化肥、灌溉和农膜这 3 种农业投入产生的碳排量所占比例较大，是主要的碳排放来源。化肥投入比例初始阶段为 40% 左右，随时间延长逐渐下降，2019 年后变为 30% 左右；灌溉投入比例变化分为 3 个阶段：2000~2007 年从 40% 起逐渐下降，2008~2012 年从 45% 起开始下降，2013~2020 年从

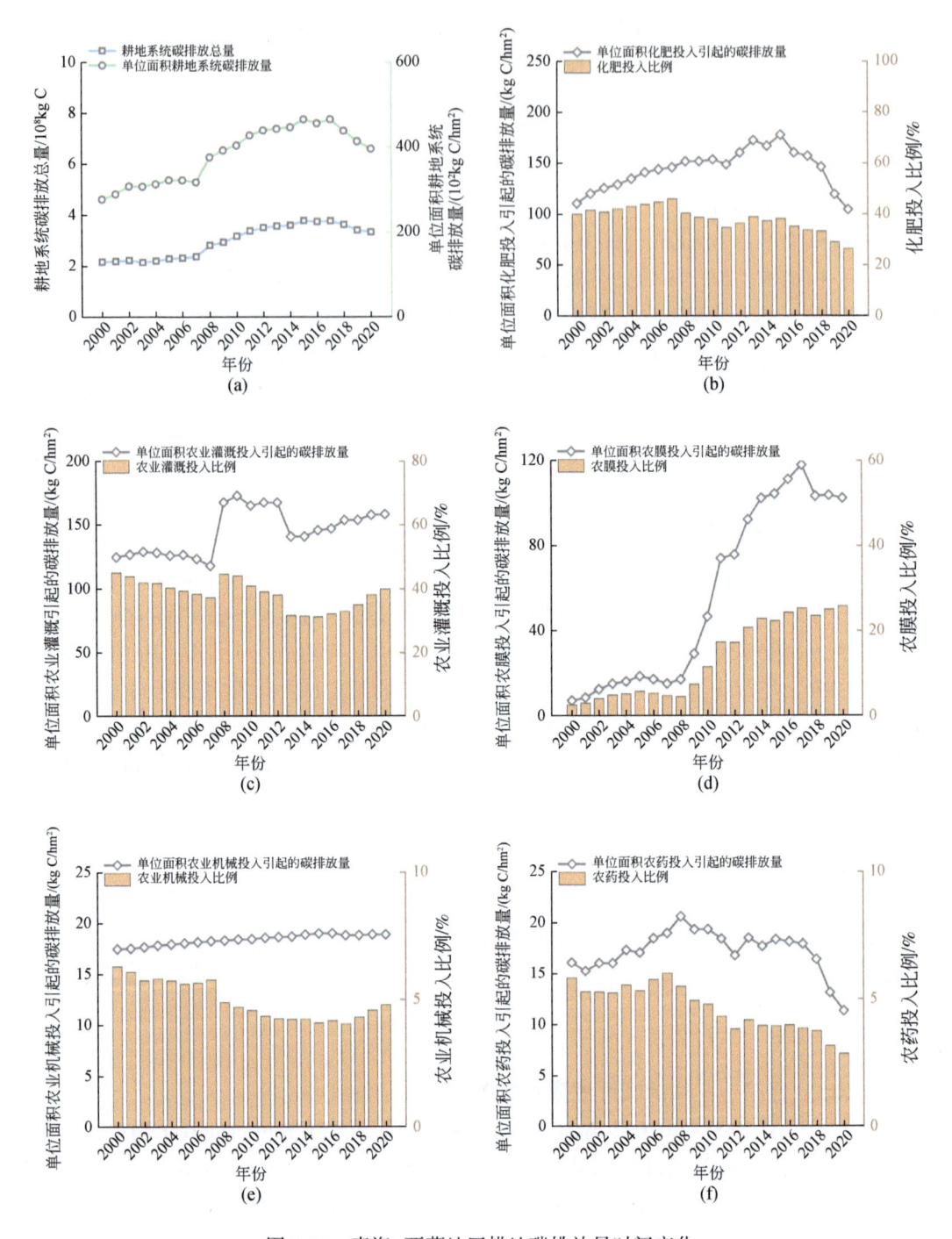

图 3-28　青海-西藏地区耕地碳排放量时间变化

30%起开始上升，最终达到40%；农膜投入比例由最初的5%左右逐步增长到20%；农业机械投入比例在5%左右；农药投入比例多数低于5%。化肥投入引起的碳排放量呈现先增加后减少的趋势，峰值点在2015年出现，2020年达到100kg C/hm²；灌溉投入引起的碳排放量则呈现出"几"字形变化趋势，2017年达到150kg C/hm²；农膜投入引起的碳排放量随时间推移迅速增长，2017年达到120kg C/hm²；农业机械投入产生的碳排放量呈现较为稳定的趋势，2017年达到18kg C/hm²；农药投入产生的碳排放量先增加，在2008年达到稳定，2017年后呈现下降的趋势，2020年达到12kg C/hm²。

（2）青海-西藏地区耕地碳排放量驱动因素

在分析农田生态系统的碳排放驱动因素时，本研究从自然、经济和社会三大领域出发，采用共线性分析的方法筛选出年均降水量、年均最高温度（代表自然因素）、基尼系数、恩格尔系数（代表经济因素）、人均受教育年限、农村人均用电量和单位面积农业机械动力（代表社会因素）7个关键指标并对其进行进一步分析，应用随机森林模型对选定的指标进行重要性评估，如图3-29所示。

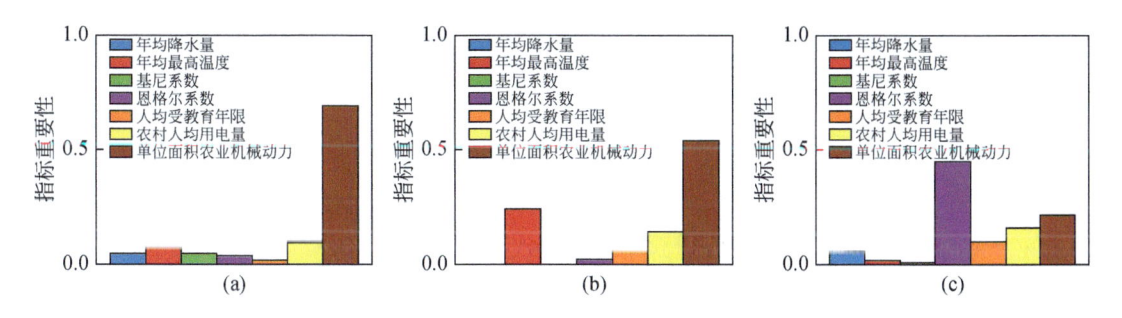

图3-29 化肥（a）、灌溉（b）、农膜（c）投入引起碳排放的驱动因素重要性评估

对于单位面积化肥投入引起的碳排放量，社会因素对其影响较大，单位面积农业机械动力指标重要性达到0.7左右。对于单位面积灌溉投入引起的碳排放量，社会因素对其影响较大，单位面积农业机械动力指标重要性达到0.54。自然因素对其有一定的影响，年均最高温度指标重要性达到0.25。对于单位面积农膜投入引起的碳排放量，经济因素对其影响较大，恩格尔系数指标重要性达到0.45。社会因素对其有一定的影响，单位面积农业机械动力指标重要性达到0.2，农村人均用电量指标重要性达到0.16。

此外，本研究分析了农业生产投入对主粮作物根系固碳量的影响，如图3-30所示。在青海-西藏地区农业灌溉投入影响较大，指标重要性接近0.9；化肥投入与农膜投入对其有轻微的影响，农药投入与农业机械投入的影响可忽略不计。

农业生产投入对主粮作物产出能量的影响如图3-31所示。在青海-西藏地区农业灌溉投入影响较大，指标重要性在0.8左右；化肥投入与农膜投入对其有轻微的影响，农药投入与农业机械投入的影响可忽略不计。

（3）青海-西藏地区耕地碳排放量影响机制

本研究利用ALE算法，在随机森林模型的基础上，深入探讨了农业生产中各驱动因素对碳排放的影响机制，如图3-32所示。

自然因素对农业生产中引起的碳排放量普遍具有促进作用，随着年均降水量的增加和年均最高温度的提升，碳排放量大多是增加。经济因素对农业生产中引起的碳排放量影响各异，基尼系数的提升伴随的是碳排放量的波动上升，恩格尔系数的增长对单位面积化肥投入和单位面积灌溉投入为促进作用，对单位面积农膜投入为抑制作用。

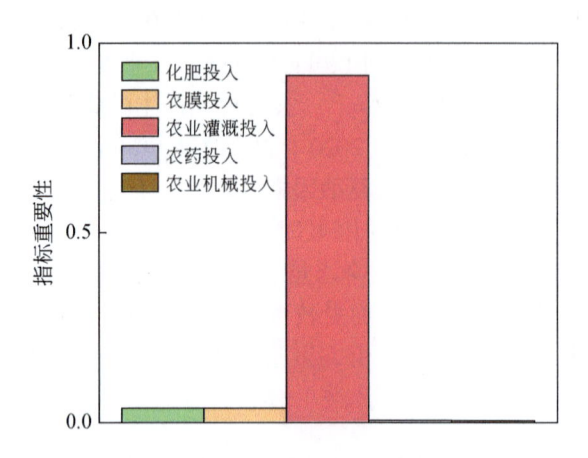

图 3-30　农业生产投入对主粮作物根系固碳量的影响评估

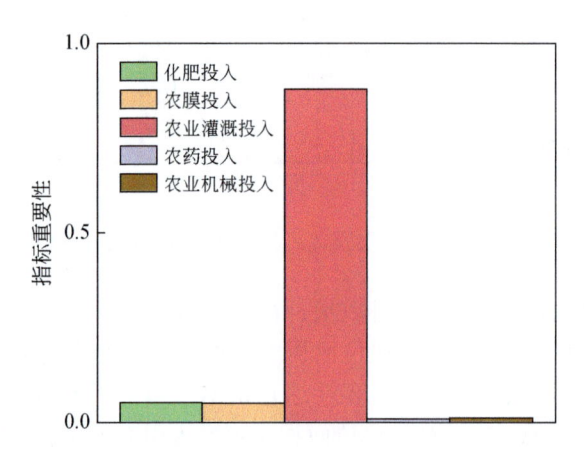

图 3-31　农业生产投入对主粮作物产出能量的影响评估

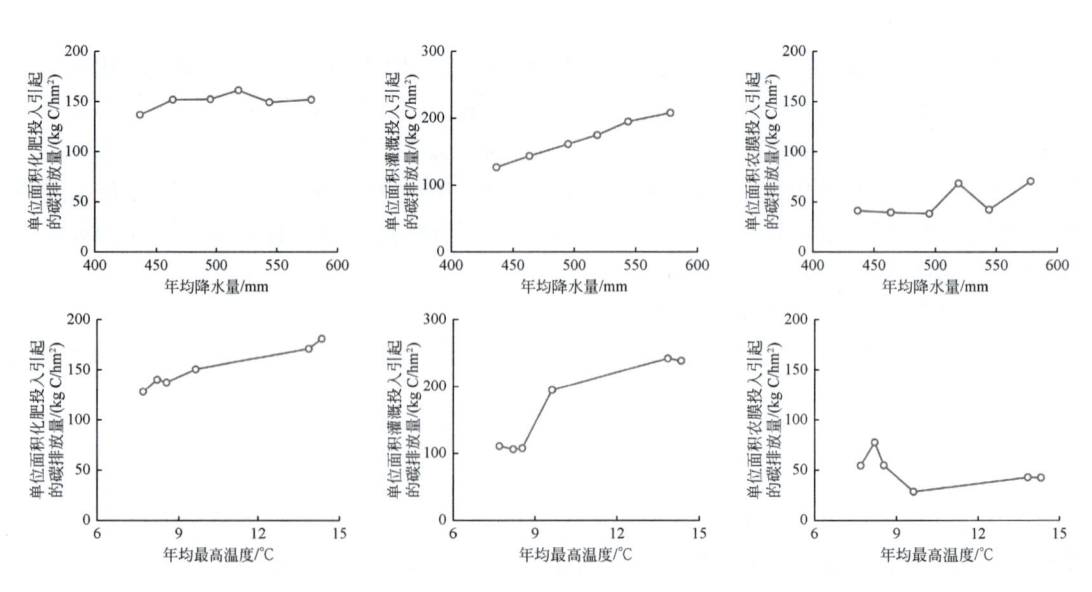

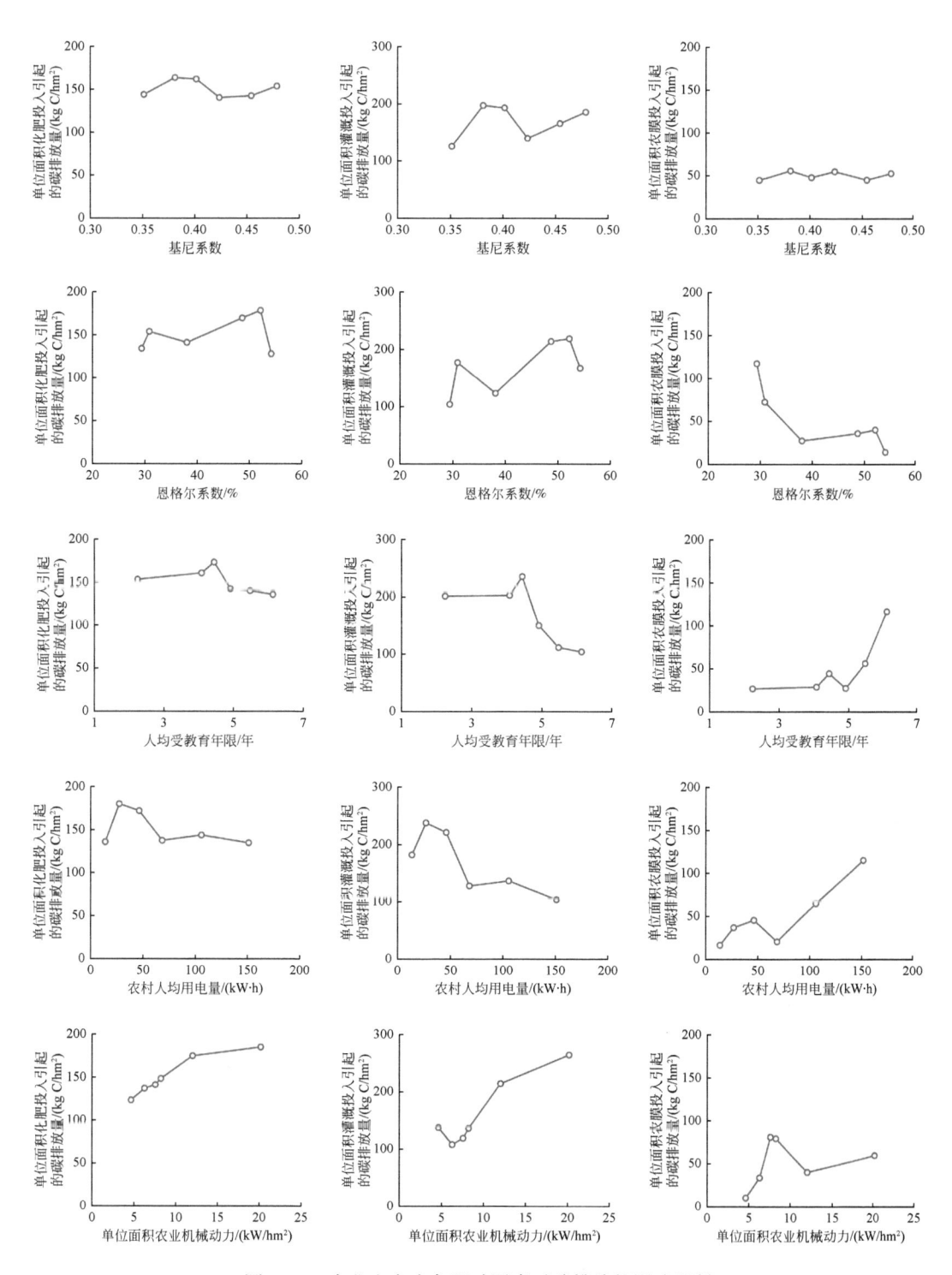

图 3-32 农业生产中各驱动因素对碳排放的影响机制

社会因素影响机制多样，不同因素影响机制有所不同。人均受教育年限的增长对单位面积化肥投入影响不大，对单位面积灌溉投入有所抑制，对单位面积农膜投入有促进作用。农村人均用电量的提升对单位面积化肥投入与灌溉投入有抑制作用，对单位面积农膜投入有促进作用。单位面积农业机械动力的提升会促进碳排放量的增长。

本研究分析了农业生产投入引起的碳排放量对主粮作物根系固碳量和产出能量的影响机制，两者变化趋势相似（图3-33、图3-34）。化肥与灌溉投入的提升会引起主粮作物根系固碳量与产出能量的提升。农膜投入的提升会引起主粮作物根系固碳量与产出能量的下降。

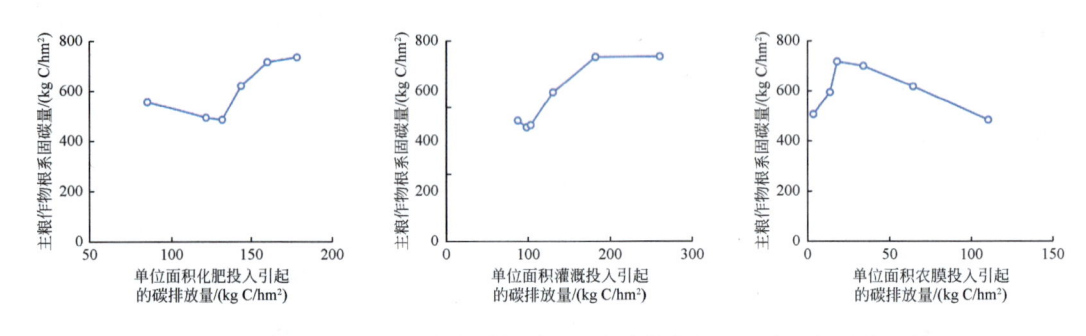

图3-33　农业生产投入引起的碳排放量对主粮作物根系固碳量的影响机制

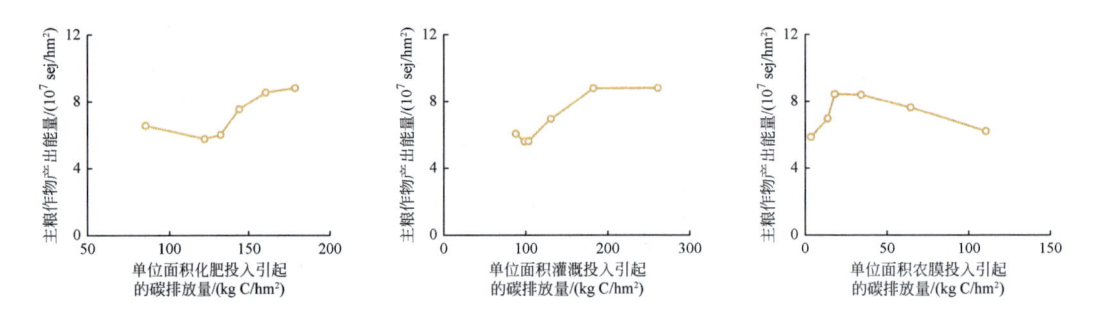

图3-34　农业生产投入引起的碳排放量对主粮作物产出能量的影响机制

（4）青海-西藏地区耕地碳排放量调控模拟

本研究针对投入与产出分析结果，对可调控的、重要性高的但目前仍处于低水平发展的社会因素进行调控模拟。通过提升模拟探究所选因素对单位面积农业生产投入碳排量的作用，从而分析其对主粮作物根系固碳量与产出能量的影响。本研究选取人均受教育年限与单位面积机械动力进行调控。

图3-35呈现了青海-西藏地区人均受教育年限增加后的模拟结果。在青海-西藏地区，人均受教育年限增加到5年及5年以上，会使该地区主粮产出能量略微下降，农业生产投入引起的碳排放量相对稳定，碳固存量略有减少。该地区受教育水平起点相对较低，随着教育水平的提高，需要实施有效的策略来应对可能增加的碳排放问题。推广先进技术、加强碳排放监管，确保受教育水平提升与环境可持续发展达到平衡。

图3-36呈现了青海-西藏地区单位面积农业机械动力提升后的模拟结果，在青海-西

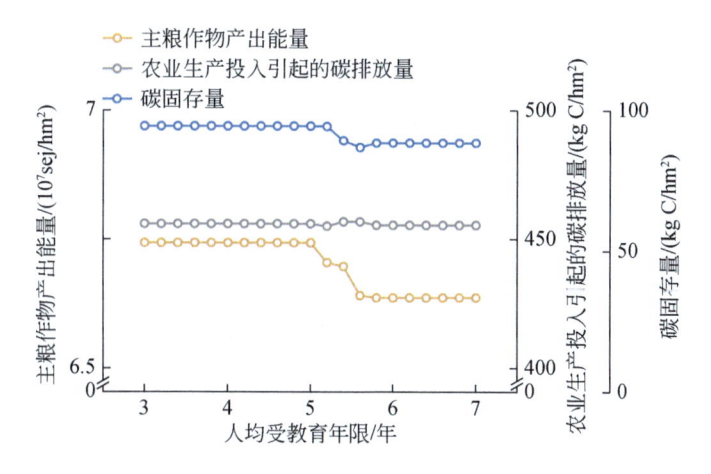

图 3-35　青海–西藏地区人均受教育年限增加后的模拟结果

藏地区，随着单位面积农业机械动力的提升，主粮作物产出能量有所提升，农业生产投入引起的碳排放量有所增加。虽然单位面积农业机械动力得到提升，但主粮作物根系固碳量并没有得到显著的提高。在两者的综合作用下，碳固存量有所减少。在单位面积农业机械动力达到 12kW/hm² 时，该趋势尤为显著。在提升单位面积农业机械动力的同时，需要考虑到其对环境影响的双重效应，既要提高农业生产的效益，又要关注其对生态环境的影响。

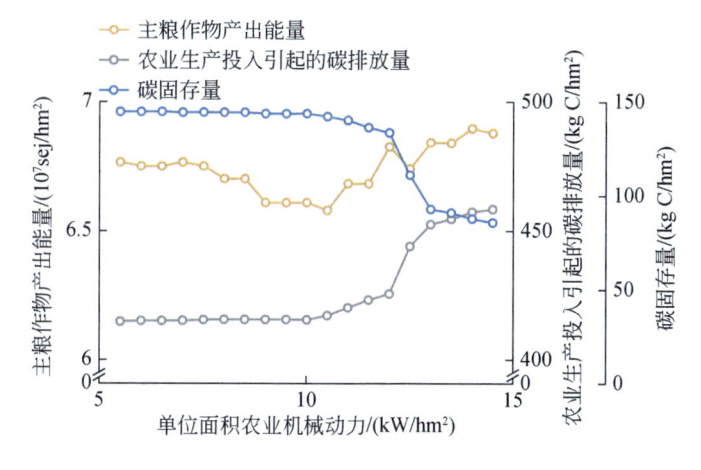

图 3-36　青海–西藏地区单位面积农业机械动力提升后的模拟结果

3. 讨论与结论

研究结果表明，青海–西藏地区耕地系统碳排放量及单位面积碳排放量呈现先增后减的趋势，2015 年达到峰值，2020 年分别达到 6×10⁸kg C 和 200kg C/hm²。化肥、灌溉和农膜为农业生产投入中的主要碳排放源，化肥投入引起的碳排放量先增加后减少，灌溉投入引起的碳排放量分阶段增长，农膜投入引起的碳排放量逐渐增长。

本研究运用随机森林模型，从自然、经济和社会三方面出发，对青海-西藏地区耕地系统单位面积碳排放量的驱动因素进行分析。社会因素对化肥投入和灌溉投入的影响较大，单位面积农业机械动力的指标重要性超过 0.5，经济因素对农膜投入的影响较大，恩格尔系数指标重要性达到 0.45。分析农业生产投入对主粮作物根系固碳量和产出能量的影响表明，灌溉投入在东部平原区对根系固碳量和产出能量影响最为显著，重要性在 0.8 以上，化肥和农膜投入则有轻微影响。

本研究运用模型累积局部效应算法，深入探讨影响中国农田生态系统单位面积碳排放量的主要因素及其对产出的影响机制，揭示自然因素、经济因素和社会因素在耕地碳排放中的作用及其对农田产出的影响。自然因素如年均降水量和年均最高温度增加通常会促进农业碳排放量的增加；经济因素的影响各异，基尼系数提升会导致农业碳排放量波动上升，恩格尔系数的增加对化肥和灌溉投入为促进作用，但对农膜投入为抑制作用；社会因素对农业碳排放量的影响机制多样，人均受教育年限的提升对 3 种投入表现不同，农村人均用电量的提升多数对投入产生抑制作用，单位面积农业机械动力的提升通常会促进农业碳排放量的增长。化肥与灌溉投入的提升会引起主粮作物根系固碳量与产出能量的提升，而农膜投入的提升会引起其下降。

本研究模拟分析人均受教育年限和单位面积农业机械动力提高对青海-西藏地区耕地系统的影响。人均受教育年限的提升会导致碳排放量增加，碳固存量减少，对主粮作物产出能量有抑制作用。单位面积农业机械动力的提升会导致碳排放量增加，碳固存量减少，对主粮作物产出能量有促进作用。

针对青海-西藏地区的耕地碳排放现状，需要优化其农业投入，推动农业向低碳高效发展转型。灌溉投入引起的碳排放在该地区农业碳排放中占据重要地位，推行高效节水灌溉技术是减少碳排放的关键措施。此外，针对青海-西藏地区其特定的自然条件，优化农业机械的使用不仅有助于提升农业生产效益，还能降低碳排放。同时，要积极提升受教育水平。培训新的农业技术，促进耕地系统健康发展。

参 考 文 献

蔡运龙，傅泽强，戴尔阜. 2002. 区域最小人均耕地面积与耕地资源调控. 地理学报, 57（2）: 127-134.
陈军，陈晋，廖安平，等. 2016. 全球地表覆盖遥感制图. 北京: 科学出版社.
陈伊多，杨庆媛. 2022. 西藏自治区土地利用/覆被变化时空演变特征及驱动因素. 水土保持学报, 36（5）: 173-180.
戴毅豪，翁翎燕，张超，等. 2018. 南京市耕地利用集约度变化及影响因素研究. 安徽农业科学, 46（4）: 66-69.
国家统计局. 2021. 中国城市统计年鉴 2020. 北京: 中国统计出版社.
韩念勇. 2000. 中国自然保护区可持续管理政策研究. 自然资源学报, 15（3）: 201-207.
何春阳，刘志锋，许敏，等. 2022. 中国城市建成区数据集（1992—2020）V1.0. https://data.tpdc.ac.cn/[2024-10-15].
李双成，傅小锋，郑度. 2001. 中国经济持续发展水平的能值分析. 自然资源学报, 16（4）: 297-304.
陆宏芳，陈烈，林永标，等. 2005. 顺德产业生态系统能值动态分析. 生态学报, 25（9）: 2188-2196.
吕昌河，刘亚群. 2021. 青藏高原农业发展总体区划图（2020）. https://data.tpdc.ac.cn/[2024-10-15].

汤进华, 李晖. 2016. 基于能值理论的湖南省耕地利用集约度演变研究. 中国农业资源与区划, 37（12）: 112-117.

王娟, 张仲伍. 2020. 山西省生态经济可持续发展时空差异研究. 新疆大学学报（自然科学版）（中英文）, 37（3）: 336-344.

王小龙, 刘星星, 隋鹏, 等. 2020. 能值方法在农业系统应用中的常见问题及其纠正思路探讨. 中国生态农业学报（中英文）, 28（4）: 503-512.

谢花林, 邹金浪, 彭小琳. 2012. 基于能值的鄱阳湖生态经济区耕地利用集约度时空差异分析. 地理学报, 67（7）: 889-902.

徐新良, 刘洛. 2017. 中国农田生产潜力数据集. http://www.resdc.cn/DOI), 2017. DOI: 10.12078/2017122301 [2024-10-15].

徐新良. 2017a. 中国GDP空间分布公里网格数据集. http://www.resdc.cn/DOI), 2017. DOI: 10.12078/2017122301 [2024-10-15].

徐新良. 2017b. 中国人口空间分布公里网格数据集. http://www.resdc.cn/DOI), 2017. DOI: 10.12078/2017122301 [2024-10-15].

姚成胜, 黄琳, 吕晞, 等. 2014. 基于能值理论的中国耕地利用集约度时空变化分析. 农业工程学报, 30（8）: 1-12.

姚冠荣, 刘桂英, 谢花林. 2014. 中国耕地利用投入要素集约度的时空差异及其影响因素分析. 自然资源学报, 29（11）: 1836-1848.

叶思菁, 宋长青, 程锋, 等. 2019. 中国耕地健康产能综合评价与试点评估研究. 农业工程学报, 35（22）: 66-78.

张艳红. 2017. 基于能值的大湘西农业生态效率研究. 长沙: 中南林业科技大学.

赵锐锋, 姜朋辉, 赵海莉, 等. 2013. 土地利用/覆被变化对张掖黑河湿地国家级自然保护区景观破碎化的影响. 自然资源学报, 28（4）: 583-595.

Akaike H. 1974. A new look at the statistical model identification. IEEE Transactions on Automatic Control, 19（6）: 716-723.

Anderson D R. 2008. Model Based Inference in the Life Sciences: A Primer on Evidence. New York: Springer.

Apley D W, Zhu J Y. 2020. Visualizing the effects of predictor variables in black box supervised learning models. Journal of the Royal Statistical Society: Series B (Statistical Methodology), 82（4）: 1059-1086.

Breiman L. 2001. Random forests. Machine Learning, 45（1）: 5-32.

Chen J, Cao X, Peng S, et al. 2017. Analysis and applications of GlobeLand30: a review. ISPRS International Journal of Geo-Information, 6（8）: 230.

Dinerstein E, Olson D, Joshi A, et al. 2017. An ecoregion-based approach to protecting half the terrestrial realm. Bioscience, 67（6）: 534-545.

Fan L Q, Feng C T, Wang Z X, et al. 2022. Balancing the conservation and poverty eradication: differences in the spatial distribution characteristics of protected areas between poor and non-poor counties in China. Sustainability, 14（9）: 4984.

Gong P, Li X C, Zhang W. 2019. 40-Year (1978–2017) human settlement changes in China reflected by impervious surfaces from satellite remote sensing. Science Bulletin, 64（11）: 756-763.

He C Y, Liu Z F, Tian J, et al. 2014. Urban expansion dynamics and natural habitat loss in China: a multiscale landscape perspective. Global Change Biology, 20（9）: 2886-2902.

He P, Gao J X, Zhang W G, et al. 2018. China integrating conservation areas into red lines for stricter and unified management. Land Use Policy, 71: 245-248.

Huang Y, Zhang W, Sun W J, et al. 2007. Net primary production of Chinese croplands from 1950 to 1999. Ecological Applications, 17 (3): 692-701.

Jenkins C N, Pimm S L, Joppa L N. 2013. Global patterns of terrestrial vertebrate diversity and conservation. Proceedings of the National Academy of Sciences of the United States of America, 110 (28): E2602-E2610.

Jun C, Ban Y F, Li S N. 2014. Open access to earth land-cover map. Nature, 514: 434.

Liu X J, Zhang Y, Han W X, et al. 2013. Enhanced nitrogen deposition over China. Nature, 494 (7438): 459-462.

Oenema O, Kros H, de Vries W. 2003. Approaches and uncertainties in nutrient budgets: implications for nutrient management and environmental policies. European Journal of Agronomy, 20: 3-16.

Ogle S, Wakelin S, Buendia L, et al. 2019. Cropland-Chapter 5//Volume 4-Agriculture, Forestry and Other Land Use. 2019 Refinement to the 2006 Guidelines for National Greenhouse Gas Inventories.

Olson D M, Dinerstein E, Wikramanayake E D, et al. 2001. Terrestrial ecoregions of the world: a new map of life on earth. BioScience, 51 (11): 933.

Perrotti D. 2020. Urban metabolism: old challenges, new frontiers, and the research agenda ahead// Verma P, Singh P, Singh R. Urban Ecology: Emerging Patterns and Social-Ecological Systems. Amsterdam: Elsevier: 17-32.

Pimm S L, Jenkins C N, Abell R, et al. 2014. The biodiversity of species and their rates of extinction, distribution, and protection. Science, 344: 1246752.

Shaumarov M, Toderich K N, Shuyskaya E V, et al. 2012. Participatory management of desert rangelands to improve food security and sustain the natural resource base in Uzbekistan// Squires V. Rangeland Stewardship in Central Asia. Dordrecht: Springer Netherlands: 381-404.

Tilman D, Balzer C, Hill J, et al. 2011. Global food demand and the sustainable intensification of agriculture. Proceedings of the National Academy of Sciences of the United States of America, 108 (50): 20260-20264.

Vijay V, Armsworth P R. 2021. Pervasive cropland in protected areas highlight trade-offs between conservation and food security. Proceedings of the National Academy of Sciences of the United States of America, 118 (4): e2010121118.

Volis S. 2018. Securing a future for China's plant biodiversity through an integrated conservation approach. Plant Diversity, 40 (3): 91-105.

Wade C M, Austin K G, Cajka J, et al. 2020. What is threatening forests in protected areas? A global assessment of deforestation in protected areas, 2001-2018. Forests, 11 (5): 539.

West T O, Marland G. 2002. Net carbon flux from agricultural ecosystems: methodology for full carbon cycle analyses. Environmental Pollution, 116 (3): 439-444.

Xie H L, Huang Y Q, Choi Y, et al. 2021. Evaluating the sustainable intensification of cultivated land use based on emergy analysis. Technological Forecasting and Social Change, 165: 120449.

Xie Y, Gan X J, Yang W H. 2014. Strengthening the legal basis for designating and managing protected areas in China. Journal of International Wildlife Law & Policy, 17 (3): 115-129.

Xu J C, Melick D R. 2007. Rethinking the effectiveness of public protected areas in southwestern China. Conservation Biology, 21 (2): 318-328.

Xu J C, Wilkes A. 2004. Biodiversity impact analysis in northwest Yunnan, southwest China. Biodiversity & Conservation, 13 (5): 959-983.

Xu W, Li X, Pimm S L, et al. 2016. The effectiveness of the zoning of China's protected areas. Biological Conservation, 204: 231-236.

Yan X Y, Ti C P, Vitousek P, et al. 2014. Fertilizer nitrogen recovery efficiencies in crop production systems of China with and without consideration of the residual effect of nitrogen. Environmental Research Letters, 9 (9): 095002.

Yan X Y, Xia L L, Ti C P. 2022. Temporal and spatial variations in nitrogen use efficiency of crop production in China. Environmental Pollution, 293: 118496.

Yao J D, Xu P P, Huang Z J. 2021. Impact of urbanization on ecological efficiency in China: an empirical analysis based on provincial panel data. Ecological Indicators, 129: 107827.

Ye S, Ren S Y, Song C Q, et al. 2024a. Spatial pattern of cultivated land fragmentation in mainland China: characteristics, dominant factors, and countermeasures. Land Use Policy, 139: 107070.

Ye S J, Song C Q, Gao P C, et al. 2022. Visualizing clustering characteristics of multidimensional arable land quality indexes at the county level in mainland China. Environment and Planning A: Economy and Space, 54 (2): 222-225.

Ye S J, Song C Q, Shen S, et al. 2020. Spatial pattern of arable land-use intensity in China. Land Use Policy, 99: 104845.

Ye S J, Wang J L, Jiang J Y, et al. 2024b. Coupling input and output intensity to explore the sustainable agriculture intensification path in mainland China. Journal of Cleaner Production, 442: 140827.

Yin G Y, Jiang X L, Sun J, et al. 2020. Discussing the regional-scale arable land use intensity and environmental risk triggered by the micro-scale rural households' differentiation based on step-by-step evaluation: a case study of Shandong Province, China. Environmental Science and Pollution Research, 27 (8): 8271-8284.

Yin G Y, Lin Z L, Jiang X L, et al, 2019. Spatiotemporal differentiations of arable land use intensity: a comparative study of two typical grain producing regions in northern and Southern China. Journal of Cleaner Production, 208: 1159-1170.

Zhang L B, Luo Z H, Mallon D, et al. 2017. Biodiversity conservation status in China's growing protected areas. Biological Conservation, 210: 89-100.

Zhao T, Miao C K, Wang J, et al. 2022. Relative contributions of natural and anthropogenic factors to the distribution patterns of nature reserves in mainland China. Science of the Total Environment, 847: 157449.

第4章 跨域水文效应*

青藏高原被称为"世界屋脊""亚洲水塔""第三极",是长江、黄河、澜沧江、雅鲁藏布江等众多大江大河的发源地,是维持我国乃至东南亚、南亚地区水资源安全及社会经济发展的重要区域(Pritchard,2019;Immerzeel et al.,2010;Qiu,2018)。青藏高原面积达250万 km², 东西长约2900km,南北宽约1500km,其主体部分在我国的青海和西藏,涉及西藏、青海、新疆、四川、甘肃、云南(张镱锂等,2002)。青藏高原作为我国重要的生态安全屏障、水资源安全屏障、国土安全屏障和战略资源储备基地,维系着我国乃至世界水资源安全,影响着周边众多国家人民生活和社会稳定(陈发虎等,2021)。

全球变暖使青藏高原的水资源安全受到威胁,人类活动对青藏高原水资源的影响日益增加(陈发虎等,2021;周思儒和信忠保,2022)。在全球变暖背景下,青藏高原作为地球的"第三极",对全球气候变化最为敏感,是我国气候变湿最为显著的区域(陈德亮等,2015)。模拟预测结果表明青藏高原近期(现今至2050年)和远期(2051~2100年)气候仍以变暖和变湿为主要特征,未来生态环境安全和水资源短缺的潜在风险可能逐步加剧(陈发虎等,2021)。青藏高原水资源丰富,人均水资源占有量约为全国平均水平的27倍,但开发利用程度较低,年均水资源利用量仅占可利用水资源量的1.2%,远低于全国平均水平(孙思奥等,2020)。青藏高原水资源时空分布差异巨大,用水集中区域主要分布在海拔较低、适宜人类居住的谷地、盆地与丘陵地区,人口、城镇聚集地区水资源供需矛盾突出(孙思奥等,2019a)。已有研究表明,青海和西藏的水–粮食–能源–经济社会–管理维护安全状况较差,主要是由于经济发展和水安全指数在2004~2017年下降,使得当地综合指数始终低于全国平均水平(盖美和翟羽茜,2021)。维护青藏高原水资源安全和经济发展,对青藏高原地区水资源保护及开发利用、国家水资源安全及生态保护、人类生存环境评估有着重要的意义。

4.1 青藏高原水域时空变化分析

青藏高原作为"亚洲水塔",在全球气候系统中占据着举足轻重的地位。近年来,受到全球气候变化和区域温升的双重影响,青藏高原水域发生了显著变化,对青藏高原及其下游区域的水资源乃至全球的水循环产生了深远的影响。本章利用谷歌地球引擎(Google Earth Engine,GEE)平台,使用全球水面(Global Water Surface)全球高分辨率和长时间序列数据集,以及中国地面高密度气象观测站点的气温和降水资料,对近30年青藏高原水域的时空格局演变变化进行深入分析,并探讨其对青藏高原人类生存环境安全的影响。

---

* 本章作者:4.1,苏维勇、沈石、宋心怡;4.2,蒋依凡、沈石、孙照格;4.3,沈石、戴开璇、宋阳光。

4.1.1 近 30 年来青藏高原水域面积变化

青藏高原的水域覆盖在过去 30 年内呈现显著的增长趋势。永久水体水域面积从 1991 年的 3.69 万 km² 增长到 2021 年的 5.27 万 km²，全年水域面积总和增加了 43%（图 4-1）。这一增长趋势在时间上呈现连续性，尤其在春季和夏季表现更为明显。春季水域面积的增加可能与气温的回升和降水量的增加有关，而夏季水域面积的快速增长则可能与冰川融化和地表径流量的增加相关。相比之下，冬季的水域面积增长速率较低，这与低温和降水量的减少有关。水域面积变化的季节性差异进一步反映了青藏高原水域对气候因素的敏感性。

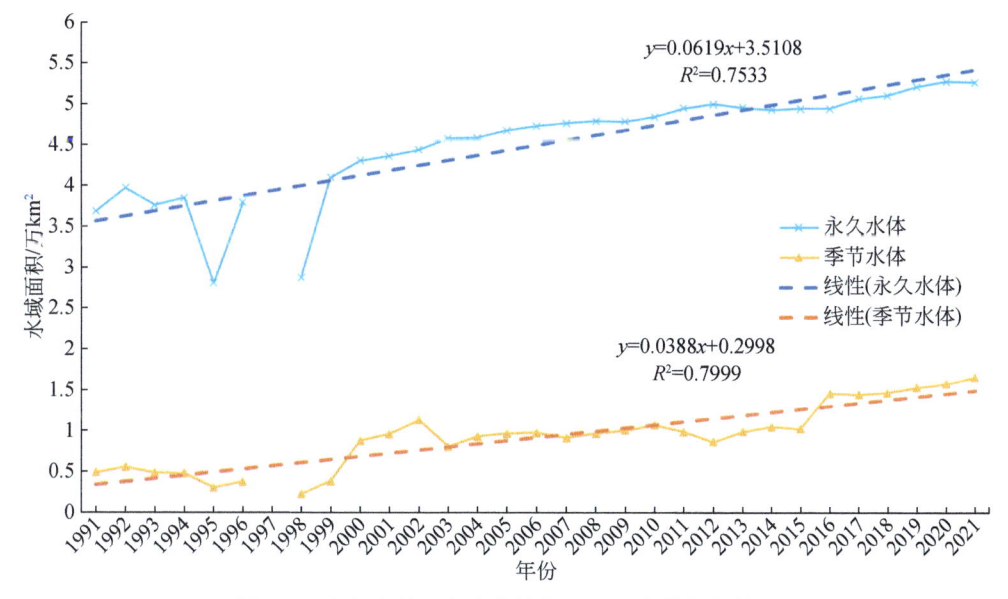

图 4-1 全年水域面积变化趋势（1997 年数据暂缺）

为了验证水域面积变化的趋势，本章采用曼-肯德尔（Mann-Kendall，简称 M-K）趋势检验，这是一种非参数统计检验方法，适用于分析非正态分布特征的变化趋势。该方法对异常值具有较好的鲁棒性，量化程度高，检测范围广、干扰低、计算简单。结果表明青藏高原水域面积变化 M-K 统计量为 6.146，大于 2.32，增长趋势明显。

分季节来看，青藏高原水域面积在春季、夏季和秋季呈现显著增加趋势，统计水域面积缓慢增加。从图 4-2 和表 4-1 可以看出，春季水域面积呈现明显的增加趋势，斜率为 4512.5 km²/a；截距为 13 366 km²，这意味着在 1990 年春季初期水域面积已经相对较大；方差为 0.7561，表明数据的离散程度较低，趋势比较稳定。夏季水域面积的增加速率相对于春季来说更高，斜率为 6017.8 km²/a；截距为 22 068 km²，表明 1990 年夏季青藏高原水域面积较大；方差为 0.8101，说明近 30 年水域面积的变化程度相对较大，存在较大幅度的波动。秋季水域面积的增加速率稍有下降，但仍然保持较高水平，斜率为 5531.9 km²/a；截距为 41 873 km²，表明秋季水域面积的初始值较大；方差为 0.7975，说明数据的波动性较高，但仍然保持相对稳定的趋势。冬季水域面积的增加速率最低，斜率为 1228.3 km²/a，低于春、夏、秋季；截距为 5620.7 km²，说明冬季水域面积的初始值较小；方差为 0.6691，表明虽然数据的波动性比较高，但整体趋势相对较为平稳。由此分析，可以看到青藏高原水域面积的扩张在不同季节都呈现整体扩张趋势。

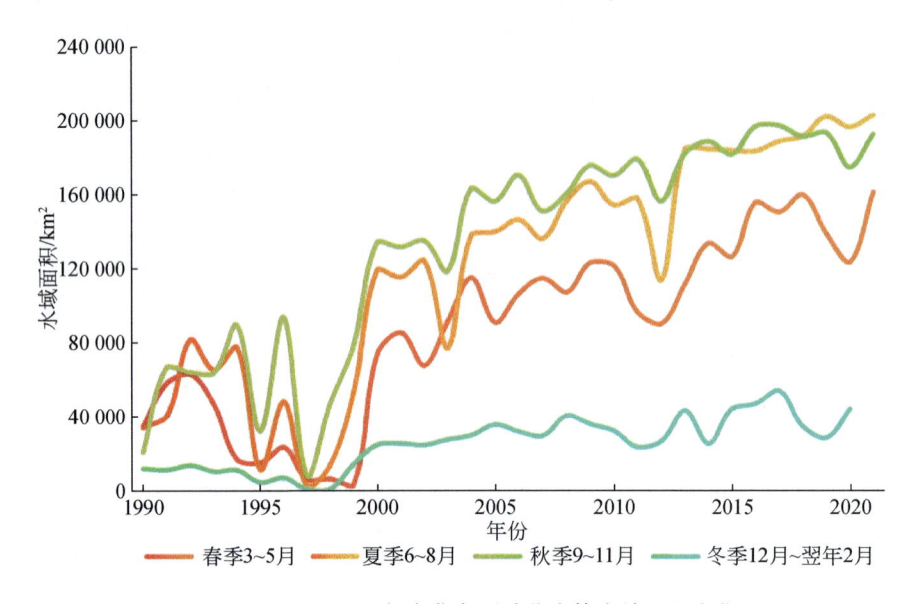

图 4-2 1990～2020 年青藏高原季节水体水域面积变化

表 4-1 青藏高原季节水体水域面积变化趋势线

季节	斜率/（km²/a）	截距/km²	方差
春季	4 512.5	13 366	0.756 1
夏季	6 017.8	22 068	0.810 1
秋季	5 531.9	41 873	0.797 5
冬季	1 228.3	5 620.7	0.669 1

从不同月度来看，青藏高原水域面积也呈现显著的增加趋势。过去 30 年，青藏高原的水域面积经历了显著的扩张，几乎增加了 6 倍。水域面积随季节变化的情况是：秋季大于夏季大于冬季。从整体上看，水域面积虽然呈现出扩张趋势，但有几年出现了短暂的下降。而在此后两年内，水域面积却又出现了大幅的增加。这种异常现象与"厄尔尼诺"和"拉尼娜"现象密切相关。水域面积却又出现了大幅增加趋势（图 4-3）相关气象历史记录数据表明，在 1988～1989 年、1995～1996 年和 1998～2001 年都曾发生过"拉尼娜"现象。而在通常情况下，"拉尼娜"现象会在"厄尔尼诺"现象之后发生，并有时持续 2～3 年（郝洁等，2024）。因此，可以推测的是，青藏高原水域面积的显著变化主要是由于极端气候现象以及全球气候变暖，因为其加剧了青藏高原地区降水的增加和冰川融化速度的加快。

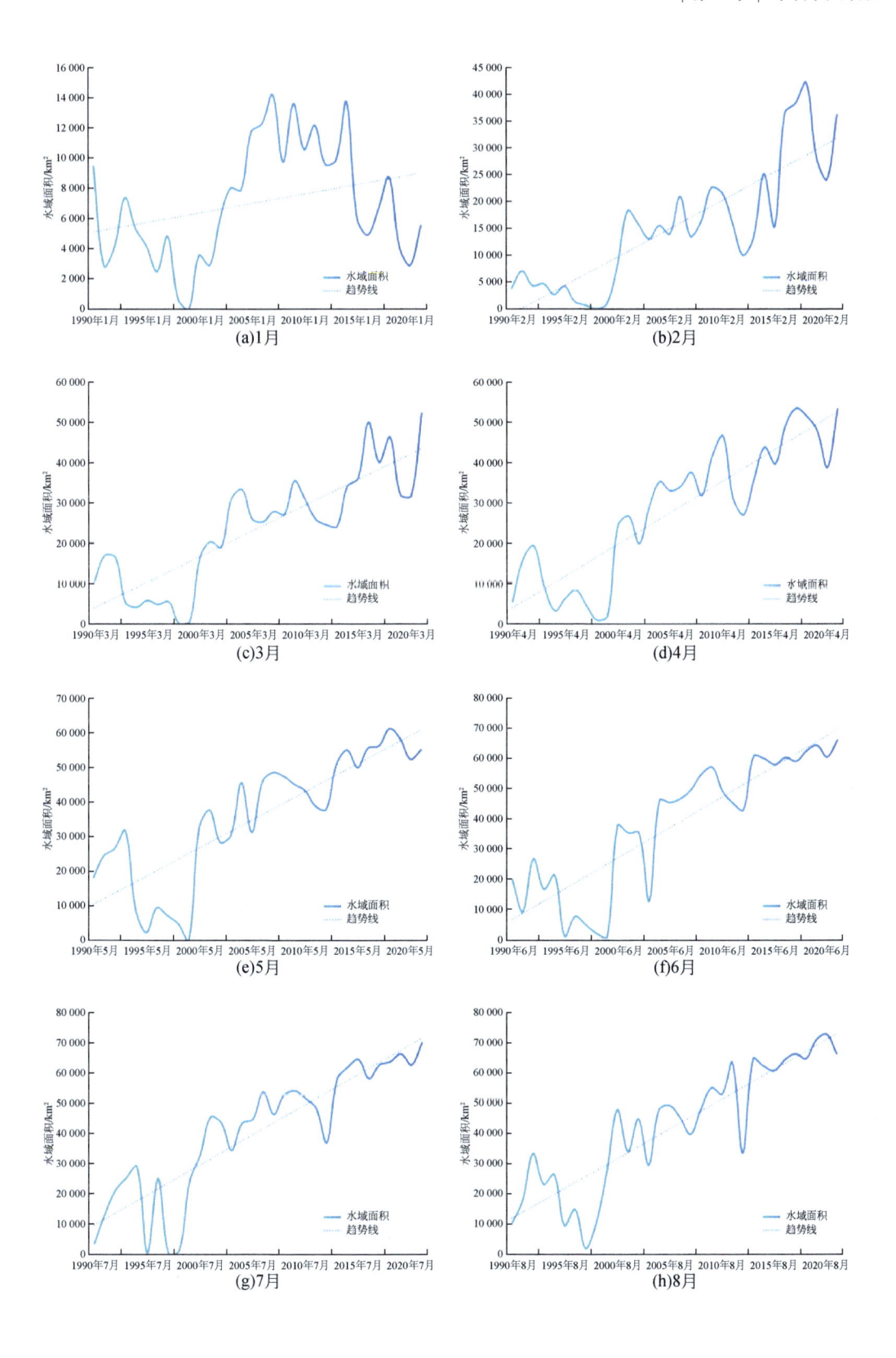

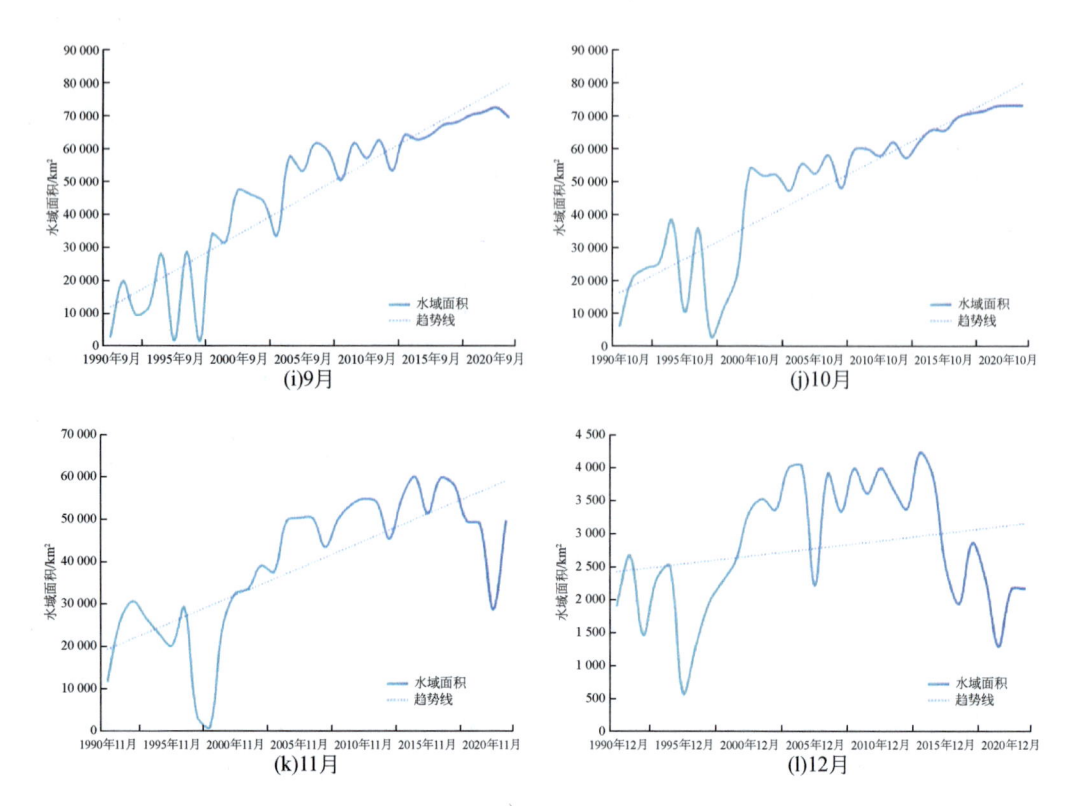

图 4-3　近 30 年不同月份青藏高原水域面积多年变化趋势

同时，利用 M-K 检验方法对表 4-2 不同月份多年趋势进行检测，结果表明 M-K 统计量为 7.743，大于 2.32，意味着增长的趋势显著，并且显著性检验大于 99%。另外，在森斜率（Sen'slope）分析中，趋势线的斜率为 23.538，其置信区间的上限和下限也都是 23.538，这表明趋势的估计非常确定，并且趋势的斜率为一个确定的常数，这也支持了存在趋势的结论。综上所述，这两种分析方法得出的结果都表明逐月水域面积变化在时间序列中存在显著增加的趋势。

表 4-2　近 30 年逐月青藏高原水域面积变化趋势线

月份	斜率/（km/a）	截距/km²	方差
1	125.68	5 009.6	0.089 9
2	105 7.7	−1 953.2	0.709 2
3	127 6.5	2 818.2	0.709 1
4	156 9.2	2 597.2	0.780 7
5	162 9.2	8 947.6	0.697 7
6	202 6.3	4 643.9	0.758 6
7	200 1.7	7 713.3	0.790 4
8	197 4.6	10 114	0.788 8

续表

月份	斜率/（km/a）	截距/km²	方差
9	219 4.7	9 631.3	0.829 1
10	205 1.5	14 208	0.790 8
11	128 5.6	18 034	0.550 5
12	23.538	2 402	0.052

4.1.2 近30年青藏高原水域空间格局演变过程

近30年青藏高原水域的空间分布位置非常稳定（图4-4）。大部分水体呈现出零散状分布于藏北高原，尤其是沿冈底斯山脉北侧形成了色林错、纳木错等湖泊带。青藏高原东北部则主要在柴达木盆地零星分布着小型水体和青海湖。水体空间分布格局呈现西南多而散布、东北少而聚集的空间分布形态。

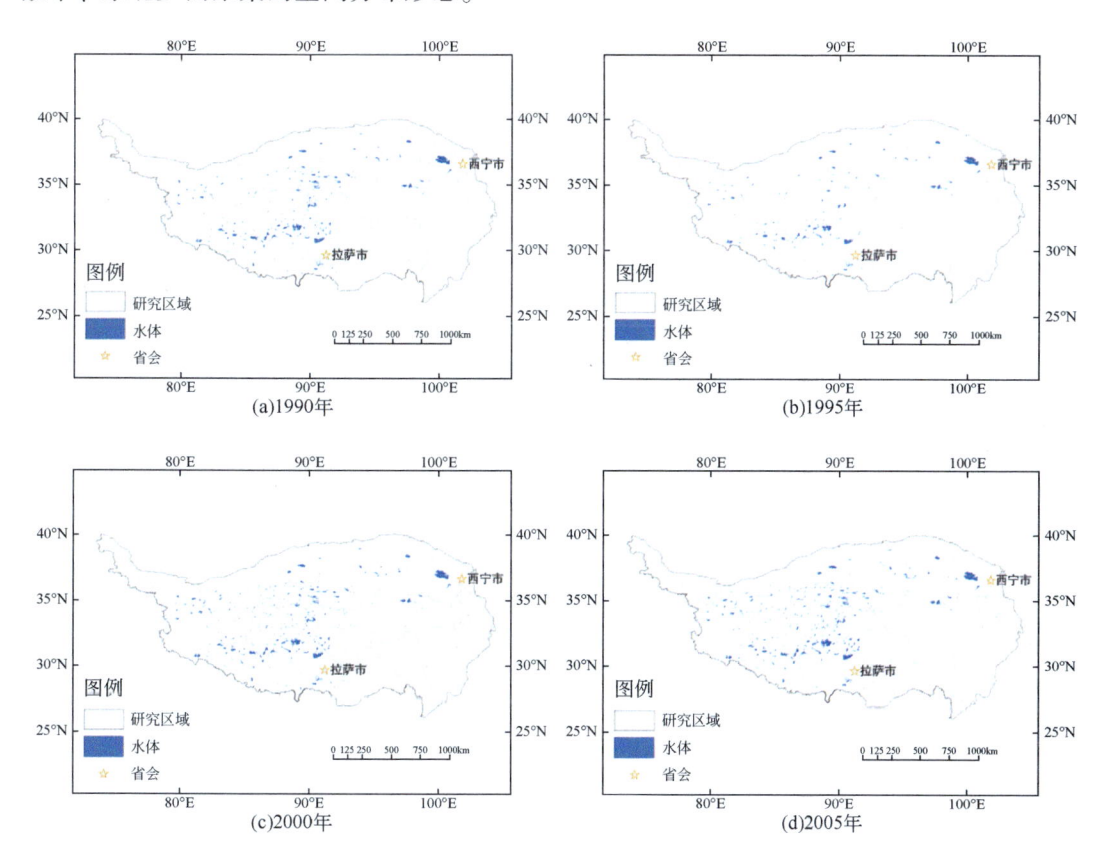

(e)2010年 (f)2015年

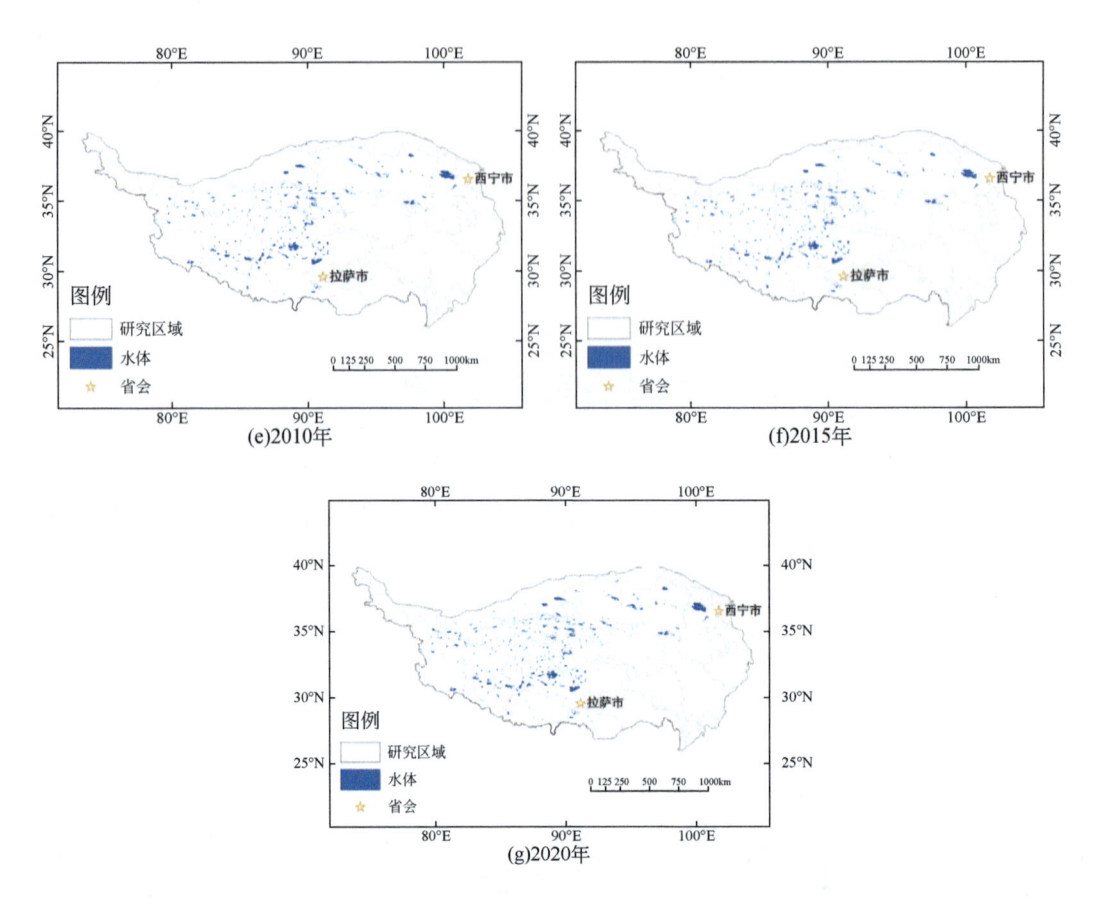

(g)2020年

图 4-4　1990～2020 年青藏高原水域分布图（每 5 年间隔）

进一步采用标准差椭圆分析来评估青藏高原水域变化的空间分布特征。标准差椭圆以地理要素空间分布的平均中心为重心，计算横向和纵向的标准差，以此作为覆盖地理要素的椭圆的长轴和短轴。如表 4-3 与图 4-5 所示，1995～2015 年青藏高原水域面积和周长都呈现出增长的趋势，表明水域在扩张。2020 年，青藏高原水域面积和周长都有所下降，表明水域在向青藏高原的中部集中。

表 4-3　标准差椭圆属性表

年份	周长/rad	面积/rad	x 坐标/（°）	y 坐标/（°）	长轴/rad	短轴/rad	方向角/（°）
1995	41.0115	107.7123	89.8212	32.8912	8.6522	3.9631	88.7809
2000	42.4903	114.1443	89.8776	33.1987	9.0142	4.0311	94.5525
2005	42.3684	114.8280	90.3059	33.4342	8.9429	4.0875	93.7792
2010	43.1051	118.9312	90.2290	33.5854	9.0958	4.1624	93.4308
2015	44.0634	123.0813	90.4753	33.4725	9.3373	4.1963	93.0987
2020	43.1496	117.6458	90.3662	33.5165	9.1563	4.0902	92.4457

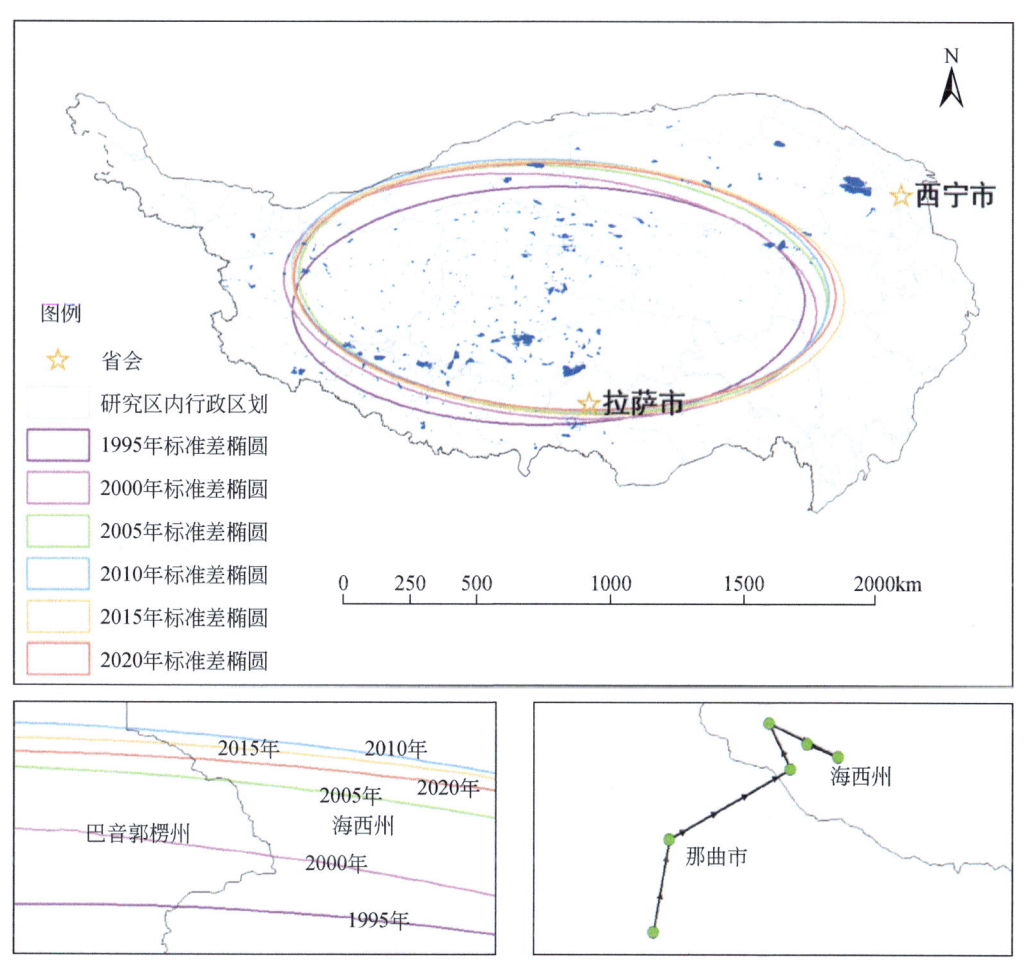

图 4-5 水域变化标准差椭圆

在空间分布上，从整体上来说青藏高原水域呈现中部和北部扩张，而南部收缩的变化趋势（图 4-6）。中部地区 1990~2020 年水域面积增加得最为显著。就青藏高原最大的内陆湖盆地色林错湖来说，2003~2012 年湖泊面积变化最为明显。北部地区巴音郭楞州、和田地区、酒泉市水域面积增加较为显著，羌塘、柴达木盆地等地区的湖泊和河流水域面积增加较为明显。青藏高原南部的一些湖泊和河流如玛曲河、雅鲁藏布江等虽然在部分区域水域面积有所增加，但是南部地区整体的水域面积呈现向中部地区收缩的变化趋势。

4.1.3 青藏高原水域变化对人类生存环境安全的影响

(1) 青藏高原水体变化与人类活动的空间关联

青藏高原人类活动和水域的空间关联如图 4-7 所示。本章参考南箔等（2018）的研究方法，将水域面积扩张对人类活动的影响根据人类活动强度指数（HAI）划分为无影响（HAI=0）、低影响（0<HAI≤0.5）、中影响（0.5<HAI≤4）和高影响（4<HAI）四类。可以看出，随着青藏高原水域面积的增加在主要的像拉萨市和西宁市首府或省会城市附近

| 151 |

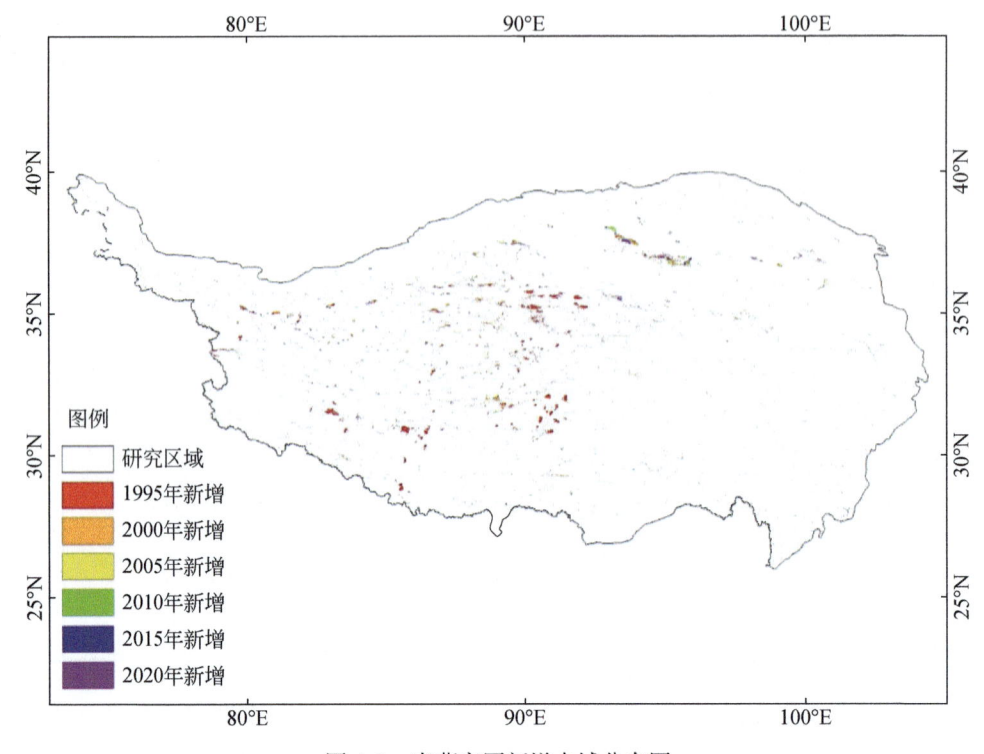

图 4-6 青藏高原新增水域分布图

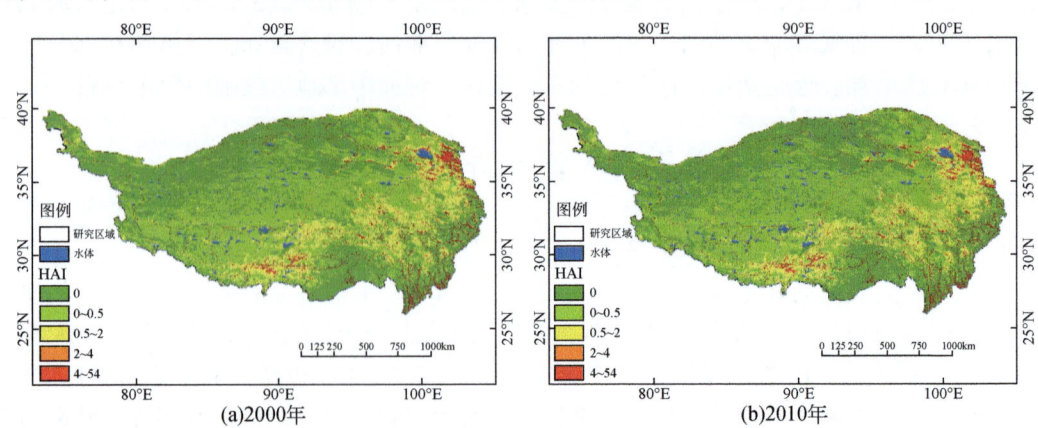

以及青藏高原的东南边界区域,水域面积扩张对人类活动的影响比较强。中部地区水域面积对人类活动的影响就比较弱,因为这部分区域如唐古拉山脉、三江源头附近地区主要用于水源地和放牧的区域受到当地政府的保护,人类活动比较稀少。

相对地,人类活动对水域的影响呈现出正反两方面。正向的影响包括清洁能源的使用和服务业旅游业的发展使得该地区的空气污染物含量低于其他地区。自 20 世纪 90 年代以来,西藏实施了多项生态环境建设工程,使得环境质量逐步提升。负面影响主要体现在农牧业的发展、矿产开发和城镇化趋势对青藏高原环境的破坏。畜牧业过度放牧导致草地退化,此外,南亚地区污染物排放的不断加剧也对青藏高原的环境产生一定影响。

(a) 2000年　　　　　(b) 2010年

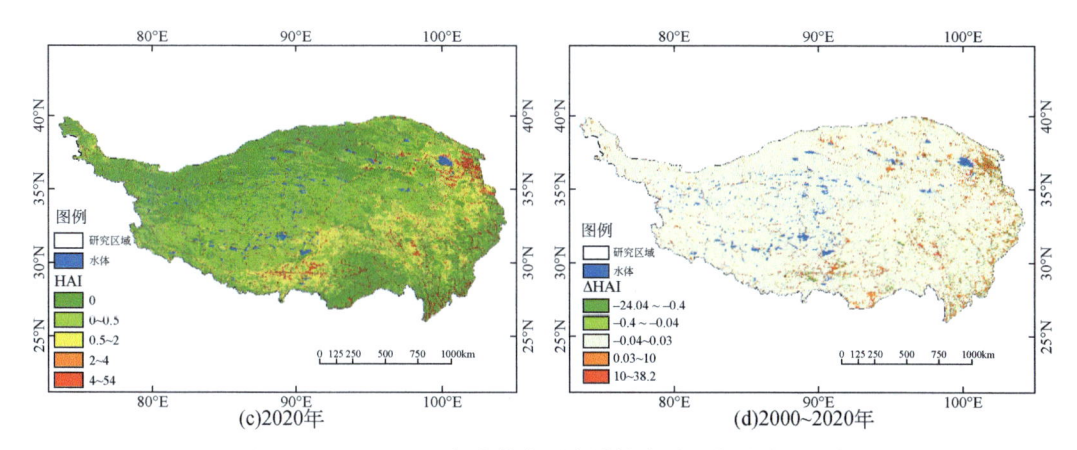

图 4-7　2000～2020 年青藏高原水域扩张对人类活动的影响

(2) 青藏高原水域对人类生存环境具有重要生态和经济价值

青藏高原水域具有极其重要的生态价值。作为中国和亚洲最大的淡水资源库，青藏高原融雪、冰川融水、湖泊和河流为中国西部地区以及亚洲其他地区提供了重要的淡水资源。青藏高原的河流，如长江、黄河、雅鲁藏布江等，源头都位于此，对维护中国和周边地区的生态平衡发展起着至关重要的作用。

青藏高原因气候条件独特，对周边地区的气候形成和调节有着无比重要的影响。青藏高原的蒸发作用和雪水融化会直接影响周边地区的降水情况和气候变化，对于维持区域和全球气候的稳定有着举足轻重的作用。青藏高原虽然地处高寒、干旱的环境中，但因其独特的地理环境而孕育了丰富的高原生物多样性。这里生存着许多青藏高原特有的植物和动物物种，如藏羚羊、藏野驴、藏鹑等，对于维护地球生物多样性具有十分重要的意义。

(3) 青藏高原水域变化对人类生存环境的潜在风险

青藏高原水域面积的增加虽然在某些方面可能提供资源利用上的机会，例如增加的水资源可用于农业、水力发电等，但同时青藏高原水域变化会带来一系列潜在的威胁和挑战，特别是对人类生存环境的影响。以下是一些主要的潜在威胁：青藏高原水域扩张可能导致周边地区洪水风险增加，尤其在极端天气事件下。这可能影响低洼地区的居民安全，损毁农田和基础设施。生态环境改变和水域面积变化可能会改变当地的生态系统结构和功能，影响生物多样性。特别是水域扩张可能导致一些地区原有的陆地生态系统被水域替代，从而影响当地的植被和野生动物的栖息地。

青藏高原是亚洲的重要气候调节区。水域面积变化可能影响局部甚至区域气候，如水汽和热量的分布，进而可能影响降水模式和温度。虽然水域面积的增加初看似乎是水资源的增加，但这也可能引发水资源管理方面的复杂问题，特别是涉及跨地区的水资源分配和利用，可能会增加地区间的水资源竞争。

青藏高原地区地质活动频繁，水域扩张可能增加地质灾害（如滑坡和泥石流等）的风险，特别是湖泊水位的快速上升可能会影响周边地区的地质稳定性。

(4) 对未来青藏高原水域保护的政策建议

应对这些挑战需要进行综合的区域环境监测和科学管理，确保水资源的可持续利用和生态环境的保护，同时制定适当的应急措施和长期的适应策略，以保障青藏高原人类生存环境的安全和可持续发展。

对于近30年青藏高原水域面积的变化，黄河、长江、澜沧江、雅鲁藏布江的源头作为重要的自然水体资源库，对当地经济社会发展具有重要影响。这些水域不仅调节了水文周期、保持了水体清洁，还支持着丰富的水产养殖业，给当地带来了可观的经济效益。同时，随着人们对自然景观审美的提高，青藏高原壮丽的自然风光和独特的生态环境吸引了大量游客前来纳木错、色林错湖周边观光和探索，推动了旅游业的发展繁荣，并创造了大量的就业机会。水域提供的生态服务功能如水质净化和洪水控制功能增加了青藏高原周边地区对水域生态系统的依赖，支持了地区经济的可持续发展。通过改进水资源管理和加强生物多样性保护，可以进一步提升水域的经济价值，促进生态旅游业的发展，成为促进地方经济发展的重要推动力。因此，保护水域和恢复水域的活力不仅为青藏高原及其周边地区可持续发展提供了生态服务助力，还为经济增长提供了有力的支撑和保障。

同时，为加强气候变化对青藏高原生态屏障和区域水生态安全的认识，建议全面建设、部署"气候变化与生态屏障功能变化监测系统"，构建综合监测体系，重点加强区域冰川、水域监测平台建设，开展多圈层综合观测和应急观测研究，为青藏高原高质量发展提供科技支撑和科学依据。

4.2 青藏高原近远程虚拟水分析

虚拟水和虚拟水贸易作为可能解决地区水资源问题的途径，受到广泛关注。虚拟水是Allan于1993年提出的概念，最初表示生产农业产品消耗的水资源，后逐渐扩展为表示生产商品和服务所需要的水资源量（Allan，2003）。随着市场经济发展，产品在本地出现供需不平衡的问题，为满足不同地区的需求，虚拟水伴随着产品在地区之间参与贸易。水资源经由产品和服务贸易在国家或地区之间转移的过程即虚拟水贸易（程国栋，2003）。西部大开发战略实施20年来，青藏高原地区农业、工业和服务业并存的国民经济体系逐步完善，与其他地区的经济联系也逐步增强（李海龙等，2021）。

4.2.1 研究数据与研究方法

根据2012年、2015年、2017年中国区域间投入产出表，分析青藏高原内部、相邻省（自治区、直辖市）和远程贸易的格局演变，从近远程视角评估青藏高原对内、外部水资源的依赖程度。

本节利用2012年、2015年、2017年涵盖中国31个省（自治区、直辖市）和42个社会经济部门的多区域投入产出表开展分析。该数据来自中国碳核算数据库（Carbon Emission Accounts & Datasets，CEADs），其由Zheng等（2020）编制。其中，42个部门包括农业1个第一产业部门，煤炭采选业、石油和天然气开采业等27个第二产业部门以及批发零售业等14个第三产业部门。各省域单元2012年、2015年、2017年的产业用水数据从当年中国统计年鉴及各省域单元水资源公报获得。区域间投入产出表与用水数据的部门划分不一致（前者包括42个部门，后者仅划分为农业、工业、生活用水），将各省域单元部门用水量分解为区域间投入产出表中各细分部门的用水量。将各省域单元的生活用水总量按照《中国经济普查年鉴2008》中建筑业和第三产业用水比例进行分配，得到当年建筑业和第三产业用水量；将第三产业用水总量按照中国地区投入产出表中"水的生产与供应部门"对各部门的中间投入等比例分配，再将相应部门用水量进行合并，得到区域间投入产出表中的各产业部门的用水量。

本节在区域间投入产出表的基础上，计算区域之间的虚拟水贸易量与区域水足迹。在一个考虑 R 个区域 N 个经济部门的经济系统中，区域间的投入产出表可用式（4-1）表达：

$$\begin{bmatrix} X^1 \\ \vdots \\ x^r \\ \vdots \\ x^R \end{bmatrix} = \begin{bmatrix} A^{11} & \cdots & A^{1R} \\ \vdots & & \vdots \\ A^{r1} & A^{rs} & A^{rR} \\ \vdots & & \vdots \\ A^{R1} & \cdots & A^{RR} \end{bmatrix} \begin{bmatrix} x^1 \\ \vdots \\ x^r \\ \vdots \\ x^R \end{bmatrix} + \begin{bmatrix} y^1 \\ \vdots \\ y^r \\ \vdots \\ y^R \end{bmatrix} \tag{4-1}$$

式中，x^r（$N×1$ 向量）为 r 区域 N 个部门的产出；A^{rs}（$N×N$ 矩阵）为技术矩阵，A^{rs} 中的元素 a_{ij}^{rs} 表示 s 区域 j 部门生产单位产品所需 r 区域 i 部门的投入；y^r（$N×1$ 向量）为各省域单元各部门产品在 r 省（自治区、直辖市）的最终消费合计。根据式（4-2），各区域各部门的总产出可以表达为最终消费量的计算式：

$$X = (I-A)^{-1} Y \tag{4-2}$$

式中，I 为单位矩阵；$(I-A)^{-1}$ 为列昂惕夫逆矩阵。将用水量引入式（4-2），各区域各部门用水量可表达为式（4-3）：

$$W = DX = D(I-A)^{-1}Y = TY = \begin{bmatrix} w^1 & w^2 & \cdots & w^R \end{bmatrix}^T \tag{4-3}$$

式中，w^R（$1×N$ 向量）代表 r 区域 N 个部门的用水量；D 为对角元素为 $[d^1, d^2, \cdots, d^R]$ 的对角矩阵，D 中的元素 d^R（$N×N$ 对角矩阵）代表直接用水系数，即各部门生产单位产品的直接用水量；T 为包含直接与间接用水的完全用水系数矩阵。区域 r 流入区域 s 的虚拟水量可由式（4-4）计算得到：

$$V_w^{rs} = \sum_i t^{ri} y^{is} \tag{4-4}$$

式中，V_w^{rs} 为区域 r 流向区域 s 的虚拟水量；t^{ri}（$1×N$ 向量）为 i 区域生产单位最终消费产品在 r 区域的需水量，由式（4-3）中矩阵 T 得到；y^{is}（$N×1$ 向量）为 s 区域居民最终消费 i 区域生产的各部门产品量。

4.2.2 青藏高原虚拟水贸易区域划分

本节在各省域单元虚拟水贸易量测算的基础上，分别对青藏高原虚拟水近程与远程的虚拟水贸易进行分析，识别青藏高原虚拟水的近远程供给结构。研究区域为青藏高原的主体部分——青海和西藏，两地之间的虚拟水贸易为青藏高原内部虚拟水贸易。研究区域的相邻省（自治区、直辖市）即新疆、甘肃、四川、云南分别与青海和西藏两地之间的虚拟水贸易为青藏高原与相邻省（自治区、直辖市）贸易。近程虚拟水贸易包括青藏高原内部虚拟水贸易以及青藏高原与相邻省（自治区、直辖市）贸易两部分。远程虚拟水贸易为青海和西藏两地与其他25个省（自治区、直辖市）随贸易产生的虚拟水交换。远程贸易的25个省（自治区、直辖市）根据国家统计局经济地带标准划分为东北、东部、中部和西部。东北地区包括辽宁、吉林和黑龙江3个省（自治区、直辖市）；东部地区包括北京、天津、河北、上海、江苏、浙江、福建、山东、广东和海南10个省（自治区、直辖市）；中部地区包括山西、安徽、江西、河南、湖北和湖南6个省（自治区、直辖市）；西部地区包括内蒙古、广西、重庆、贵州、陕西和宁夏6个省（自治区、直辖市）。图4-8为研究区域及近程、远程贸易对象区域划分。

图 4-8 研究区域与近程、远程贸易对象区域划分

4.2.3 青藏高原内部虚拟水贸易格局

如图4-9所示，青海和西藏两地之间的虚拟水贸易呈现明显的供需关系。在青藏高原内部虚拟水贸易中，2012年和2017年青海为净流出区，分别有77.46万 m^3 和118.89万 m^3 虚拟水从青海流向西藏，分别为当年西藏流向青海虚拟水的4.81倍和2.59倍。2015年，青藏高原内部虚拟水贸易量明显缩水，西藏为净流出区，有45.62万 m^3 虚拟水从西藏流向青海，与2017年相比差距不大，但从青海流向西藏的虚拟水为14.14万 m^3，不到2012年和2017年青海流向西藏的1/5。

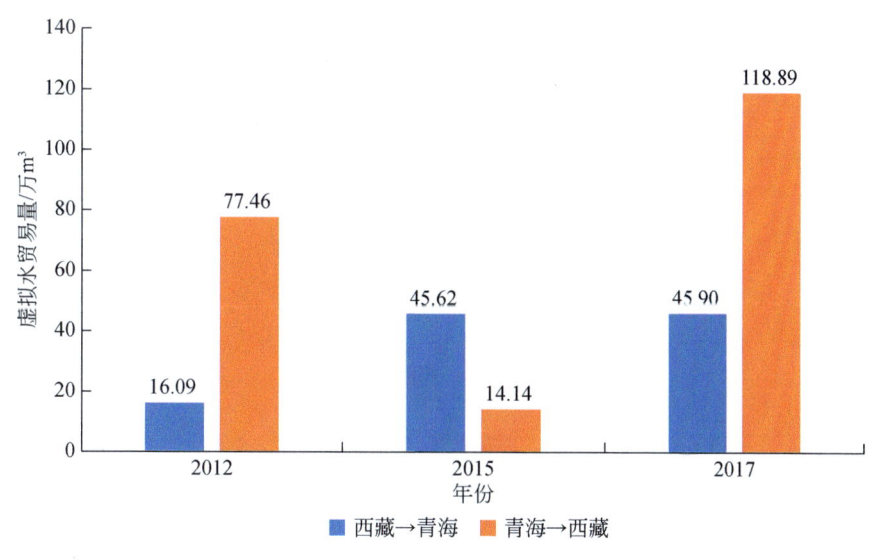

图 4-9 2012 年、2015 年和 2017 年青藏高原内部虚拟水贸易量

青海和西藏两地的产业虚拟水贸易也呈现明显的供需关系，如图 4-10 所示。2012 年，青海第一产业、青海第二产业和西藏第二产业为主要虚拟水流出产业，分别约占贸易总量的 30%、12.5% 和 5%；西藏第二产业和西藏第三产业为主要虚拟水流入产业，分别约占贸易总量的 33% 和 8%。2012 年，产业虚拟水贸易主要发生在从青海第一产业流向西藏第二产业，约占总贸易量的 20%；其次是从青海第二产业流向西藏第二产业。2015 年，西藏第一产业为主要虚拟水流出产业，约占当年总贸易量的 31%；青海第二产业、青海第三产业、青海第一产业为主要虚拟水流入产业，分别约占总贸易量的 15%、10%、5%。2015 年，产业虚拟水贸易主要发生在从西藏第一产业流向青海第二产业、青海第三产业、青海第一产业。2017 年，青海第一产业为主要虚拟水流出产业，西藏第二产业为主要虚拟水流入产业，产业虚拟水贸易主要发生在从青海第一产业流向西藏第二产业、从西藏第一产业流向青海第二产业以及从青海第二产业流向西藏第二产业，分别约占虚拟水贸易总量的 32.5%、7% 和 5%。

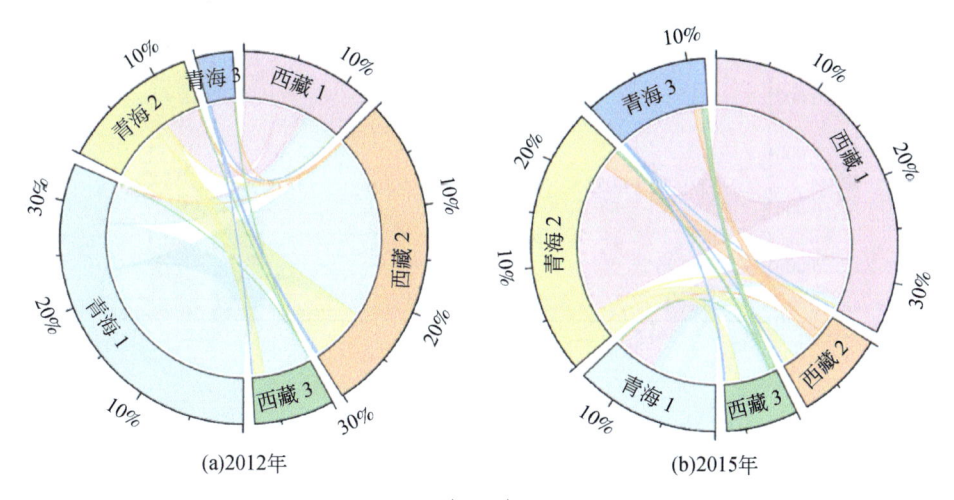

(a) 2012 年   (b) 2015 年

(c)2017年

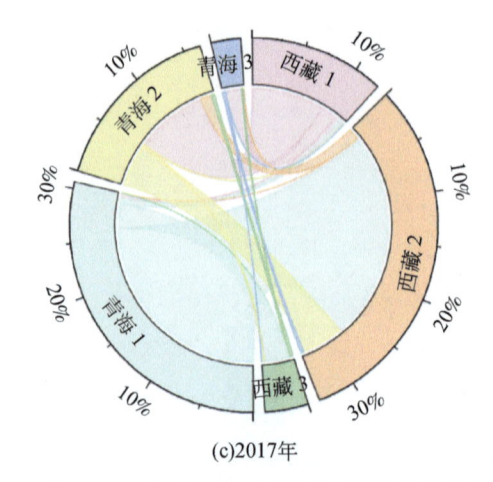

图 4-10　2012 年、2015 年和 2017 年青藏高原内部各产业虚拟水贸易

弧线表示虚拟水贸易流的流出单元。省（自治区、直辖市）名称后面的数字表示产业类型。1 表示第一产业，即农业；2 表示第二产业，包括工业和建筑业；3 表示第三产业，即服务业

总体而言，青藏高原内部的虚拟水贸易受产业供需关系影响，贸易量波动较大，青海和西藏两地之间有明显的第一产业支持第二产业发展的特征。2015 年，青海第一产业与西藏第二产业贸易量较 2012 年大幅下降，2017 年两个产业之间的贸易量回升。2012 年和 2017 年是青海第一产业支持西藏第二产业，2015 年是西藏第一产业支持青海第二产业。

4.2.4　青藏高原近程虚拟水贸易格局

如图 4-11 所示，青藏高原近程虚拟水的格局即指在与相邻省（自治区、直辖市）的虚拟水贸易中，青海和西藏两地为净流入区，贸易规模呈现增加的趋势，流出虚拟水在 2015 年增幅最大（169.06%），流入虚拟水在 2017 年增幅最大（233.16%）。2012 年、

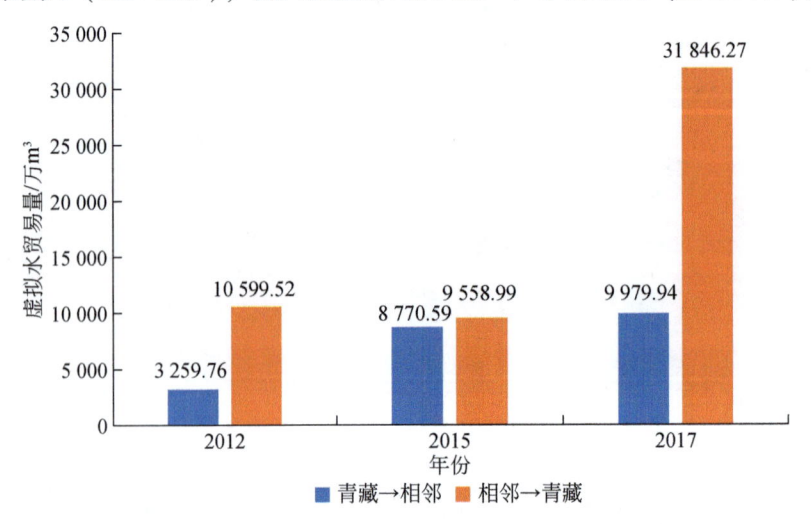

图 4-11　2012 年、2015 年和 2017 年青海和西藏两地与相邻省（自治区、直辖市）虚拟水贸易量

2015年和2017年青海和西藏两地净流入虚拟水分别为7339.76万 m³、788.4万 m³和21 866.33万 m³。在2012年、2015年和2017年，从青海和西藏两地流出到相邻省（自治区、直辖市）的虚拟水分别为3259.76万 m³、8770.59万 m³和9979.94万 m³，增幅分别为169.06%和13.8%；从相邻省（自治区、直辖市）流入到青海和西藏两地的虚拟水分别为10 599.52万 m³、9558.99万 m³和31 846.27万 m³，增幅分别为-9.8%和232.84%。

2012年、2015年和2017年，西藏与相邻省（自治区、直辖市）的虚拟水贸易比例减小，分别为28%、16%和19%；青海与相邻省（自治区、直辖市）虚拟水贸易比例增加，分别为22%、34%和31%（图4-12）。2012年、2015年和2017年，向青海和西藏两地输出虚拟水最多的产业是新疆第一产业，分别约占当年总贸易量的23%、17%和27%；青海和西藏两地接收虚拟水最多的产业是第二产业。2012年，从新疆第一产业流向西藏第二产业和青海第二产业的虚拟水分别约占总贸易量的10%和5%；2015年，从新疆第一产业

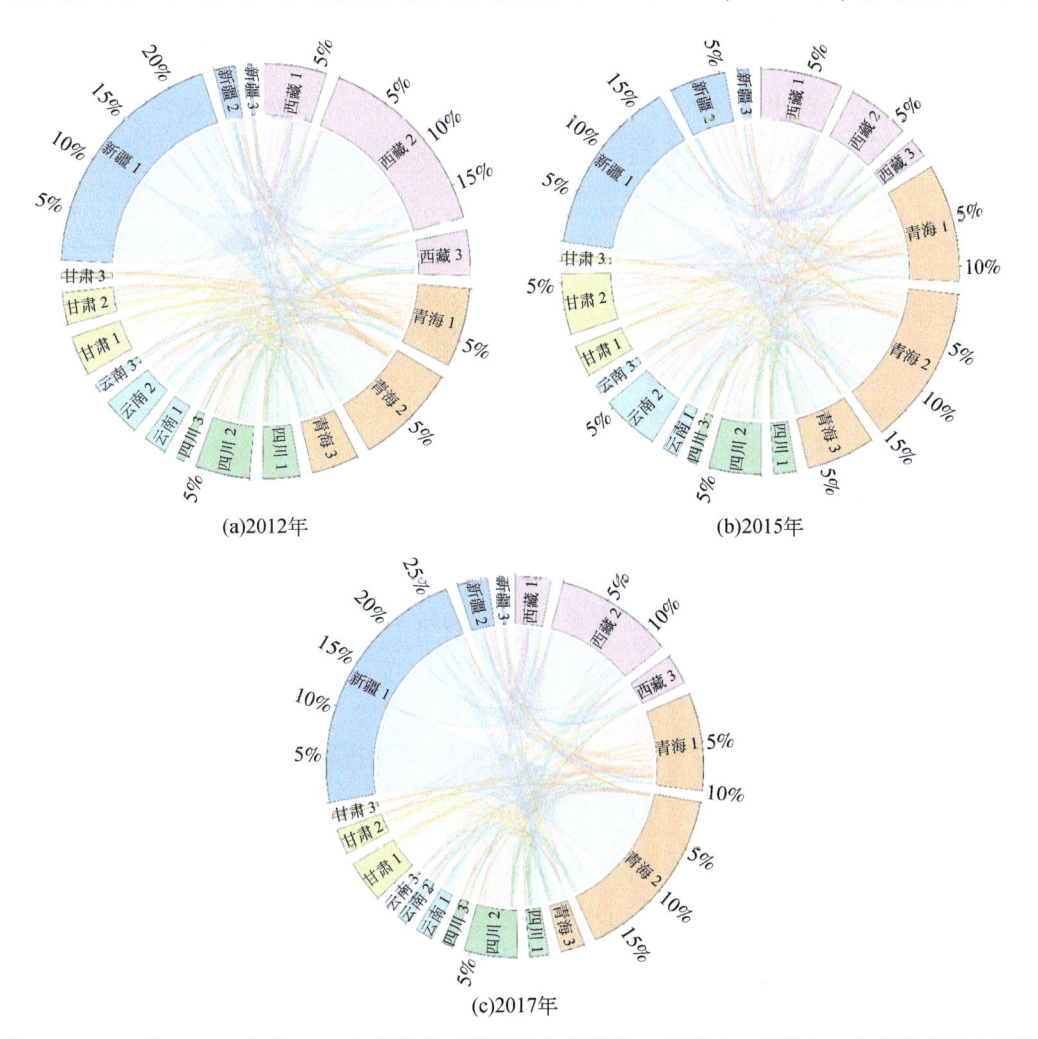

(a) 2012年

(b) 2015年

(c) 2017年

图4-12 2012年、2015年和2017年青海和西藏两地与相邻省（自治区、直辖市）各产业虚拟水贸易

弧线表示虚拟水贸易流的流出单元。省（自治区、直辖市）名称后面的数字表示产业类型。
1表示第一产业，即农业；2表示第二产业，包括工业和建筑业；3表示第三产业，即服务业

流向青海第二产业和青海第三产业的虚拟水分别约占总贸易量的10%和5%；2017年，从新疆第一产业流向青海第二产业和西藏第二产业的虚拟水分别约占总贸易量的12.5%和7.5%。青海和西藏两地与相邻省（自治区、直辖市）的产业虚拟水贸易呈现第一产业支持第二、第三产业发展的特征。

4.2.5 青藏高原远程虚拟水贸易格局

如图4-13所示，在与远程省（自治区、直辖市）的虚拟水贸易中，青海和西藏两地为净流出区，2012年、2015年和2017年青海和西藏两地分别净流出虚拟水33 159.66万m^3、34 445.63万m^3、16 075.04万m^3。2012年，青海和西藏两地流出虚拟水71 630.03万m^3，流入虚拟水38 470.37万m^3；2015年，青海和西藏两地流出虚拟水量65 619.53万m^3，流入虚拟水31 173.90万m^3；2017年，青海和西藏两地流出虚拟水量76 421.37万m^3，流入虚拟水60 346.33万m^3。青海和西藏两地的虚拟水主要流向东部地区，分别约占2012年、2015年和2017年总流出量的69.20%、60.68%和54.76%；青海和西藏两地虚拟水流入主要来自东部和中部地区。

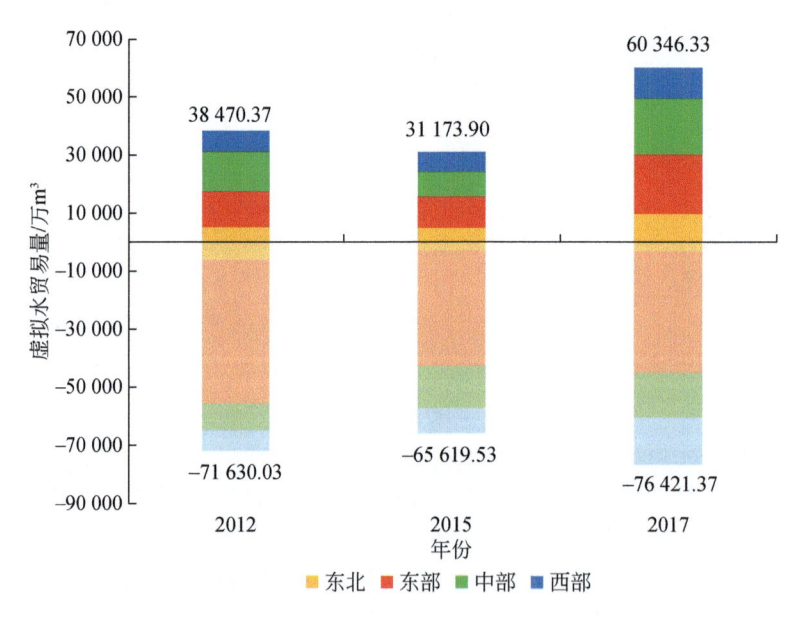

图4-13 2012年、2015年和2017年青海和西藏两地与远程省（自治区、直辖市）虚拟水贸易量

在与25个远程省（自治区、直辖市）的虚拟水贸易中，青海主要为净流出地区，2012~2017年虚拟水贸易规模呈增加趋势，贸易格局呈由东向西扩张趋势，如图4-14所示。2012年，青海在与22个省（自治区、直辖市）的虚拟水贸易中表现为净流出，净流出流量较大的省（自治区、直辖市）有山东（10 123.52万m^3）、广东（6150.07万m^3）、浙江（4902.98万m^3）、上海（2823.27万m^3）、江苏（2719.59万m^3）、辽宁（2418.49万m^3）、北京（2400.18万m^3）。2015年，青海在与18个省（自治区、直辖市）的虚拟水贸易中表现为净流出，净流出流量较大的省（自治区、直辖市）有浙江（6619.95万m^3）、

江苏（3623.64 万 m³）、广东（3055.77 万 m³）、重庆（2559.73 万 m³）。2017 年，青海在与 20 个省（自治区、直辖市）的虚拟水贸易中表现为净流出，净流出流量较大的省（自治区、直辖市）有浙江（9640.09 万 m³）、江苏（5482.13 万 m³）、陕西（4971.31 万 m³）、重庆（3784.86 万 m³）、福建（2999.71 万 m³）、湖北（2460.348 万 m³）。2012 年、2015 年和 2017 年，黑龙江、广西、吉林和湖南均对青海表现虚拟水净流入。

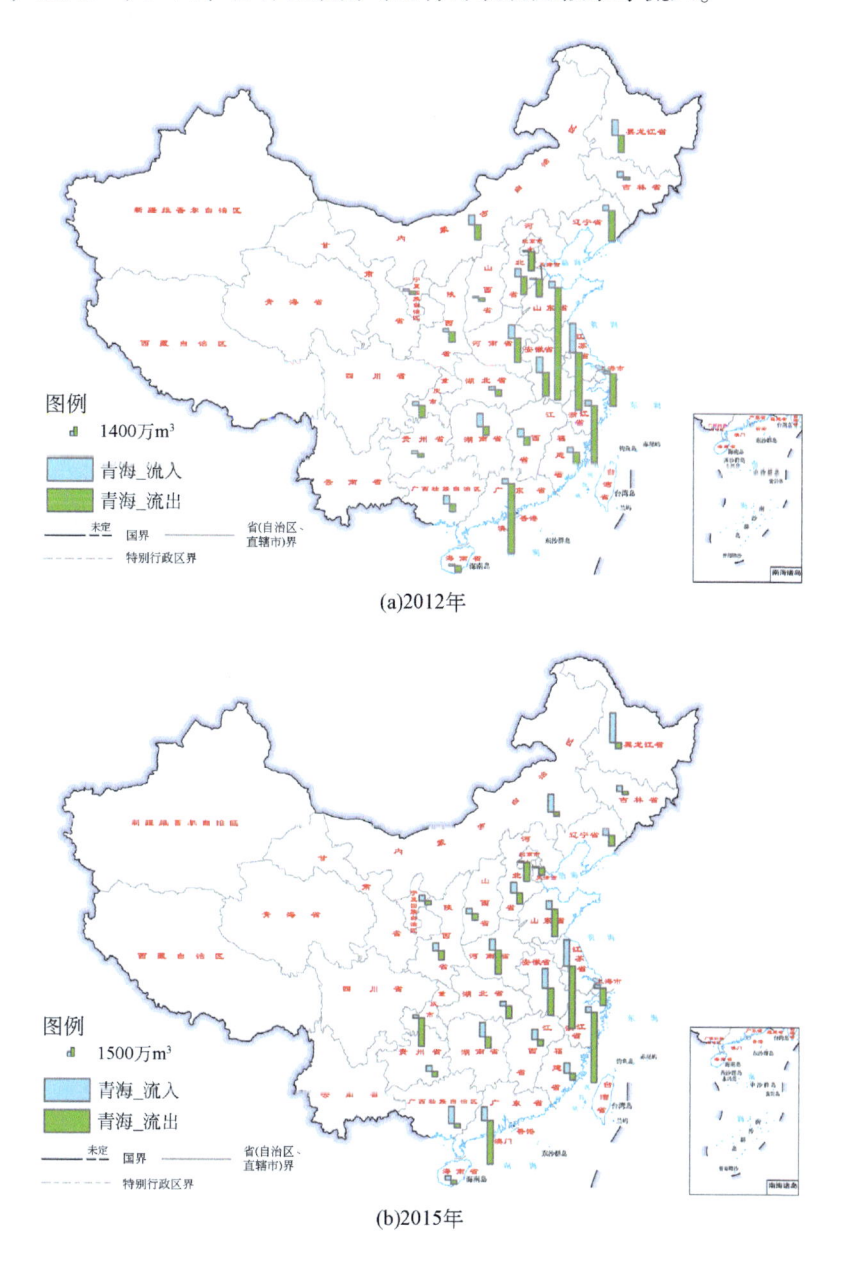

(a) 2012年

(b) 2015年

(c)2017年

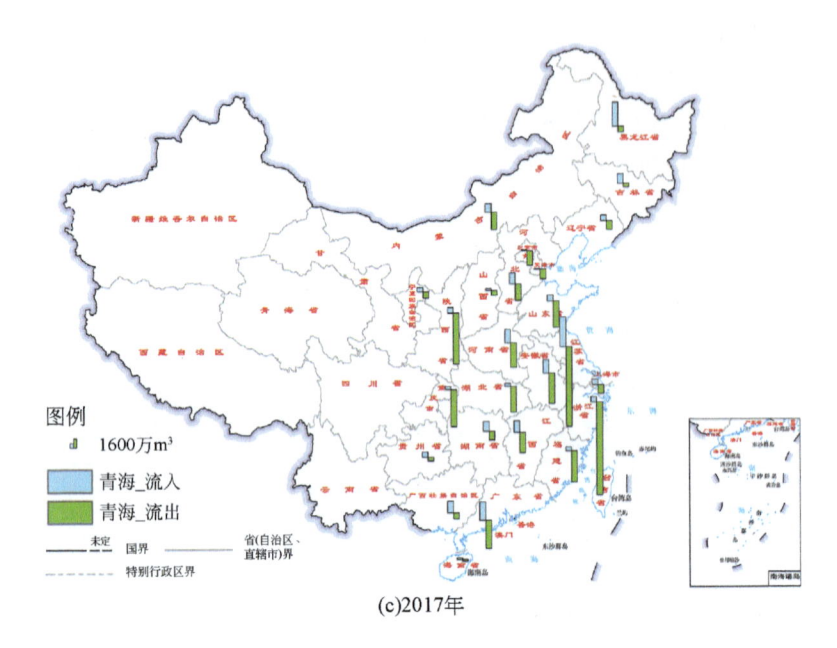

图4-14　2012~2017年青海远程虚拟水贸易格局变化

2012年、2015年和2017年，在与25个远程省（自治区、直辖市）的虚拟水贸易中，西藏主要表现为净流入地区（图4-15）。2012年，西藏在与7个省（自治区、直辖市）的虚拟水贸易中表现为净流出，流向山东最多（2912.02万 m^3），在与18个省（自治区、直辖市）的虚拟水贸易中表现为净流入，主要从河南、湖南、黑龙江、安徽、广西、江西等地流入。2015年，西藏在与20个省（自治区、直辖市）的虚拟水贸易中表现为净流出，主要流向山东（3064.98万 m^3）、广东（2403.47万 m^3）、浙江、河南、重庆、安徽。2017年，西藏在与5个省（自治区、直辖市）的虚拟水贸易中表现为净流出，流向浙江

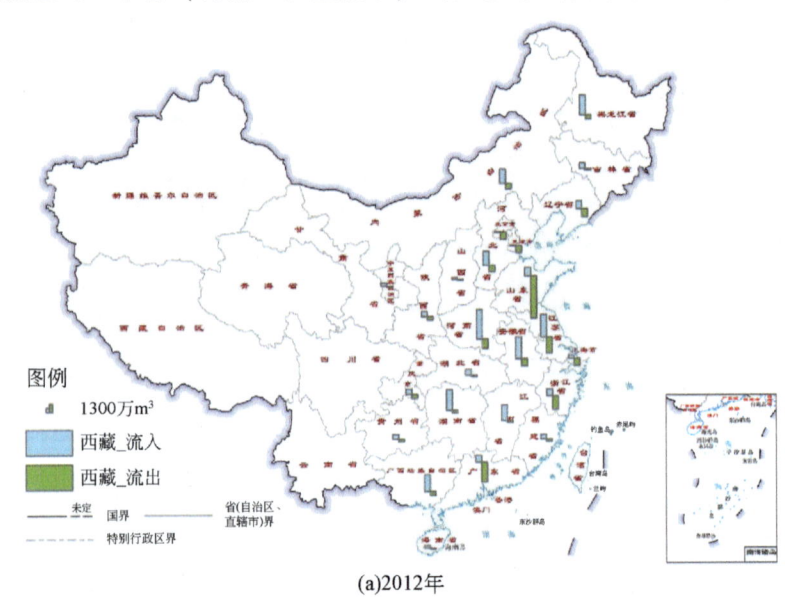

(a)2012年

(b)2015年

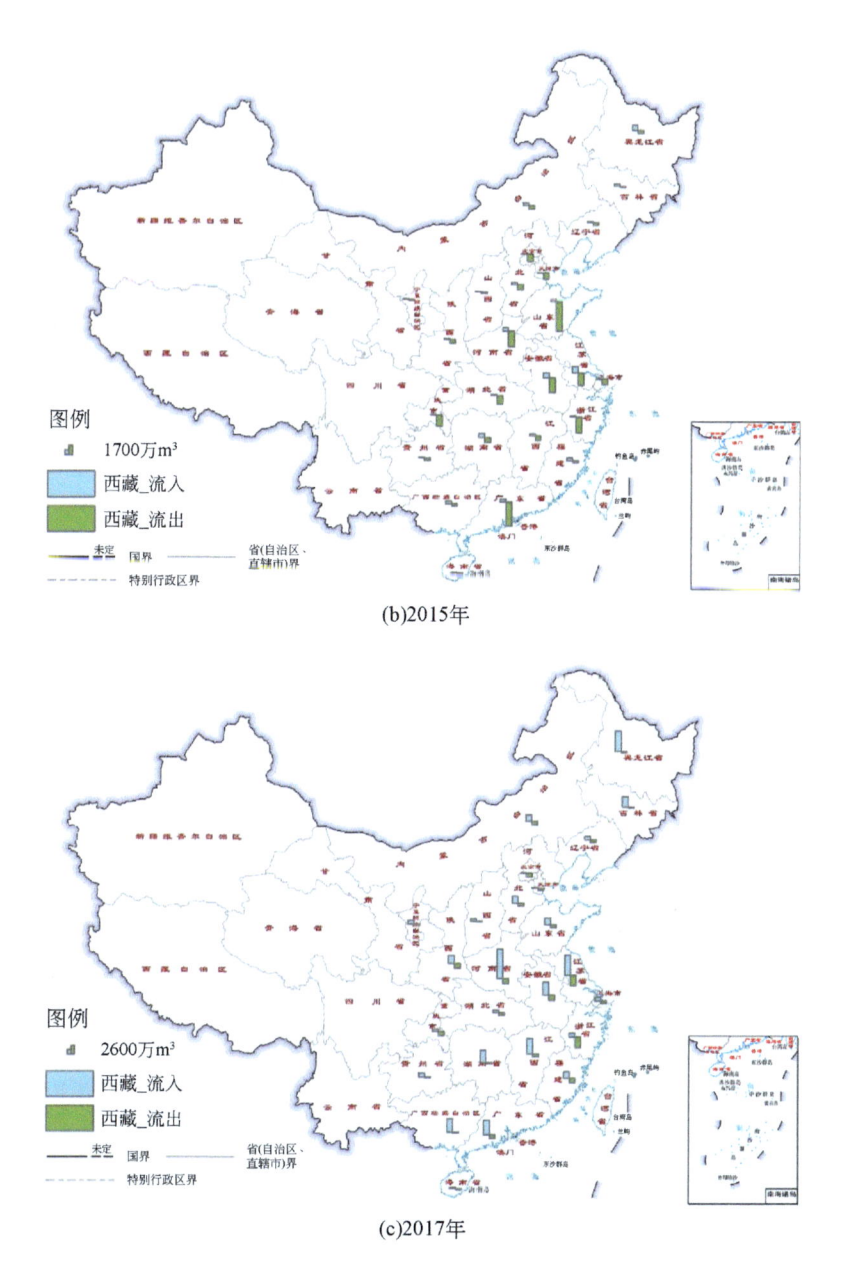

(c)2017年

图 4-15　2012~2017 年西藏远程虚拟水贸易格局变化

最多（1292.1 万 m³），在与 20 个省（自治区、直辖市）的虚拟水贸易中表现为净流入，主要虚拟水来源为河南（4222.22 万 m³）、黑龙江（3286.28 万 m³）、江西（2210.32 万 m³）、广西（2143.88 万 m³）、广东（2008.97 万 m³）。

总体而言，青海虚拟水贸易量较大，在远程贸易中主要表现为净流出区；西藏虚拟水贸易量相对较少，在远程贸易中主要表现为净流入区，但 2015 年净流出较多。青海和西藏两地在远程贸易中流向东部地区较多，山东接收来自青海和西藏两地的虚拟水较多，随时间推移，青海和西藏两地的流出格局由东向西转移。青海和西藏两地的流入主要来自东部、中部及东北部地区部分省（自治区、直辖市）。

对比青藏高原的内部、相邻省（自治区、直辖市）、远程虚拟水贸易，2012年、2015年和2017年青藏高原远程虚拟水贸易量远超其他两类贸易，对外部省（自治区、直辖市）的依赖性较强。已有研究表明，2007年中国83%的省（自治区、直辖市）更依赖远距离省（自治区、直辖市）的虚拟水贸易而非邻近省（自治区、直辖市）（孙思奥等，2019b）。2012年、2015年和2017年青藏高原远程虚拟水贸易格局呈现由东向西转移的趋势，表明青海和西藏两地倾向与距离更近的省（自治区、直辖市）开展虚拟水贸易。与距离更近的省（自治区、直辖市）开展虚拟水贸易有助于减小贸易成本、节约资源，青藏高原虚拟水贸易格局将更加合理。

在青藏高原内部、近程和远程虚拟水贸易中，2015年的虚拟水贸易呈现出与2012年、2017年不同的特征。青藏高原的内部贸易在2015年出现从青海第一产业到西藏第二产业的贸易量较2012年大幅下降，对应从青海到西藏的虚拟水贸易量从2012年的77.46万m^3降至2015年的14.14万m^3，2017年回升。在与相邻省（自治区、直辖市）的虚拟水贸易中，从新疆第一产业流向西藏第二产业的虚拟水量在2015年出现下降，从2012年占当年总贸易量的10%下降至2015年占当年总贸易量的1%，2017年该比例回升。在远程贸易中，2015年虚拟水贸易量较2012年和2017年低，对应2015年西藏虚拟水远程贸易流入量减小，总贸易量下降。根据青藏高原内部、相邻省（自治区、直辖市）和远程虚拟水贸易表现分析，2015年西藏（尤其是西藏的第二产业）对虚拟水的需求下降，导致2015年内部、相邻省（自治区、直辖市）和远程贸易的虚拟水流入量减少，虚拟水贸易总量出现波动。此外，投入产出表中西藏和青海投入产出的基数较小，而且在核算过程中，部门合并等操作可能放大西藏和青海的虚拟水贸易误差。通过单元尺度更精细的投入产出表（如城市间投入产出表）或使用生命周期法进行水足迹核算，可能将减小误差的影响。

4.3 青藏高原典型城市暴雨洪涝风险分析

青藏高原降水量近十年呈现总体增加趋势，极端降水事件的强度和频率也随之增大，而青藏高原城市的持续扩张影响了水文循环过程，两者的耦合作用进一步加剧了城市洪涝风险。本研究通过耦合未来城市-区域环境模拟（FUTure city regional environment simulation，FUTURES）模型和城市洪涝风险模型（urban flood risk model，UFRM），对不同未来气候变化和城市扩张情景下青藏高原典型城市（拉萨市和西宁市）的综合暴雨洪涝风险及其变化进行定量评估。

4.3.1 研究数据与研究方法

本节选取青藏高原主要城市（主要包括西宁市、拉萨市、山南市和林芝市）作为研究区域。这些城市由于聚集了大量的人口和财产，是青藏高原受到暴雨洪涝灾害影响较大的区域。其中，拉萨市和西宁市作为青藏高原较大的两个城市，在过去遭受过严重的暴雨洪涝灾害影响，本节着重模拟与分析这两个城市的未来暴雨洪涝灾害。

本节中未来城市-区域环境模拟模型所需的数据包括人口数据、土地利用数据、土地利用变化驱动数据等。历史人口数据来自国家和地方统计年鉴,未来人口数据来自 Chen 等(2020)公布的不同共享社会经济路径(shared socioeconomic pathway,SSP)情景下中国未来人口预测数据集。土地利用数据来自中国科学院资源环境科学数据平台提供的 30m 分辨率土地利用遥感监测数据集。土地利用变化驱动数据包括 GDP 空间分布数据、夜间灯光数据、DEM 数据、路网密度数据、兴趣点(POI)数据等。

UFRM 的输入数据有土地利用数据、降水量数据、土壤类型数据等。历史极端降水数据从气象观测数据获取,未来降水数据来自熊喆和宋长青(2022)提供的不同代表性浓度路径(representative concentration pathway,RCP)情景下青藏高原未来气候数据集。土壤类型数据来自美国橡树岭国家实验室公布的全球水文土壤组分布数据集。所有栅格数据均经过重采样操作将分辨率统一到 30m,详细的数据说明如表 4-4 所示。

表 4-4 研究数据描述与来源

	数据名称	时间	空间分辨率	数据源
未来城市-区域环境模拟模型数据	历史人口数据	2000年、2005年、2010年、2015年、2020年	区/县	统计年鉴
	未来 SSP 情景人口预测数据	2020~2100年	30m	Chen et al.,2020
	中国土地利用遥感监测数据	2000年、2005年、2010年、2015年、2018年	30m	中国科学院资源环境科学数据平台
	GDP 空间分布数据	2015年	1km	中国科学院资源环境科学数据平台
	夜间灯光数据	2013年	1km	中国科学院资源环境科学数据平台
	DEM 数据	2009年	30m	地理空间数据云
	路网密度数据	2015年	矢量	全国地理信息资源目录服务系统
	POI 数据	2015年	矢量	高德开放平台(https://lbs.amap.com)
	拉萨市行政边界数据	2015年	矢量	中国科学院资源环境科学数据平台
UFRM 数据	拉萨气象站降水观测数据	1955~2015年	文本	国家气象科学数据中心(http://data.cma.cn/)
	中国未来降水预测数据	2030~2099年	0.25°	熊喆和宋长青,2022
	水文土壤组分布数据	2015年	250m	美国橡树岭国家实验室(https://daac.ornl.gov)

未来城市扩张模拟采用的是 FUTURES 模型。该模型是一个新兴的城乡景观结构的多层次模拟模型。FUTURES 模型使用耦合子模型生成景观模式的区域预测,这些子模型集成了土地变化的非平稳驱动因素(人均需求、场地点适宜性和空间斑块模拟)。目前 FUTURES 模型已经在未来城市发展形态模拟、城市生态系统服务变化、城市用水需求预

测等方面得到应用。

人均需求模块决定预期的土地变化总量,它基于历史人口和土地发展数据之间的相关关系,创建了一个需求表格,记录在每个分区的每个步骤上转换的细胞数量。本研究利用多层线性回归模型计算人口和城镇开发地区(因变量)之间的关系。

地点适应性是由一组与地点适应性因子相关的系数计算得到的,表达的是某个地块被开发的可能性。这些系数通过分层多元线性规模模型包进行多级逻辑回归得到,系数随着区域的变化而变化。

空间斑块模拟模块是利用随机图斑生长算法(patch-growing algorithm, PGA),以及基于场和对象的表示来模拟土地利用变化情况。PGA通过迭代选址和环境感知的区域生长机制模拟从未发展到发展的变化。模拟每步的变化将开发压力反馈给潜力子模型,从而影响下一步的地点适应性。

暴雨洪涝风险评估方法采用的是UFRM。城市洪水风险分析模块以径流曲线数(SCS-CN)模型为基础,综合土地利用类型与水文土壤组状况对土地透水情况进行评估。在某特定完整降水情景下,得出各处地表径流与径流保留率。模型得出的输出为特定降水情景下各处产生的地表径流 Q 与径流保留率 R。

首先引入梯度因子来校正CN值。修订后的CN值如式(4-5)所示:

$$\mathrm{CN} = \frac{(\mathrm{CN}^* - \mathrm{CN}_0)}{3} \times [1 - 2 \times \exp(-13.86 \times \mathrm{slope}) + \mathrm{CN}_0] \tag{4-5}$$

$$\mathrm{CN}^* = \mathrm{CN}_0 \times \exp[0.00673 \times (100 - \mathrm{CN}_0)] \tag{4-6}$$

式中,CN_0 为未修正前的 CN 值;CN^* 为潮湿土壤预湿润程度下的曲线值;CN 为坡度修正之后的 CN 值;slope 为斜率。

S 是在一定时间内可能的最大滞留量,与土地表面覆盖类型和土壤条件有关。S 可以由修正后的 CN 值按式(4-7)计算得到。

$$S = \frac{25\,400}{\mathrm{CN}} - 254 \tag{4-7}$$

在 UFRM 中,地表径流 Q 可以由式(4-8)得到:

$$\begin{cases} Q = \dfrac{(P - I_a)^2}{(P - I_a) + S}, & P > I_a \\ Q = 0, & P < I_a \end{cases} \tag{4-8}$$

根据水量平衡,可以得到降水与地表径流的关系,如式(4-9)所示:

$$P = I_a + F + Q \tag{4-9}$$

式中,Q 为地表径流,mm;I_a 为径流产生前的降水损失量,mm;P 为单次降水过程的总降水量,mm;S 为产流前流域内径流的潜在最大滞留量,mm;F 为下垫面的总渗透水量,mm。

根据观测资料可以得到经验方程(4-10):

$$\frac{Q}{P - I_a} = \frac{F}{S} \tag{4-10}$$

本研究中引入经验式(4-11)来计算 I_a:

$$I_a = \gamma S, \gamma = 0.2 \tag{4-11}$$

因此，联合式（4-8）~式（4-11），可以得到式（4-12）：

$$Q = \frac{(P-0.2S)^2}{(P+0.8S)} \tag{4-12}$$

I_a 是径流前的降水损失，如植被截留的水和蒸发渗透的水，与土壤性质和下垫面植被覆盖率等因素有关。

该模型获得的另一个输出是特定降水情景下各地的径流截留率 R，计算方法如式（4-13）所示：

$$R = \frac{P-Q}{P} \tag{4-13}$$

最终的模型输出和本研究对象是特定降水情景下各处产生的地表径流 Q 和径流截留率 R。本研究根据 R，将城市暴雨洪涝风险分为极低、低、中、高和极高 5 个等级。

城市暴雨洪涝风险评估技术路线如图 4-16 所示。首先通过比较不同城市历史时期城市洪涝缓解能力；其次对未来城市洪涝缓解能力进行评估，比较不同未来情景下城市洪涝风险的变化情况；最后结合气候变化与土地利用格局的变化情况，分析其对不同城市未来暴雨洪涝缓解能力的影响。

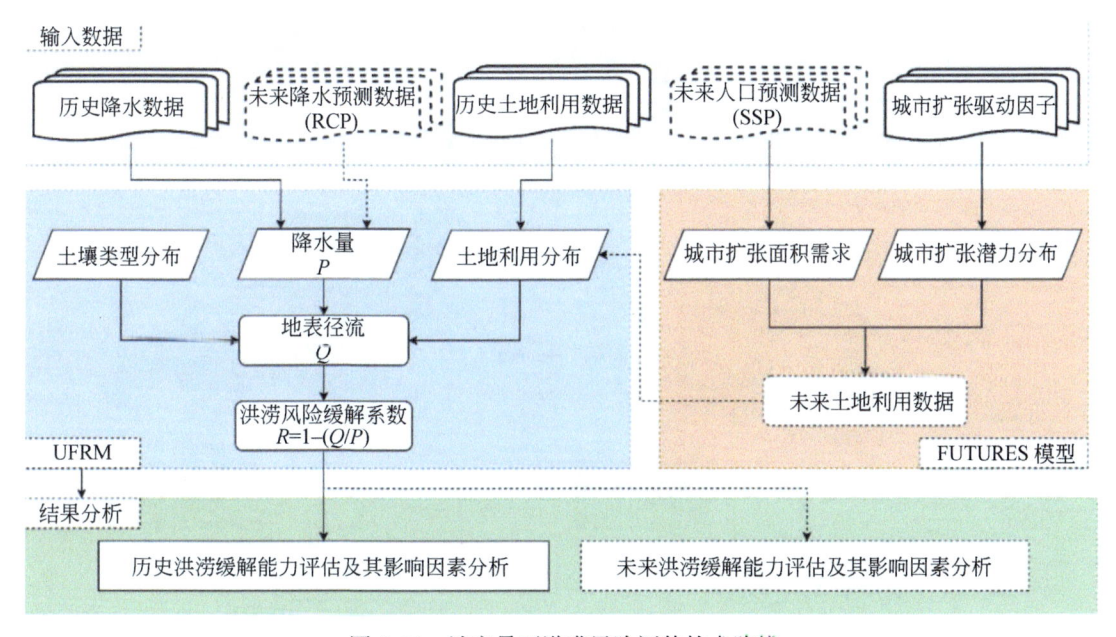

图 4-16　城市暴雨洪涝风险评估技术路线

4.3.2　青藏高原典型城市未来扩张特征

图 4-17 ~ 图 4-20 给出了两种未来气候变化情景，即 SSP245 和 SSP585 情景下拉萨市、西宁市、山南市和林芝市 4 个青藏高原典型城市 2035 年和 2050 年的城市扩张模式。总体来看，在同样的年份和情景下拉萨市和西宁市未来将有比较多的新增城镇用地，而山南市

和林芝市的新增城镇用地比较少。

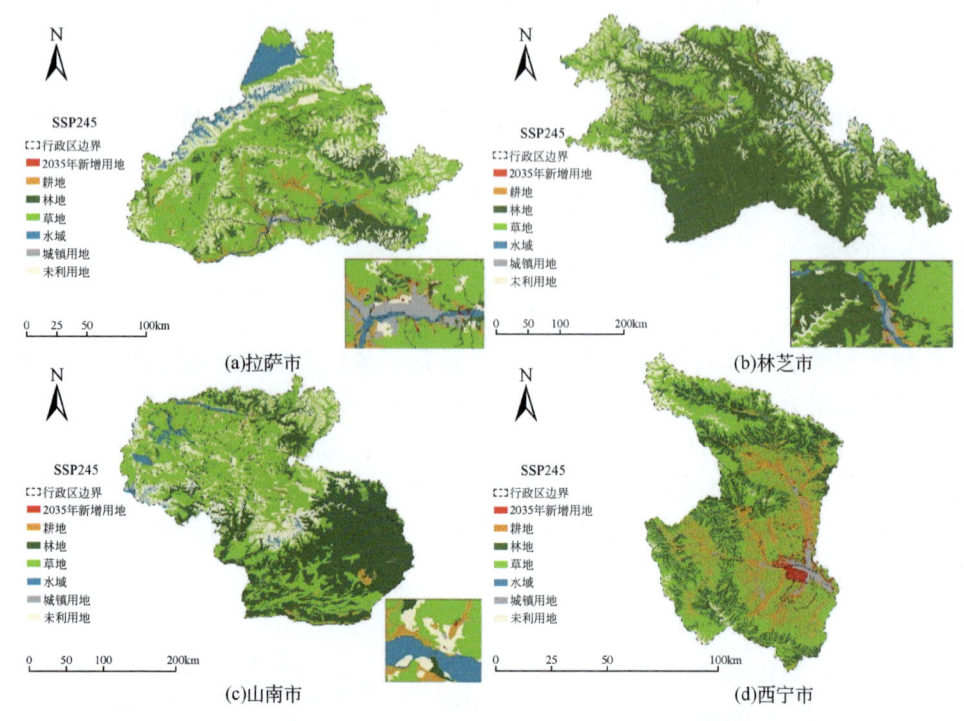

图4-17 SSP245情景下青藏高原4个典型城市2035年扩张格局

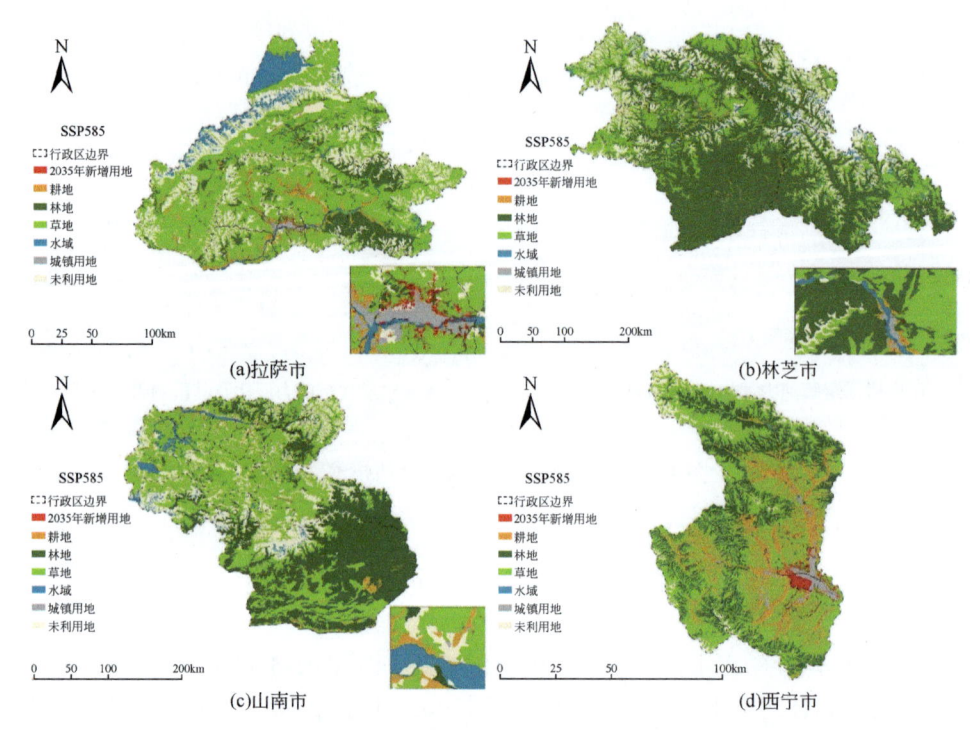

图4-18 SSP585情景下青藏高原4个典型城市2035年扩张格局

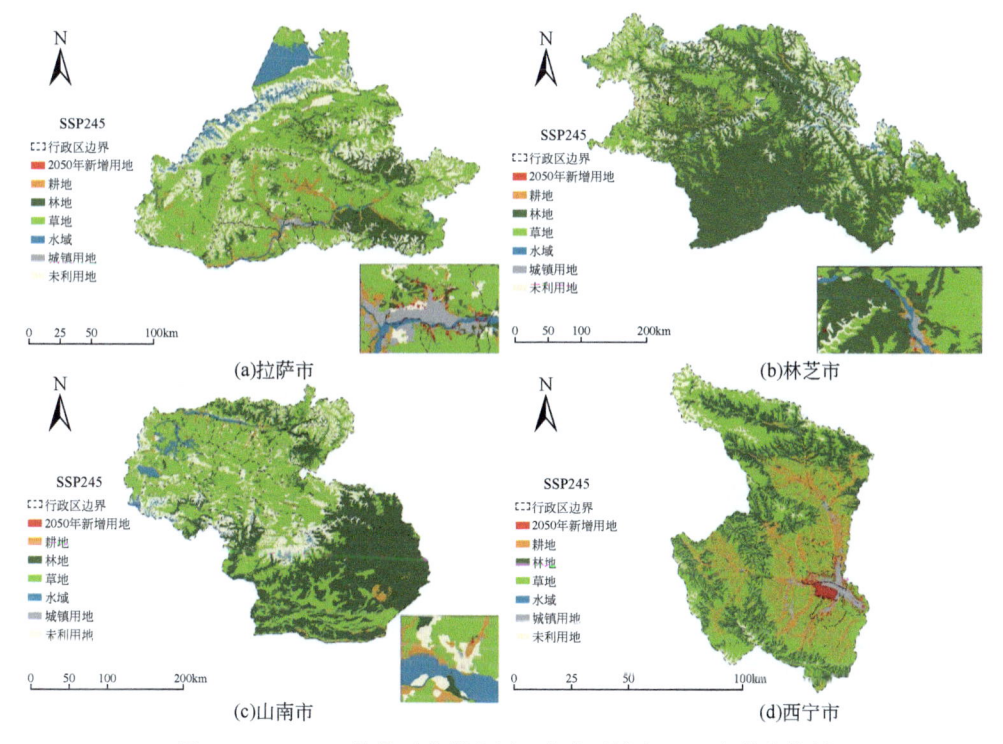

图 4-19　SSP245 情景下青藏高原 4 个典型城市 2050 年扩张格局

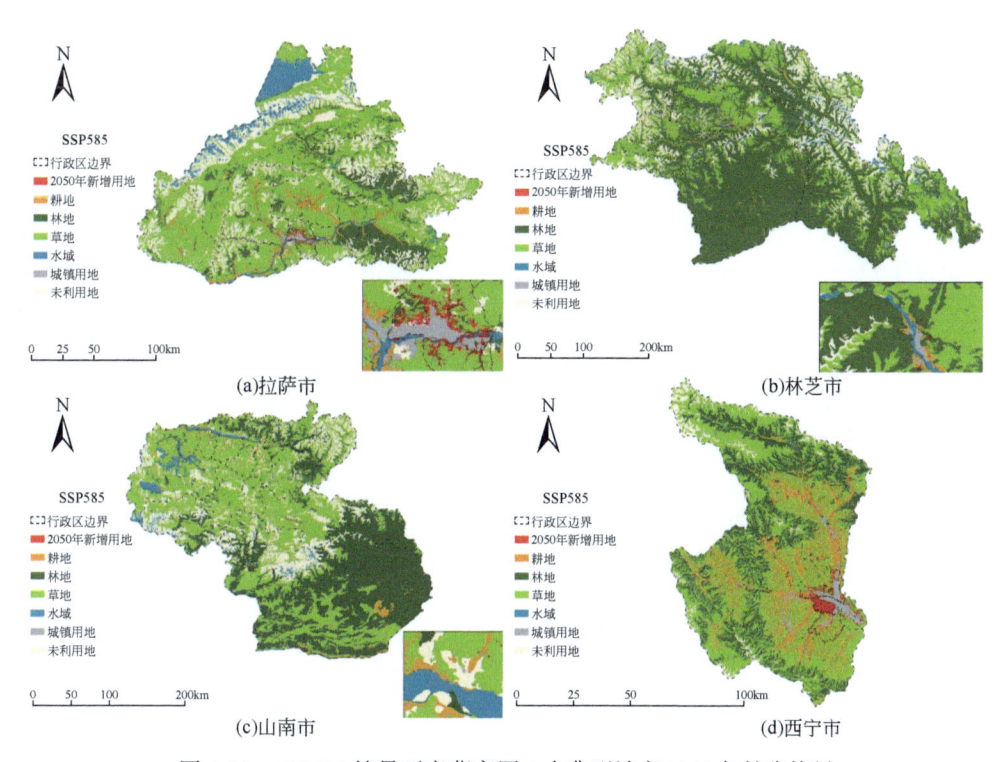

图 4-20　SSP585 情景下青藏高原 4 个典型城市 2050 年扩张格局

具体来看，到 2035 年在两种情景下，拉萨市新增土地面积比较少，主要是围绕原有城市核心建成区向南北两侧扩张。同时，还有少部分新增城镇用地出现在墨竹工卡县城区。从图 4-17（d）和图 4-18（d）可以看出，西宁市的新增城镇用地扩张较为迅速，主要新增地区沿着城西区向湟中区方向发展，同时在西宁市中心沿着 112 省道的东西两侧和 G6 高速两侧也有较多新增城镇用地。此外，郊区县的新增城镇用地主要出现在大通回族土族自治县（简称大通县）的核心区。山南市和林芝市到 2035 年新增城镇用地较为稀少，主要是沿着既有城镇化区域的周边分散发展。

到 2050 年，在 SSP245 情景下，相比于 2035 年拉萨市新增城镇用地面积大幅增加，新增城镇用地聚集在城关区［图 4-19（a）］，SSP585 情景下的新增城镇用地面积较 2035 年也有大幅增加。从图 4-19（d）和图 4-20（d）可以看出，到 2050 年在两种情景下西宁市的新增城镇用地扩张相差不大，新增城镇用地位置与 2035 年的新增城镇用地位置相近，都是沿着城西区向湟中区方向，在 112 省道和 G6 高速两侧发展。此外，郊区县的新增城镇用地主要出现在大通县的核心区。到 2050 年，山南市和林芝市新增城镇用地仍然较为稀少，其主要沿着既有城镇化区域的周边分散发展。

4.3.3 拉萨市典型城市暴雨洪涝风险

拉萨市位于青藏高原中南部，雅鲁藏布江最大支流拉萨河右岸，平均海拔 3600m。拉萨市属高原温带半干旱大陆性气候，多年平均降水量 445.8mm，全年降水集中在 6~9 月，并且多发生在夜间，夜雨率超过 75%（多典洛珠等，2020）。拉萨市地处冲积河谷的下游地区，地形狭长、人口密集，缺少洪水蓄滞区域，容易受到洪水、泥石流等灾害的侵袭。例如，2010 年 7 月，拉萨市持续降水引发洪涝灾害，致使多处防洪堤被冲毁，多处农田、房屋被毁，造成了严重的社会经济损失（赵若和索次，2010）。目前，拉萨河谷底部的平坦地区几乎已经被城关区和堆龙德庆区的城市建设用地占据（Luan and Li，2021）。为了拓展城市发展空间，拉萨市政府提出"东延、西通、南通，一城两翼三区"的发展规划，并开发建设了位于河道中心的太阳岛和仙足岛，进一步增加了城市防洪难度（Tang et al.，2017）。

利用 FUTURES 模型模拟在不同情景下，城关区和堆龙德庆区未来城市扩张情况如图 4-21 所示。总体上看，SSP3 情景下拉萨市未来城市扩张面积最大，而 SSP1 情景下城市扩张面积最小。拉萨市未来城市扩张主要发生在城关区东部的纳金街道和蔡公堂街道，以及堆龙德庆区东部的乃琼街道和柳梧街道。此外，城市扩张对水体的占用主要发生在城关区南部的拉萨河沿岸，对耕地的占用主要发生在堆龙德庆区东部。通过采取水体保护措施，能够有效避免城市发展向河道逼近。在所有 SSP 情景中，采取水体保护措施均会导致城关区东南部和堆龙德庆区东部的城市扩张更加集中。

根据城市扩张模拟结果，拉萨市未来城市扩张集中在城关区和堆龙德庆区，因此本研究主要对这两个地区的未来洪涝缓解能力变化进行分析。这两个区域在不同未来情景下的洪涝缓解能力变化结果如图 4-22 所示。从气候变化情景来看，两个区域在 RCP 8.5 情景下的缓解能力降低程度大于 RCP 4.5 情景。与历史情况相比，城关区洪涝缓解能力在 RCP

图 4-21 城关区、堆龙德庆区未来城市扩张情况

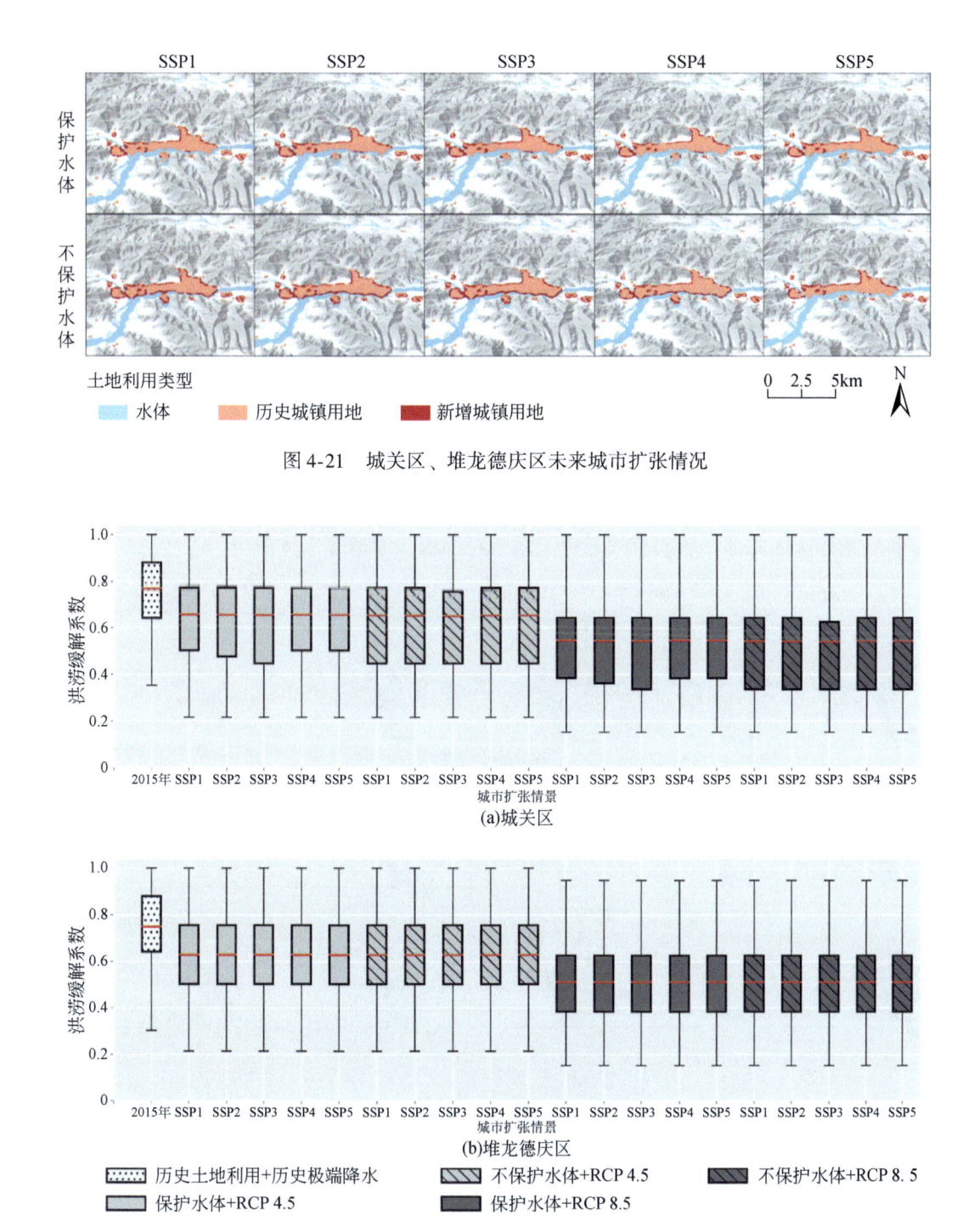

图 4-22 城关区、堆龙德庆区未来洪涝缓解能力变化情况

4.5 和 RCP 8.5 情景下分别降低了 15.01% 和 29.52%，堆龙德庆区洪涝缓解能力则分别降低了 16.16% 和 31.95%，这主要是由于 RCP 8.5 情景下的暴雨降水量是 RCP 4.5 情景下

的 1.5 倍。从城市扩张情景来看，两个区域对不同 SSP 情景的响应存在区别，城关区在 SSP3 情景下暴雨洪涝缓解能力的降低最为严重，而堆龙德庆区在不同 SSP 情景下的洪涝缓解能力差别不大。此外，对城关区而言，在所有 RCP 及 SSP 情景下，通过采取水体保护措施减少了低洪涝缓解能力区域的产生，提高了城关区整体暴雨洪涝缓解能力。而堆龙德庆区洪涝缓解能力对是否采取水体保护措施的响应差别不大。

通过将未来与历史洪涝缓解系数栅格分别相减，得到洪涝缓解系数变化量的空间分布情况，如图 4-23 所示。从空间上看，拉萨市未来城市扩张集中在 4 个区域，分别是城关区的纳金街道和蔡公堂街道，以及堆龙德庆区的乃琼街道和柳梧街道，其洪涝缓解能力均降低 50% 以上。当采取水体保护措施时，洪涝缓解能力降低的区域在空间上更加聚集。但当不采取水体保护措施时，城市的扩张将会导致城关区南部拉萨河沿岸地区洪涝缓解能力急剧降低。此外，RCP8.5 情景下洪涝缓解能力退化程度整体上比 RCP4.5 情景下更加严重。综合来看，新的城市扩张区域在 RCP8.5 情景下的洪涝缓解系数比 RCP4.5 情景下进一步减少了约 10%，说明城市扩张是造成其洪涝缓解能力大幅度降低的最主要原因，而气候变化进一步加大了降低的幅度。采取水体保护措施能够使未来城市扩张聚集到城关区东南部和堆龙德庆区北部，从而有效避免了城市对湿地、河道等水体占用。

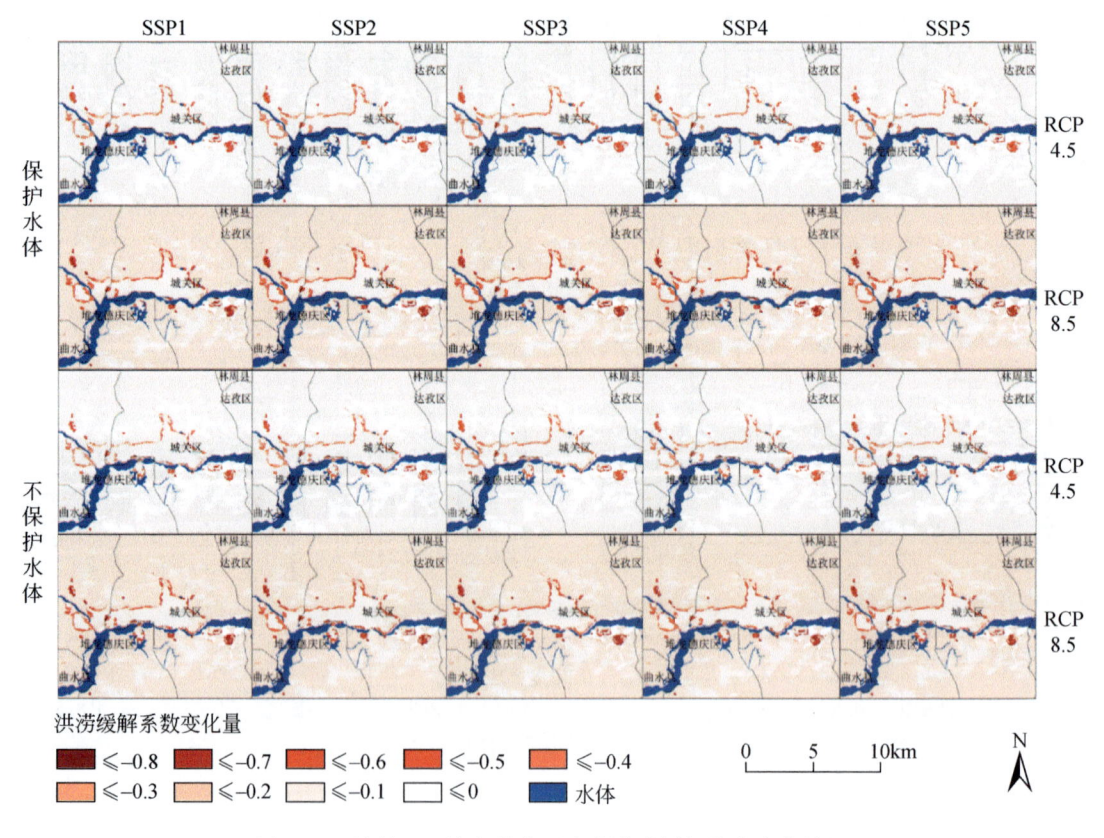

图 4-23　城关区、堆龙德庆区未来洪涝缓解能力变化情况

4.3.4 未来气候变化情景下西宁市城市暴雨洪涝风险

2035年西宁市在SSP245和SSP585两种情景下夏季（6~8月）暴雨洪涝风险呈现较大的差异（图4-24）。在SSP245情景下，西宁市6月的暴雨洪涝风险呈现明显的空间差异。极高风险区主要出现在西宁市城镇化区域。而高风险区主要出现在坡度较缓的山坡草地区域。中风险区主要分布在坡度较高的灌木林。低风险区和极低风险区主要是高海拔的林地。西宁市7月和8月的暴雨洪涝风险空间格局比较相似，大部分区域均是高风险区和极高风险区。极高风险区集中在城镇化区域。大部分中风险区和低风险区零星分布在高海拔的山地。

(a)SSP245 6月　　(b)SSP245 7月　　(c)SSP245 8月

(d)SSP585 6月　　(e)SSP585 7月　　(f)SSP585 8月

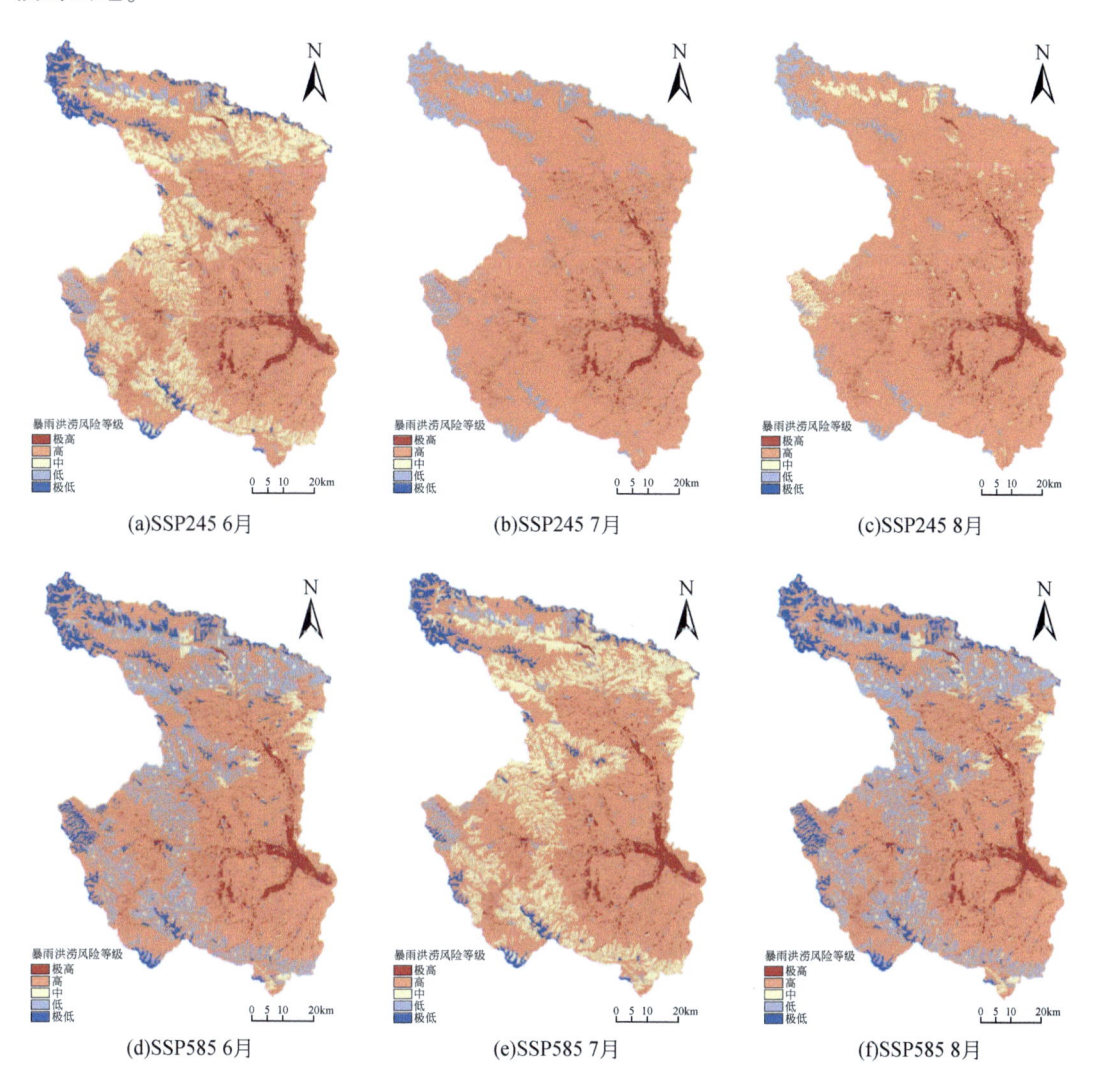

图 4-24　2035年西宁市暴雨洪涝风险分布

但是在 SSP585 情景下，西宁市的暴雨洪涝风险格局与 SSP245 差异较大。6 月和 8 月西宁市在 SSP585 情景下的暴雨洪涝风险格局比较类似。极高风险区仍然集中在城镇化区域，低风险区主要分布在低海拔的山坡草地。中风险区比较少。低风险区和极低风险区主要分布在高海拔的林地。与 6 月和 8 月相比，7 月西宁市暴雨洪涝极高风险区和高风险区分布格局相似，但是不同的是，大部分 6 月和 8 月的低风险区在 7 月变成了中风险区。

通过对比 SSP245 和 SSP585 两个情景可以发现，西宁市 7 月和 8 月在 SSP245 情景下的暴雨洪涝的高风险区和极高风险区分布较广。相比其他两个月份，6 月西宁市的暴雨洪涝风险有所减弱。但是值得注意的是，城镇化区域的暴雨洪涝风险始终很高。

到 2050 年，西宁市在 SSP245 和 SSP585 两种情景下夏季（6~8 月）暴雨洪涝风险差异进一步加大（图 4-25）。在 SSP245 情景下，西宁市 6 月的暴雨洪涝风险呈现明显的空间

(a)SSP245 6月　　(b)SSP245 7月　　(c)SSP245 8月

(d)SSP585 6月　　(e)SSP585 7月　　(f)SSP585 8月

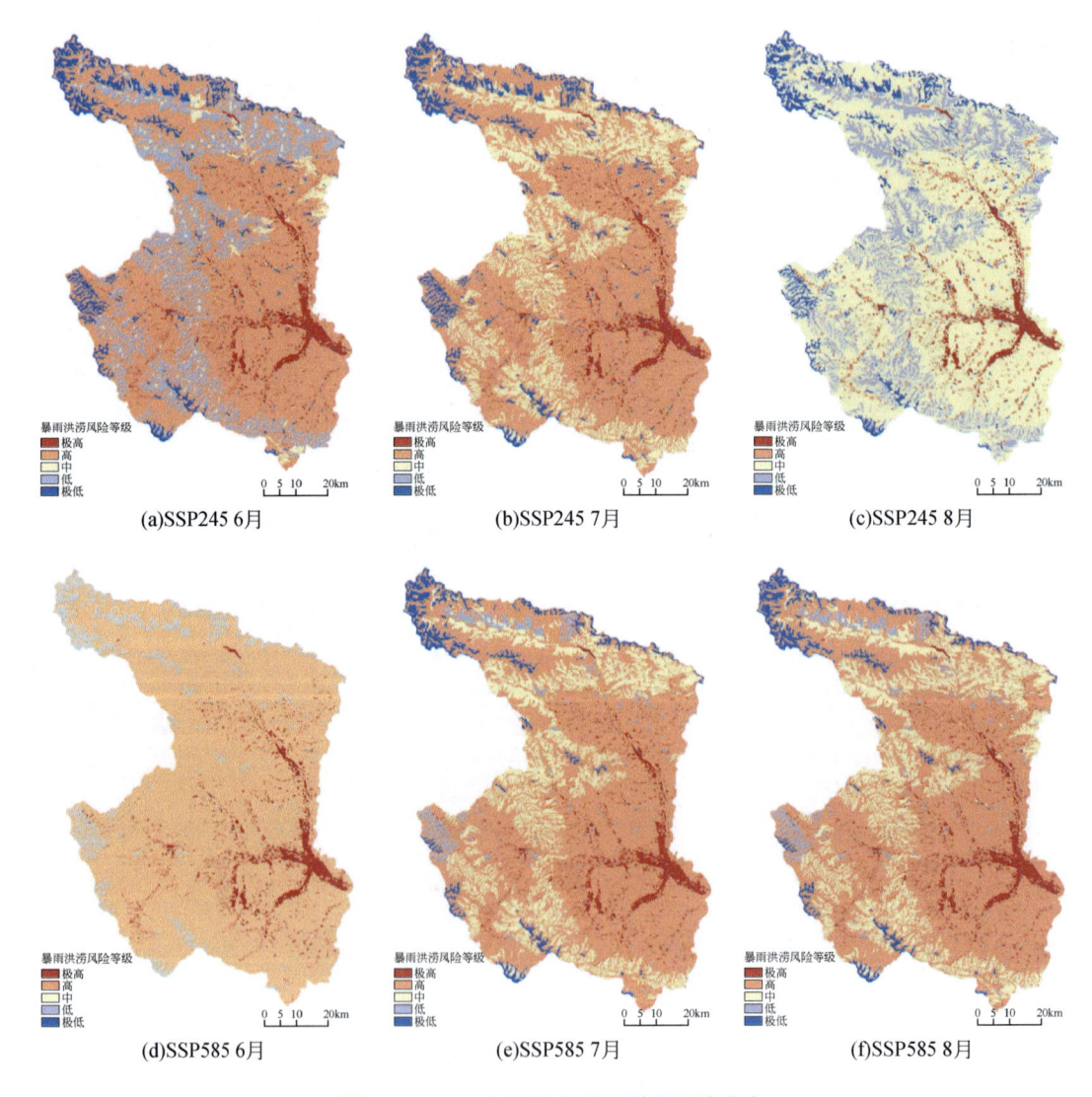

图 4-25　2050 年西宁市暴雨洪涝风险分布

差异。极高风险区主要出现在西宁市城镇化区域。而高风险区主要出现在坡度较缓的山坡草地区域。中风险区比较少,主要分布在大通县境内坡度较高的灌木林。低风险区和极低风险区主要分布在高海拔的林地。西宁市 7 月暴雨洪涝风险分布格局与 6 月比较相似,高风险区和极高风险区的分布格局变化不大,但是原来 6 月的低风险区转变为中风险区域,极低风险区零星分布在高海拔的山地。8 月西宁市的暴雨洪涝风险分布格局比较特殊,大部分区域均属中风险区到极低风险区。

但是在 SSP585 情景下,西宁市 6 月暴雨洪涝风险分布格局与 SSP245 差异较大。6 月西宁市在 SSP585 情景下绝大部分地区是高风险区和极高风险区,仅有少部分低风险区分布在高海拔的林地。7 月和 8 月西宁市暴雨洪涝风险的分布格局基本一致,极高风险区分布在城镇化区域沿着河谷两侧的山坡草地。中风险区、低风险区和极低风险区分布在高海拔林地和灌木地。

对比 SSP245 和 SSP585 两个情景,到 2050 年,西宁市在 SSP245 情景下的暴雨洪涝风险明显小于 SSP585 情景下,尤其在 SSP245 情景下,8 月除了城镇化区域存在高风险区,其他地区暴雨洪涝风险均为中风险以下。而 SSP585 情景下西宁市应该尤其注意 6 月的暴雨洪涝风险。

参 考 文 献

陈德亮, 徐柏青, 姚檀栋, 等. 2015. 青藏高原环境变化科学评估:过去、现在与未来. 科学通报, 60 (32):3025-3035, 1-2.

陈发虎, 汪亚峰, 甄晓林, 等. 2021. 全球变化下的青藏高原环境影响及应对策略研究. 中国藏学 (4):21-28.

程国栋. 2003. 虚拟水:中国水资源安全战略的新思路. 中国科学院院刊, 18 (4):260-265.

多典洛珠, 周顺武, 郑丹, 等. 2020. 2005–2017 年拉萨小时降水变化特征. 干旱区地理, 43 (6):1467.

盖美, 翟羽茜. 2021. 中国水资源–能源–粮食–支撑系统安全测度及协调发展. 生态学报, 41 (12):4746-4756.

郝洁, 李靖瑄, 连子旭, 等. 2024. 青藏高原湖泊面积变化规律及影响要素分析. 水文, 44 (1):112-118.

李海龙, 高德步, 谢毓兰. 2021. 以"大保护、大开放、高质量"构建西部大开发新格局的思路研究. 宏观经济研究, (6):80-92.

南箐, 杨子寒, 毕旭, 等. 2018. 生态系统服务价值与人类活动的时空关联分析:以长江中游华阳河湖群地区为例. 中国环境科学, 38 (9):3531-3541.

孙思奥, 任宇飞, 张蔷. 2019a. 多尺度视角下的青藏高原水资源短缺估算及空间格局. 地球信息科学学报, 21 (9):1308-1317.

孙思奥, 王晶, 戚伟. 2020. 青藏高原地区城乡虚拟水贸易格局与影响因素. 地理学报, 75 (7):1346-1358.

孙思奥, 郑翔益, 刘海猛. 2019b. 京津冀城市群虚拟水贸易的近远程分析. 地理学报, 74 (12):2631-2645.

熊喆, 宋长青. 2022. 对流解析区域气候模式对青藏高原降水模拟能力的研究. 北京师范大学学报(自然科学版), 58 (2):337-347.

张镱锂, 李炳元, 郑度. 2002. 论青藏高原范围与面积. 地理研究, 21 (1):1-8.

赵若，索次. 2010-07-16. 拉萨部分县区遭受洪涝灾害：受灾地县、乡 政府及时组织抢险，干部群众积极投入防汛抢险中. 拉萨晚报，（9）.

周思儒，信忠保. 2022. 近20年青藏高原水资源时空变化. 长江科学院院报，39（6）：31-39.

AllanJ A. 2003. Virtual water-the water, food, and trade nexus. Useful concept or misleading metaphor?. Water International, 28（1）：106-113.

Chen Y D, Guo F, Wang J C, et al. 2020. Provincial and gridded population projection for China under shared socioeconomic pathways from 2010 to 2100. Scientific Data, 7（1）：83.

Immerzeel W W, van Beek L P H, Bierkens M F P. 2010. Climate change will affect the Asian water towers. Science, 328（5984）：1382-1385.

Luan W F, Li X. 2021. Rapid urbanization and its driving mechanism in the Pan-Third Pole region. Science of the Total Environment, 750：141270.

Pritchard H D. 2019. Asia's shrinking glaciers protect large populations from drought stress. Nature, 569（7758）：649-654.

Qiu J. 2008. China：the third pole. Nature, 454（7203）：393-396.

Tang W, Zhou T C, Sun J, et al. 2017. Accelerated urban expansion in Lhasa City and the implications for sustainable development in a plateau city. Sustainability, 9（9）：1499.

Zheng H R, Zhang Z K, Wei W D, et al. 2020. Regional determinants of China's consumption-based emissions in the economic transition. Environmental Research Letters, 15（7）：074001.

第 5 章 甘南高原农业农村发展现状与典型模式[*]

甘南高原是青藏高原重要组成部分，是国家确定的生态主体功能区和生态文明先行示范区，被称为"青藏高原的窗口"和"藏族现代化的跳板"。甘南高原范围包括夏河县、碌曲县、玛曲县、迭部县、舟曲县、临潭县、卓尼县及合作市，国土总面积 4.5 万 km²。近年来，在乡村振兴战略有效实施、持续推进生态文明建设及实施"一十百千万"工程等政策支持和需求驱动背景下，甘南高原乡村新产业新业态蓬勃发展，人居环境质量明显改善，农村人均可支配收入逐年提高，农业农村经济社会发展不断跃迁。

5.1 甘南高原农村发展基础条件

5.1.1 自然环境条件

从地理位置来看，甘南高原地处青藏高原东北边缘、中国地势第一级阶梯向第二级阶梯的过渡地带，地处青藏高原东北边缘与黄土高原西部过渡地段。境内高山草甸和草原分布广阔，多数区域海拔超过 3000m，年均温度普遍低于 3℃，年均降水量 400～700mm，呈现典型高寒气候特征。从地质构造来看，甘南高原位于秦岭与昆仑两个地槽褶皱系的交接部位，大部分属秦岭地槽褶皱系，西南部属松潘-甘孜地槽褶皱系，境内山地与高原相间，形成山原区、高山峡谷区和山地丘陵区等地貌类型区。特殊的自然气候环境孕育形成独特的高寒草地，其在自然生态系统协同进化过程中演化构成独具高原特色的高寒草地畜牧业生产系统和生态适应性放牧体系，形成以畜牧业为主的高原草地农牧交错发展地（伍光和，2010；魏伟等，2020）。然而，草原牧区由于严酷的自然环境，单位面积土地生产力低下，气候、地形等自然条件对人类生计影响较大。

5.1.2 人文社会条件

从地域文化来看，甘南州既是农耕文化、商业文化与游牧文化的交汇区，又是儒家文化、伊斯兰文化及藏传佛教文化的交汇区；从地缘位置来看，甘南州位于古代中国核心区与边远区的交界地带，历史上既是中原民族向西扩张和高原民族挥师东进的跳板，又是汉藏经济、文化交流的前沿地区，被称为"汉藏走廊"。甘南州经济基础相对薄弱，社会发

---

[*] 本章作者：尹君锋、宋长青。

育程度有待提高，基础设施建设相对滞后等问题较为突出，在农村发展过程中也同样面临着发展挑战。2022 年，甘南州农村人口数 38.09 万人，农村人口数占比为 55.71%。相较于 2010 年，农村人口数减少 14.03 万人，农村人口数占比下降 19.83 个百分点（图 5-1）。农村人均可支配收入由 2010 年的 2688 元增加到 2022 年的 10 833 元，同期农村人均消费支出则由 2274 元增长到 8734 元（图 5-2），乡村经济社会发展取得长足进步。甘南高原乡村聚落规模小、密度低，乡村产业结构相对单一（王录仓和高静，2012）。在自然和人文要素的交互作用下，甘南高原乡村社会经济系统极易遭受风险影响且恢复能力较差，这严重制约着其可持续发展（赵雪雁和李巍，2019）。

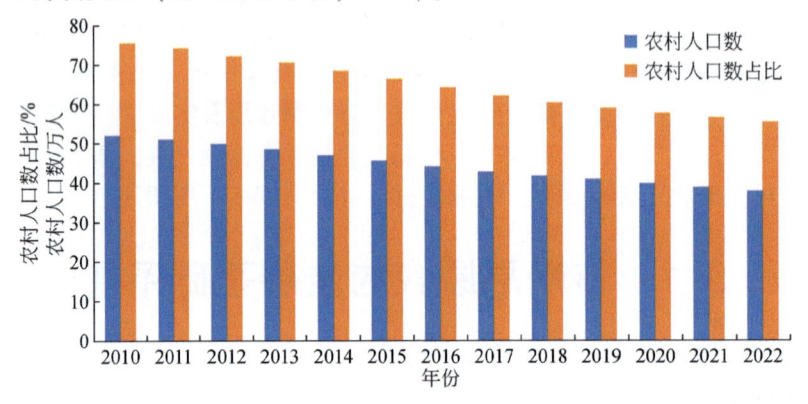

图 5-1　甘南州农村人口状况
资料来源：甘肃统计年鉴

图 5-2　甘南州农村人口收支情况
资料来源：甘肃统计年鉴

5.2　甘南高原乡村经济空间重构演变阶段与特征

近年来，甘南高原乡村经济空间呈现出显著的转型与重构态势，乡村空间商品化驱动下甘南高原乡村经济空间重构过程在不同时段不同经济社会背景下呈现出差异化方式与路径。因此，本研究系统分析不同阶段乡村空间商品化作用过程，总结并阐述甘南高原乡村经济空间重构的演变特征（图 5-3）。

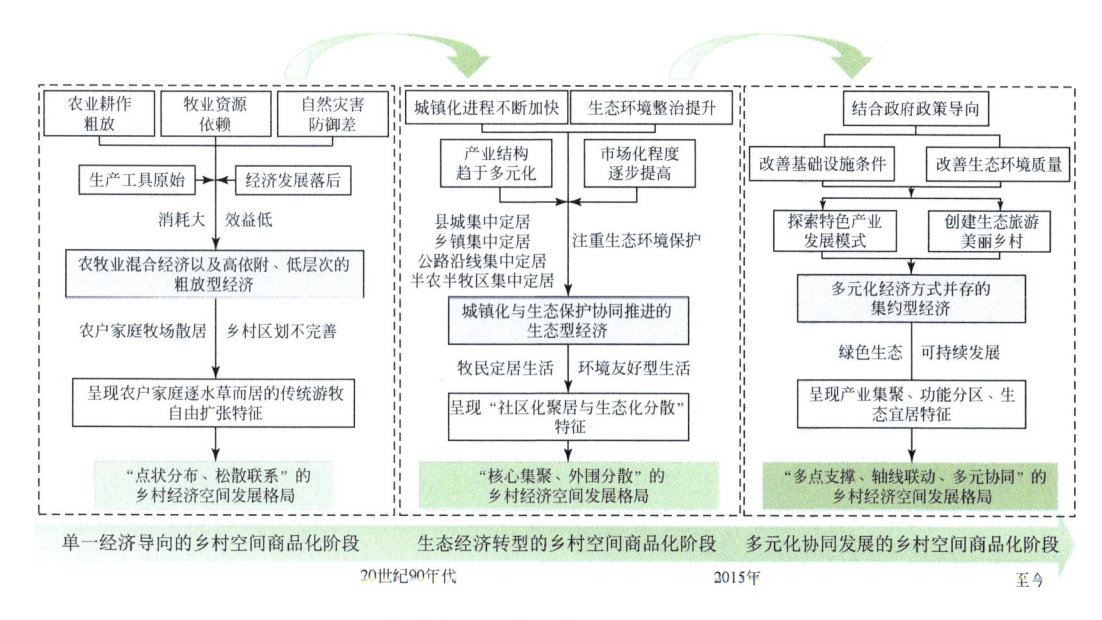

图 5-3　甘南高原乡村经济空间发展历史演变过程

5.2.1　单一经济导向的乡村空间商品化阶段（1949年~20世纪90年代中后期）

中华人民共和国成立前，乡村地域长期处于自然经济发展阶段，基本形成"靠天吃饭、靠天养畜"的农牧业空间单一经济发展模式，呈现出农业耕作粗放、生产工具原始以及自然灾害抵御能力差等显著特点（卓玛措和赵大有，2012）。中华人民共和国成立后，甘南高原在社会、经济和文化等多方面均取得了显著进步，但农牧业仍作为该地区支柱产业，对区域经济社会发展起到了重要的支撑作用。甘南高原由于历史上长期处于部落制社会和宗教领袖管理下，未形成固定的区域区划。为了维护民族团结和稳定，政府在民族地区实行特殊的行政区划和管理制度。在甘南高原这一政策体现为较为简化的行政区划，乡村级别的行政划分并不明显，加之该地区社会经济发展水平相对较低，农牧业生产方式和交通通信条件有限，在一定程度上也限制了行政划分的细化和完善，造成甘南高原乡村地域经济发展并不突出。总体上，甘南高原乡村发展长期处于逐水草而居的传统游牧阶段，主要依赖传统的农牧业生产活动，呈现出典型的以游牧业为主导特征的分散式生产模式。受自然条件、文化观念和农牧民知识水平等因素的影响，甘南高原产业结构单一，生产方式粗放，乡村经济发展滞后（尹君锋等，2022；蔺明芳等，2024），主要以发展乡村农牧产业的单一商品化形式实现乡村经济发展，具有规模小、层次低、效益差、产业链短等特点。这种单一经济导向的乡村空间商品化发展不仅难以抵御市场风险，还不利于农牧业经济的可持续发展。综上，这一时期甘南乡村经济发展形态体现为农牧业混合经济以及高依附、低层次的粗放型经济，空间形态则呈现出以农户家庭为单位逐水草而居的传统游牧自由扩张特征，形成"点状分布、松散联系"乡村经济空间发展格局。

5.2.2 生态经济转型的乡村空间商品化阶段（20 世纪 90 年代中后期~2015 年）

20 世纪 90 年代中后期，受甘南高原牧区城镇化进程不断加快、市场化程度逐步提高、产业结构趋于多元等的影响，尤其在地方政府开始实施"牧民集中定居工程"和社会主义新农村（新牧区）建设政策后，甘南高原经历了系列深刻的社会和经济变革（马亚美和杨勇，2020）。世代逐水草而居的甘南高原牧民跃下马背开始定居生活，呈现出从牧场分散居住的游牧生活方式向牧业村落及小型城镇集中定居的新兴生活方式转变的趋势，政府引导式集中定居与牧民自发式进城定居两类方式为甘南高原乡村经济空间的活化与多元化发展提供了增长点。从游牧散居到集中定居的过程改变的不仅是生产生活方式，还是甘南高原经济格局的再重塑化过程。定居方式的改变促使甘南高原乡村劳动力自由流动与消费空间转移。一方面，甘南高原生态环境逐渐改善使生态空间逐步转变为商品，其消费程度逐渐加深，推动乡村经济空间生态化发展。另一方面，县城集中定居、乡镇集中定居、公路沿线集中定居、半农半牧区集中定居等方式不断推进甘南州城镇化进程，围绕定居点布局如餐饮业、畜牧业深加工等相关产业，促进产业链的形成和延伸，重塑乡村经济空间格局。因此，这一时期甘南州乡村经济发展形态体现为城镇化与生态保护协同推进的生态型经济发展，空间形态则呈现"社区化聚居与生态化分散"特征，形成"核心集聚、外围分散"的乡村经济空间发展格局。

5.2.3 多元化协同发展的乡村空间商品化阶段（2015 年至今）

2015 年以来，甘南高原紧密结合不同时期的政策内涵与导向，创新性地探索和摸索出甘南高原乡村建设的"甘南方案"和"甘南样本"，推动了甘南高原乡村经济空间的快速重构。2015 年以来，甘南藏族自治州人民政府以"环境革命"为突破口，积极倡导并实施"全域无垃圾"发展目标，极大地改善了甘南高原生态环境质量，并以此为契机开展"五无甘南"建设行动，系列举措为甘南高原乡村空间商品化发展夯实了重要环境基础。依托于甘南高原旅游市场的不断开发与拓展，在市场化环境中地域独特景观功能伴随着空间商品化过程由生产性功能主导向消费性功能主导转变，促使甘南高原乡村经济空间快速重构。自 2017 年以来，甘南高原以生态环境为基底，大力发展甘南高原农牧村经济，建设了以"生态人居、生态经济、生态环境、生态文化"为核心的四大工程，积极评选和命名众多国家级、省级生态乡镇和生态村，其中尕秀村被人民网评选为改革开放 40 年来全国 49 个"美丽乡村"样板之一。在甘南高原生态化导向建设背景下，甘南高原乡村持续展现出其独特的空间消费性功能，而且这一功能正积极推动甘南高原乡村生态空间向商品化方向发展。截至 2022 年底，甘南州累计投资 198.5 亿元，成功建设了 2121 个生态文明小康[①]。同时，

[①] 甘南藏族自治州成立七十周年 感恩奋进新时代 同心筑梦新征程（https://www.tyzxnews.com/static/content/SZGZ/2023-08-08/1138475696805650432.html）。

在旅游市场需求拉动、当地政府合理引导、巧工能匠政策激励下,地方政府、涉农企业、村集体及农牧民等行为主体积极参与到高原生态旅游发展中,市场导向的农业生产、高原品牌化建设、农牧产品深加工、电子商务平台、合作社集体经济建设等推动乡村经济空间重构进入繁荣期。另外,在甘南高原乡村特色产业发展上甘南州也逐步探索出独具模式的发展道路,按照"一村一品""一家一特""龙头企业+农户+基地+合作组织"的特色产业发展模式,牧区重点发展牦牛藏羊、奶牛养殖、牛羊育肥等特色产业,位于旅游景区和公路沿线的农牧民则依托地理优势发展"农家乐""牧家乐",在多元力量合作博弈下乡村经济空间价值不断提升,经济空间重构路径逐渐多样化。因此,这一时期甘南高原乡村经济发展形态体现为多元化经济方式并存的集约型经济,空间形态则呈现出以产业集聚、功能分区、生态宜居为特征,形成"多点支撑、轴线联动、多元协同"的乡村经济空间发展格局。

5.3 甘南高原农业农村发展现状与模式

5.3.1 农牧业发展现状与特征

(1) 高原特色种植业快速发展,种植结构不断优化

一是高原特色种植业种植面积增加。2019 年,甘南州农作物种植面积为 116.08 万亩[①],比 2018 年增加 12.57 万亩,增长 12.15%。其中,粮食种植面积为 63.57 万亩,经济作物种植面积 43.52 万亩,青饲料种植面积 8.99 万亩,分别比 2018 年增加 5.67 万亩、6.72 万亩和 0.18 万亩。主要经济作物中药材、蔬菜种植面积分别达到 24.52 万亩、1.63 万亩,比 2018 年分别增加 5.16 万亩和 0.14 万亩。二是种植结构不断优化。2019 年甘南州粮食、经济作物、青饲料种植结构为 54.76:37.49:7.75;与 2016 年的 61.84:37.03:1.13 相比,粮食种植面积下调 7.08 个百分点,经济作物和青饲料种植面积分别提升 0.46 个百分点和 6.62 个百分点。三是设施农业取得长足发展。从 1992 年开始,甘肃在农业生产中大力推广发展设施农业。甘南州结合实际积极响应甘肃号召,大力发展设施农业。先后推行地膜小麦、洋芋、玉米、中药材种植技术,2019 年,甘南州塑料薄膜覆盖面积达到 15.29 万亩,比 2016 年增加 2.93 万亩,增长 23.71%。2009 年开始在甘南州大力推广蔬菜温棚和塑料大棚建设,到 2019 年甘南州蔬菜温棚和塑料大棚为 2171 个,面积为 1090 亩。设施农业的加快发展使甘南州农业实现了作物全年生产、多季收获、高产高效的生产模式,大大提高了土地产出率。四是种植业效益显著提升。2019 年甘南州粮食、油料、中药材、蔬菜总产量分别达到 10.51 万 t、2.18 万 t、5.49 万 t、2.08 万 t,与 2016 年相比分别增长 11.67%、10.66%、29.79% 和 31.64%。农林渔牧业增加值由 2014 年的 25.89 亿元增加到 2022 年的 42.42 亿元,总增加 16.53 亿元,增长 63.85%。

---

① 1 亩 ≈ 666.67m²。

(2) 畜牧业生产长足发展,首位产业优势凸显

自改革开放以来,甘南州畜牧业紧紧围绕完善草畜体制改革,开展畜牧业配套设施建设,大力推广养殖科技,不断加大畜牧业资金投入,使畜牧业开始由自给型经济向商品型经济转变,由粗放型经营向产、加、销一体的现代化方向迈进(付雨鑫和陈东,2020)。近年来甘南州不断实施"农牧互补"战略,加快推进牦牛、藏羊等五大产业示范区试点村建设,培育各类专业养殖户、联户牧场、养殖小区,发展农牧业专业合作社。加快畜群结构调整,围绕牦牛、犏牛和藏羊繁育试点村建设,大力开展牦牛、藏羊品种选育和提纯复壮,提高良种比例。一是畜牧产业不断带动设施养殖业发展。甘南州积极推动牦牛藏羊繁育、犏雌牛奶牛养殖、牛羊育肥、特色养殖4个产业带建设。随着产业带建设的不断深入,各县市依托产业带培育发展了一批具有高原特色的养殖场、专业养殖合作社、养殖户,传统草原放牧养殖方式逐步转向圈养舍饲,使甘南州设施养殖得到了一定发展。随着设施养殖业的发展和牛羊育肥基地的建成,牲畜饲养周期、出栏率和商品率大幅提高。2019年甘南州各类牲畜肉畜出栏数量达到221.38万头,出栏率达到60.99%。二是不断优化优质精良品种畜群结构。2017~2019年核减牲畜存栏29.2万头,核减后2019年甘南州各类牲畜存栏355.47万头。随着淘汰落后畜种、核减牲畜存栏,畜群结构得以精良,草畜矛盾得到缓解。同时,养殖结构也在发生变化,畜牧业生产效益不断提升。猪、牛、羊养殖比例由2016年的4.74∶36.9∶56.84调整为2019年的4.98∶38.51∶54.87。随着畜群结构的进一步优化,畜产品产出量不断增加。2019年甘南州主要畜产品肉类、牛奶、绵羊毛、鲜蛋产量分别达到9.7万t、10.23万t、0.19万t、0.20万t,与2016年相比分别增长30.37%、20.92%、-9.52%、66.67%。三是养殖户畜牧养殖管理水平不断提升。近年来农牧民重视畜牧业生产的管理,冬春季"两乏关"期间不断加大对老弱幼畜的舍饲力度,产仔成活率、成畜保活率均得到大幅提高。2019年甘南州各类牲畜产仔成活率和成畜保活率分别达到96.01%和98.62%。2017年以来,畜产品收购价和市场价格都呈上扬趋势。部分县人民政府在落实草原奖补政策时给予不同额度奖励,刺激了农牧民加强养殖管理和实时出栏的积极性。2019年甘南州畜牧业增加值达到31.35亿元,比2016年净增加7.53亿元,增长31.61%。农、林、牧生产结构由2016年的14.58∶7.62∶72.05变为2019年的19.55∶4.1∶71.52。第一产业首位产业的畜牧业生产地位在逐步稳固。

5.3.2 甘南高原农村发展的典型模式选择

(1) 电商经济型

甘南州顺应数字经济发展趋势,积极树立高原特色农牧产品品牌形象,培育新业态、新场景,加快高原特色农产品网络阵地建设,构建协同、创新、高效的农村电商生态圈,不断实现特色农产品网络经济跨越式发展。甘南州近年来以电子商务进农村建设为抓手,在全州88个贫困乡镇284个贫困村大力推进农牧村电子商务发展,着力构建线上线下相结合的农牧产业电商流通体系。截至2020年底,甘南州共建成91个乡(镇)级电子商务服务站,446个村级电子商务服务点,实现电子商务服务中心基本全覆盖。目前,甘南州已建成甘南州电子商务孵化园、"藏宝网"、"拉卜楞网城"、淘宝"特色中国·甘南馆"

等电子商务平台、微信平台、APP 社区服务平台以及信息网站共计 48 家，初具规模的电商企业共计 73 家，小规模微店和网店共计 1000 余家，直接带动 4000 多名贫困人口实现增收。甘南农村居民积极以当地特色农副产品、洮砚、刺绣、木雕、中药材等产品为主，在淘宝、阿里巴巴等网络平台开通店铺进行网络销售，甘南州农村电子商务产业和平台建设形成强劲的发展势头，逐步完善"电商+公司+基地+农户"的网络经营模式。

(2) 全域旅游开发型

甘南州利用当地自然资源和民族民俗文化特色，形成了一条具有时代特征、高原特点、甘南特色的乡村旅游发展之路。境内原生态自然景观资源丰富，特别是广袤草原随处可见。以拉卜楞、冶力关、扎尕那、腊子口、俄界、大峪沟、拉尕山、阿万仓、尕海湖、当周草原"十大景区"为空间坐标，开发参与性、体验性、娱乐性、互动性文化旅游新业态塑造甘南地区旅游形态，依托较大型景区开发的旅游开发型乡村成为乡村可持续发展的地域模式。同时，乡村田园生活和自然景观满足了城市居民回归自然和休闲的身心需求，并且表现出短期、近距离、体验式和自驾式等需求特点，逐渐开发形成景区开发、民宿、农庄等多种旅游经营方式。甘南州不断优化文旅发展环境，积极打造点上抓景区、线上抓景点、面上抓景色、空间抓布局的发展思路，推动甘南州旅游发展。甘南州近年来全力打造 7 条特色精品文化旅游风情线，为甘南州乡村发展带来机遇。2022 年，建设文化旅游标杆村 17 个、全域旅游专业村 103 个、生态文明小康村 218 个。

(3) 现代农业型

甘南高原部分乡村受区位、自然和交通条件限制，难以集聚第二产业，农业现代化和打造"一村一品"特色是其乡村发展的主要方式。甘南高原东北部山地丘陵区以及东南部高山峡谷区受自然地貌因素限制，重点建设中藏药材、高原夏菜、优质青稞、杂交油菜、经济林果等产业，培育果品、蔬菜、食用菌、中藏药材等特色产业，通过集中破碎分散的农地进行统一经营和管理，提高农业生产效率。围绕打造高原有机农牧产品新高地、建设全国绿色农畜产品生产基地和中国牦牛乳都，重点发展牦牛、藏羊、土鸡、土蜂等特色养殖产业。近年来，随着地方政府产业政策支持力度的加大与经济社会的快速发展，催生农业龙头企业和专业市场等经济组织通过规模整合、技术传播和市场组织，带动小农户发展现代农业，成为农业现代化经营主体之一。同时，以专业合作社和龙头企业为主体，实现专业化布局、产业化经营、规模化生产，龙头企业通过与企业和农户的纽带——农业合作社紧密配合形成"公司+合作社+农户"农业产业化发展模式。甘南藏族自治州人民政府近年来落实到位各级财政资金 8000 余万元，扶持农牧民合作社 329 个，甘南州家庭农场达到 1961 家。

5.3.3 农业农村发展面临的挑战与问题

"十四五"时期，甘南高原农业农村发展正处在多重机遇的叠加期，党的二十大、习近平总书记对甘肃做出的一系列重要讲话重要指示批示、甘肃省第十四次党代会、甘肃省委十四届二次全会等决策部署为农业农村发展指明了方向。甘南州历届政府在"三农"方面的投入逐年增加，通过加大农业基础设施建设，积极推行家庭联产承包责任制，牲畜、草场到户经营责任制,集体林权改革责任制,认真落实各项强农惠农政策,深入实施"农牧互补""精准扶贫精准脱贫"等一系列战略措施,使甘南州农牧业在自然条件严酷、自然灾害频繁、基础条件薄弱等不利因素的影响下,始终保持持续稳定发展的好势头,农牧业得到全面发展。当前经济发展进入新常态后,城镇化进程的不断加快、农牧业供给侧结构性改革的不断推进和乡村振兴战略的深入实施以及全省"和美乡村"创建行动的确定和实施为甘南州农业农村的建设和高质量发展提供了新机遇。农牧业生产结构不断优化,传统农牧业向现代农牧业加速转变,为保持经济的平稳较快增长和农牧村社会和谐稳定奠定了坚实的基础。但目前甘南州农业农村发展相对滞后、体制机制创新力度不够、区域内部发展不平衡不充分等矛盾仍然突出。

(1) 农村经济总量稳定增加,但第一产业占比总体下降

2022年,甘南州第一产业增加值完成43.83亿元,比2021年增长4.67%。纵观近十余年发展历程,第一产业增加值总量呈逐年稳步增长趋势,但占GDP的比例由2012年的29.62%降到2022年的23.68%,总体上呈现出下降趋势。种植业、林业、畜牧业结构由2012年的39.56∶2.21∶58.23调整到2022年的21.77∶8.66∶69.57。种植业比例下调17.79个百分点,林业和畜牧业分别提升6.45个百分点和11.34个百分点。分县市按第一产业增加值总量排序,2012年依次为夏河县1.46亿元、卓尼县1.39亿元、舟曲县1.34亿元、玛曲县1.33亿元、临潭县1.12亿元、迭部县0.79亿元、合作市0.73亿元、碌曲县0.70亿元。2022年县市排序依次为玛曲县5.09亿元、夏河县4.81亿元、卓尼县4.34亿元、舟曲县3.79亿元、临潭县3.48亿元、碌曲县3.03亿元、迭部县2.64亿元、合作市2.07亿元。

(2) 甘南州作物种植结构调整速度缓慢,县域差异较大

随着农业供给侧结构性改革的不断深入,在政府引导和比较效益的驱使下,农民对种植高产高效经济作物的意向也不断增强。近年来甘南州农业种植结构在不断优化,然而县域之间种植结构调整进程并不同步。2019年临潭县、卓尼县经济作物种植面积占农作物种植总面积的比例分别达到了53.97%、52.62%,分别高出甘南州总体水平16.48个百分点和15.13个百分点,舟曲县、迭部县分别达到30.18%和30.13%,分别低于甘南州总体水平7.31个百分点和7.36个百分点,经济作物种植比例低于30%的县市有夏河县、合作市、碌曲县,分别为23.65%、23.59%和16.79%,分别低于临潭县30.32个百分点、30.38个百分点和37.18个百分点。由于大部分县市种植结构调整缓慢,在很大程度上影响了甘南州全域农作物种植结构调整步伐。

(3) 舍饲养殖规模小,草畜矛盾依然突出

草原基础设施建设不断完善,草原畜牧业发展方式逐步转变,草原生态恶化趋势得到初步遏制,但草畜矛盾依然突出。从舍饲养殖规模来看,甘南高原地区养殖户数量有限,并且大部分养殖户采用传统的放牧方式,现代化舍饲养殖模式不普遍,甘南高原地区的舍饲养殖规模占畜牧业总产值的比例较小。2019年甘南州各类牲畜存栏355.47万头只,折合789.41万羊单位。其中,设施养殖只有50.81万羊单位,仅占总羊单位的6.44%,与甘肃核定的甘南州天然草原理论载畜量红线相比还超载180.6万羊单位,草畜矛盾依然突出。

（4）牲畜生产基数持续减小，生产增长空间收窄

随着草原生态保护工作的不断推进，国家大力实施新一轮的草原生态补奖政策，鼓励牧民群众扩大出栏，减少牲畜存栏，减轻草原放牧压力，保护草原生态。根据《甘南藏族自治州草畜平衡条例》和《甘南州2017年草畜平衡超载牲畜核减工作安排意见的通知》（州政发〔2017〕36号）精神，甘南州计划用3年（2017~2019年）时间核减超载牲畜97.65万羊单位。实际上2016年由于第三次全国农业普查主要数据衔接后甘南州各类牲畜年末存栏384.67万头（匹、只），经过3年核减了29.2万头（匹、只），折合44.6万羊单位。到2019年末，各类牲畜存栏355.47头（匹、只），相应年末适龄母畜也减少12.81万头（匹、只）。按正常的繁殖率计算，由于生产基数缩减，甘南州各类牲畜将少产仔10万头（匹、只）左右，总增数减少，出栏数也将相应下降。受2010~2020年连续增长的高基数和低生产的影响，甘南州畜牧业生产增长空间会持续收窄，将迎来一个负增长的过渡期。

（5）农业现代化程度低，农牧业生产仍处于低水平发展期

近年来，甘南州认真贯彻落实中央关于"三农"工作的方针政策和决策部署，坚持以科学发展观为指导，狠抓农村全面小康社会建设，使农牧业和农牧村社会经济发展呈现出良好的局面，农牧业现代化进程也取得了新进展。但目前甘南州农业现代化综合发展实现程度仅为55.16%。其中，农业生产现代化实现程度为48.77%，农业科学技术现代化实现程度为68.62%，农业物质装备现代化实现程度为45.55%，农业经营管理现代化实现程度为42.96%，农业环境保护现代化实现程度为91.02%。而农业从业人员人均设施农业面积、牧业从业人员人均设施牧业面积、万户拥有农业示范园区个数、农业劳动力素质（初中以上人员比例）、粮食单产、耕种收综合机械化水平、标准化农田比例、有效灌溉率、农户参加各类合作组织比例等指标现代化实现程度均在10%以下。农业产业化发育程度低，使农业现代化实现程度不到60%，说明甘南州农牧业生产仍处于低水平发展期。

（6）乡村产业发展质量和效益不高

甘南州大部分农牧乡村产业结构以传统的种植业和畜牧养殖业为主，经营单位以家庭为基础，生产经营方式分散，普遍存在生产规模不大、科技含量不高、经营成本不低等因素，出现市场化程度低、产业链条短等问题，难以产生较高的经济效益。另外，甘南州当地也缺乏综合实力和带动能力强的新型经营主体，大多数农牧乡村没有龙头企业，促进特色产业发展和带动农牧户增收的效果不理想，缺乏合力，因而农牧民自我发展能力弱，农牧业抵御风险能力不足。与此同时，农牧村休闲农牧业、农牧产品电商等新产业新业态还处于起步阶段，并且多由外地工商资本经营，与当地农牧民之间的利益联结不紧密，旅游先行的落实效果不明显，除少数农家乐、牧家乐效益较好外，大多数都处于有"家"无"乐"状况。同时，投入大量资金打造的旅游景点也存在有景无游客的现象。

5.3.4 甘南高原农业农村发展的政策建议

（1）持续强化高原特色产业发展

推动休闲农业和乡村旅游发展。以城镇、景区周边乡村和交通沿线乡村为重点，依托自然风貌、乡土文化、民俗风情等资源禀赋，发展田园观光、农耕体验、科普教育、休闲养生等休闲产业。对于甘南州高寒草地农牧交错区，应重点发展高原特色畜牧业（牦牛、藏羊）和中藏药材，积极发展特色乳制品、优质牛羊肉等畜产品精深加工。一是要优化布局，在名胜景区周边、特色景观旅游地点周边、依山傍水逐草自然生态区、传统特色牧区，支持发展农（牧）家乐、休闲农庄、休闲牧场等。二是要改善设施，加快休闲旅游经营场所的公共基础设施建设，兴建垃圾污水无害化处理等设施，改善休闲旅游场所的风容风貌，鼓励因地制宜地不断开发高原特色旅游产品，兴建牦牛肉、藏野猪等特色农产品加工、藏式风情民俗手工艺品制作和藏餐饮、住宿、购物、娱乐等配套服务设施。推进高原农村电网、通信网络等基础设施建设，提升农村信息化水平。三是不断加强高原特色农产品的品牌建设和市场推广，提高产品知名度和市场竞争力。推动高原农业与旅游业的结合，发展观光农业，吸引更多游客前来体验高原风情，促进农业与旅游业的互动发展。

（2）培育高原多元化产业融合主体

加快培育高原特色新型农业经营组织的发展，鼓励和支持家庭农场、专业合作社、协会、龙头企业、农业社会化服务组织以及工商企业，开展多种形式的高原农村产业融合发展。鼓励新型经营主体探索融合模式，创新商业模式，培育知名品牌。在工商登记、土地利用、品牌认证、融资租赁、税费政策等方面给予优惠待遇。加强高原农牧业与第二、第三产业的深度融合，通过发展高原特色农牧产品加工业、地域特色乡村旅游业等，延伸农牧业产业链，提高农牧产品附加值。促进高原地区第一、第二、第三产业的协调发展，实现资源共享、优势互补。鼓励农牧民参与产业融合发展，通过创办合作社、家庭农场等方式实现农业产业化和规模化经营。

（3）推动电子商务发展与业态创新

推进大数据、移动互联网等新一代信息技术向高原农（牧）业生产、经营、加工、流通、服务领域的渗透和应用，促进高原农（牧）牧业与互联网的深度融合。支持流通方式和业态创新，开展电子商务试点，推进新型农业经营主体对接区域性农业电子商务平台，鼓励和引导大型电商企业开展农（牧）产品电子商务业务。另外，积极探索农业物联网应用主攻方向、重点领域、发展模式及推进路径，稳步开展成功经验模式在甘南州各行政单元层面推广应用，积极推广"牧场云""体验式牧业""节会牧业""掌上牧云"等农（牧）业新模式，并通过订单农（牧）业、产销直供、消费体验、私人定制等新型产销模式推动农（牧）业生产经营、市场销售、金融支持等有机衔接，实现精准生产和透明生产。加强高原农（牧）民技能培训，提升农（牧）民技能水平，传授现代农（牧）业技术和经营管理知识。加强农（牧）民创业扶持，提供创业指导和资金支持，激发创业热情和创新精神。

（4）推进生态共建环境共治

以黄河上游水源涵养生态保护区为重点，坚持山水林田湖草沙冰系统治理，着力提高甘南高原生态系统自我修复能力和稳定性，守住自然生态安全边界，促进自然生态系统质量整体改善。甘南高原农业农村发展必须实施严格的生态保护政策，加强草原、森林等自然资源的保护和管理，推进生态修复工程，恢复和改善生态环境质量。加强生态补偿机制建设，对生态保护做出贡献的地区和农（牧）民给予奖励和补偿。建立健全生态建设协调联动机制,加快推进高原全域生态环境协同治理,共建节水型流域和重点生态功能区。建立健全生态环境治理长效机制,提升生态自我修复功能。

(5) 推动宜居宜业和美乡村建设

对甘南州进行分区分类开展创建和美乡村建设。按照西部山原水源涵养区、东北部山地丘陵区、东南部高山峡谷区等分区域打造,按照集聚提升类、旅游开发类、城郊融合类和特色保护类等分类别创建。以村庄美、产业兴、治理好、乡风和、百姓富、集体强为内容,综合研判甘南高原村庄发展水平、所处阶段、短板弱项,充分释放村庄资源禀赋、区位优势和人力资源,让高原更具民族风情,高原藏式传统村落更具生机魅力。强化甘南州"和美乡村"规划统领,增添宜居宜业和美乡村的亮色。在和美乡村建设中要发扬尊重自然、尊重传统、尊重规律及尊重民愿、科学规划的原则。在村庄风貌建设上要进一步突出甘南藏族乡土特征、藏式文化特质、藏地地域特点,既个性鲜明、富有特色,又功能完备、设施完善,保留乡风乡韵、乡景乡味,让建设与山水相协、生态相和。强化乡风文明建设,凸显宜居宜业和美乡村的特色。尊重村民的风俗习惯和文化传统,加强高原耕作文化、传统藏式村落保护利用传承,推进乡村文化礼堂、文化广场、乡村戏台、非遗传习场所等公共文化设施建设,丰富群众精神文化生活。强化乡村有效治理,稳固宜居宜业和美乡村的本色。充分发挥农村基层党组织在农村基层工作的核心力量,在创建宜居宜业和美乡村过程中,健全党组织领导的自治、法治、德治相结合的乡村治理体系。

5.3.5 未来发展的方向与重点

一是挖掘耕地资源,扩大种植面积。推动高原种植业生产的发展,不断扩大种植规模,增加种植面积或提高土地产出率。目前甘南州农业种植面积还有一定的潜力可挖掘。一方面根据第三次全国国土调查数据,2019年初甘南州耕地面积为198.32万亩,农作物种植面积为116.09万亩,有82.23万亩的余地,国土航拍的耕地面积为标准亩,包括小于2m的沟、渠、路、田埂等,而种植面积一般为习惯亩,虽然有差距,但是仍有潜力可挖;另一方面可以将部分林区的苗木面积恢复为耕地,通过政府统一组织,联合林业专业合作社等组织解决苗木销路,增加林农收入的同时可以适当恢复耕地种植利用。

二是进一步调整种植结构,提高土地产出率。鼓励科研机构与农业生产者紧密合作,研发适合当地气候和土壤条件的优质高效农作物品种,推广先进的种植技术和管理模式。根据市场需求和资源禀赋,合理规划种植区域,避免盲目跟风种植。鼓励发展特色农业,形成差异化竞争优势。加大对农田水利、道路等基础设施的投入力度,提高农业生产的抗灾能力。完善农产品流通体系,降低流通成本,提高农产品附加值。鼓励农业企业、农民合作社等新型经营主体参与农业生产,推动农业产业化、规模化发展。利用农民工返乡机遇加大设施蔬菜、中藏药材等高产高效特色种植业发展规模,提高农业生产率。通过产业链的整合和优化,提高农业生产效率和土地产出率。加强政策扶持和监管,制定一系列优惠政策,如财政补贴、税收减免等,降低农业生产成本。同时,加强对农业生产的监管力度,确保农产品质量安全和生态环境安全。

三是大力发展设施养殖,扩大牲畜育肥规模。建立和完善牲畜育肥的标准化体系,规范育肥流程，提高育肥效果。加强牲畜育肥的技术培训和指导，提高农民的育肥技能和水平。鼓励和支持养殖企业、农民专业合作社等主体扩大育肥规模，形成规模化、集约化经营。依据四大产业基地建设，发展工厂化养殖，提高设施养殖比例，扩大牛羊育肥规模，缩短牲畜生产循环周期。一方面，通过增加舍饲养殖数量，弥补存栏量的减少，进一步提高出栏率和商品率；另一方面，可以控制草场载畜量，进而达到缓解草畜矛盾的目的，不断提高畜牧业生产效率。加强设施养殖的规划和布局。制定详细的设施养殖发展规划，明确发展目标、重点任务和保障措施。合理规划养殖用地，确保设施养殖用地的供应和有效利用。鼓励和支持养殖企业、农民专业合作社等主体参与设施养殖建设，形成多元化投入机制。提升设施养殖的科技水平。引进和推广先进的养殖技术和管理经验，提高设施养殖的科技含量。加强设施养殖的疫病防控工作，建立健全疫病防控体系，确保养殖业的健康发展。加大设施养殖的研发投入，鼓励创新，推动设施养殖技术的不断升级。

四是强化龙头企业辐射带动农牧业生产发展作用。政府出台相关政策为龙头企业提供税收减免、贷款优惠等扶持措施，降低其运营成本，提高其市场竞争力。随着乡村振兴产业扶持政策进一步落实到位，部分龙头企业、扶贫车间、专业合作社已经起到了很好的辐射带动当地农牧业生产发展的作用。要进一步强化"企业+合作社+农牧户"的辐射带动生产模式，形成产、供、销一条龙的服务链条，以订单促生产、以订单保增收。延长产业链，增加生产量，提高农产品加工产值占农业总产值的比例，加快现代农业发展步伐，从提质增收上要效益。支持龙头企业加强品牌建设，提高产品的知名度和美誉度。通过参加国内外展览、举办推介活动等方式积极开拓市场，扩大产品销售渠道。同时，加强与电商平台、物流企业的合作，推动线上线下融合发展，提高产品销售效率。

五是继续加大土地流转力度，推动农牧业产业化发展进程。制定更为明确、具体的土地流转政策，为农民提供稳定的土地流转预期。推动土地流转市场的规范化、标准化，建立健全土地流转信息服务平台，为农民提供土地流转的信息发布、交易撮合等服务。同时，加强土地流转的监管，确保流转过程的公平、公正和透明。在完善家庭承包责任制、草场承包制、林权改革的基础上，让农牧民自愿以土地、草场、林地使用权入股合作经济组织，形成比家庭经营更高形式、更大规模的农场化经营模式，可以跨组、跨村或跨乡、跨县联合，逐步向规模化生产、产业化经营方向发展。合作社还可以吸纳更多农户手中的闲散资金入股，在不断扩大生产规模的基础上，吸纳更多的农牧民就近务工，解决合作社缺劳力、缺发展资金的现实问题，带动更多的农牧户致富，进而推动农牧业产业化发展。

5.4 甘南高原典型村庄经济空间重构的机制与模式

5.4.1 典型村庄——安果村概况

安果村位于甘南藏州夏河县阿木去乎镇（图5-4），坐落于草原腹地和213国道交汇处，距离夏河机场大约2km，有"空港门户"之称。该村平均海拔3170m，草原面积大，是典型的半农半牧型高原村庄。村庄52户村民皆为藏族，世代以放牧为生。截至目前，安果村村内主干道和巷道硬化率达到100%，自来水入户率100%，绿化率达90%以上，村庄改造（危房、水厕、棚圈）实现全覆盖。安果村作为草原环抱、风光秀丽、风情浓郁的甘南高原文化旅游标杆村之一，近年来积极运用白塔、柴垛、青稞架等地域特色要素，坚持在生态保护本底基础上发展特色旅游产业，推动建设藏式民宿、村庄记忆馆、帐篷酒店、九色花溪等草原风情旅游点，打造安果民俗民情村、九色花溪景观带、阿米贡洪景区等，再现韵味独特、宜居和谐的高原村庄，实现安果村特色资源禀赋与乡村和谐共融发展的美丽面貌。当前，安果村呈现出多元产业发展态势，其发展过程经历了显著的空间重构过程，特色产业驱动模式也在自上而下的政策推动与自下而上的农户需求中不断响应与更新，具有明显的阶段性特征。基于此，本研究选择安果村作为甘南高原乡村经济空间重构典型乡村，探究乡村空间商品化驱动下乡村经济空间重构的过程和机制，具有一定的典型性和代表性。

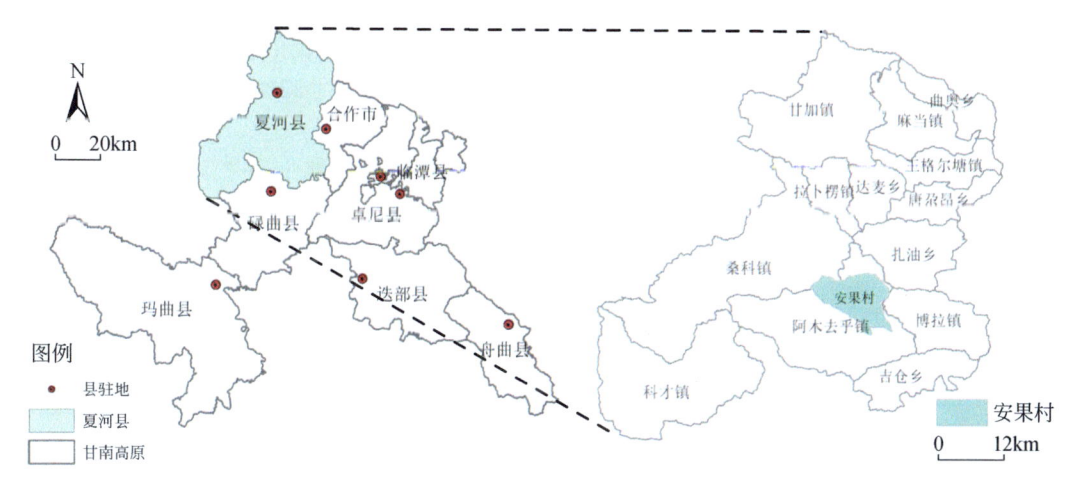

图 5-4　安果村

5.4.2　安果村发展过程

2015年以前，安果村是以高寒民族地区传统种植业、畜牧业为主的半农半牧式生产生活方式，整体布局凌乱、人畜混居、环境脏乱、经济落后，形成牧户家庭式分散经营模式。2015年，在环境革命推动、生态文明小康村建设、"五无甘南"创建的有利契机以及夏河县和阿木去乎镇两级政府大力支持下，受产业转型催生和文旅融合指引的驱使，安果村积极改善村庄发展面貌和开发地域特色旅游资源，开始发展具有地域特色的乡村旅游业。此后，安果村大力进行村庄危房改造、村道硬化、通水改厕和村庄风貌修复，在当地政府蹲点指导下充分发挥村庄地理区位、旅游资源、传统文化等自身特色优势，不断建设安果生态文明与环境革命升级样板村，打造具有地域特色的文化旅游标杆村。通过历时两年多的村庄建设和改造提升，依托于生态环境的乡村旅游业开始引领安果村村庄发展。

安果村在样板村建设完成后，针对当地村民发展意识相对落后、"造血"式自主发展难以实现等情况，当地政府结合村庄发展实际引入第三方旅游运营公司进行村庄开发运营、对外招商和管理维护。2018年,安果村与甘南九色香巴拉旅游文化开发有限公司签订协议进行村庄整体开发运营,村民以房入股、以地入股、以劳入股,每年获得股权利润分红。2019年,在旅游公司对安果村村庄产业项目开发尚未正式开业运营情况下,全村综合收入就已达到60万元,村民每户保底分红达到1万余元。此后,安果村整合各类可使用发展资金6100余万元打造集安果民宿村、九色花溪业态区、观星营地、阿米贡洪帐篷城等于一体的阿米贡洪综合性度假景区。2019年,随着甘南州"一十百千万"项目的实施,安果村按照吃、住、行、购、娱五方面进行全方位改造,对照民俗村、观景台、九色花溪公园、购物中心、主题餐厅、帐篷酒店六大功能板块进行全产业链培育,实现农牧民群众收益和企业效益最大化。当年安果村农牧民年人均纯收入达到6800元以上,户均旅游产业年收入9800元左右。随着旅游配套基础设施的不断完善,安果村文旅特色品牌不断强化。2021年,安果村成功吸引游客超过1.2万人次,承接中央和省州、涉藏州县各类观摩活动100余场次,为农牧户带来可观的旅游收入。全村村民通过旅游业发展年均分红超过1万元,全村经济发展综合收入也因此达到100万余元。值得一提的是,安果村有10%的劳动力从事旅游业且旅游收入占村民人均可支配收入的比例达到22%,充分展现出旅游业对安果村经济发展的积极作用。

安果村村民生产方式由传统的农牧业生产转向高原特色旅游业或"农牧业-高原旅游业"兼业经营,农户在旅游开发公司帮助下利用闲置土地、草场以及部分房屋等发展农(牧)家乐、藏式民宿等,不断丰富拓展着乡村空间商品的生产与消费过程(表5-1)。第

表5-1 安果村不同类型的商品以及乡村空间商品化维度

商品化维度	具体描述
土地与草场	村民以地入股,每年获得股权利润分红。安果村流转草场约300亩,每户每年分红约1万元;建设旅游基础设施、露营基地等
民宿旅游空间	村民将自用且符合住宿经营标准的158间藏家房屋提供给公司经营管理,每年获得股权利润分红;安果村精品民宿,阿米贡洪牧场星空民宿(141间客房,价格为300~800元)、夏河阿米贡洪牧场民宿(17间客房,价格为700~3200元。旺季牧场行政套房价格可达5600元左右、牧场总统套房可达6800元左右)。以体验藏式田园生活为主
农牧特色产品	摆摊出售高原特色农牧产品;品牌化营销当地藏产品;52户藏族原住家庭建设成3星级农家乐餐饮服务
自然独特风景	旅游业发展年均分红超过1万元,全村经济发展综合收入达到100万余元;承办湖南卫视"极限挑战""女儿们的恋爱"等栏目现场拍摄;承接中央和省州、涉藏州县各类观摩活动100余场次
藏式文化习俗	以体验藏式文化为主(如安果文化民俗村);领悟藏族文化(如骑马、射箭、摔跤);体验藏族服饰与餐饮

三方旅游运营公司引进后，全村52户村民与旅游公司签订了草场流转协议，流转草场约300亩，每户每年分红约1万元，用以打造草原深处生态文明与游牧文化深度融合的藏式旅游小村。同时，当地52户原住家庭将自用且符合居住条件的158间藏家房屋改造成融入不同风格的民宿，将自家具有风情浓郁的藏式庭院建设成3星级农家乐餐饮服务，不断推进现代化理念与草原特质有机融合，利用藏式民居民俗旅游带动村庄农牧户增收。随着生态旅游产业的规模扩大，甘南九色香巴拉旅游文化开发有限公司已累计向安果村村民发放分红230多万元，吸纳50多名村民就地就业。此外，安果村积极借助电子商务、网络直播、网红打卡等途径，加速开发以藏族文化、草原风光、生态畜牧为特色的复合型文旅产品，吸引过境游向体验游、深度游转变，努力提高文旅产业附加值。2020年，安果村积极承办湖南卫视"极限挑战"和"女儿们的恋爱"等栏目现场拍摄，以及"寻梦甘南·梵音世界"等推广活动，大力宣传生态价值和文化内涵，提高安果村的知名度和市场认可度。

旅游公司依托安果村阿米贡洪牧场打造以"深度体验草原游牧文化"为主题的阿米贡洪牧场酒店，其可纵览阿米贡洪神山全景，提供私享管家服务与特色文化藏餐，成为酒店设施与牧场生态完美结合的野奢型帐篷度假酒店，已发展成为安果村乡村旅游的特色旗舰品牌，当地村民也积极参与酒店日常运营过程，共同提升安果村乡村旅游品牌影响力。随着乡村旅游发展以及过境游客的体验式入驻，安果村添加了面向游客兴趣的多类别功能活动，如遗产消费（如藏式民宿、藏式特色餐饮、藏手工艺等）、休闲消费（如咖啡、酒吧、摄影等）、风情消费（如赛马、摔跤、射箭、藏服旅拍等）。安果村当前乡村发展已呈现出特色旅游蓬勃兴起、生态文化提质增效、人居环境优美和谐、集体经济初具规模的村庄发展景象，逐步形成集生态观光、文化体验、旅游服务、人文居住等多功能于一体，富有高寒民族地区特色的高原旅游产业现代乡村产业体系。在乡村长期发展过程中，逐渐探索出以多元和谐、乡村休闲为发展理念，以"生态畜牧+特色旅游"为模式的高原乡村发展特色创新路径。在安果村整个旅游乡村建设打造过程中，全程参与践行"驻村陪伴式"乡村规划建设理念，注重发挥村民主体自发参与式作用，形成"建设单位设计—施工队伍承包—设计队伍指导—村组长斡旋协调—匠人规范施工—普通村民参与"的六级建设体系，其始终坚持立足高原地域特色并注重彰显藏乡风土风情，打造错落有致的特色藏寨、特色浓郁的精品民宿、独特优美的草原旅游等地域名片，通过填充村庄与游客之间的"有机融合物"，丰富在地活动的"有效填充物"等手段，不断动态打造安果村旅游发展经济形态。

5.4.3 安果村经济空间重构机制

随着国家城乡融合进程进一步加快，各类"流"要素在城乡间自由流动与扩散日益加深，在政府调控、企业投资、游客消费以及农户参与等行为力量相互交织作用下安果村逐渐发展成为政府、资本与市场适时进行空间经济价值深度挖掘、游客寻求特色地域旅游消费体验以及农户弘扬传承藏式文化符号的空间流动场所。在乡村地域空间资本增值与符号消费转变的双重推动下，安果村逐渐演变为一个可理解、可感知、可创收的经济价值空间。在这一过程中，地方政府作为开辟旅游市场的重要参与者与推动者，通过政策支持、规划设计、招商引资等方式更为直接地进入乡村地域参与安果村村庄发展。在安果村物质空间商品化的基础上，衍生出其他诸多非物质空间商品的生产与消费，包括藏式文化感知空间、藏式风情休闲娱乐空间以及藏式创意产业空间等。商品特质集中表现为具有高原独特风情的田园牧歌乡村性，即在藏式传统民居改造的精品民宿中感悟藏式风情和实现藏式风格居住体验，品尝高原特色有机健康食物，在高原藏式风情村庄中体验别样乡村生活方式。同时，安果村自身空间内部多要素不断进行市场化互动，通过挖掘、开发、改造及经营逐渐演化出新的发展面貌，形成具有鲜明地域特色倾向的旅游市场消费导向经济空间。乡村旅游开发将乡村物质与非物质空间纳入市场体系中，使得乡村具体有形的物品交换走向整个乡村的形象和符号消费。当地淳朴藏民对传统村落的地方依赖以及民众对高原原生态景观的迷恋增加了生态文明发展的可能性，对维系高原本土消费和藏式风情景观的商品化过程具有重要影响。旅游市场消费导向催生的经济空间在重构过程中伴随着其他空间要素的博弈与形塑，推动安果村经济空间重构发生显著变化。

安果村在开启生态文明小康村、环境革命升级样板村、"一十百千万"工程旅游标杆村建设项目后，以地方政府为主导的乡村规划项目建设和以资本侵入为代表的旅游开发公司不断加快安果村乡村建设进程。当地政府审时度势、因地制宜推行的乡村藏文化遗产活化利用模式为安果村的发展框定了方向，市场环境有效介入的高原乡村地域为安果村空间商品化提供了载体。政府力与市场力在安果村乡村空间资源商品化过程中发挥主导作用，引导本土消费需求和外部消费需求并存下的社会力共同提升乡村经济空间重构的速度和效益。政府力的推动与市场力的介入使得乡村经济空间互动主体呈现以政府、村集体、村民、企业、游客等为代表的多元主体不断干预商品化，社会主体的利益驱使与群体分化引起高原乡村经济空间不断发生解体和重构（图5-5）。

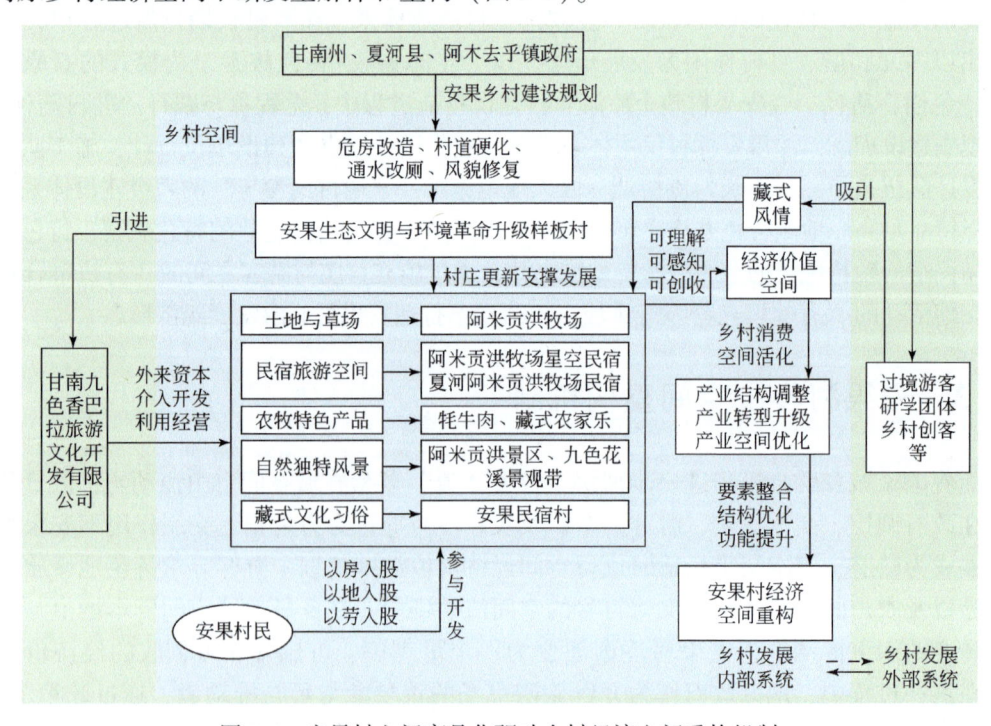

图5-5 安果村空间商品化驱动乡村经济空间重构机制

5.4.4 安果村经济空间发展模式

在乡村空间商品化驱动下，安果村经济空间发展模式展现出独特活力和创新。安果村在经济空间重构过程中，逐步形成"政府扶持+企业带动+支部引领+村民参与"的多元参与、协同发展的经济空间发展模式（图5-6），实现了多方空间资源的有效整合和利用，推动了安果村的可持续发展。在这一模式下，当地政府通过提供政策扶持和资金投入等方式，为安果村的经济发展创造了良好的外部环境。企业带动是安果村经济发展的关键动力，甘南九色香巴拉旅游文化开发有限公司通过投资、建设和运营等市场行为为安果村发展提供强大推动力，带来先进管理经验、市场资源，带动安果村经济增长和产业升级。安果村支部扮演着参与者、协调者和推动者角色发挥引领作用，负责具体实施村庄发展规划并协调各方资源，确保安果村经济空间发展的有序性和高效性。安果村农户则通过各类参股方式积极参与到村庄的经济建设活动中，提高了农户村庄建设的参与度和归属感，激发了农户的积极性和创造力。安果村在乡村空间商品化发展过程中形成了以政府扶持为保障，以企业带动为核心，以支部引领为基石，以村民参股为动力的高原乡村独特发展模式，有效促使了安果村的经济空间重构过程。必须要承认的是，旅游发展使得参与安果村经济发展的多元主体都有所获益，当地政府增加了税收并提升了政绩，第三方旅游开发商获得了持续利润回报，安果村农户获得经济收入和就业机会，乡村整体生态景观得到美化，多方参与、协同发展的高原乡村模式有效整合了各方资源并形成发展合力，不断充实完善以旅游新业态为核心的经济空间重构过程。

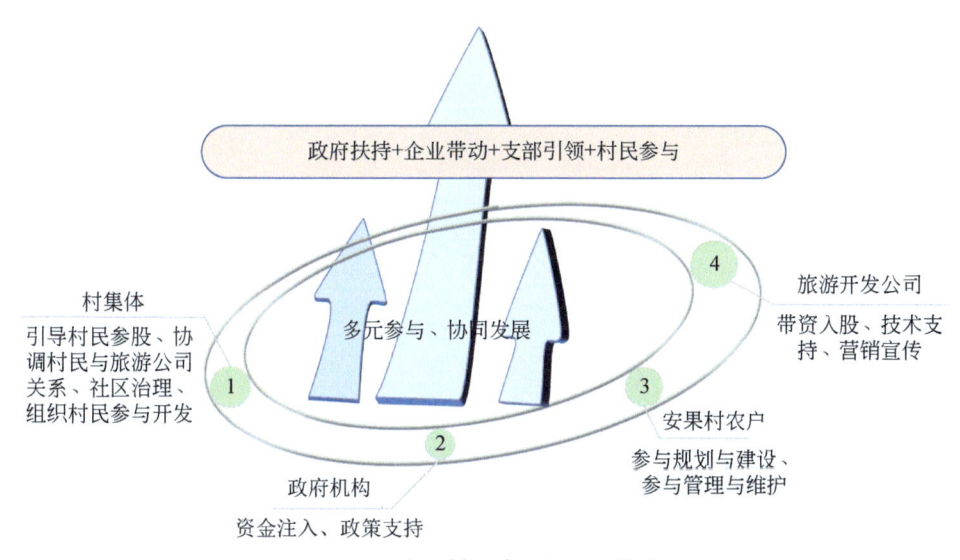

图 5-6　安果村经济空间发展模式

参 考 文 献

付雨鑫，陈东 . 2020. 民族地区畜牧业支撑精准扶贫研究 . 兰州大学学报（社会科学版），48（2）：

145-150.

蔺明芳，谢保鹏，陈英，等. 2024. 甘肃省县域乡村地域系统脆弱性时空演变格局. 干旱区资源与环境，38（2）：112-122.

马亚美，杨勇. 2020. 甘南藏族自治州精准脱贫与乡村振兴调查报告. 中国藏学（2）：125-132.

王录仓，高静. 2012. 高寒牧区村域生态足迹：以甘南州合作市为例. 生态学报，32（12）：3795-3805.

魏伟，张轲，周婕. 2020. 三江源地区人地关系研究综述及展望：基于"人、事、时、空"视角. 地球科学进展，35（1）：26-37.

伍光和. 2010. 甘南高原的自然条件与生态保护. 兰州：甘肃人民出版社

尹君锋，石培基，张韦萍，等. 2022. 乡村振兴背景下县域农业农村创新发展评价及空间格局：以甘肃省为例. 自然资源学报，37（2）：291-306.

赵雪雁，李巍. 2019. 中国地理学中的甘南研究. 地理研究，38（4）：743-759.

卓玛措，赵大有. 2012. 西部民族地区新农村建设探讨：甘南案例. 农村经济，（10）：67-70.

第 6 章 都市区研究与优化*

6.1 拉萨都市圈范围和结构优化

都市圈是我国推进新型城镇化的主体空间形态，而拉萨作为西藏最大的城市，近年来无论是经济实力还是城镇化建设，都取得了惊人的进展，为都市圈建设打下了坚实的基础。拉萨都市圈的空间范围有多大？拉萨及其周边地区又应如何确定发展方向？本节将构建空间优化模型，为拉萨都市圈划定空间范围，并从多角度为拉萨都市圈提供优化策略。

6.1.1 都市圈的概念、历史与划定方法

都市圈是一类由多个具有紧密内部联系的区县组成的跨行政区地域空间单元。这一概念起源于美国。20 世纪初，城市的发展带来空间上的蔓延和郊区化，使得居住和就业发生了空间的分离，美国行政管理和预算局将这种空间组织形态称为"都市区"（metropolitan district）（唐蜜等，2022）。都市区最初是作为人口普查统计的单位，后来也成为用于更加科学客观地衡量城镇化水平、制定相关城市政策、解决城市发展问题的一种管理单位（Klove，1952），被包括英国、日本、加拿大和中国在内的其他国家模仿和改进（Rambeau and Todd，2000；Slifkin et al.，2004；Ball，1980）。

都市圈建设不仅可以打破行政界限带来的束缚，增强国内劳动力、资本、技术等要素的流动性，推动经济高质量增长，还可以实现城市间的生态、公共服务共建共享，缓解特大城市住房短缺、生态恶化等"城市病"，提升城市生活品质（Ma et al.，2020）。因此，由多个城市组成的都市圈凭借其更为丰富的资源、更高效的资源利用方式以及更强的辐射带动作用等优势成为参与竞争的新主体，都市圈也成为区域研究中的新主题。

都市圈的空间范围划定是对都市圈展开研究的前提和基础，国内外已提出大量相关方法。表 6-1 展示了世界各国的都市圈及其官方给出的界定标准，它们大多选取能够反映城市发展的社会经济数据，通过一定的统计方法，如因子分析、主成分分析等，建立评价系统，最终选择合适的阈值来确定都市圈的范围（Moreno-Monroy et al.，2021）。其他的划定方法包括重力模型、场强模型、图论等（Mu and Wang，2006；Caruso et al.，2017；孟德友和陆玉麒，2009），另外，在划定时也会根据空间形态、相关政策或划定经验，进行适当的调整。

---

* 本章作者：6.1，王顾思远、穆望舒；6.2，王顾思远、穆望舒；6.3，张锐、陶卓霖。

表 6-1 各国都市圈及其界定标准

国家	名称	提出时间	界定标准
美国	都市区（metropolitan district）	1910 年	有一个人口至少 20 万人的城市；其周边 10km 范围内的最小行政单元的人口密度为 150~200 人/km²
	都市圈（metropolitan area）	1990 年	有一个人口至少 5 万人以上的城市地区作为核心；周边县非农业劳动力比例达到 75%，人口密度大于 50 人/km²，并且每十年增长 15% 以上；双向通勤率达到 20% 以上
	基于核心的统计区（core-based statistical area）	2003 年	中心城市人口在 5 万人以上；至少 25% 的工作者在中心县或圈域内其他县工作
日本	大都市圈（great metropolitan area）	1960 年	中心城市为人口规模 100 万人以上的大城市；周边分布一个或多个 50 万人以上的城市；周边地区到中心城市的通勤人口不低于本地人口的 15%
英国	工作通勤圈（travel-to-work area）	2007 年	在常住人口中，至少 75% 在圈内工作，并且其中至少 75% 实际居住在圈内
加拿大	都市统计圈（census metropolitan area）	1996 年	有一个人口达到 10 万人以上的中心城市；外围区域向中心城市的通勤率在 40% 以上

6.1.2 拉萨都市圈的发展基础

拉萨市，又被称为"日光城"，是西藏首府，其面积 2.95 万 km²，截至 2021 年末，拉萨市下辖城关区、堆龙德庆区、达孜区 3 个市辖区，林周县、当雄县、尼木县、曲水县、墨竹工卡县 5 个县，共辖 3 区 5 县，建成区面积 82.82km²，全市常住人口为 86.8 万人。近年来，拉萨市进入快速发展阶段。图 6-1 显示了拉萨市 2019~2023 年 GDP 及其增长率。2023 年，拉萨市经济发展回升向好，完成 GDP 834.8 亿元，占西藏的 1/3，同比增长 9.6%，增速高于全国平均水平 4 个百分点。城乡居民人均可支配收入分别达到 54 835 元和 25 010 元，同比增长率分别为 6.3% 和 9.9%，是 2012 年的将近四倍。随着经济的增长和城镇化的推进，拉萨市的城市规模不断扩大，影响力不断增加，具备成为都市圈核心城市的潜力。

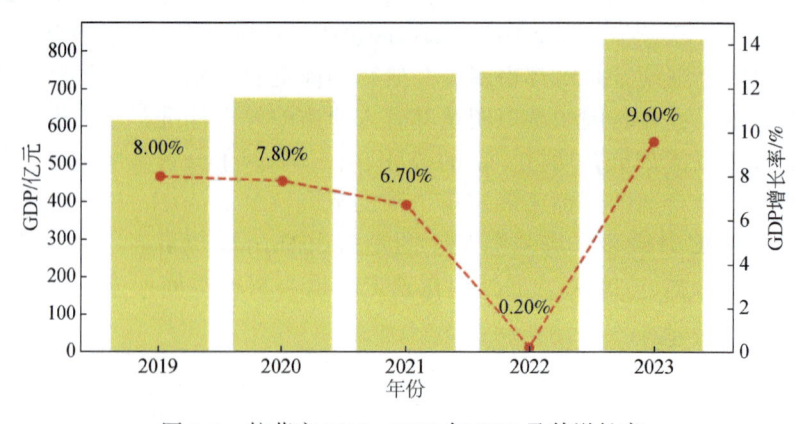

图 6-1 拉萨市 2019~2023 年 GDP 及其增长率

经济发展，交通先行，交通运输长期以来都被视为国民经济的命脉，城市发展离不开交通运输基础设施的建设。同时，交通可达性为核心城市与外围地区联系提供了重要基础，是都市圈形成的必要条件之一。青藏高原是世界上地质、地形、地貌最为复杂的地区，自古以来交通不便、出行难。70年前的西藏，在120万km²的土地上，没有一条公路。如今，拉萨市辖区内陆续实施了多个重点公路建设项目，交通通达情况大幅改善。根据拉萨市交通运输局，截至2023年，全市8个区县、57个乡镇及自然村和所有依法登记寺庙之间通达率100%，农村公路通车里程5312.35km，总体形成了以国省干线为主体、以农村公路为基础、覆盖城乡的公路网络。城关区、堆龙德庆区、拉萨经济技术开发区、柳梧新区、教育城、达孜区等区域连成一片，实现了新老城区、城乡之间统筹发展，形成了一个以市中心为中心的半小时城市圈，并将市区的覆盖范围进一步扩大，方便了广大群众的生产生活。拉萨市环城路是以拉萨市为中心三小时综合交通圈的重要枢纽，对优化城市功能布局、促进大中小城市和小城镇协调发展、扩大有效投资等具有一举多得之效，有利于发挥中心城市拉萨市的辐射带动作用，加速周边区县交流，推进新型城镇化发展。

不仅如此，近年来，青藏铁路林芝—拉萨段、拉墨铁路、拉日铁路的扩能改造正有序推进，路网质量显著提高，连通可靠性、时间可靠性、能力可靠性大幅提升，强化了区域间的运输供给能力，同时能够较好地满足人民的铁路出行需要。根据《西藏自治区"十四五"及中长期铁路网规划》，西藏铁路将增长至6400km，能够进一步推进以拉萨市为中心的三小时综合交通圈建设，对优化城市功能布局、促进大中小城市和小城镇协调发展、扩大有效投资等具有一举多得之效，有利于发挥中心城市拉萨市的辐射带动作用，加速周边区县交流，推进新型城镇化发展。

从产业结构上看，拉萨市的经济发展与周边城市具有互补性，能够有效发挥产业引领者的作用。拉萨市现代服务业较为发达，金融、商贸物流能够辐射到周边地区，并且拉萨市集中了西藏大部分的加工制造企业，能够有效吸纳和承载周边区域资源，对形成产业价值链体系具有十分重要的意义。例如，那曲市作为资源输入性地区，本身生产成本、外运成本较高，对城市改造更新、产业转型升级等造成了极大阻力。2021年，那曲市高新区和拉萨市高新区合作，那曲市—拉萨市"飞地"产业园正式开园，为那曲市产业发展和招商引资注入了新的活力，受到本地群众广泛好评。与拉萨市同属藏中南地区的山南市正大力推进拉萨市山南市产业发展一体化，共建"沿江百亿产业走廊"和"黄金三角带"，整合"一园三区"，探索推进拉萨经济技术开发区山南市园区建设。

文化是组织中人们普遍认同的假设、行为准则及关注点，能够对人的行为产生深远影响。西藏地区独有的高原特色文化也为都市圈社会治理一体化建设打下了坚实的基础。以拉萨市周边的日喀则市、山南市为例，三市被称为西藏三大文化名城，拉萨市以高原圣城的千年传承著称，日喀则市是后藏重地的文化瑰宝，而山南市则是藏文化的发祥地，三市之间具有难舍难分的文化基石。各地间相近的文化传统和风俗习惯为各民族交往交流交融奠定了坚实的地缘基础，有利于破除域内地区体制机制和政策壁垒，促进资源要素自由流动，推进都市圈一体化建设。

拉萨市还是中国边境对外开放的关键地区，是中国与南亚接轨的枢纽，处于重要的战略位置。2023年6月，第五届中国西藏旅游文化国际博览会在拉萨市举办，吸引了来自海外的近千家企业参与。拉萨市正发挥着越来越明显的国际影响力，而都市圈建设有利于强化辐射范围，帮助形成与国际要素资源充分流动的开放走廊，搭建与国外政府、企业与学者来往访谈与开放交流的平台，同时宣扬文化底蕴，提升国际对西藏高原文化的了解与认可。

6.1.3 多情景拉萨都市圈空间范围划定

拉萨都市圈的划定流程如下：首先按照通勤时间划定研究区域，接着采用各区县统计数据、企业数据与连锁店数据计算各个区县间的联系指标，最后构建空间优化模型，对都市圈空间范围进行划定。

1. 研究区

由于西藏地区地域辽阔，大多数区县的行政面积较大，因此根据《西藏自治区国土空间规划（2021—2035 年)》，将通勤时间限制设置为 3 小时，拉萨都市圈研究区域如图 6-2 所示。研究区域包括 27 个周边区县，GDP 1364 亿元，常住人口 214 万人，总面积 290 000km²。

图 6-2 拉萨都市圈研究区域

2. 数据来源

天眼查是中国商业查询平台之一，收录了全国近3亿家社会实体信息。本节使用来自天眼查平台的注册企业数据，时间跨度为1950~2022年，包括企业名称、经营状态、所属行业、企业类型、注册地址等一系列企业信息。通过筛选注册地址得到西藏所有注册企业信息，共计约30万条记录。

天地图是自然资源部建设的地理信息综合服务网站，能够为用户提供基于地理位置的多种地理信息服务。本节使用的连锁店数据源自天地图地理信息数据库。参考中国连锁经营协会发布的连锁店相关行业统计，确定了一份包括135家连锁店的名单，并通过天地图提供的地名搜索Web服务API，在西藏内进行搜索，并根据区县行政区编码确定各区县的连锁店开设情况。

另外，本节使用的地理信息数据如行政区区划、路网数据等来自国家基础地理信息中心；使用的社会经济数据如行政区面积、常住人口、各地GDP等来自西藏内各市的统计年鉴。

3. 方法

本节使用的方法包括四部分。

（1）基于成本距离栅格确定通勤距离

核心城市与外围区县联系的最主要方式是交通，因此都市圈内部联系的紧密程度很大程度上取决于通勤时间。本节使用成本距离栅格计算周边地区到中心城市拉萨市的通勤时间，依此确定研究区域。首先对道路网络进行栅格化，然后根据道路的设计速度确定平均行驶速度，为每个像元设置成本，得到成本距离栅格，即通过每个像元的时间，最后通过通勤时间筛选研究区域内的区县。

（2）基于总部-分支确定企业联系强度

先进生产服务业的总部最有可能集中在区域中心，其分支机构则往往分布在中小地区（Bailly，1995）。都市圈的中心城市和腹地就是在产业的集聚与扩散作用下形成的。因此，可以使用不同区县之间的企业总部与分支数量模拟城市网络之间的金融流动，建立企业联系矩阵。

两城市间的企业联系计算如下：

$$F_{ij} = V_{ij}V_{ji} \tag{6-1}$$

式中，F_{ij}为区县i和区县j之间的企业联系强度；V_{ij}为总部在区县i、分支在区县j的企业数量；V_{ji}为总部在区县j、分支在区县i的企业数量。

（3）基于连锁店分布确定生活联系强度

商业是城市最重要的功能之一，而连锁经营作为当今世界零售业发展的主流，已成为现代化商业的标志。2022年，中国连锁店百强销售规模达1.94万亿元，门店数近21万家，可以说，连锁店已经融入了我们的生活。连锁店的机构布局往往要从市场角度针对落点地区交通、信息、资本、原料、人才、销售等多种因素进行综合考量，以达到最优化的区域市场控制力。因此，品牌连锁店在不同地区的数量能够在一定程度上反映地区之间居民的生活联系。

两城市间的居民生活联系计算如下：

$$L_{ij} = \sum_{k=1}^{m} E_{ik} E_{jk} \tag{6-2}$$

式中，L_{ij} 为区县 i 和区县 j 之间的生活联系强度；m 为收集到的连锁店数量；E_{ik} 为连锁店 k 在区县 i 的数量；E_{jk} 为连锁店 k 在区县 j 的数量。

（4）空间优化模型

本节将都市圈空间范围的划定问题视为一个空间优化问题，以最大化都市圈内部区县之间的联系强度为目标，构建了一个混合整数模型。

模型中各数据变量的定义如下：n 为研究区域内的区县总数；N 为都市圈最大区县数量；A 为都市圈最大面积；P_i 为区县 i 的邻接区县集合；F_{ij} 为区县 i 和区县 j 之间的企业联系强度；E_{ij} 为区县 i 和区县 j 之间的生活联系强度；a_i 为区县 i 的面积；r 为都市圈中心区县；v 为在研究区域外围设置的虚拟区县。

模型中各决策变量的定义如下：y_{ij} 为都市圈内区县 i 到区县 j 的流量；y'_{ij} 为都市圈外区县 i 到区县 j 的流量。

$$x_i = \begin{cases} 1, & \text{如果区县 } i \text{ 被划分在都市圈内} \\ 0, & \text{其他情况} \end{cases}$$

$$x'_i = \begin{cases} 1, & \text{如果区县 } i \text{ 未被划分在都市圈内} \\ 0, & \text{其他情况} \end{cases}$$

$$t_{ij} = \begin{cases} 1, & \text{如果区县 } i \text{ 和区县 } j \text{ 均被划分在都市圈内} \\ 0, & \text{其他情况} \end{cases}$$

都市圈划分问题可以用以下模型表示。

最大化：

$$f_1 = \sum_{i=1}^{n} \sum_{j=1}^{n} t_{ij} F_{ij} \tag{6-3}$$

$$f_2 = \sum_{i=1}^{n} \sum_{j=1}^{n} t_{ij} E_{ij} \tag{6-4}$$

受限于：

$$x_i + x_j \geq 2t_{ij}, \forall i=1,2,\cdots,n; \quad j=1,2,\cdots,n \tag{6-5}$$

$$\sum_{i=1}^{n} a_i x_i \leq A \tag{6-6}$$

$$\sum_{i=1}^{n} x_i \leq N \tag{6-7}$$

$$\sum_{\{j | j \in P_i\}} y_{ij} - \sum_{\{j | j \in P_i\}} y_{ji} = x_i, \forall i=1,2,\cdots,n; \quad i \neq r \tag{6-8}$$

$$\sum_{\{j | j \in P_i\}} y_{ji} \leq (N-2) x_i, \forall i=1,2,\cdots,n; \quad i \neq r \tag{6-9}$$

$$\sum_{\{j | j \in P_i\}} y_{jr} \leq (N-1) \tag{6-10}$$

$$x_r = 1 \tag{6-11}$$

$$\sum_{\{j|j\in P_i\}} y'_{ij} - \sum_{\{j|j\in P_i\}} y'_{ji} = x'_i, \forall i=1,2,\cdots,n; \quad i\neq v \tag{6-12}$$

$$\sum_{\{j|j\in P_i\}} y'_{ji} \leqslant (N-2)x'_i, \forall i=1,2,\cdots,n; \quad i\neq v \tag{6-13}$$

$$\sum_{\{j|j\in P_v\}} y'_{jv} \leqslant (N-1) \tag{6-14}$$

$$x'_v = 1 \tag{6-15}$$

$$x_i + x'_i = 1 \tag{6-16}$$

$$t_{ij} \in \{0,1\}, \forall i=1,2,\cdots,n; \quad j=1,2,\cdots,n \tag{6-17}$$

$$x_i \in \{0,1\}, \forall i=1,2,\cdots,n \tag{6-18}$$

$$x'_i \in \{0,1\}, \forall i=1,2,\cdots,n \tag{6-19}$$

$$y_{ij} \geqslant 0, \forall i=1,2,\cdots,n; \quad j\in P_i \tag{6-20}$$

$$y'_{ij} \geqslant 0, \forall i=1,2,\cdots,n; \quad j\in P_i \tag{6-21}$$

上述模型中，目标函数（6-3）和目标函数（6-4）用于最大化企业与生活联系强度。总目标函数如式（6-22）所示，其中，w_1和w_2是两个目标函数的权重，满足$w_1+w_2=1$。

$$f = w_1 f_1 + w_2 f_2 \tag{6-22}$$

约束函数（6-5）确保当且仅当区县i和区县j都被包括在都市圈内时，计算两区县间的联系强度；约束函数（6-6）和约束函数（6-7）用于限制都市圈的最大面积和区县数量；约束函数（6-8）～约束函数（6-11）是对Shirabe（2005）在研究中提出的连续性限制的扩展，用于确保都市圈内部的连通性；约束函数（6-12）～约束函数（6-16）通过在都市圈外围形成一片连续区域，防止在划定的都市圈内部出现空洞。约束函数（6-17）～约束函数（6-21）规定了决策变量的取值范围。

（5）联系强度分析

将研究区域内所有区县的联系强度进行统计，绘制区县企业联系强度分布图（图6-3）与生活联系强度分布图（图6-4）。

总体而言，拉萨市联系度的空间结构并不复杂，拉萨市以雅鲁藏布江和青藏铁路为核心，向四周扩展，呈带状的发展趋势，具有一定的都市圈发展潜力。单中心结构明显，拉萨市在不同联系强度中均体现出了核心主体地位。

各区县间的联系强度偏弱，并且分异明显，高值与低值之间的差距较大。除中心城市拉萨市外，与其他区县间的联系度最大的区县为桑珠孜区，与联系强度最小的申扎县相差了30倍；在全部的851组关联中，超过联系强度平均值的关联只占18%，极化现象严重，各地发展差距明显。

中心城市拉萨市与周边区县间的联系强度差异较大，对沿雅鲁藏布江和青藏铁路的区县辐射能力大，对其余地区的辐射能力小，吸引力衰减速度快，说明拉萨市作为都市圈的中心城市，自身的辐射带动能力还有待提升。周边区县的联系强度也没有形成明显的片区，说明区县之间相互作用弱，交流少，聚集作用差，这可能与当地复杂的地形与尚未完善的交通网络有关，阻碍发展潜力低的地区提升，影响都市圈空间联系强度的提升和区域一体化进程。

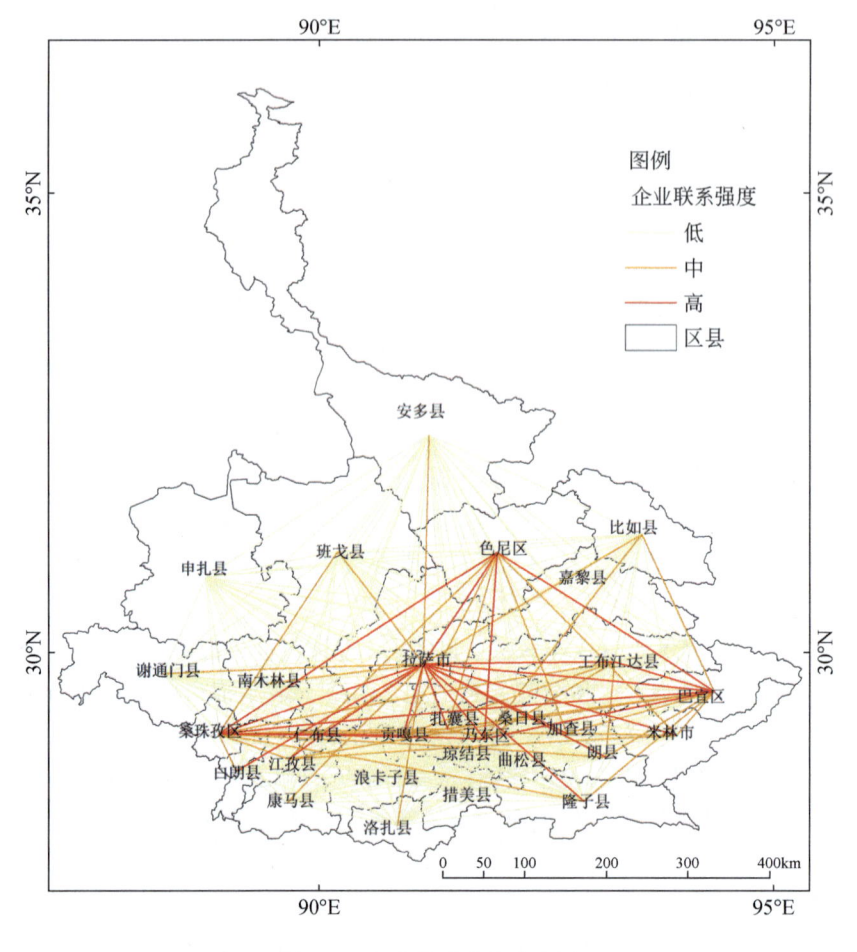

图 6-3 企业联系强度分布图

6.1.4 拉萨都市圈范围划定

图 6-5 是基于空间优化模型的拉萨都市圈空间范围划定结果。拉萨都市圈包含 20 个区县，总面积约 15 万 km²，总人口 184 万人，GDP 为 1280 亿元，占西藏 GDP 的 2/3；人均 GDP 为 7 万元，比西藏整体人均 GDP 高 20%。逐渐增加优化模型中的区县数量限制，对拉萨都市圈进行进一步划定，结果如图 6-5 所示。随着区县数量的增加，拉萨都市圈将以桑珠孜区和色尼区为支点，逐渐向西部与北部扩张。

6.1.5 拉萨都市圈发展问题研判

总的来看，虽然拉萨都市圈处于发展初级阶段，但中心城市拉萨市对周边区县具有一定的带动能力；除中心城市外，仍存在多个具有较强联系的区县群，显示出一定程度的聚集趋势，有潜在的都市圈发展潜力。划定结果符合西藏城市体系规划中的以拉萨市为核

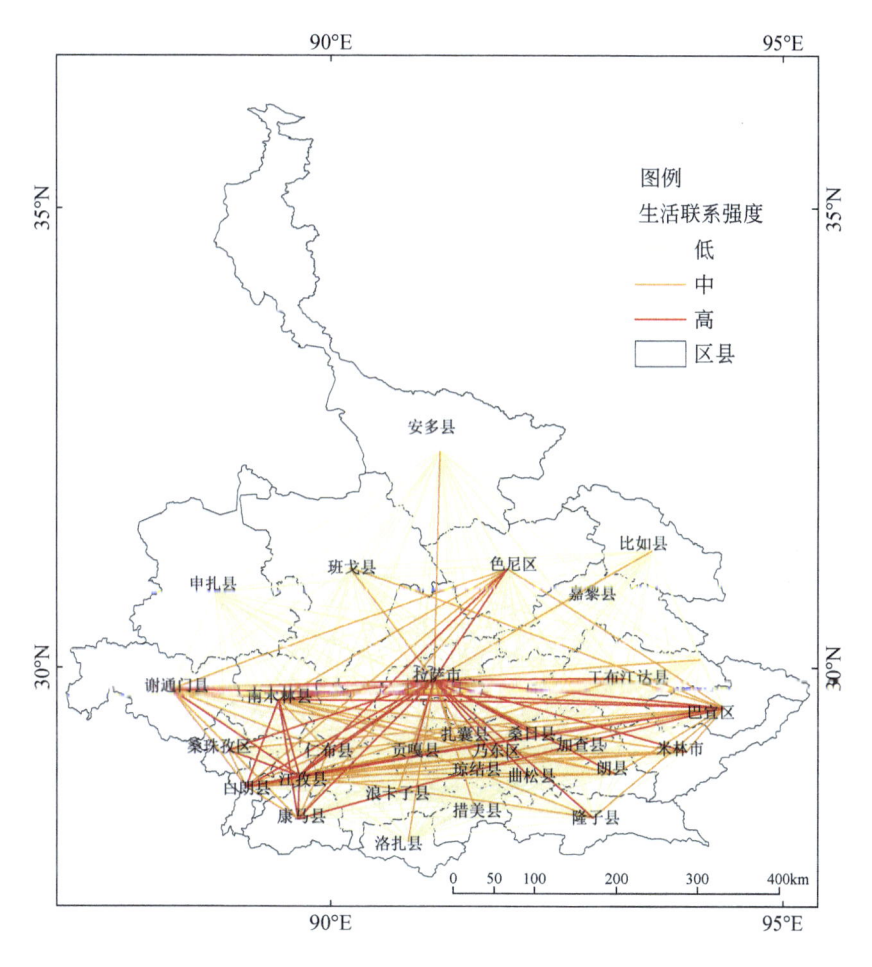

图 6-4 生活联系强度分布图

心、以雅鲁藏布江为联系纽带的要求，但是仍需要根据具体需要进行调整。

划定的都市圈中，发展水平最高的是桑珠孜区、巴宜区、色尼区，其GDP与中心城市拉萨市GDP共占了都市圈整体GDP的75%以上。其中，色尼区与拉萨市通过青藏线相连，具有良好的交通基础，人流、物流来往便利；桑珠孜区、巴宜区与拉萨市均位于雅鲁藏布江沿江地带，而雅鲁藏布河谷及其三角洲地区是西藏城镇密度最高、发展基础最好的地区。这体现出目前拉萨市发展的重心，即沿江与沿青藏铁路向外扩散发展。

如图6-6所示，在区县逐渐增加的情景下，拉萨都市圈将逐步吸纳谢通门县、康马县、嘉黎县、班戈县。当区县数量从18个增加到20个时，拉萨都市圈吸收了西部的两个区县谢通门县、康马县。两县均属于日喀则市，其中，谢通门县位于雅鲁藏布江沿岸，有着良好的发展基础；康马县与不丹相邻，对拉萨都市圈的国际化发展具有重要意义。当区县数量从20个增加到22个时，拉萨都市圈吸收了北部的两个区县嘉黎县、班戈县，这两个县虽然发展相对落后，但是均与拉萨市接壤，在交通逐步完善的未来，具有融入都市圈的潜力。两次扩张分别位于日喀则市市区桑珠孜区以及那曲市市区色尼区附近，两区具有发展为拉萨都市圈向外扩张的新增长极的资质，能够将辐射能力扩张到更远的地区，推动

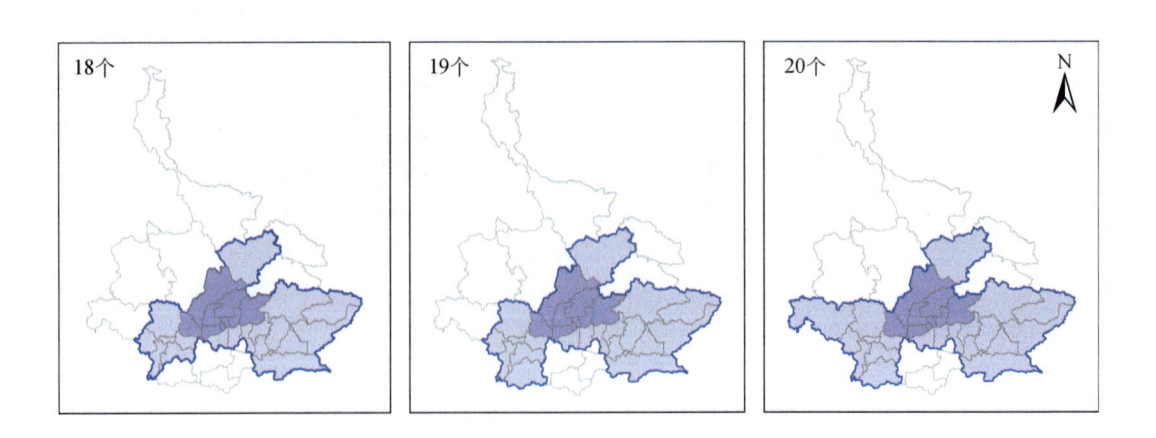

拉萨都市圈进一步发展。

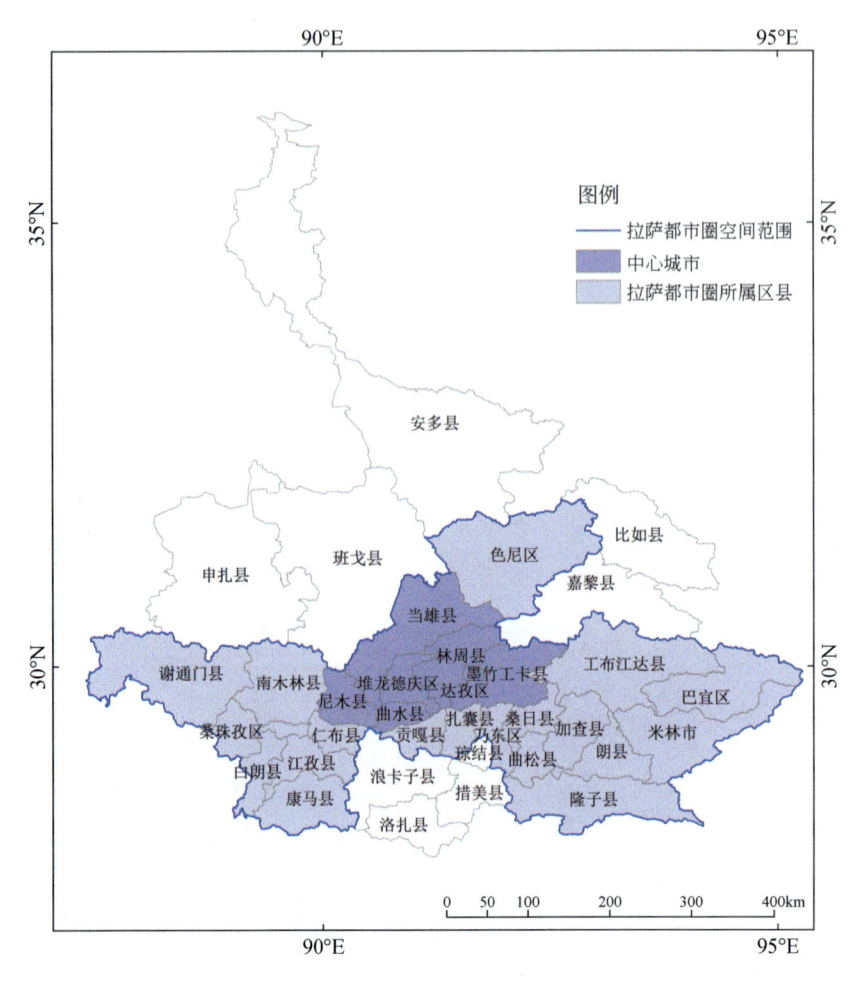

图 6-5 拉萨都市圈空间范围划定

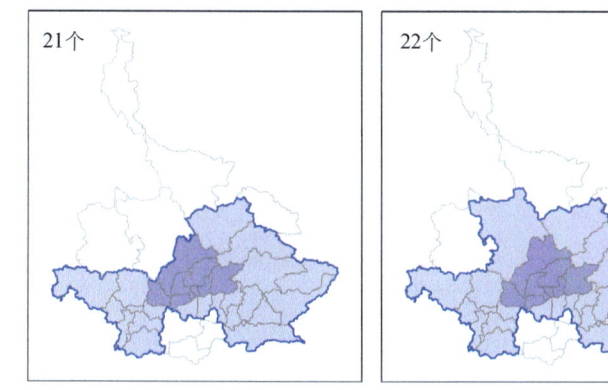

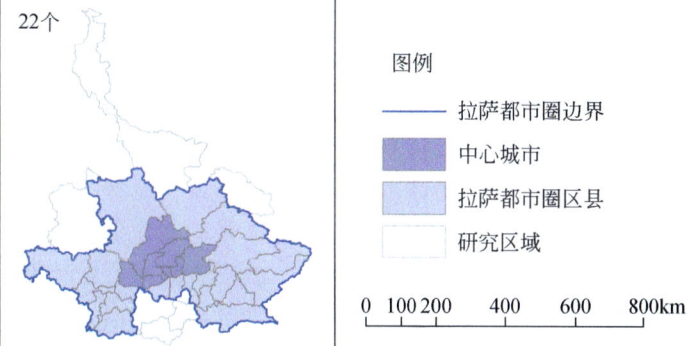

图 6-6　区县增加情景下的拉萨都市圈空间范围划定
子图左上角数据为区县数量

相比于国内其余都市圈，拉萨都市圈的面积更大，但人口更少，竞争力更弱。由于区域内各地的发展差距明显，拉萨都市圈内也只有拉萨市一个核心，呈放射状结构，并没有形成多核心的网络状联系趋势。提升拉萨都市圈核心区内外的经济联系，推动拉萨都市圈整体经济进一步发展，是拉萨市有待解决的问题。

与此同时，拉萨都市圈也有着自身独有的优势，各地之间的行政壁垒更小，文化相关性也更强，因而具有更强的一体化发展潜力。另外，拉萨都市圈位于中国南部边境地区，与尼泊尔、不丹等国家隔境相望，是中国面向南亚的枢纽之一。在保持优势的前提下稳步发展经济，构建互通的交通网络，加强与周边国家的交流，则拉萨都市圈能够把握发展机会，建成具有国际影响力的高质量都市圈。

6.1.6　拉萨都市圈结构优化策略

总的来看，拉萨都市圈的整体发展水平较低，区域间相差悬殊，呈现单一核心的放射状结构，亟待进一步推动经济发展，但文化联系、生态联系强，具有一体化的发展潜力。

对于中心城市拉萨市，应进一步加强自身的社会经济实力，通过扩大和扩张其规模和职能，增强都市圈核心动力，强化对周围城镇的吸引力，扩大辐射范围，改善对其他区县吸引力不平衡、衰减速度逐渐增大的现象。同时，拉萨市应加强和周边区县间交通、产业、物流、经济、信息技术等互联互动，加快推进与山南市、那曲市、日喀则市等城市的融合发展，推动拉萨都市圈一体化进程，进一步提升中心城市的带动作用。推动拉萨市产业结构转型升级，与周边地区合作构建产业发展平台，引导传统产业向周边城市转移，鼓励支持拉萨市高校、科研院所和高新技术产业与周边地区开展合作。另外，拉萨市作为都市圈核心增长极，应做到引领编制拉萨都市圈发展规划，统筹拉萨都市圈总体发展，充分发挥桥梁和纽带的作用，沟通信息，合理组织拉萨都市圈内部分工合作，发挥拉萨都市圈内的各地区优势，带领拉萨都市圈内部区县共建综合性、多功能、国际化的具有高原特色的新时代拉萨都市圈。

对于拉萨都市圈内发展水平较高的区县，尽快发展新的拉萨都市圈增长极，同时兼顾可持续一体化发展。一方面，打破行政界限，兼顾各地不同的发展需求，加强政府间的交流，建立各地间的统一协调机制与发展战略，实现拉萨都市圈政务间常态对话，为拉萨都市圈同城化发展及发展新的增长极提供基础。另一方面，构建绿色生态产业体系与拉萨都市圈生态环境协同治理机制，建立健全跨界环境污染信息通报、环境准入、企业监管、生态修复等一体化的拉萨都市圈综合防治体系，重视高原生态保护与特色文化保护，从而引导发展西藏地区独有的绿色文化产业，带动文化创意、文化旅游等现代服务业发展，进一步推动青藏高原与拉萨都市圈建设，实现青藏高原永续发展。

对于拉萨都市圈内发展水平较低的区县，应当大力发展相关基础设施，为经济建设创造有利条件，为拉萨都市圈发展提供重要支点。一方面，对原有交通线路进行扩展或扩能，对以拉萨市为核心的交通网络进行结构优化，提升圈域内外交通的有效通达性。大力发展拉墨铁路、拉日铁路等新兴铁路，打造以拉萨市为中心的通勤圈，为进一步巩固区县间的交流创造条件，通过交通流带动人流、物流、资金流和信息流，进而带动区县间经济流，改变城市联系空间格局。另一方面，完善政策支持和基础设施建设，利用拉萨市等地区的资金、技术和经验，改善产业发展环境，缩小各地区间的发展环境差异，推动部分小城镇的主导产业由传统的农业型经济向初级加工型经济过渡。利用自身优势，促进地区现代服务业和高原旅游发展，提升自身经济综合竞争力。加快信息化建设，进一步完善信息基础设施建设，推动信息产品研发和制造业的发展，并提升政府对其的支持力度。

同时，仍处于快速城镇化时期的拉萨都市圈还需做到高效开发利用城镇空间，同时推进城市更新与乡镇空间综合整治。科学划定城镇开发边界线，合理确定城乡建设用地总规模，坚持和完善基层耕地保护制度，约束城镇建设用地无序扩张。既要落实新型城镇化建设需要，大力重塑人居环境与产业结构，又要保障都市圈特色农牧业、净土健康产业可持续发展，充分发挥独有的资源禀赋优势。

6.2 拉萨市城市绿道选线优化

6.2.1 城市绿道的功能

城市绿道是指在城市中开放的绿色线形空间，可以为市民提供休闲、运动、教育等功能的设施（Ahern，1995，2013）。绿道是城市中重要的绿色基础设施，具体体现在：绿道能够改善城市的生态环境，保护生物多样性，增加绿色空间，减少空气污染和噪声污染，降低城市热岛效应，提高城市居民的健康水平（Kowarik，2019；张天洁和李泽，2013）；绿道能够丰富城市的景观层次，展示城市的历史文化，增强城市的特色和魅力，提升城市的形象和品质，吸引游客和投资者，促进城市的经济社会发展（Larson et al.，2016；Shafer et al.，2000）；绿道能够满足城市居民的多元化需求，提供安全舒适的步行和骑行条件，增加交通出行的选择，缓解交通拥堵问题，降低交通事故，节约能源和资源，减少碳排放，实现低碳出行（Horte and Eisenman，2020）；绿道能够增进城市居民的社区归属感，促进邻里间的沟通和互动，提高公民的参与意识和责任感，培养环境保护的意识，构建和谐共生的社会关系（Benedict and Mcmahon，2012）；同时，绿道能够带动旅游业、餐饮业、文化业等相关产业的发展，创造更多的就业机会和税收收入，据统计，每在绿道建设方面投入1元，就能带来1.4元的经济效益（Miller et al.，1998；王靖和吴巧红，2021）。

绿道是城市规划和建设中的重要项目，据统计，截至2019年底，全国共有39个省级行政区规划或建设了绿道，其中包括863个市县，绿道总长度达到16.8万km，覆盖率达到85%。绿道已成为城市居民最喜欢的休闲方式之一，超过八成的用户选择在周末骑行（蔡妤和董丽，2018）。全国各大城市的绿道（如北京运河绿道、上海黄浦江滨江绿道、广州珠江新城绿道等）都吸引了大量的骑行爱好者。

绿道的选线规划，即在现有的城市道路网络上选择合适的线路建设绿道，需要考虑人口、社会、经济、历史文化等多方面问题。其中，最重要的因素是人口，即绿道的选线应当在给定资源限制的条件下选择能够服务人口最多的线路。同时，城市中的一条绿道应该是连续的，以满足居民的通勤、游憩等需求。然而，绿道的规划目前缺少科学方法的支持。目前，常用的绿道线路规划以适应性分析为主，大量依赖规划者的经验，不能实现满足尽可能多服务人口的核心要求（Du et al.，2012；金云峰和周煦，2011；金云峰和周聪惠，2013；陈希希等，2019）。因此，本研究以拉萨市为案例，建立绿道选线优化模型。

6.2.2 绿道选线优化模型

为了实现规划绿道线路最大化覆盖人口、连续、线形、不自交、无须指定起点和终点的特点，本研究构建了整数优化模型，将其用于定义和辅助绿道选线优化问题。模型中的变量定义如表6-2所示。

表6-2 变量列表

变量名		含义
输入数据变量	n	候选路段的总数
	m	人口格点的总数
	L	绿道的最大长度
	l_i	候选路段i的长度
	c_k	人口格点k的人口数
	N_k	能够服务格点k的路段的集合
	ω_{ij}	如果路段i和j在图上相邻则$\omega_{ij}=1$，否则$\omega_{ij}=0$。
	C_τ	所有经过路口τ的候选路段集合
	M	一个足够大的数，可以取所有ω_{ij}的和

续表

变量名		含义
决策变量（输出数据变量）	x_i	$x_i=1$ 时路段 i 在规划的绿道线路上，$x_i=0$ 则相反
	y_k	$y_k=1$ 时人口点 k 能被规划的绿道覆盖，$y_k=0$ 则相反
	s_i	$s_i=1$ 时路段 i 是绿道的起始路段，$s_i=0$ 则不是
	w_i	$w_i=1$ 时路段 i 是绿道的终止路段，$w_i=0$ 则不是
	f_{ij}	$f_{ij}=1$ 时路段 i 和 j 在有向图上前后相邻，$f_{ij}=0$ 则不是
	u_i	u_i 路段 i 在绿道上的序号

绿道选线优化模型的整数优化模型表达如下。

最大化：

$$\sum_{k=1}^{m} c_k y_k \tag{6-23}$$

受限于：

$$\sum_{i \in N_k} x_i \geq y_k \quad \forall k \tag{6-24}$$

$$\sum_{i=1}^{n} l_i x_i \leq L \tag{6-25}$$

$$s_i \leq x_i \quad \forall i \tag{6-26}$$

$$\sum_{i=1}^{n} s_i = 1 \tag{6-27}$$

$$w_i \leq x_i \quad \forall i \tag{6-28}$$

$$\sum_{i=1}^{n} w_i = 1 \tag{6-29}$$

$$s_i + w_i \leq 1 \quad \forall i \tag{6-30}$$

$$f_{ij} \leq \omega_{ij} \quad \forall i,j \tag{6-31}$$

$$\sum_{i=1}^{n} \sum_{j=1}^{n} f_{ij} = \sum_{i=1}^{n} x_i - 1 \tag{6-32}$$

$$\sum_{j=1}^{n} f_{ij} \leq x_i \quad \forall i \tag{6-33}$$

$$\sum_{i=1}^{n} f_{ij} \leq x_j \quad \forall j \tag{6-34}$$

$$\sum_{j=1}^{n} f_{ij} - \sum_{j=1}^{n} f_{ji} = s_i - w_i \quad \forall i \tag{6-35}$$

$$\sum_{i \in C_\tau} x_i \leq 2 \quad \forall \tau \tag{6-36}$$

$$u_i - u_j + M f_{ij} \leq M-1 \quad \forall i,j, i \neq j \tag{6-37}$$

$$1 \leq u_i \leq \sum_{i=1}^{n} x_i, u_i \in \mathbb{Z} \tag{6-38}$$

$$x_i, y_k, w_i, s_i, f_{ij} \in \{0,1\} \tag{6-39}$$

目标函数和各约束条件的含义如下。

目标函数（6-23）：最大化覆盖人口。

约束条件（6-24）：对于任意的人口点 k，至少有一个能覆盖点 k 的路段被选中（在绿道规划方案中），则这一人口点 k 被覆盖，否则不能被覆盖。

约束条件（6-25）：所有被选中的路段的长度和不大于 L。

约束条件（6-26）：只有被选中的路段才可能是起始路段。

约束条件（6-27）：有且仅有一个起始路段。

约束条件（6-28）：只有被选中的路段才可能是终止路段。

约束条件（6-29）：有且仅有一个终止路段。

约束条件（6-30）：起始路段和终止路段必须为不同的路段。

约束条件（6-31）：只有在图上相邻的两个路段才有可能在绿道上相邻。

约束条件（6-32）：生成绿道方案中的相邻关系的数量是路段数量减一。

约束条件（6-33）：当路段 i 被选中时，所有与路段 i 有关的 f_{ij} 中最多有 1 个为 1，其余为 0，当路段 i 没有被选中时，所有与路段 i 有关的 f_{ij} 均为 0。

约束条件（6-34）：当路段 j 被选中时，所有与路段 j 有关的 f_{ij} 中最多有 1 个为 1，其余为 0，当路段 j 没有被选中时，所有与路段 j 有关的 f_{ij} 均为 0。

约束条件（6-35）：流平衡约束。当路段 i 既非起始路段又非终止路段时，路段 i 后继的路段数等于前驱的路段数（且二者均为1）。当路段 i 为起始路段时，路段 i 后继的路段数与前驱的路段数之差为 1；当路段 i 为终止路段时，路段 i 后继的路段数与前驱的路段数之差为 −1。

约束条件（6-36）：对于任意一个路口，最多有两条通过这个路口的路段被选中。用于保证绿道不自交。

约束条件（6-37）：对于绿道上的任意路段，序号小的总是排在序号大的前面。

约束条件（6-38）：任意路段的编号都在 1 到所选绿道路段总数之间，并且为整数。约束条件（6-35）和约束条件（6-38）用于保证绿道的连通性。

约束条件（6-39）：二值约束，x_i、y_k、w_i、s_i、f_{ij} 均只能取 0 或 1。

6.2.3 拉萨城市绿道规划方案

本研究选择拉萨市作为案例研究城市（研究区域如图 6-7 所示）。拉萨市是西藏的首府城市，位于雅鲁藏布江支流拉萨河北岸。这座具有 1300 年历史的古城地处西藏中部稍偏东南，平均海拔 3650m。拉萨市总面积为 29 640km²，其中城市建成区面积为 73.5km²。全市总人口约 95 万人，其中藏族和其他少数民族人口占 78.4%，研究区域总人口 258 942 人。拉萨市属于高原温带半干旱季风气候，以日照时间长、夏季温暖、冬季阳光明媚为特点。拉萨市拥有丰富的文化遗产，包括布达拉宫、大昭寺等，被联合国教育、科学及文化组织列入世界文化遗产名录。在拉萨市规划建设城市绿道能够满足人民对美好人居环境日益增长的需求，具有重要的现实意义。

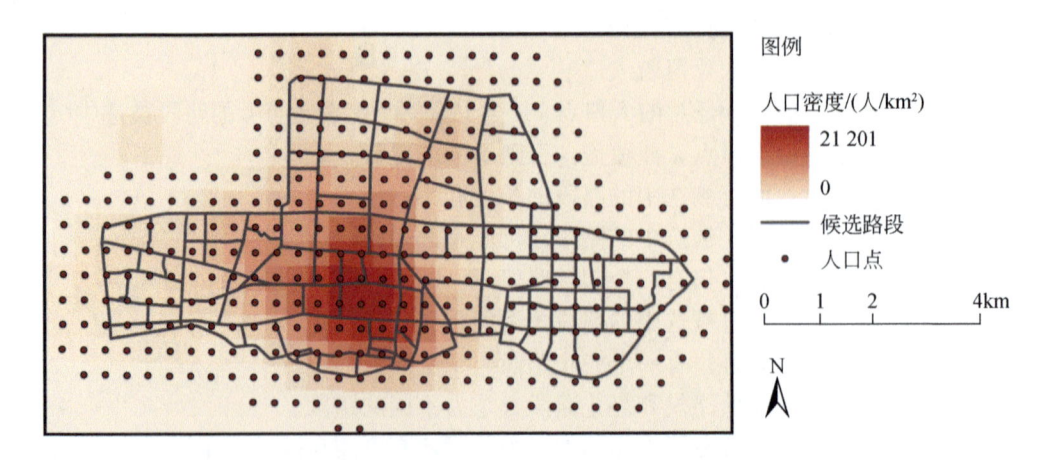

图 6-7 拉萨市主城区主要道路和人口分布

假设绿道的服务半径为 1km，拉萨市城市绿道优化的结果如图 6-8 所示。结果表明，如果建设一条比较短的绿道，长度不超过 1km，服务人口最多的绿道将优先选择在人口集中的区域。如果允许建设长度更长的绿道，则绿道的选址将逐渐延伸到周边人口密度较低的区域。在最大绿道长度为 1km 时，最优的绿道选线方案将服务 100 120 人，占研究区域总人口的 38.7%，随着绿道的逐渐延长，服务的人口也同步增多，在绿道长度为 8km 时可以服务 192 823 人，占研究区域总人口的 74.5%（表 6-3）。

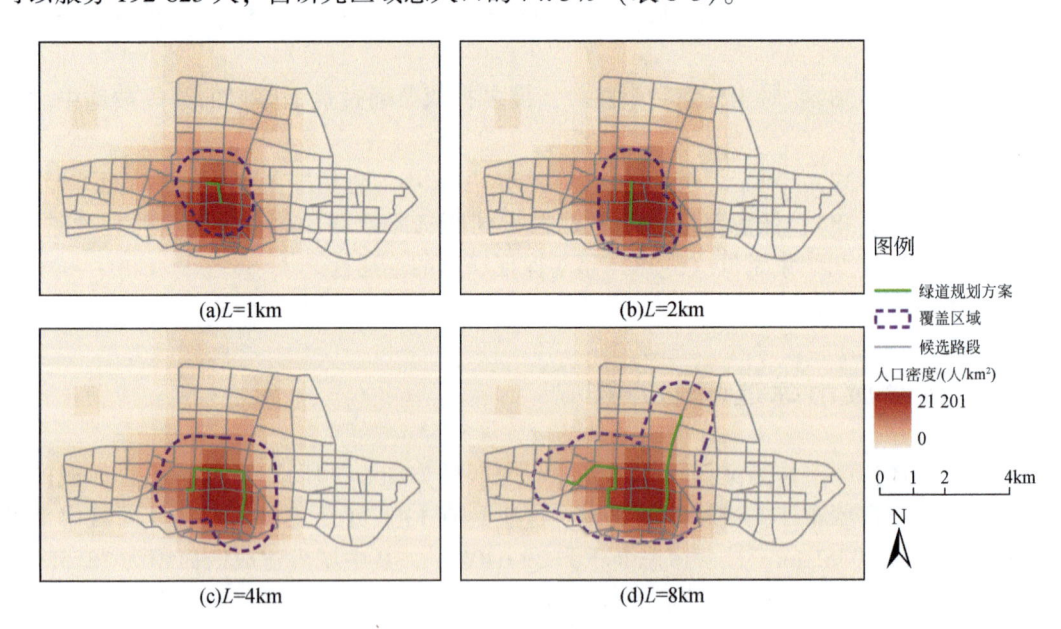

图 6-8 拉萨市主城区绿道规则方案

表 6-3　拉萨市主城区绿道选线方案数据

最大长度 L/km	实际长度/km	路段数	覆盖人口数/人	覆盖人口比例/%
1	0.957	2	100 120	38.7
2	1.786	4	117 456	45.4
4	3.863	10	153 807	59.4
8	7.983	17	192 823	74.5

6.2.4　结论

拉萨市作为西藏的首府，具有丰富的历史文化遗产和独特的自然风光。规划和建设城市绿道是拉萨市的一项重要工作，具有包括促进健康和福祉、环境保护、改善城市景观、增强社交互动、促进旅游和文化的发展等在内的众多好处。本研究开发了一个城市绿道选线优化模型，并以拉萨市为案例，探索了不同长度限制条件下能够服务最多人口的绿道空间分布。这一方法也可以推广至其他城市。

6.3　拉萨市医疗资源可达性评价与优化

医疗资源配置的合理与否可通过医疗设施可达性与公平性进行评价。医疗设施的可达性是指居民通过特定出行方式获取医疗服务的能力，能够揭示某区域内居民获取医疗资源的便利程度。在可达性评价的基础上，医疗资源公平性评价主要关注不同区域居民获取医疗服务可达性的差异程度。医疗资源可达性评价与公平性评价可以为医疗资源布局改善提供建议，医疗资源的空间优化可以提供具体的优化方案，以实现医疗设施的合理布局。上述两个维度的研究可以作为提高医疗服务水平、完善健康服务体系的基础。

本节选取医疗服务资源区域差异性较大的拉萨市为研究区域，以区域内不同层级医院为研究对象。近年来，拉萨市医疗事业发展步伐不断加快，各类医疗机构数已从 2000 年的 83 家增长至 2021 年的 477 家，医疗机构的床位数从 2000 年的 1617 张增长至 2021 年的 3751 张。与此同时，每千人拥有床位数、卫生技术人员数也分别从 2000 年的 4.20 张、6.11 人分别增长至 2021 年的 4.31 张和 8.70 人（中国经济社会发展年鉴数据，2024）。《健康拉萨 2030 规划纲要》指出，加快转变健康领域发展对于促进经济社会协调可持续发展具有重要意义（拉萨市卫生健康委员会，2021）。

6.3.1　医疗资源空间分布特征

拉萨市域内城乡占比差异显著，2.96 万 km² 的市域面积中，中心城区面积仅为 360.08km²，中心城区占比约为 1.21%（拉萨市自然资源局，2023）。独特的地理、社会环境会影响居民就医的可达性。在高原地区，地形复杂，交通不便，部分地区可能存在交通不畅、医疗资源不足的情况，导致居民就医困难。

近年来，随着"健康拉萨行动"的不断推进，拉萨市的医疗资源配置不断改进与健全，但仍然与基本医疗服务均等化的政策要求存在一定差距，主要体现在医疗资源空间分布的不均衡性上。

1）从全市看，医疗资源的布局不够均衡（图6-9），优质医疗资源占比较低。所有三级医院集中分布于城关区，给其他区县内居民潜在的重特大疾病就医需求带来诸多不便；二级医院的建设数量较少但分布相对均衡，除城关区未建设二级医院外，其余区县均配置有一所二级医院；卫生院数量在全市医疗机构中的占比较高，达到83.3%，并且仍然集中分布于城关区、堆龙德庆区、达孜区以及林周县等拉萨市中部地区。

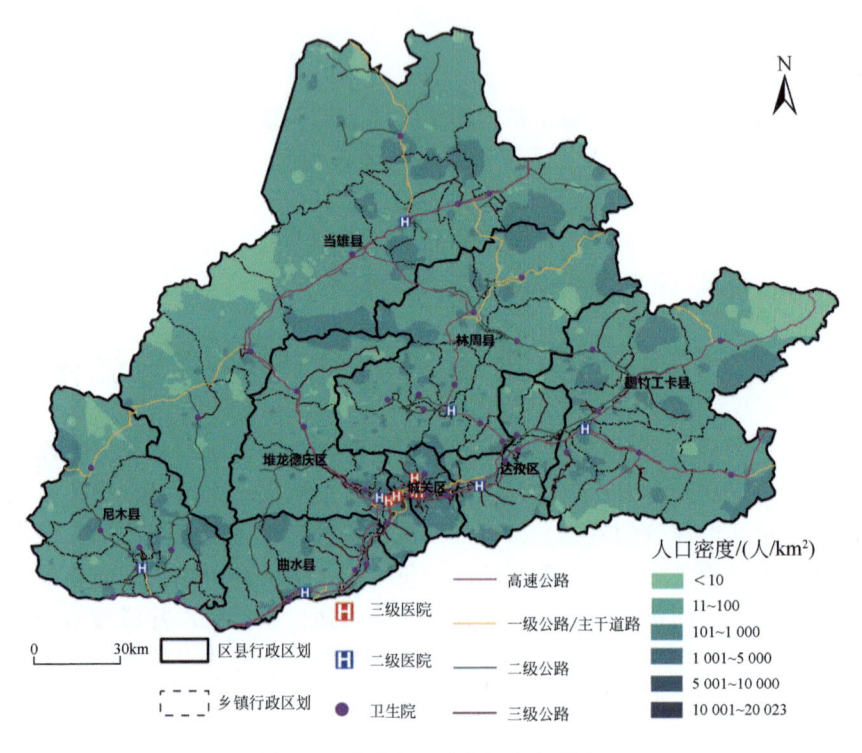

图6-9 拉萨市医疗资源空间分布

2）从医疗资源的区域分布看，医疗资源的配置与区域面积不匹配（表6-4）。总体而言，优质医疗资源集中于中部地区。面积最小的城关区拥有覆盖度最高的医疗体系，平均每22.74km² 布局有一所医疗机构。与此相对的是幅员辽阔、占地面积最大的当雄县，平均每1500km² 布局一所医疗机构，并且多为基层卫生院，辖区内医疗资源匮乏，居民就医需求很难得到满足。纵观拉萨市全域，大致呈现出区域面积与医疗机构数量的负相关现象，亟待完善医疗资源服务网络，以满足人民群众日益增长的医疗服务需求。

表6-4 拉萨市医疗资源区域分布情况

区域	三级医院数/所	二级医院数/所	卫生院数/所	区域面积/km²	面积/医院数/（km²/所）	人口/万人	平均服务人口数/（万人/所）
城关区	6	0	17	523	22.74	47.36	2.06

续表

区域	三级医院数/所	二级医院数/所	卫生院数/所	区域面积/km²	面积/医院数/(km²/所)	人口/万人	平均服务人口数/(万人/所)
堆龙德庆区	0	1	6	2 679	382.71	3.17	0.45
达孜区	0	1	4	1 373	274.60	4.19	0.84
林周县	0	1	9	4 512	451.20	12.56	1.26
当雄县	0	1	7	12 000	1 500.00	3.00	0.38
尼木县	0	1	8	3 275	363.89	5.06	0.56
曲水县	0	1	6	1 680	240.00	4.95	0.71
墨竹工卡县	0	1	8	5 620	624.44	4.79	0.53

注：平均服务人口数=区域内人口数/区域内医院数量（三级医院数、二级医院数与卫生院数之和）。

6.3.2 医疗资源可达性评价

本研究使用高斯两步移动搜寻法（Dai，2010，2011）（Gauss two-step floating catchment area method，Ga2SFCA）评价拉萨市医疗资源的空间可达性，考虑供给与需求两方面对可达性的影响，分别以供给点和需求点为搜索中心，在一定搜索半径内搜索两次，从而获得需求点空间可达性得分，具体计算公式见式（6-40）~式（6-42）。

$$R_j = \frac{S_j}{\sum_{j \in |d_{kj} \in D_r|} P_k f(d_{kj})} \tag{6-40}$$

本研究中，以拉萨市内的医疗机构 j（三级医院、二级医院以及卫生院）的位置为供给点，以医疗机构的服务阈值 D_r 为搜寻半径，搜索在服务阈值范围内的所有需求点 k（本研究中将拉萨市划分为 1km×1km 的格网，以格网的质心代表需求点，共筛选出有人口的需求点 4515 个），计算医疗服务供需比 R_j。S_j 为医疗服务供给点 j 的规模（这里以医疗机构的卫生技术人员数表示），P_k 表示需求点 k 的需求规模（以格网内的人口数量表示）。

$$f(d_{kj}) = \begin{cases} \dfrac{e^{-\frac{1}{2} \times \left(\frac{d_{kj}}{D_r}\right)^2} - e^{-\frac{1}{2}}}{1 - e^{-\frac{1}{2}}} & d_{kj} \leq D_r \\ 0 & d_{kj} > D_r \end{cases} \tag{6-41}$$

式中，$f(d_{kj})$ 为由距离衰减函数计算的权重，根据研究区域的交通成本情况得出，这里根据可达性的相关研究文献（Kwan，1998；陶卓霖和程杨，2016）选择高斯距离衰减函数；d_{kj} 为医疗服务需求点 k 和供给点 j 之间的最近交通距离。

$$A_i = \sum_{j \in |d_{ij} \in D_r|} R_j f(d_{ij}) \tag{6-42}$$

以需求点 i 的位置为中心，搜索落入搜寻半径内的医疗机构，将供需比 R_j 求和，得到需求点 i 的空间可达性值 A_i。一般来说，A_i 越大，空间可达性越好。

本研究中采用成本栅格法（刘泽等，2023，2024）构建供给点与需求点之间的出行成本矩阵，以就医时间度量 d_{ij}。同时，依据问卷调查评估居民对就医时间的接受程度，发现对于三级医院，70%受访者能接受 3h 以内的就医时间；对于二级医院，82%受访者能接受 2h 以内的就医时间；对于乡镇医院（卫生院），77% 的受访者能接受 1h 以内的就医时间。因此，本研究将搜索阈值 D_r 设定为三级医院 3h、二级医院 2h、乡镇医院（卫生院）1h。本节所使用的数据包括拉萨市医疗设施的名录及属性数据、人口分布数据以及各级道路的矢量数据。医疗设施数据由西藏自治区卫生健康委员会提供并提取拉萨市区域的数据，包括三级医院、二级医院和卫生院等医疗设施的名录、卫生技术人员数。人口数据来自河海大学陈跃红团队在 Figshare 平台上分享的我国第七次人口普查的 100m 分辨率的人口栅格数据（Chen et al., 2024）。拉萨市范围内的各级道路数据则来自 OpenStreetMap，同时进行栅格化（道路速度及影响因素系数见表 6-5），并构建 1km×1km 尺度的成本栅格［式（6-43）］，通过 ArcGIS 软件计算成本距离［式（6-44）］。

$$\text{cost}_i = \frac{1}{V_i \times \text{slope}_i \times \text{height}_i \times \text{usage}_i} \tag{6-43}$$

式中，i 为划分的各个栅格单元；cost_i 为栅格 i 的成本值（通过每个栅格单元所需的通行时间）；V_i 为栅格单元对应的道路类型的速度赋值；slope_i 为对应坡度对速度的影响系数；height_i 为对应的高程的影响系数；usage_i 为土地利用类型对速度的影响系数。

$$T_{ab} = \min \sum \text{cost}_i \tag{6-44}$$

式中，cost_i 为栅格 i 的成本值，求和计算时仅包括从栅格单元 a 到栅格单元 b 的某条通行路径上的栅格；T_{ab} 为栅格单元 a 到栅格单元 b 的最短出行时间。

表 6-5　拉萨市道路速度及影响因素系数

道路类型	速度赋值/(km/h)	平均纵坡/%	坡度影响系数	高程/km	高程影响系数	用地类型	用地类型影响系数/%
高速公路	100	≤10	1	≤3	1	城市建设用地	100
一级公路/主干道	80	(10, 20]	0.95	(3, 4]	0.95	草地	95
二级公路	60	(20, 30]	0.9	(4, 5]	0.9	裸地	80
三级公路	30	(30, 50]	0.7	(5, 6]	0.7	灌木	70
无道路	20	(50, 100]	0.4	(6, 7]	0.4	林地、农田	65
		>100	0.1	>7	0.1	湿地、雪地	30
						水体	0

资料来源：刘泽等，2024。

通过高斯两步移动搜索法计算得出 4515 个需求点的空间可达性，并通过反距离权重法进行插值输出，以便直观感知拉萨市全域的医疗资源空间可达性的分布情况（图 6-10～图 6-13）。主要得出如下结论。

1）从整体医疗设施空间可达性（图 6-10）来看，中部地区的医疗设施空间可达性最好，主要包括城关区大部分地区以及达孜区、堆龙德庆区、林周县、墨竹工卡县的部分地区，这些地区医疗资源集中、路网密集，具有显著的就医优势。同时，拉萨市全域的医疗设施空间可达性总体上表现出从中部地区向周边圈层递减的特征。

第 6 章 | 都市区研究与优化

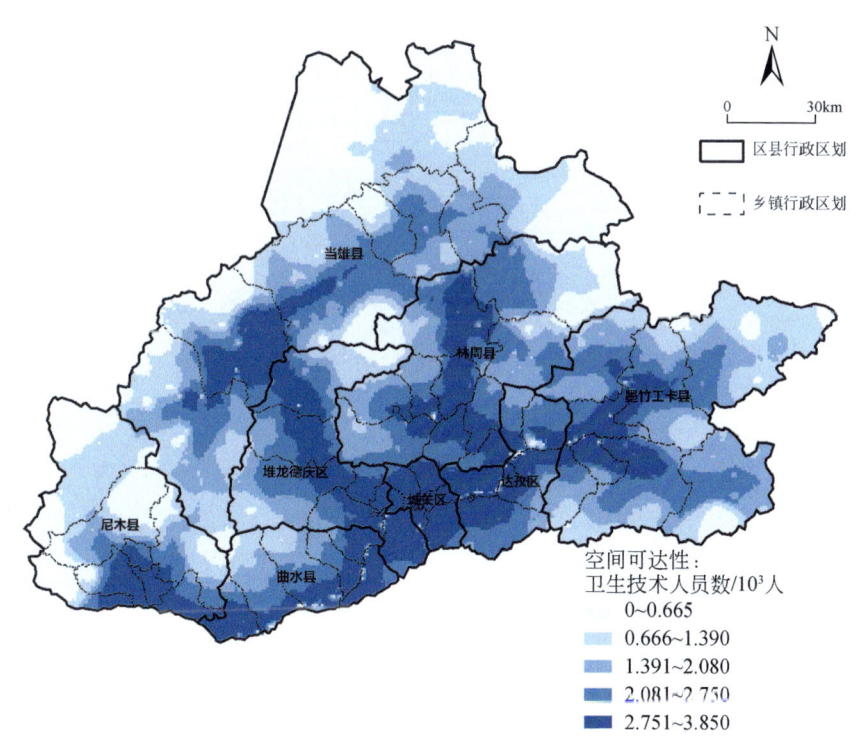

图 6-10　拉萨市医疗设施空间可达性

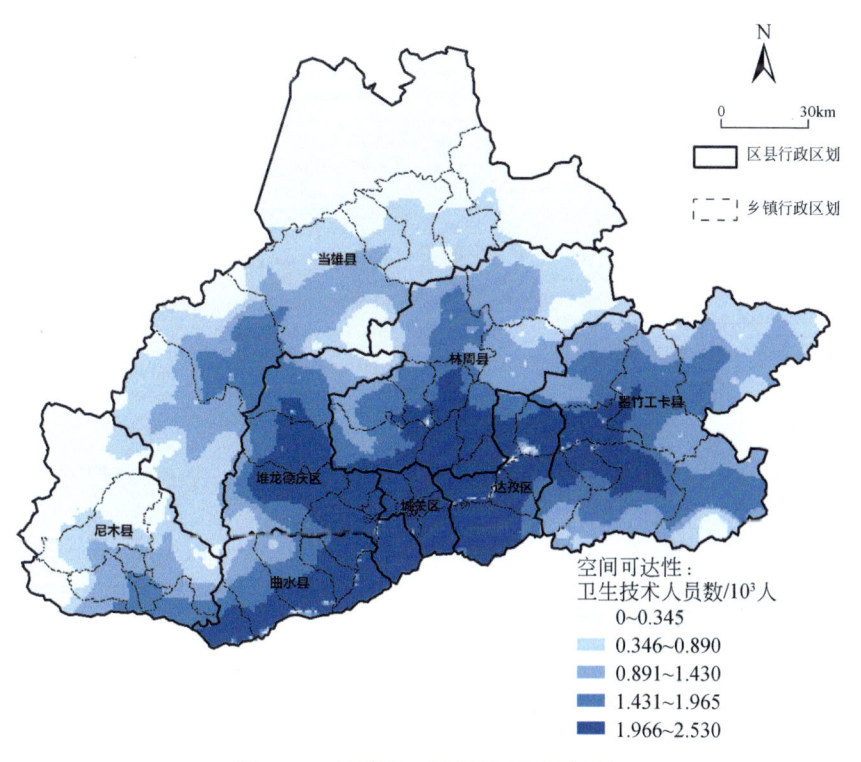

图 6-11　拉萨市三级医院空间可达性

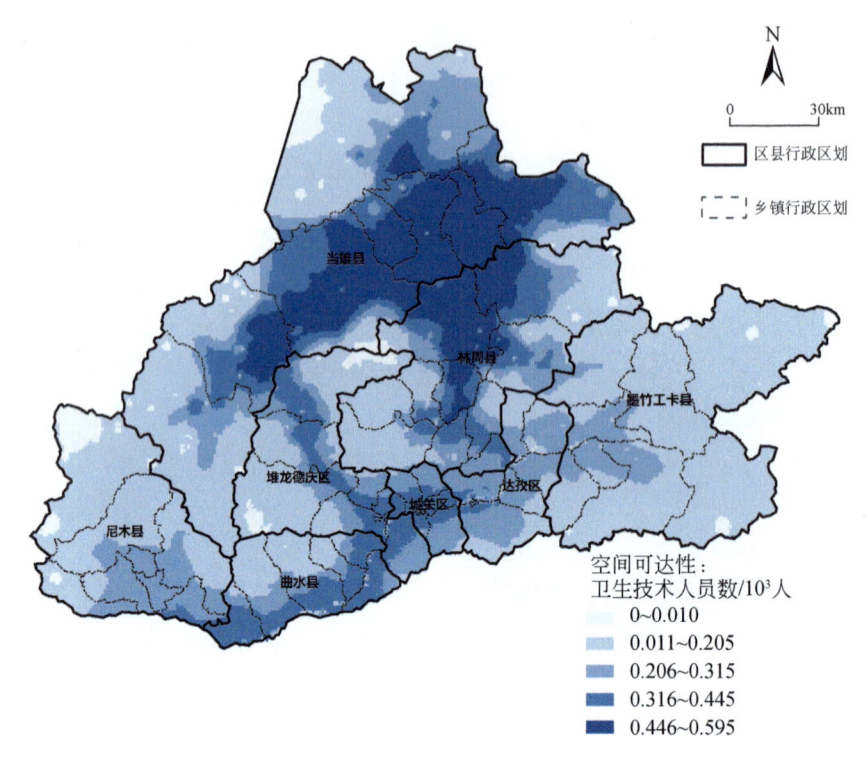

图 6-12　拉萨市二级医院空间可达性

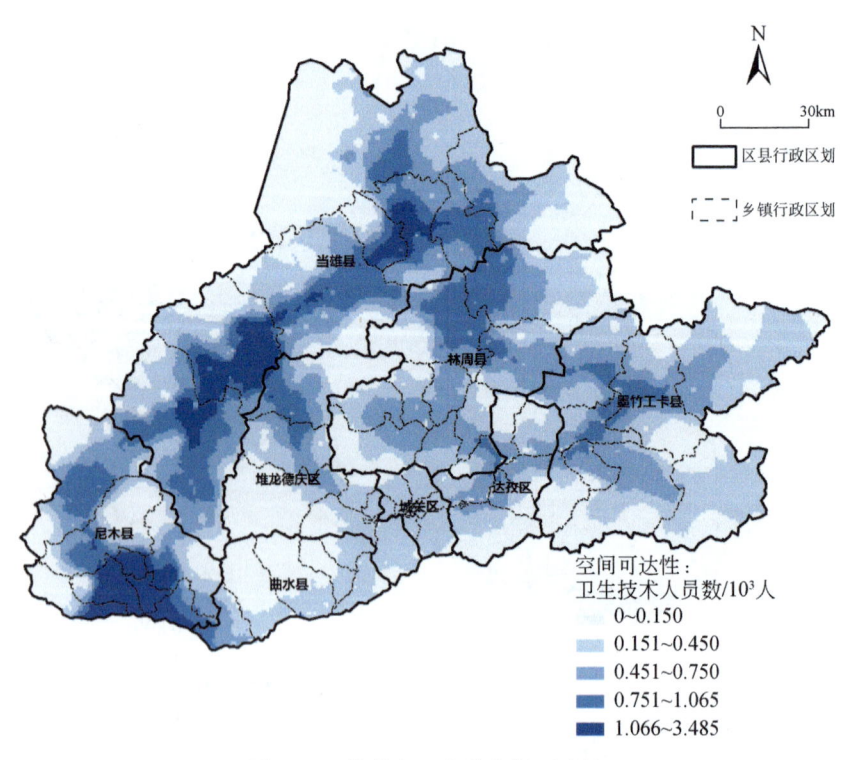

图 6-13　拉萨市卫生院空间可达性

2)从三级医院空间可达性（图6-11）来看，城关区等中部地区具有绝对优势，当雄县北部、尼木县西部等地区的三级医院空间可达性较差。三级医院空间可达性具有明显的从中心到外围圈层递减的趋势，这是因为拉萨市内所有三级医院在城关区集中分布。

3)从二级医院空间可达性（图6-12）来看，二级医院空间可达性最佳的区域位于当雄县人民医院附近，城关区则处于次一级的二级医院空间可达性水平，当雄县西北部、尼木县西部和墨竹工卡县东部区域二级医院空间可达性较差。

4)从卫生院空间可达性（图6-13）来看，城关区拥有17所卫生院，在各个区县中处于绝对优势地位。但由于中心城区庞大的人口数量，而卫生院医疗服务供给规模较小，城关区等中部地区卫生院空间可达性较差。曲水县大部分地区、堆龙德庆区南部以及达孜区南部等区域由于缺少卫生院布局，卫生院空间可达性较差。尼木县南部地区、当雄县西南部地区由于人口稀疏且卫生院布局数量较多，卫生院空间可达性较好。结果表明，拉萨市内现有的卫生院与居民就医需求之间仍存在一定的空间不匹配问题，有待进行优化。

6.3.3 医疗资源公平性评价

1. 居民就医时间公平性

首先测算1km×1km格网研究单元内居民到最近医院（三级医院、二级医院、卫生院等）的就医时间（表6-6、图6-14），以此为基础评估医疗资源配置的公平性，结论如下。

表6-6 拉萨市不同层级医院不同就医时间阈值内覆盖人口比例　　（单位:%）

医院	0~0.25h	0.26~0.50h	0.51~0.75h	0.76~1.00h	1.01~1.50h	1.51~2.00h	2.01~2.50h	2.51~3.00h	>3h
三级医院	67.969	4.476	3.055	3.763	5.609	6.498	4.235	1.997	2.398
二级医院	74.981	9.735	3.700	4.804	3.885	1.361	0.522	0.116	0.896
卫生院	85.400	6.175	4.319	1.536	1.132	0.505	0.037	0.002	0.894

1)在0~0.50h各层级医院均能覆盖至少70%人口的就医需求。其中，卫生院覆盖人口占比最大，达91.575%；三级医院覆盖人口占比最小，为72.445%。对比人口分布情况可得，三级医院覆盖人口多来自城关区等中部地区，对其他地区的居民来说就医仍然面临一定的困难。

2)在可达性评价中，设定了三级医院3h、二级医院2h、卫生院1h的就医时间上限。相应的就医时间上限覆盖人口的比例分别为97.602%、98.466%和97.430%，基本符合问卷调查中居民对就医时间的意愿。

3)偏远地区的就医时间长、就医困难问题依然存在。有部分居民在三级医院、二级医院和卫生院的就医时间超过3h，分别占2.398%、0.896%和0.894%。

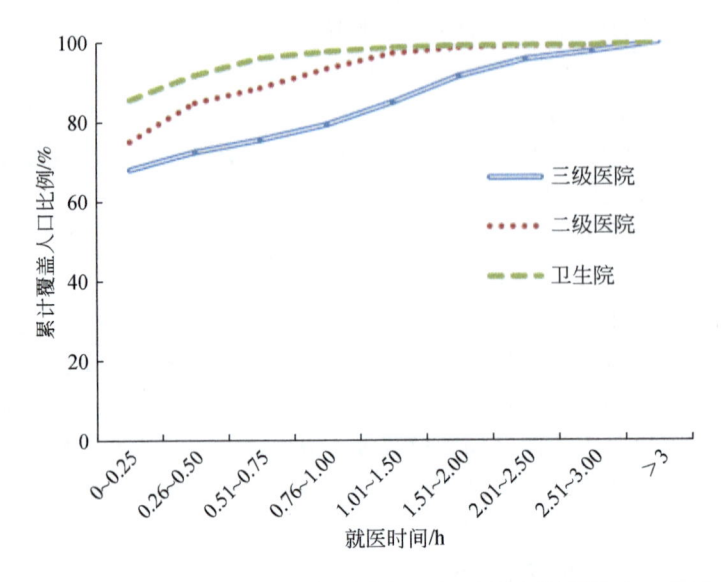

图 6-14 拉萨市不同层级医院不同就医时间阈值累计覆盖人口比例

2. 基于空间可达性的基尼系数

基尼系数最早用于衡量居民收入差距，现在也被广泛应用于资源配置公平性评价，取值在 0~1，值越小说明资源配置越公平。本节以空间可达性为评价对象，绘制累计可达性与累计人口的洛伦兹曲线图，计算不同层级医院可达性的基尼系数（图 6-15）。

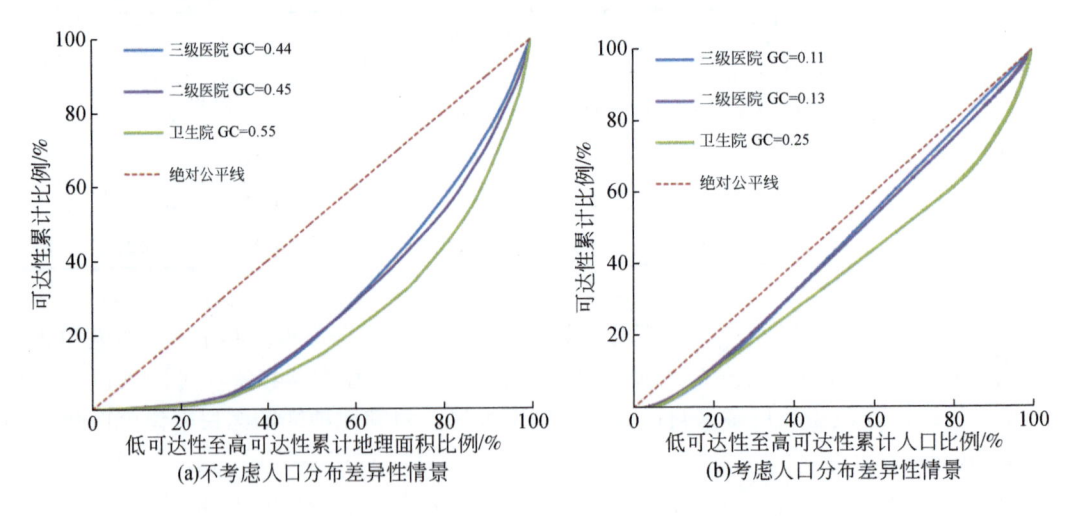

图 6-15 拉萨市不同层级医院空间可达性洛伦兹曲线

(1) 不考虑人口分布差异性情景

不考虑人口分布差异性情景，在乡镇单元尺度下将可达性按升序排列，绘制洛伦兹曲线并计算基尼系数。结果表明，三级医院、二级医院与卫生院的基尼系数（GC）均在 0.4 以上，医疗资源在不同乡镇单元间的差异较大。其中，卫生院的基尼系数（0.55）最大，医疗资源公平性最差。

（2）考虑人口分布差异性情景

考虑人口分布差异性情景，将1km×1km格网研究单元的可达性按升序排列，在绘制洛伦兹曲线时，同时对可达性和人口进行累加，计算基尼系数。结果表明，在考虑人口分布差异性后，三级医院、二级医院与卫生院的基尼系数均不大于0.25，医疗设施可达性的空间分布与人口分布具有较好的匹配度。其中，卫生院的基尼系数（0.25）最大。

6.3.4 医疗资源空间优化

针对拉萨市现状医疗设施空间可达性区域差异且不同层级差异显著的特点，本研究采取多层次的兼顾效率与公平目标的医疗资源两阶段空间优化方法。优化方法涉及设施选址和资源配置两个阶段。首先，通过选取相应的位置分配模型为新增医院选址，实现效率目标，包括三级医院采用的改进 P-中位模型和卫生院采用的位置集合覆盖模型。其次，利用最大可达性均等模型分配新增医疗资源（Tao and Zhao，2023），降低区域间的可达性差异，实现公平目标。

P-中位模型指在给定数量和位置的需求点集合和候选设施位置集合下，分别为 P 个设施找到合适的位置，使之达到在各设施点和需求点之间的总加权出行成本（时间、距离、费用等）最低（Hakimim，1964）。本研究新增约束条件（6-51），设定现有三级医院为必选点，对 P-中位模型进行改进。

$$\min \sum_i \sum_j h_i\, d_{ij}\, Y_{ij} \tag{6-45}$$

$$\text{s.t.} \sum_j X_j = P, \forall j \tag{6-46}$$

$$\sum_j Y_{ij} = 1, \forall i \tag{6-47}$$

$$Y_{ij} - X_j \leq 0, \forall i,j \tag{6-48}$$

$$X_j \in \{0,1\}, \forall j \tag{6-49}$$

$$Y_{ij} \in \{0,1\}, \forall i,j \tag{6-50}$$

$$X_j = 1(j=1,2,3,4,5,6) \tag{6-51}$$

式（6-45）~式（6-50）建立了一般化的 P-中位模型。h_i 为需求点 i 的权重，这里用人口数表示。d_{ij} 为需求点 i 到设施点 j 所需的时间表示。P 为配置的设施个数。X_j 取值为 1 表示第 j 个候选点配置设施，取值为 0 则相反。Y_{ij} 取值为 1 表示第 i 个需求点选择设施 j，取值为 0 则相反。

位置集合覆盖（location set covering problem，LSCP）模型也称最小设施点模型，要求建立最少的设施点来覆盖区域内所有的需求点（Hogan and ReVelle，1986），使得所有的需求点在设施最大服务半径（距离或时间）内能够获取设施点提供的服务。

$$\min \sum_{j \in W} x_j \tag{6-52}$$

$$\text{s.t.} \sum_{j \in N} x_j \geq 1, \forall i \in V \tag{6-53}$$

$$x_j \in \{0,1\} \tag{6-54}$$

式（6-52）为目标函数，要求在候选设施点范围 W 内选取最小的卫生院数量。式（6-53）为约束函数，要求对于需求点集合 V 中每个需求点 i，至少有一个卫生院可以为其提供服务。式（6-54）表示候选设施点 j 被选中取值为 1，否则为 0。

最大可达性均等（maximal accessibility equality，MAE）模型指在给定约束条件下（设施资源规模、可达性计算方法等），规划最优的资源分配方案，使得区域之间可达性差异程度最小化（Wang and Tang，2013）。它通常采用方差来测度可达性的空间差异，方差越小，则空间公平程度越高。本研究以需求点之间的可达性加权平均绝对误差（Tao and Zhao，2023）来测度空间公平程度。

$$\min \frac{\sum_{i}^{n} P_i \left| A_i - \frac{\sum_{i}^{n} P_i A_i}{\sum_{i}^{n} P_i} \right|}{\sum_{i}^{n} P_i} \tag{6-55}$$

$$\sum_{j}^{m} IS_j = IS_{total} \tag{6-56}$$

$$IS_{min} \leq IS_j \leq IS_{max} \tag{6-57}$$

$$S_j = IS_j + AS_j, \forall j \tag{6-58}$$

式中，P_i 为需求点 i 的需求规模，这里以需求点 i 的人口数表示；A_i 为需求节点 i 的医疗资源空间可达性，同式（6-40）~式（6-42）的计算。式（6-55）表示最小化需求点之间的可达性加权平均绝对误差。IS_j 为设施 j 增加的供给，在这里用卫生技术人员数表示；IS_{total} 为拟增加的卫生技术人员总数；IS_{min} 和 IS_{max} 分别为各个医院增加卫生技术人员数的下限和上限；AS_j 为医院现有的卫生技术人员数；S_j 为优化后医院的卫生技术人员数，包括现有卫生技术人员数和新增卫生技术人员数。

根据"十三五"期间拉萨市卫生计生事业主要发展指标（西藏自治区发展和改革委员会，2018；拉萨市卫生健康委员会，2019），预期每千人口执业（助理）医师数 2.2~2.5 人，预期每千人口注册护士数 2.2~2.3 人，计算得出要达到最低标准所需卫生技术人员约 4382 人。三级医院、二级医院和卫生院现状医疗设施共有卫生技术人员 2547 人，卫生技术人员缺口约为 1835 人。按三级医院、二级医院和卫生院的卫生技术人员占比情况分别设定新增规模 IS_{total} 为 1364 人、208 人、263 人，IS_{min} 和 IS_{max} 分别设置为 0 和对应的 IS_{total}。利用粒子群算法（particle swarm optimization，PSO）寻找新增规模分配的最优解，根据最优解结果计算优化后空间可达性。

（1）三级医院医疗资源空间优化结果

P-中位模型在最小化总体就医时间的基础上，也在一定程度上兼顾了区域间就医的公平性，能够在兼顾总体效率和区域公平性的前提下确定医院的最优布局方案。

作为拉萨市优质医疗资源，三级医院整体搬迁的成本难以预估，现有三级医院迁离原址的可行性较低。因此，选择 P-中位模型，将三级医院现状设施作为选址优化的必选点，选择二级医院升级为三级医院，降低城关区三级医院在医疗资源供需上的负担。由于高等级医院可提供低等级医院的医疗服务，被选中的二级医院仍可承担起"中病不出县"发展目标的区域龙头带动作用。$P=7$ 和 $P=8$ 两种选址结果分别见图 6-16 和图 6-17，采用 MAE 模型（$P=7$）的优化结果见图 6-18。

图 6-16 基于 P-中位模型的三级医院选址结果（$P=7$）

图 6-17 基于 P-中位模型的三级医院选址结果（$P=8$）

选址结果显示，随着 P 的增大，当雄县人民医院仍然是 P-中位模型选点的优先选择。最终选择 $P=7$ 的情景进行 MAE 模型的公平性优化。与拉萨市三级医院现状设施就医时间（图6-19）相比，选址优化后，居民就医时间显著缩短，就医时间较短区域不再局限于中心城区。资源优化结果显示，三级医院的整体空间可达性得到较大提升。空间可达性较好的区域从城关区等中心城区延伸至当雄县、林周县、墨竹工卡县大部分地区。与拉萨市人口密度分布情况相比，空间可达性较差的地区主要位于人口密度较低的无人区，区域之间的空间可达性差异明显缩小。

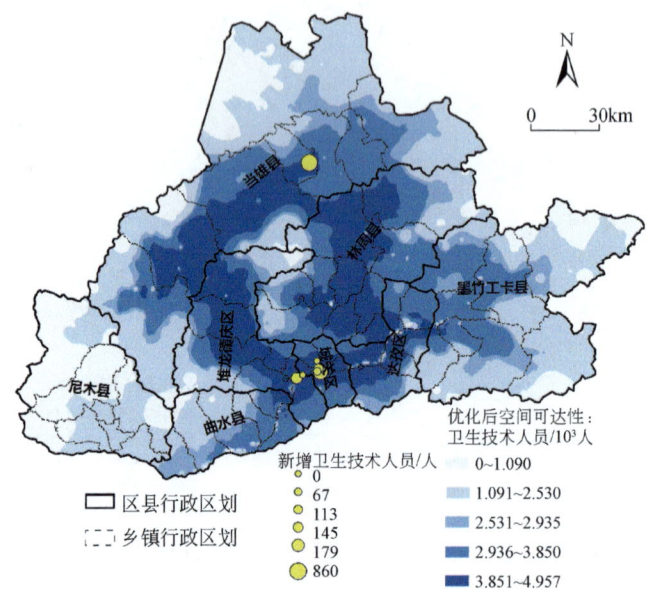

图6-18 拉萨市三级医院医疗资源优化结果

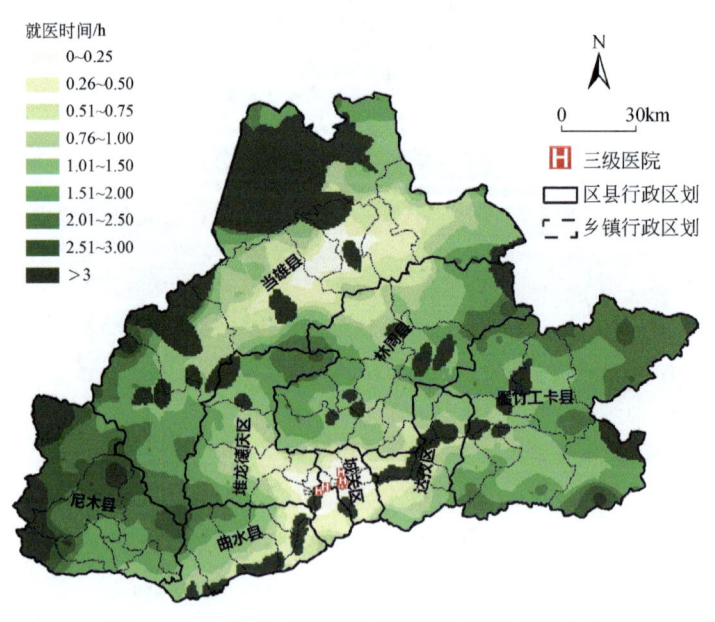

图6-19 拉萨市三级医院现状设施就医时间分布

（2）二级医院医疗资源空间优化结果

除了城关区，拉萨市的其余区县均配置一所二级医院。城关区拥有全市所有三级医院，可以提供二级医院的医疗服务功能，已经实现了在区县范围内二级医院医疗服务的全覆盖。根据《拉萨市国土空间总体规划（2021—2035年）》（拉萨市自然资源局，2023）的要求，城关区不再新增医疗设施用地。二级医院的空间优化侧重于医疗资源的配置优化方面，不再进行新增医院的选址优化。采用MAE模型的优化结果见图6-20。

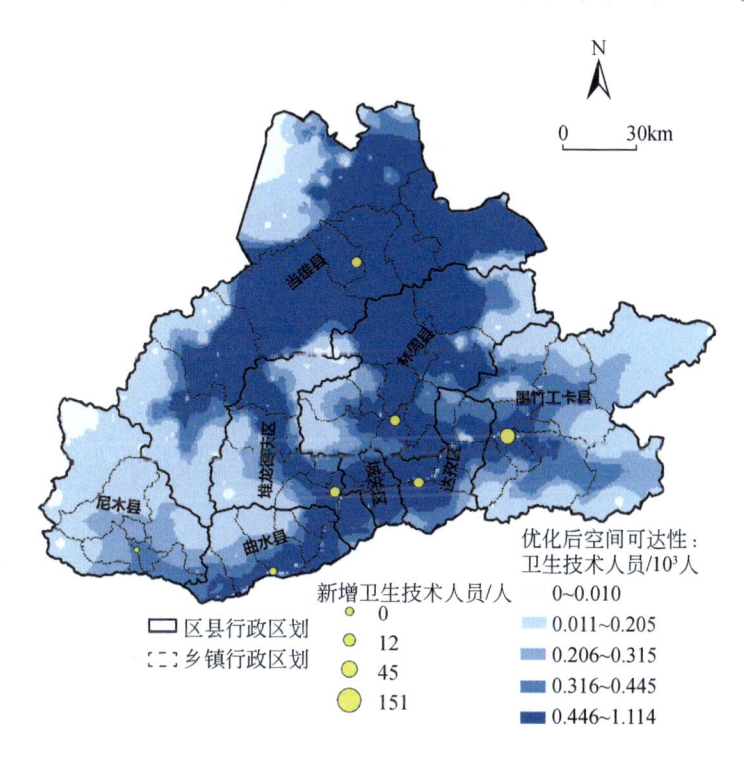

图6-20 拉萨市二级医院医疗资源优化结果

资源优化结果显示，新增医疗资源提升了二级医院的服务能力。城关区等中心城区空间可达性明显改善，当雄县人民医院的区域龙头带动作用进一步增强，城关区缺乏二级医院所导致的空间可达性差的问题得到缓解。

（3）卫生院医疗资源空间优化结果

卫生院的基础医疗功能属性要求尽可能实现对区域内居民基础就医需求的全覆盖。该要求可通过在距最近卫生院就医时间超过规定阈值的区域新增卫生院来实现，通过LSCP模型选定所需新增的最小卫生院数量。

根据《拉萨市"十三·五"卫生计生事业发展规划（2016—2020）》（拉萨市卫生健康委员会，2019）"主要任务"中的指标要求，每个卫生院最少配置10~15名卫生人员，选定距现有卫生院就医时间超过设定阈值且人口数在15人以上的格网单元作为新增卫生院的候选点。选址结果显示，到最近卫生院就医时间超过0.5h且人口数超过15人的候选点共540个，选中新增卫生院设施点共122个（图6-21）。到最近卫生院就医时间超过1h且人口数超过15人的候选点共118个，选中新增卫生院设施点共32个（图6-22）。

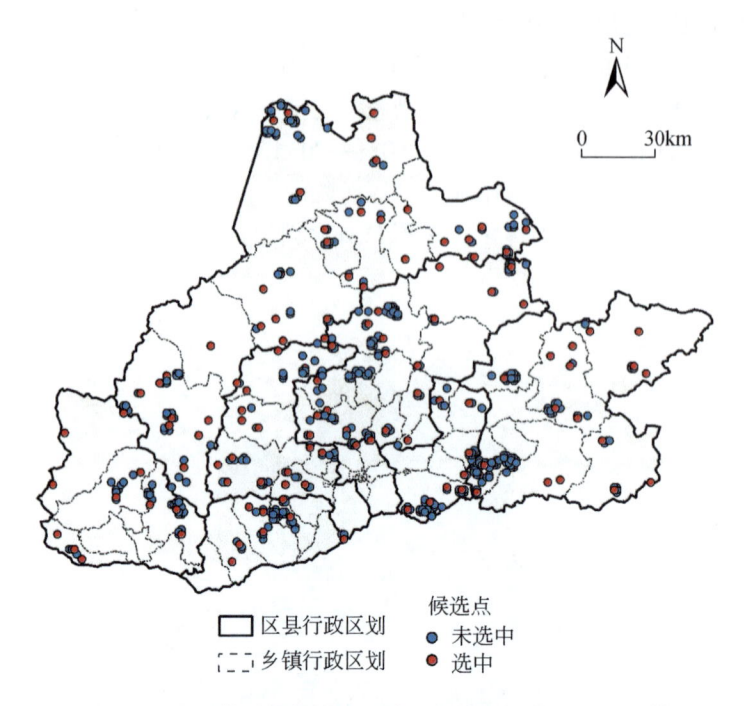

图 6-21 基于 LSCP 模型的新增卫生院选址结果（就医时间阈值 0.5h）

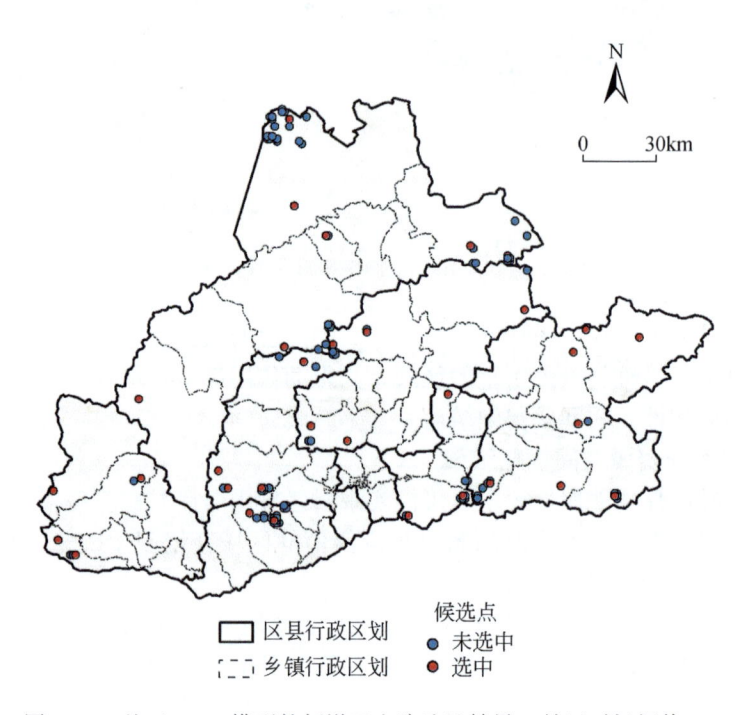

图 6-22 基于 LSCP 模型的新增卫生院选址结果（就医时间阈值 1h）

现有卫生院平均承担就医人口数量为 1.3 万人，卫生院就医时间超过 0.5h、1h 的人口比例分别约为 8.4%（7.6 万人）和 2.6%（2.2 万人）。要实现不到 10% 人口卫生院就医需求的全覆盖而新建数十所卫生院是不经济的。因此，1h 以内卫生院医疗服务的全覆盖目标难以实现，卫生院的空间优化应更侧重于新增医疗资源的配置。采用 MAE 模型的优化结果见图 6-23。

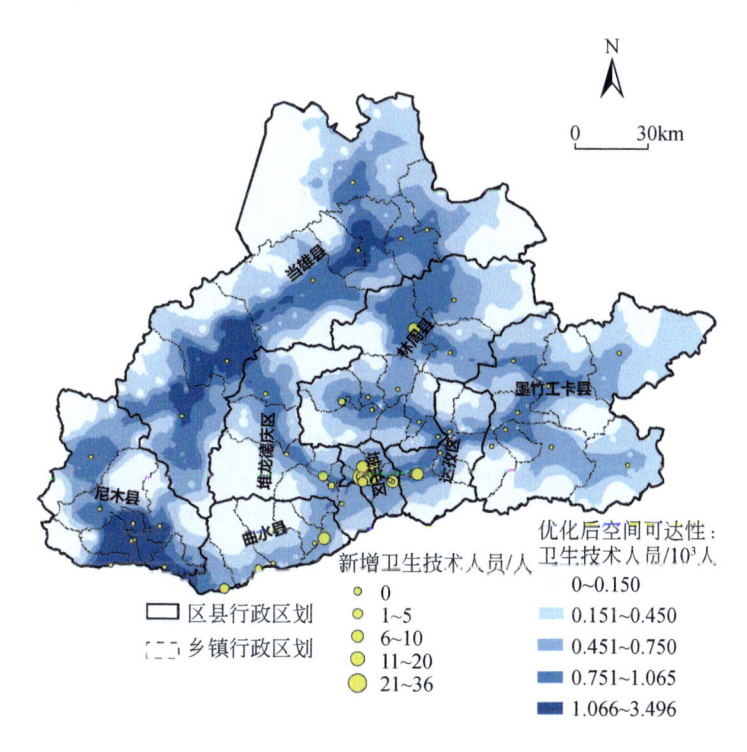

图 6-23　拉萨市卫生院医疗资源优化结果

资源优化结果显示，卫生院的空间可达性数值变化不明显，但区域间差异进一步缩小。城关区卫生院的空间可达性明显提升，基础就医压力得到缓解。

参 考 文 献

蔡妤, 董丽. 2018. 绿道生态价值研究进展及展望. 山东农业大学学报（自然科学版）, 49（1）: 110-116.

陈希希, 李倞, 谭立, 等. 2019. 基于空间潜力和社会行为多源数据分析的城市绿道规划研究: 以北京市海淀区城市绿道选线规划为例. 景观设计学, 7（6）: 50-65.

金云峰, 周聪惠. 2013. 城市绿地系统规划要素组织架构研究. 城市规划学刊（3）: 86-92.

金云峰, 周煦. 2011. 城市层面绿道系统规划模式探讨. 现代城市研究, 26（3）: 33-37.

拉萨市卫生健康委员会. 2021. 健康拉萨 2030 规划纲要. https://jkw.lasa.gov.cn/wswyh/fzgh/202111/e-0669077056b41e6ba7042aa4af96cc4.shtml［2024-04-20］.

拉萨市卫生健康委员会. 2019. 拉萨市"十三·五"卫生计生事业发展规划（2016—2020）. https://jkw.lasa.gov.cn/wswyh/fzgh/201911/071c97c61ec34a18af7fcab1e8936d60.shtml［2024-04-06］.

拉萨市自然资源局. 2023. 拉萨市国土空间总体规划（2021—2035 年)》公开征求意见公告. https://zrzyj.lasa.gov.cn/zrzyj/c100746/202304/dd250d2fa79b4d00b46549e4f20019db.shtml［2024-04-20］.

刘泽, 程杨, 陶卓霖, 等. 2024. 西藏自治区层级医疗设施可达性精细化评价. 地理学报, 79（2）:

502-514.

刘泽，张娜娜，程杨，等. 2023. 青海省医疗资源配置的空间公平与效率评价. 地理科学进展，42（10）：1891-1903.

孟德友，陆玉麒. 2009. 基于引力模型的江苏区域经济联系强度与方向. 地理科学进展，28（5）：697-704.

唐蜜，罗小龙，王绍博. 2022. 大都市区跨界地区空间演化及动力机制研究. 人文地理，37（2）：103-111.

陶卓霖，程杨. 2016. 两步移动搜寻法及其扩展形式研究进展. 地理科学进展，35（5）：589-599.

王婧，吴巧红. 2021. 绿道推动城市空间健康发展. 旅游学刊，36（3）：11-13.

西藏自治区发展和改革委员会. 2018. 拉萨市"十三五"时期国民经济和社会发展规划纲要. https：//drc. xizang. gov. cn/zwgk_ 1941/fz/ds/201806/t20180629_ 173419. html［2024-4-20］.

张天洁，李泽. 2013. 高密度城市的多目标绿道网络：新加坡公园连接道系统. 城市规划，37（5）：67-73.

中国经济社会发展年鉴数据. 2024. 中国经济社会大数据研究平台. https：//data. cnki. net/trade/yearBook/single？zcode=Z020&id=N2023080087［2024-04-20］.

Ahern J. 1995. Greenways as a planning strategy. Landscape and Urban Planning, 33（1-3）：131-55.

Ahern J. 2013. Urban landscape sustainability and resilience：the promise and challenges of integrating ecology with urban planning and design. Landscape Ecology, 28（6）：1203-1212.

Bailly A S. 1995. Producer services research in Europe. The Professional Geographer, 47（1）：70-74.

Ball R M, 1980. The use and definition of travel-to-work areas in Great Britain：some problems. Regional Studies, 14（2）：125-139.

Benedict M A, Mcmahon E T. 2012. Green Infrastructure：Linking Landscapes and Communities. Washington D C：Island Press.

Caruso G, Hilal M, Thomas I. 2017. Measuring urban forms from inter-building distances：Combining MST graphs with a Local Index of Spatial Association. Landscape and Urban Planning, 163：80-89.

Chen Y, Xu C, Ge Y, et al. 2024. A 100-m gridded population dataset of China's seventh census using ensemble learning and geospatial big data. Earth System Science Data Discussions, 16（8）：1-19.

Dai D J. 2010. Black residential segregation, disparities in spatial access to health care facilities, and late-stage breast cancer diagnosis in metropolitan Detroit. Health & Place, 16（5）：1038-1052.

Dai D J. 2011. Racial/ethnic and socioeconomic disparities in urban green space accessibility：Where to intervene?. Landscape and Urban Planning, 102（4）：234-244.

Du Q, Zhang C, Wang K Y. 2012. Suitability analysis for greenway planning in China：an example of Chongming Island. Environmental Management, 49（1）：96-110.

Hakimi S L. 1964. Optimum locations of switching centers and the absolute centers and medians of a graph. Operations Research, 12（3）：450-459.

Hogan K, ReVelle C. 1986. Concepts and applications of backup coverage. Management Science, 32（11）：1434-1444.

Horte O, Eisenman T. 2020. Urban greenways：a systematic review and typology. Land, 9（2）：40.

Klove R C. 1952. The definition of standard metropolitan areas. Economic Geography, 28（2）：95-104.

Kowarik I. 2019. The "green belt berlin"：establishing a greenway where the berlin wall once stood by integrating ecological, social and cultural approaches. Landscape and Urban Planning, 184：12-22.

Kwan M P. 1998. Space-time and integral measures of individual accessibility：a comparative analysis using a point-based framework. Geographical Analysis, 30 (3): 191-216.

Larson L R, Keith S J, Fernandez M, et al. 2016. Ecosystem services and urban greenways: what's the public's perspective?. Ecosystem Services, 22: 111-116.

Ma W Q, Jiang G H, Chen Y H, et al. 2020. How feasible is regional integration for reconciling land use conflicts across the urban-rural interface? Evidence from Beijing-Tianjin-Hebei metropolitan region in China. Land Use Policy, 92: 104433.

Miller W, Collins M G, Steiner F R, et al. 1998. An approach for greenway suitability analysis. Landscape and Urban Planning, 42: 91-105.

Moreno-Monroy A I, Schiavina M, Veneri P. 2021. Metropolitan areas in the world. Delineation and population trends. Journal of Urban Economics, 125: 103242.

Mu L, Wang X. 2006. Population landscape: a geometric approach to studying spatial patterns of the US urban hierarchy. International Journal of Geographical Information Science, 20 (6): 649-667.

Rambeau S, Todd K. 2000. Census metropolitan area and census agglomeration influenced zones (MIZ) with census data. https://api.semanticscholar.org/ [2024-04-20].

Shafer C S, Lee B K, Turner S. 2000. A tale of three greenway trails: user perceptions related to quality of life. Landscape and Urban Planning, 49: 163-178.

Shirabe T. 2005. A model of contiguity for spatial unit allocation. Geographical Analysis, 37 (1): 2-16.

Slifkin R T, Randolph R, Ricketts T C. 2004. The changing metropolitan designation process and rural America. Journal of Rural Health, 20 (1): 1-6.

Tao Z L, Zhao M. 2023. Planning for equal transit-based accessibility of healthcare facilities: a case study of Shenzhen, China. Socio-Economic Planning Sciences, 88: 101666.

Wang F H, Tang Q. 2013. Planning toward equal accessibility to services: a quadratic programming approach. Environment and Planning B: Planning and Design, 40 (2): 195-212.

第 7 章 青藏高原多维安全状况评估与提升策略[*]

党的二十大报告指出，国家安全是民族复兴的根基，社会稳定是国家强盛的前提；要健全国家安全体系，增强维护国家安全的能力，提高公共安全治理水平，完善区域治理体系。青藏高原地区具有特殊的民族构成、特色的文化历史、复杂的地缘位置，更加容易引发地区安全风险问题。青藏高原又是全球特殊的生态区域、我国的生态屏障，生态保护等一系列长远发展策略广泛被接受尚需要时间和过程，这些均需要在安全风险评估中加以考量。与此同时，青藏高原地区与周边9个国家相邻，沿边的地理区位也使青藏高原具有重要的地缘战略意义。因此，青藏高原地区安全保障是关系到地区高质量发展和国家稳定的重要因素。

青藏高原第二次综合科学考察任务六（人类活动与生存环境安全）专题八（人类活动影响与生存环境安全评估）设立了青藏高原地区综合安全研究内容，从社会安全、经济安全、文化安全、地缘安全阐述青藏高原多维安全状况和风险，构建多维安全指数和选择适宜的典型区评估青藏高原多维安全，分析多维安全评估结果，并提出相应的多维安全中的风险防控策略，旨在为保护青藏高原多维安全屏障功能提供科学依据和政策建议。

7.1 区域安全分析框架

对研究区和安全理论的研究是青藏高原地区综合安全分析的基础。分析青藏高原区域安全，首先需明确安全和多维安全的基本内涵，识别和阐释风险类型，再结合青藏高原的区情、数据的可获取性、定量评估的可操作性等确定多维安全评估的原则、基本思路和评价指标体系。

7.1.1 青藏高原多维安全的基本内涵

有别于国家尺度的宏观安全，也不同于社区尺度的微观安全，青藏高原地区的安全为区域多维安全，需要在多尺度多领域的安全互动中分析和把握中观尺度的经济安全、社会安全、文化安全、地缘安全等。

经济安全通常指保证国家经济正常运行、使其免受威胁的一种状态（Maga，2017），这种状态既包括不受内、外部因素破坏的事实，又包括抵御内外干扰、冲击、破坏、风险的能力（叶卫平，2010）。区域经济安全作为国家经济安全的一部分，当区域经济安全存

---

[*] 本章作者：7.1，葛岳静、朱华晟、周尚意、牛福长；7.2，朱华晟、刘若彬、黄珮欣；7.3，叶帅、葛岳静；7.4，周尚意、梁迪菲、段明远；7.5，牛福长、葛岳静、潘峰华、蔡永龙；7.6，葛岳静、牛福长、朱华晟、周尚意。

在风险时，这一负面影响可能会溢出，进而影响国家经济的稳定性（蒋尉等，2007）。尤其在经济相对落后的多民族边境地区，其具备复杂的社会经济体系，对国家安全具有战略意义（Zhu et al., 2022）。

社会安全指一定时空范围内社会系统的稳定状态及其可持续性，既包含社会系统发展耦合协调的客观状态，又包括个体安全环境的主观感受，还有不同群体之间对安全事件的态度分歧。青藏高原多数地区生境条件欠佳，生态环境脆弱，经济发展和社会转型滞后于其他地区，同时拥有高度聚合的地方民族和宗教文化特色，区域发展面临生态安全治理和维护社会稳定的双重压力，需将经济发展、社会稳定及生态持续3个系统保持良性运行与协调发展的能力作为青藏高原社会安全的核心要义。

文化安全主要指一个国家文化的生存与发展免于受到威胁和远离危险的状态，以及保持持续安全状态的能力（颜旭，2022）。该概念来自2015年7月1日通过的《中华人民共和国国家安全法》。文化虽然有物质形态，但是最重要的是其无形的力量，是保护国家的领土安全、维持民族团结、社会稳定和发展的深层因素。文化安全作为国家安全的组成部分，是国家安全的重要保障。

地缘安全是地缘环境要素（包括本国与周边国家的地理位置关系、利益关系和实力关系）与国家安全相互作用而形成的一种综合态势，通常包括国土安全、通道安全和战略安全三方面（李欣，2017）。一般来说，地缘安全遵循地缘政治学权力、边界、战略等核心议题和"国家为中心"或国家尺度的研究范式。青藏高原的地缘安全既要考虑外部愈演愈烈的南亚暴力冲突的外溢可能性，又要考虑内外部联动的中国西藏沿边地区与环喜马拉雅国家的口岸–通道–腹地流量系统跨边界流空间的地缘脆弱性，还要考虑在全球秩序中处于中美印施加的地缘经济权力结构中的战略风险性。因此，青藏高原的地缘安全内涵至少应该包括域外南亚暴力冲突可控–域内外流量流通有序–地缘经济权力结构稳定三方面。

7.1.2 青藏高原安全风险识别与安全现状

在国内，青藏高原是中国西部典型的多民族边境地区，地形复杂且生态环境脆弱、经济活动分散且相对落后、多民族共享一方水土且宗教文化突出；在国际上，青藏高原作为"亚洲水塔"的生态价值重要非凡，作为世界地缘板块交汇区的地缘环境复杂而严峻。

青藏高原的经济安全对于国家经济均衡发展具有重要意义（郭洪纪，2010）。在资源环境方面，青藏高原地区生态质量较好，但受气候暖湿化和人类活动影响，仍有草场退化、土地沙化等生态风险（傅伯杰等，2021）。资源环境与社会发展之间的矛盾日益突出，影响当地农牧业发展，给地方经济带来风险（邵伟和蔡晓布，2008）。经济基础上，青藏高原地区经济发展水平较低，产业结构单一，基础设施不足。虽然在政策支持下经济飞速发展，但相对于其他地区而言其经济基础的稳定性较差（赵建安，2000）。在发展驱动力方面，青藏高原地区的社会经济基础较为薄弱，其发展驱动力主要源于自上而下型的政府投资拉动（傅小锋，2000）。与此同时，青藏高原城镇分布也受市场需求的影响（曹智等，2020）。

青藏高原地区可持续社会安全风险呈现多元化。从自然生态环境看，青藏高原地区自然环境严酷，灾害种类多且分布地域广，是一个灾害频发、灾害造成的损失比较严重的地区（陈桂龙，2021），加之人对环境的破坏，应急管理和生态修复任务十分艰巨和紧迫；从社会经济发展方面看，青海产业结构单一、经济发展水平低、社会转型滞后、教育事业落后、民生福祉增进缓慢，社会治理现代化的难度较大。总之，青藏高原可持续发展进程中存在自然灾害带来的安全恐惧、生态破坏造成的安全威胁、经济滞后形成的安全焦虑、社会转型产生的安全失序、文化认同导致的安全冲突等潜在社会风险，这些自然的安全风险和社会的安全风险共同制约青藏高原可持续发展进程。

相较于中国沿海和中部地区，青藏高原地区文化"丰度"较弱，但文化安全的地区差异比较大。文化属于相对抽象的价值观念，其承载者（人）又具有明显的流动性和思想的共享性，使得学术界尚没有成熟的识别文化安全风险的方法，在确定文化边界、界定区域文化风险时有很大难度。基于青藏高原地区人口稀少、人口流动以区内占主导的特征，其单位面积文化的丰富度不如中国东部地区，在文化交融程度大的地区文化包容性和文化创新性高，在与外界交流较多的地区文化转化为文化资源、文化产业的潜力高。

青藏高原的地缘安全形势在国内是较严峻的。从边界逻辑看，基于地理邻近原则，位于国家西南边陲的青藏高原地区是南亚地缘冲突和暴力冲突风险外溢的前沿关键区。当前持续不断且愈演愈烈的南亚特别是印度的地缘冲突给青藏高原地区带来地缘冲突外溢的威胁。从经济逻辑看，以中国西藏沿边"地州市"与环喜马拉雅国家的"流量"较弱，表现为口岸-通道-腹地流量系统这一"点线面"的人流、货流、交通工具流等的流量地缘脆弱性；从地缘战略逻辑看，在国家中心主义与地缘经济权力的不平等相互依赖系统中，中国与南亚国家之间的贸易、投资、援助、贷款的不对称性甚至结构失衡带来明显的地缘经济风险。

7.1.3 青藏高原安全风险评估原则与基本思路

安全风险评估就是量化测评安全所面临的威胁，存在的问题、弱点和难点，造成的影响，以及可能带来损失的可能程度。受青藏高原安全研究的多维性、客观存在的敏感性、区域类型的异质性等因素影响，对青藏高原地区综合安全定量评估难以用一套综合指标测度总体安全状况，目前仅可开展单维度的安全风险评估。

(1) 青藏高原安全风险评估主要原则

1）综合性原则。安全风险评估要求全面评估考虑到青藏高原的各种因素，包括自然、资源、环境、社会、经济、政治等多方面，充分考虑不同因素之间的相互关联和影响。在各类指标中，适度把握核心指标和外围指标的分析权重。

2）普适性原则。基于青藏高原的独特性，需要充分考虑青藏高原的自然、经济、社会的特点；同时，需具有通用性，能适用于不同地区的安全评估比较，确保结果具有可比性和参考性。

3）动态性原则。安全问题的出现是多个因素在长时期综合作用下形成的，风险的形成与历史演化是对安全风险现状理解和未来预测的钥匙。青藏高原多维安全评估将在一套指标体系下采用较长时期内年度动态数据、时段（如5年）数据开展评估。

4）典型化原则。受不同安全维度属性的尺度分析适应性、青藏高原地区安全数据获取的可行性等因素影响，不同的安全风险评估选择适宜的尺度、典型区域开展测度和分析，因地制宜，实事求是。

5）可持续性原则。地区安全与可持续发展之间是协调互促的，任何维度的安全如果不能和其他维度的安全协同演进，最终都会出现区域发展偏离理想轨道，可能都会或多或少地产生一些可持续发展的问题，严重的情况甚至会产生一系列安全效应。

(2) 青藏高原安全风险评估基本思路

遵循以上原则，通过对青藏高原实地科学考察和文献、数据学习与分析形成的对青藏高原的多维安全开展分维度评估的基本思路如下。

1）通过青藏高原实地科学考察，甄别青藏高原人类活动中的安全因子及其对人类活动的影响形式、程度和结果，确定青藏高原安全的主要维度为经济安全、社会安全、生态安全、文化安全和地缘安全等。按照课题组任务分工，在青藏高原多维安全评估中，生态安全不单独评估，以避免与其他课题组重复，但因其在青藏高原区域功能中的重要性，本研究基于可持续社会安全思想，将生态安全评价融入社会安全评价中。

2）充分考虑青藏高原的独特性，确定不同维度安全评估的分析尺度和典型研究区。一般在数据可获取的情况下，在青藏高原地区按照省区—地州市—县开展三级安全评估；由于数据获取受限等因素影响，社会安全评估选择青海开展地州市—县两级安全评估；文化安全以县级为空间单元开展评价，并选择安全系数较高的札达县、普兰县和较低的巴青县为典型区开展研究。

3）遴选不同维度安全类型的量测指标，构建多尺度安全评价模型，定量测算经济潜力指数、社会和谐指数、文化安全指数和地缘安全指数，综合评估青藏高原的多维安全现状。

4）针对青藏高原多维安全的空间治理优化提出提升策略。

7.2 青藏高原经济安全评估

7.2.1 经济安全分析框架与评估指标体系

区域经济安全和经济基础、资源环境与内外驱动力密切相关。本研究从资源环境、经济基础和驱动力3个维度构建青藏高原县域经济安全指标体系，分析框架如图7-1所示。

资源环境是区域经济发展的基础。将生态环境质量作为青藏高原经济安全的基本条件，数据来源于Liu等（2023）的生态环境质量数据集，该数据利用层次分析法（analytic hierarchy process，AHP），综合分析植物覆盖度、生物丰度、净初级生产力（net primary production，NPP）等7类代表性指标。资源因素：青藏高原生态环境脆弱、粮食产量低，并且地形复杂、粮食运输成本较高，保证粮食本地供需平衡是青藏高原经济安全目标。使用粮食安全指数衡量当地粮食安全，计算公式为

$$Q_i = \frac{O_i - C_i}{C_i} \tag{7-1}$$

式中，Q_i为第i个县的粮食安全指数；O_i为第i个县的粮食产量；C_i为以人均粮食需求标准衡量的第i个县的粮食消费量。参考实地考察结果，设定青藏高原农业区、半农半牧

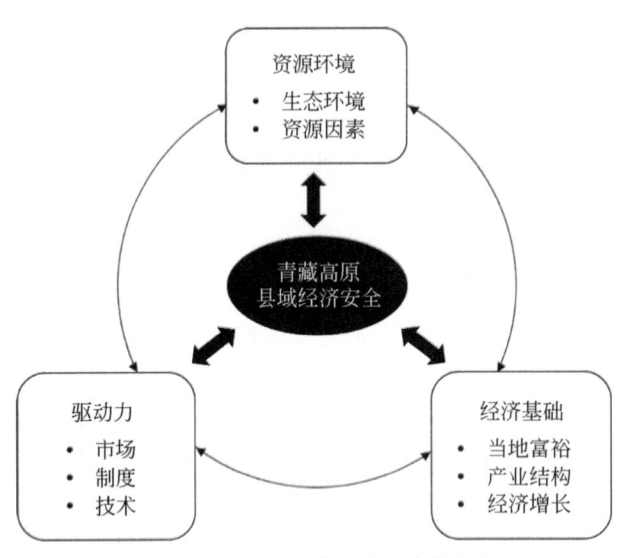

图 7-1 青藏高原县域经济安全分析框架

区、牧区人均粮食消费需求分别为 400kg、300kg 和 200kg（Zhu et al.，2022）。

经济基础指标包括：①当地富裕。居民储蓄是当地居民期望产出的反映，是当地经济发展水平的重要体现（林乐芬和祝楠，2015）。而居民健康水平则是保证居民在当地持续消费的基础（王宏伟等，2023），从侧面反映当地富裕。②产业结构。青藏高原依靠矿产资源和少数工业企业促进第二产业发展（陈有顺等，2009）；利用当地丰富的自然、人文景观和交通线路发展旅游业、餐饮业等第三产业（程胜龙等，2005），选取第二、第三产业占 GDP 的比例反映产业结构。③经济增长。经济安全是经济增长的基础，经济增长反过来也可以强化经济安全。GDP 增长率是反映地区经济发展快慢最直接的指标（裴元伦，1999）。

驱动力指标包括：①市场。人均社会消费品零售额通常用来反映区域内部市场潜力（张轩诚和王国梁，2018），代表该地区消费的总需求量，反映该地区市场经济的发展阶段。②制度。地方财政收支比反映地方政府提供公共服务的能力，还反映地区对中央财政的依赖性（朱晓明，2003）。工业园区是创新要素集中的集合体，能够体现其他区域和外部企业对青藏高原的支持（黄新华，2016）。另外，青藏高原大部分居民都有宗教信仰，而国内外反华势力能利用宗教引起骚乱（李姝睿，2017），地方政府通过加强对宗教场所的管理维护当地和平。③技术。劳动力素质是当地技术水平的重要反映（倪建军和陈阳，2023），青藏高原地区教育水平有限，2007 年高中入学率不到 50%，而初中入学率在 90% 以上。青藏高原规模以上工业企业通常受到中央政府或其他发达省（自治区、直辖市）的帮扶，这些企业为青藏高原带来先进的技术和设备（何一民等，2020），故选取中学在校生数量和规模以上工业企业数量衡量技术。

7.2.2 指数模型与数据来源

由于城关区、双湖县、城东区、城中区、城西区、城北区、大柴旦行政区、茫崖市、玉龙纳西族自治县缺失值较多，为保证数据准确性删掉上述地区，将 203 个县域作为研究单元。利用极值处理法将数据进行无量纲化处理，使不同类型的数据间具有可比性；利用熵值法对各项指标所提供信息量大小进行比较来确定指标权重，能够克服主观赋权法的随意性。构建青藏高原县域经济安全评价模型为

$$p_{ij} = \frac{z_i}{\sum_{i=1}^{n} z_{ij}} (i = 1, 2, \cdots, n)$$

$$e_j = -k \sum_{i=1}^{n} p_{ij} \ln p_{ij}$$

$$g_j = 1 - e_j$$

$$w_j = \frac{g_j}{\sum_{j=1}^{m} g_j} (j = 1, 2, \cdots, m)$$

$$\text{Score}_i = \sum_{j=1}^{m} w_j x_{ij}^* (j = 1, 2, \cdots, m) \tag{7-2}$$

式中，n 为年份数；m 为指标个数；$k = \frac{1}{\ln n}$；p_{ij} 为第 i 个年份第 j 项指标的比重；e_j 为第 j 项指标熵值，$e_j \geq 0$；g_j 为第 j 项指标的差异系数；w_j 为第 j 项指标的权重；x_{ij}^* 为标准化后的指标；Score_i 为第 i 年某县的经济安全得分。

为检验青藏高原县域经济安全的空间集聚特征，本研究使用全局莫兰 I 数来判断要素分布是集聚的还是离散的。为反映出局部区域空间相关性，使用局部莫兰 I 数来区分不同类型的空间集聚。

社会经济数据来源于中国县域统计年鉴及各省（自治区、直辖市）统计年鉴，生态环境质量 1km 栅格数据来源于国家青藏高原科学数据中心，宗教活动场所的数据来自国家宗教事务局网站。

7.2.3 多尺度经济安全类型、时空变化

2000 年、2010 年、2020 年青藏高原县域经济安全总体评价如表 7-1 所示。青藏高原县域经济安全总体上升，但各县之间的差距不断拉大。青藏高原经济安全得分的平均值在不断上升，但标准差和变异系数也在不断增加，说明县域尺度下经济安全的差距在逐年增大。另外，青藏高原经济安全的极化效应明显而扩散效应不足，表现为各县经济安全得分最小值变化微弱、最大值急剧上升。少数县份作为增长极集聚周边生产要素快速发展，但未能带动周边发展。

表 7-1 青藏高原经济安全得分统计

年份	最小值	最大值	平均值	标准差	变异系数
2000	1.3391	16.9644	4.6902	2.7400	0.5842
2010	1.2697	29.4106	5.3507	4.2903	0.8018
2020	1.5254	66.0182	7.3946	8.0763	1.0922

为进一步验证青藏高原经济安全在县域层面上是否存在空间集聚，进行全局自相关分析（表7-2）。全局莫兰 I 数显著上升，说明青藏高原县域经济安全得分存在空间集聚，即一个县的经济安全水平会影响周边县的经济安全水平，经济安全水平高的县往往会在空间上集聚，而资源环境与经济基础较差、驱动力较弱的县经济安全水平总是较差。

表7-2 青藏高原经济安全得分全局自相关结果

年份	莫兰 I 数	Z 得分	P 值
2000	0.3278	14.8056	0.0000
2010	0.4637	21.2401	0.0000
2020	0.5499	25.6977	0.0000

分维度来看，驱动力和经济基础对青藏高原县域经济安全的作用要远高于资源环境维度（表7-3）。制度、技术和当地富裕对保障当地经济安全至关重要，其中工业园区数量、城乡居民储蓄存款余额、规模以上工业企业数量、医疗床位数权重较为突出。制度层面，工业园区数量的权重大于地方财政收支比，说明政府间财政转移支付对青藏高原县域经济安全的作用可能被高估。而工业园区通过加快企业集聚、带动当地就业，为区县经济系统稳定运行提供内在动力。技术层面，规模以上工业企业数量的权重高于中学在校生数量，说明比起利用当地有限教育资源培养劳动力，工业企业带来的先进技术和设备对保障各县经济正常运行更为关键。当地富裕层面，较高的居民储蓄与健康水平意味着劳动力与消费市场相对稳定，经济体系能更好地应对内、外部冲击。

表7-3 青藏高原县域经济安全各指标权重

目标层	一级指标	二级指标	权重
资源环境 RE	生态环境	生态脆弱性	0.0126
	资源经济	粮食安全指数	0.0740
经济基础 EF	当地富裕	城乡居民储蓄存款余额	0.1537
		医疗床位数	0.0906
	产业结构	第二产业产值占 GDP 的比例	0.0262
		第三产业产值占 GDP 的比例	0.0144
	经济增长	GDP 增长率	0.0071
	市场	人均社会消费品零售额	0.0868
	制度	地方财政收支比	0.0547
		工业园区数量	0.2416
		每万人宗教场所数量	0.0541
	技术	中学在校生数量	0.0805
		规模以上工业企业数量	0.1035

多尺度下的时空分异规律。按省级行政区统计，2000年、2010年和2020年青藏高原

各县经济安全各维度得分如图7-2所示。整体上，青藏高原各县在省域层面的经济安全存在路径依赖。其中，四川、新疆各县经济安全得分较高且上升迅速，甘肃、云南次之，青海、西藏经济安全得分较低且增长缓慢。分维度来看，资源环境变化不大且贡献较小，云南、四川资源环境维度表现较为突出；经济基础维度各县路径依赖明显，原经济水平较高的四川各县在2020年经济基础得分增长较快；驱动力维度对经济安全贡献程度最高且增长速度最快，尤其是新疆、四川驱动力维度较为突出。

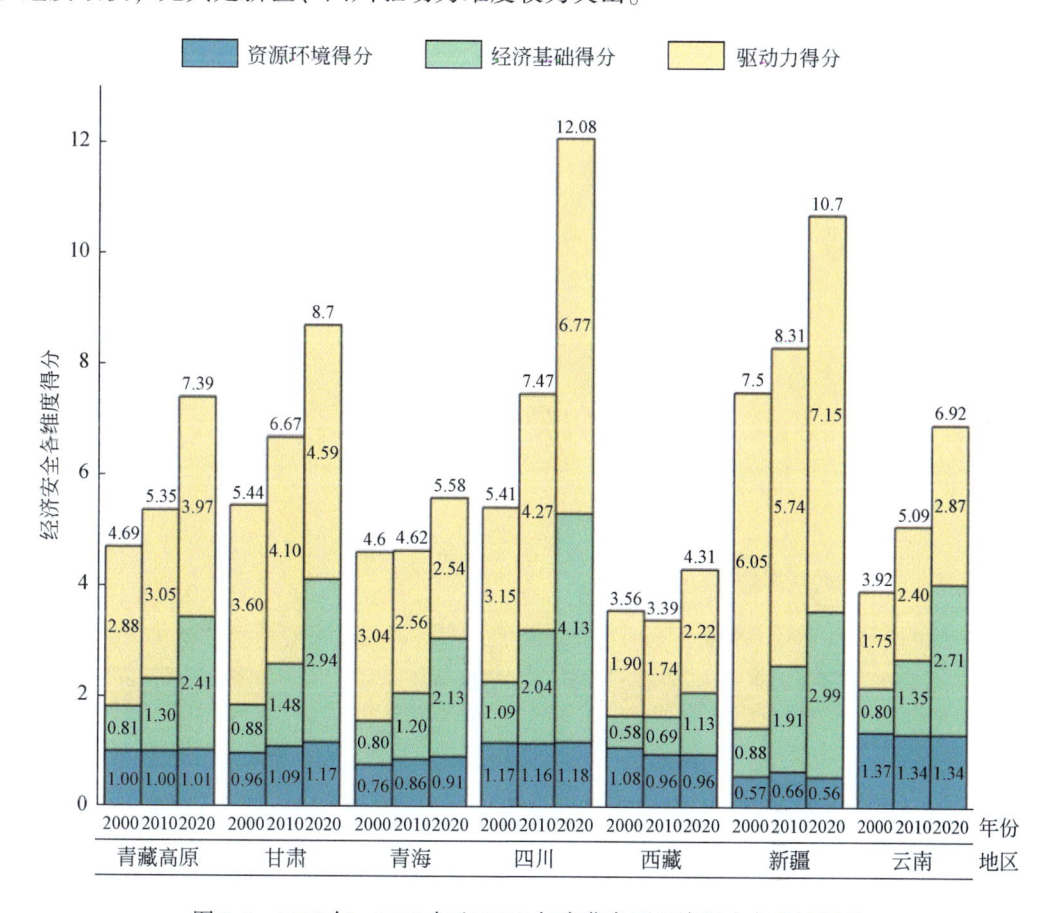

图 7-2　2000年、2010年和2020年青藏高原经济安全各维度得分

县域尺度上，青藏高原经济安全呈现"边缘高，中心低"的格局，这与海拔特征相关（图7-3）。青藏高原边缘的新疆、四川、甘肃及青海东北部海拔较低，多为平原与盆地，便于修筑公路、铁路，产业经济发展迅速，有利于城乡建设；而青藏高原中心的西藏以及青海西南部海拔在4000m以上，温度与氧含量低、地质灾害频发，不适宜人口和村庄集聚，除省会城市拉萨市及其周边经济安全得分较高外，其余区县经济安全得分普遍较低。

从集聚格局来看，青藏高原县域经济安全得分高值集聚区和低值集聚区不断扩大。全局莫兰 I 数只能说明青藏高原县域经济安全得分存在空间集聚，但无法确定各县与其邻近县域的相关程度。局部莫兰 I 数分析可以反映各县域经济安全集聚类型，具体集聚类型包括高-高集聚（H-H）、低-低集聚（L-L）、高-低集聚（H-L）、低-高集聚（L-H）4种。

高值集聚区成片分布在青藏高原东西两侧的平原、盆地地区（图7-3）。东侧以成都市为核心高值集聚区扩大趋势明显，反映成都市借助良好的经济基础，带动作用从辖区内都江堰市、彭州市辐射到周边平武县、绵竹市等区县。受海拔较高、地形复杂影响，低值集聚区主要分布在西藏内，但其中零散分布着经济安全得分较高的区县，这些区县往往具有良好的交通条件或政策优势，例如青海格尔木市借助国家政策、发挥交通枢纽优势，与成都市、西宁市、拉萨市等周边重要城市联通，带动当地经济快速发展。

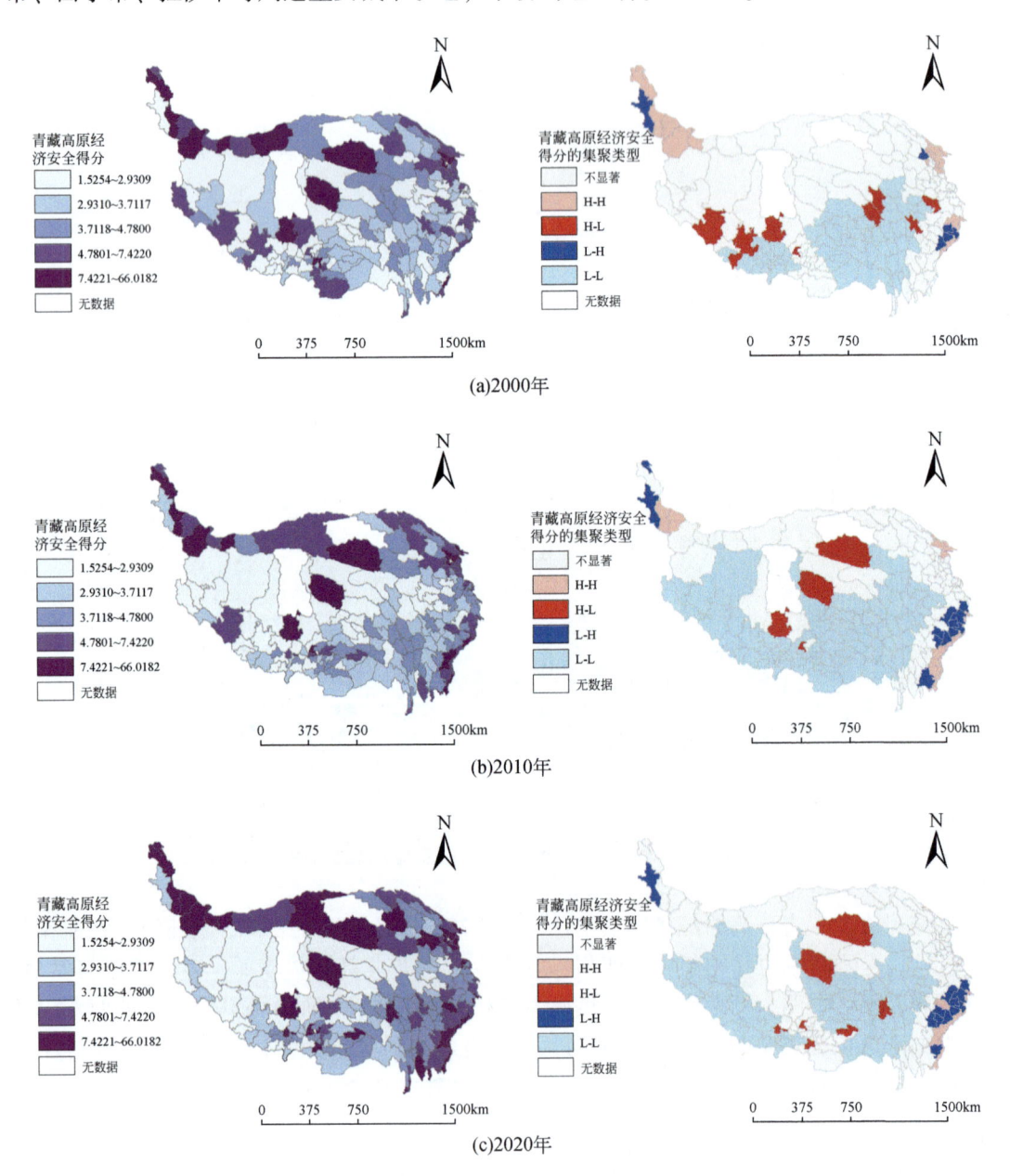

图7-3 青藏高原县域经济安全空间格局（左）和青藏高原县域经济安全集聚类型（右）

经济安全的区县分类。按变化趋势分类，先用分位数法将 2000 年和 2020 年青藏高原经济安全分为五个等级：高度经济不安全、轻度经济不安全、轻度经济安全、中度经济安全和高度经济安全（表 7-4），再对比 2020 年与 2000 年各区县经济安全等级，将变化趋势分为六类：持续经济不安全、经济安全向经济不安全转变、经济安全得分下降、经济安全得分上升、经济不安全向经济安全转变、持续经济安全（图 7-4）。结果如下：①青藏高原经济安全的变化趋势整体向好，持续经济不安全、经济安全向经济不安全转变、经济安全得分下降的县域占比分别为 18.54%、3.41%、4.88%，而经济安全得分上升、经济不安全向经济安全转变、持续经济安全的县域占比分别为 29.76%、20.00%、23.41%。持续经济安全的区县集中在成都市、西宁市及其周边，这些区县拥有良好的经济基础和交通条件，更容易得到省会城市成都、西宁的政府扶持，也更方便接收省会城市的产业转移。②青藏高原经济安全存在明显的路径依赖特征和范围有限的辐射效应，体现为在持续经济安全的区县周边，处于经济不安全的区县更容易向经济安全转变。

表 7-4 经济安全等级划分

经济安全等级	范围
高度经济不安全	(0，2.9309]
轻度经济不安全	(2.9309，3.7117]
轻度经济安全	(3.7117，4.7800]
中度经济安全	(4.7800，7.4219]
高度经济安全	(7.4219，66.0182]

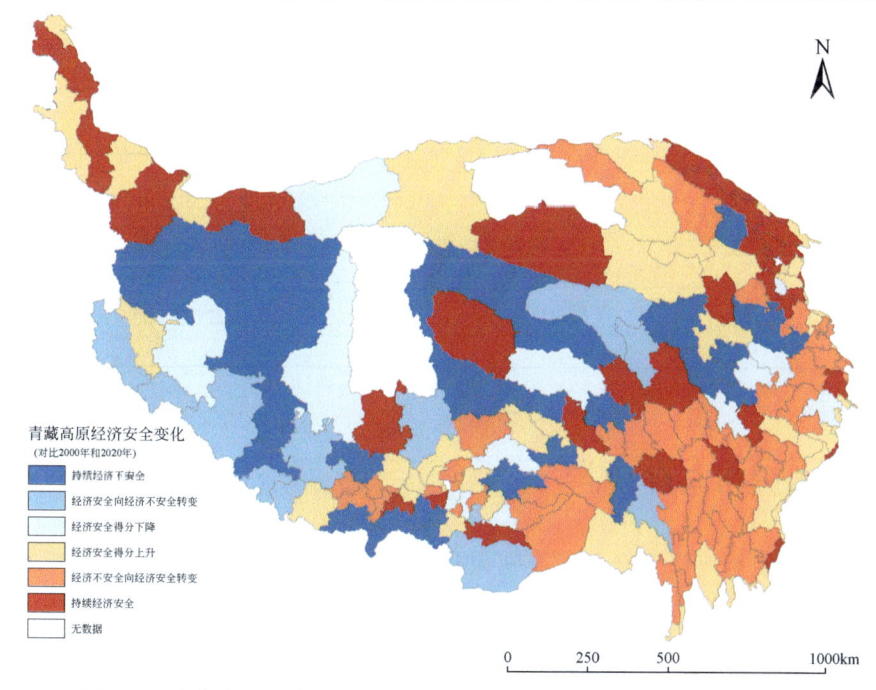

图 7-4 青藏高原经济安全类型的空间格局变化趋势（2000~2020 年）

按各维度的组合分类,以 3 个维度得分的平均值为分界点,高于平均值记为高值(H),低于平均值记为低值(L),共计为 8 种组合类型(表 7-5)。结果(图 7-5)显示:①青藏高原经济安全各维度水平较低但逐年向好,有从极化发展向均衡发展转变的趋势。类型Ⅰ(LLL)的区县数量最多,主要分布在昆仑山脉以南的高海拔地区,但这一类型区县数量先上升再下降。而类型Ⅷ(HHH)的区县数量增长迅速,主要沿青藏高原东侧,以西宁市和成都市为中心迅速扩展。说明 2000~2010 年青藏高原经济安全存在极化效应,经济安全得分较高的成都市、西宁市周边区县不断吸收、集聚其他地区的资源,在促进当地社会经济稳定发展的同时,加速两极分化。而 2010~2020 年,类型Ⅰ(LLL)的区县数量迅速下降,而类型Ⅷ(HHH)、类型Ⅳ(LHH)的区县数量迅速上升,反映出青藏高原各县域经济安全开始均衡发展。②青藏高原北部盆地经济安全得分增长迅速,但资源环境存在潜在发展威胁。各区县主要从类型Ⅰ(LLL)和类型Ⅱ(LLH)转变为类型Ⅳ(LHH),是因为新疆依托交通优势和政策支持,其经济基础快速发展。但这些区县也面临资源环境危机,例如塔里木盆地南面有着世界第二大流动沙漠塔克拉玛干沙漠,剧烈的风沙活动和极端干旱的气候严重影响着区域内生态环境,保护生态环境将成为当地经济未来平稳发展的关键。③川藏高原峡谷区拥有优越的资源环境条件,拥有良好的生态发展潜力。川藏高原峡谷有多条重要河流经过,横断山脉使得当地气候多样,这种气候多样性促进生物多样性形成。区县多为类型Ⅴ(HLL),并且不断向类型Ⅵ(HLH)、类型Ⅶ(HHL)、类型Ⅷ(HHH)转变,说明这些区县开始将生态优势转化为发展动能。

表 7-5 经济安全各维度组合类型及县域数量 (单位:个)

类型	资源环境维度	经济基础维度	驱动力维度	2000 年县域数量	2010 年县域数量	2020 年县域数量
Ⅰ	L	L	L	69	72	59
Ⅱ	L	L	H	33	12	4
Ⅲ	L	H	L	2	2	5
Ⅳ	L	H	H	5	12	22
Ⅴ	H	L	L	70	67	51
Ⅵ	H	L	H	13	7	6
Ⅶ	H	H	L	3	6	15
Ⅷ	H	H	H	8	25	41

7.2.4 总体分析与评价

1)青藏高原县域经济安全指数及变化趋势持续向好,其中四川、新疆经济安全得分较高且上升迅速,甘肃、云南次之,青海、西藏较低且增长缓慢。

2)青藏高原县域经济安全水平存在明显空间集聚和路径依赖特征。高值集聚区成片分布在东西两侧的平原、盆地地区,低值集聚区则主要分布在海拔较高的西藏,但其中零散分布经济安全水平较高的区县,这些区县往往具有交通或政策优势。

3）驱动力和经济基础对青藏高原县域经济安全的作用要远高于资源环境维度，制度、技术和当地富裕对保障当地经济安全至关重要，其中各县对政府直接帮扶的依赖性要远低于工业园区，工业企业相比于劳动力素质对于保障青藏高原各区县经济正常运行更为关键。

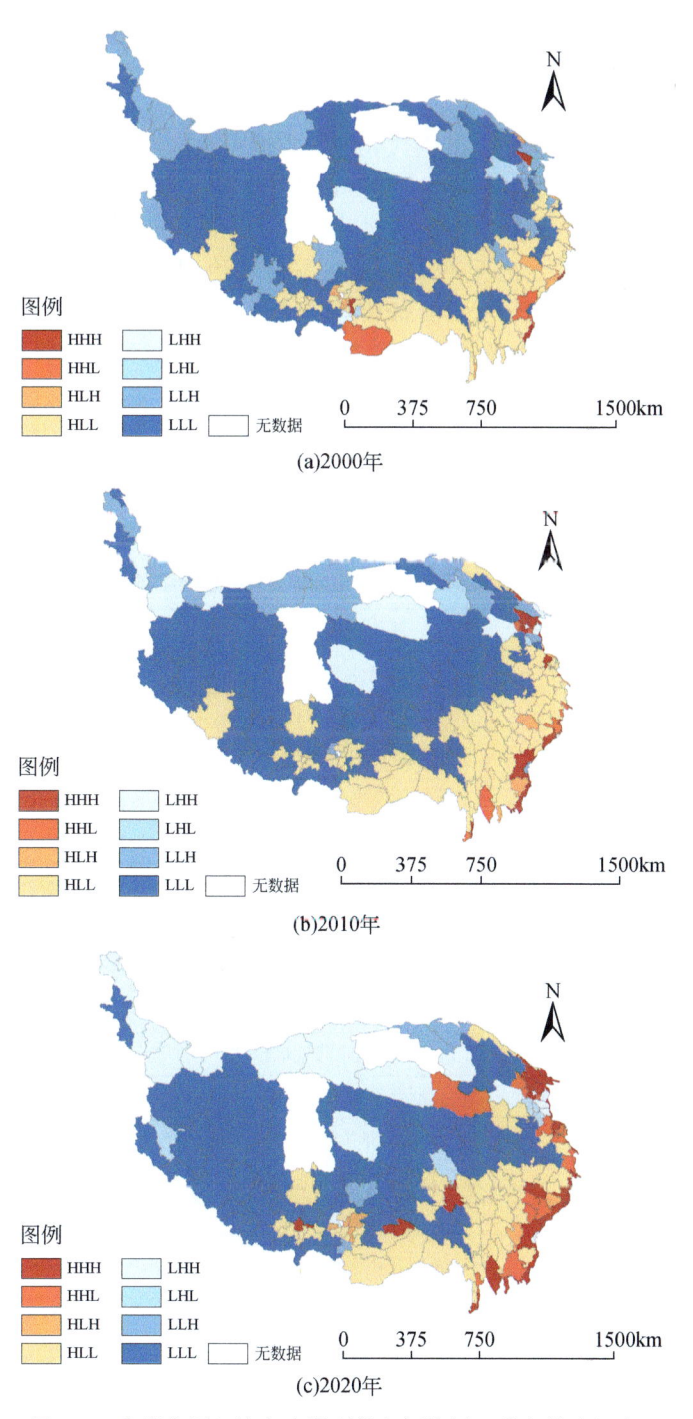

(a)2000年

(b)2010年

(c)2020年

图7-5　青藏高原经济安全类型的空间格局（按各维度组合）

7.3 青藏高原社会安全评估

7.3.1 评估指标体系

遵循指标遴选的理论依据性、准确代表性及数据可获取性原则构建可持续社会的经济发展、社会稳定及生态环境的评价指标体系（邵超峰等，2021）。生态环境是人类赖以生存的自然资源与自然环境的总和，它的优劣状况取决于某段时期人类生产和生活对资源环境产生的压力、资源禀赋的生态生产力以及生态环境治理和保护力度（杜霞等，2020），借鉴已有研究，本研究将从压力、状态和响应3个维度评估生态环境状况（褚钰等，2022）。经济发展是指一个国家或地区摆脱贫困的状态，走向经济和社会生活现代化的过程，考虑到数据获取的可能性，我们选用经济规模、产业结构及发展韧性进行综合反映（褚钰等，2022；Su et al., 2022；叶晓佳和孙敬水，2015）。社会稳定系统则是通过发展程度、保障能力及社会风险3个维度观测（叶晓佳和孙敬水，2015；黄晓军等，2014），具体评价指标见表7-6。

表7-6 可持续社会经济发展–社会稳定–生态持续评价指标体系

系统名称	观测维度	评价指标	单位	指标属性
经济发展系统	经济规模	人均地区生产总值	元	+
		人均公共财政收入	元	+
	产业结构	城镇夜间灯光指数	/	+
		第二、第三产业占比	%	+
	发展韧性	地区生产总值增长率	%	+
		城镇固定资产投资总额	万元	+
社会稳定系统	发展程度	人均居民储蓄存款余额	万元	+
		高等级公路路网密度	km/km^2	+
		每万人普通中小学在校学生数	人	+
		每万人社会福利收养性单位数	所	+
	社会风险	刑事案件例数	件/a	−
		干旱灾害（SPEI）	—	−
		地（震）质灾害发生频次	例/a	−
	保障能力	人均公共财政支出	万元	+
		人均农业机械动力	kW·h	+
		每万人医疗卫生机构床位数	床	+
		每万人移动电话用户	部	+

续表

系统名称	观测维度	评价指标	单位	指标属性
生态持续系统	压力	人口密度	人/km	−
		规模以上工业产值	万元	−
		CO_2 排放量	t	−
		空气中 $PM_{2.5}$ 含量	$\mu g/m^3$	−
	状态	河网密度	km/km^2	+
		生物物种数量	种	+
		土壤侵蚀量	$t/(hm^2 \cdot a)$	−
		NDVI	—	+
	响应	NPP	$g\ C/(m^2 \cdot a)$	+
		保护区面积占比	%	+

7.3.2 指数模型与数据来源

一个系统由无序走向有序的关键在于内部序参量的协同作用，耦合度正是反映这种协同作用的度量，耦合度越大，系统间相互影响的程度就越大。本研究把经济发展、社会稳定及生态持续 3 个系统之间通过各自的构成元素产生相互影响的程度视为 3 个系统之间的耦合度，其大小反映经济发展、社会稳定及生态持续系统之间相互作用的程度（王淑佳，2021）。

$$C=\left\{\frac{U_1 \cdot U_2 \cdot U_3}{[(U_1+U_2+U_3)/3]^3}\right\}^{\frac{1}{3}} \quad (7\text{-}3)$$

式中，C 为耦合度；U_1、U_2 和 U_3 分别为经济发展、社会稳定和生态持续子系统综合评价值。C 的值域为 [0, 1]，当 C 为 1 时，系统处于最优。

耦合状态，当 C 为 0 时，系统处于无关联状态。耦合度分类借鉴韩增林等（2019）提出的标准（表 7-7）。

表 7-7 经济发展–社会稳定–生态持续系统耦合度划分标准

耦合度	耦合类型	耦合特征
$C \in [0, 0.4]$	低水平耦合	经济发展、社会稳定与生态持续之间存在着一定的联系，但相互作用不是很大，当 $C=0$ 时，三者处于无关状态，呈现无序状态发展
$C \in (0.4, 0.6]$	拮抗型耦合	经济发展、社会稳定与生态持续之间相互作用加强，三者呈现出一定的相关性，处于错综复杂的拮抗作用
$C \in (0.6, 0.8]$	磨合型耦合	经济发展、社会稳定与生态持续之间存在着较为紧密的联系，经济发展、社会稳定与生态持续之间处于不断磨合与适应的过程
$C \in (0.8, 1.0]$	高水平耦合	经济发展、社会稳定与生态持续之间呈现很强的相互作用关系，经济发展、社会稳定与生态持续同步，三者联系密切，当 $C=1$ 时，经济发展、社会稳定与生态持续处于一种有序状态的趋势

$$D = (C \cdot T)^{\frac{1}{2}} \tag{7-4}$$

$$T = \alpha U_1 + \beta U_2 + \delta U_3 \tag{7-5}$$

式中，D 为协调度；C 为耦合度；T 为 3 个子系统的综合评价值；α、β、δ 为权重，依据可持续社会安全的内涵，本研究将它们分别赋值为 0.3、0.35、0.35，可持续社会安全类属划分是在参考陈晓红等（2018）耦合协调度划分方案的基础上进行调整而完成的（表 7-8）。

表 7-8 可持续社会安全类属划分

类属	亚类	D 值域
失调风险类属	严重失调风险类	0.00～0.20
	中度失调风险类	0.21～0.30
	轻度失调风险类	0.31～0.40
过渡隐患类属	勉强协调隐患类	0.41～0.50
协调安全类属	初级协调安全类	0.51～0.60
	中级协调安全类	0.61～0.70
	良好协调安全类	0.71～0.90
	优质协调安全类	0.90～1.00

数据来源：经济发展、社会稳定及生态持续等数据基本来自青海各地州（市）国民经济和社会发展统计公报（2000～2019 年）、青海各地州（市）统计年鉴（2000～2019 年）、青海统计年鉴（2000～2019 年）。其中，社会稳定系统中的刑事案件例数来自中国裁判文书网（https://wenshu.court.gov.cn/）；生态持续系统中的保护区面积占比、生物物种数量数据来自青海各地州（市）生态环境局和统计局；经济发展系统中城镇夜间灯光指数、社会稳定系统中高等级公路路网密度、生态持续系统中 NDVI、NPP 等原始数据来自地理遥感生态网（https://www.gisrs.cn），利用 ArcGIS 软件中的区域统计工具将栅格数据以县域范围统计平均值。有些数据存在缺失情况，采用前后两年数据的算术平均值和趋势推断进行补充。为使不同指标在跨地区和跨年份间具有可比性，要消除原始数据量级和方向差异，采用极差标准化方法对各指标的原始数据进行处理（王一山等，2021）。

7.3.3 典型区遴选与社会安全类型、时空变化

青海位于青藏高原东北部，兼具内陆与边疆的双重位置特征，这对于保障国家整体安全、维护地区社会稳定以及促进区域可持续发展具有深远影响（图 7-6）。近年来，青海

各项基础设施不断完善、经济发展水平显著提高、社会福利覆盖面日益扩大、生态环境治理成效显现。但是，由于脆弱的自然环境和部分不合理的人类活动，一些地区的自然灾害和生态破坏事件多发频发。新冠疫情的出现将社会系统的脆弱性数倍放大。此外，青海是青藏高原社会要素流动最为活跃的地区，社会安全风险的复杂程度和治理难度都远大于其他地区。因此，本研究遴选青海作为青藏高原社会安全评估的典型区。

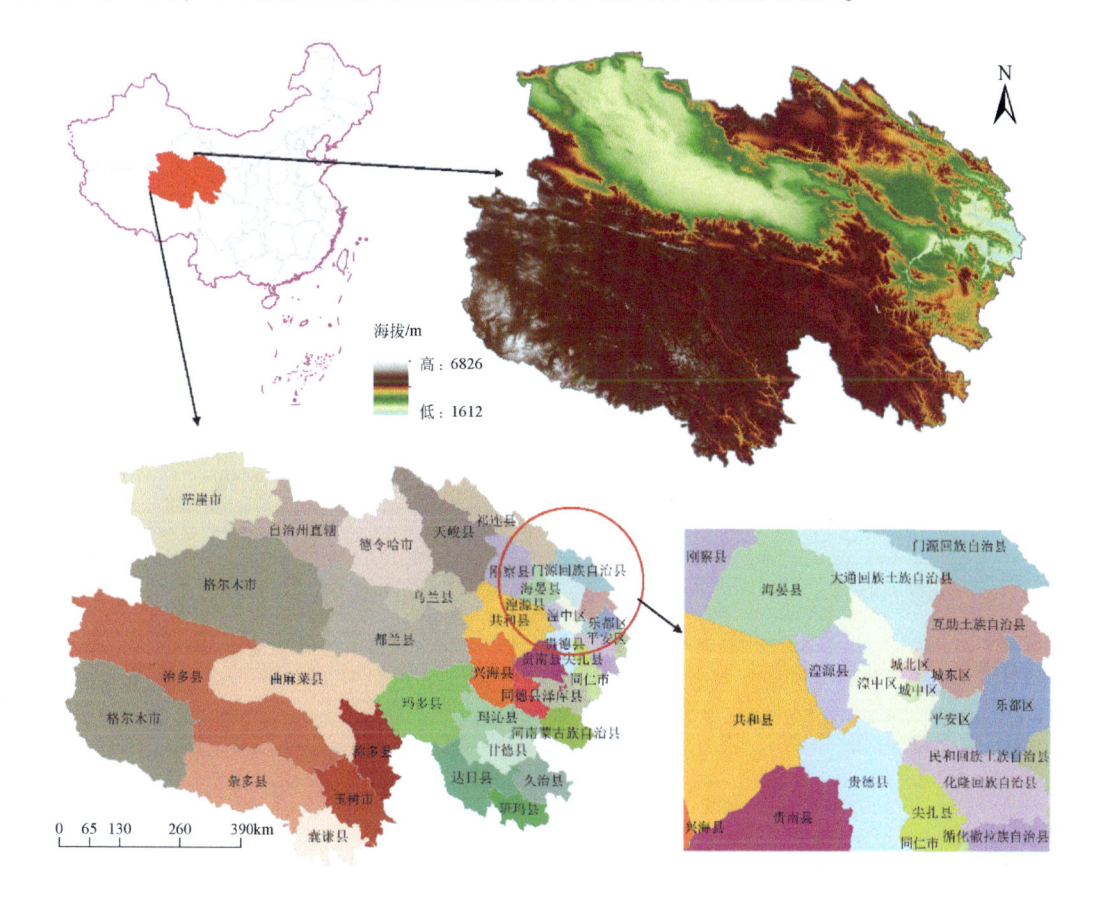

图 7-6 社会安全典型区青海省概况

利用耦合协调模型，计算得到 2000~2019 年青海经济发展-社会稳定-生态持续系统协调水平，即青海社会安全得分。2000~2019 年，全省从中度失调风险状态（0.2606）提升到勉强协调隐患状态（0.4365）。其中，西宁市、海西州及海东市，尤其是青藏铁路沿线县（市、区）水平较高。果洛州、玉树州及黄南州的大部分地区安全水平较低。具体来看，海西州格尔木市（0.5341），西宁市湟中区（0.4569）、海晏县（0.4375）、大通回族土族自治县（简称大通县）（0.4106）、互助土族自治县（简称互助县）（0.4103）、城西区（0.3993）、城北区（0.3986）、共和县（0.3902）、城中区（0.3882）、城东区（0.3850）、德令哈市（0.3847）安全水平均值位于全省前列。久治县（0.3034）、班玛县（0.3019）、达日县（0.2923）、囊谦县（0.2883）、甘德县（0.2880）、河南蒙古族自治县（简称河南县）（0.2848）、贵南县（0.2717）安全水平均值排名较为靠后。从各地区安全水平提升速度来看，海西州格尔木市（0.3740~0.6452）已于2019年率先步入中级协调安全状态，西宁市城东区（0.2813~0.5066）、城中区（0.2852~0.5097）、城西区（0.2882~0.5253）、海东市互助县（0.3025~0.5129）、海南州共和县（0.2964~0.5233）、海西州德令哈市（0.2558~0.5166）进入初级协调安全阶段。果洛州甘德县（0.2311~0.3643）、久治县（0.2441~0.3882）、玛多县（0.2625~0.3828）、班玛县（0.2616~0.3805）、达日县（0.2487~0.3559）、玉树州囊谦县（0.1953~0.3784）、称多县（0.2511~0.3861）杂多县（0.2549~0.3779）、曲麻莱县（0.2549~0.3987）等发展速度较慢，仍处于轻度失调风险状态（图7-7）。

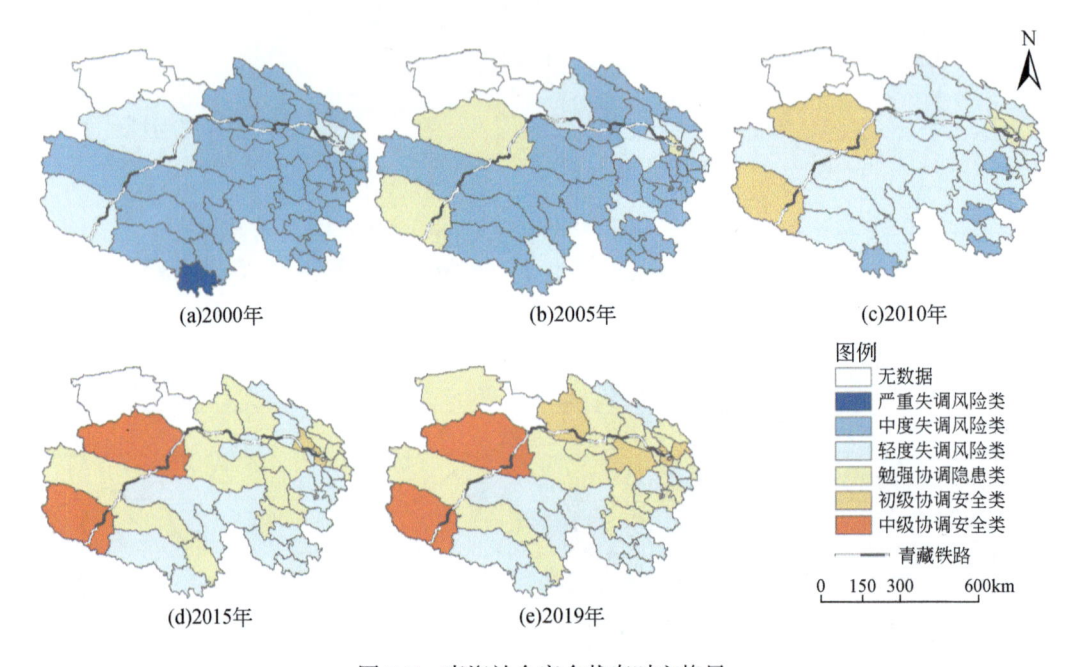

图 7-7　青海社会安全状态时空格局

运用ArcGIS软件中的冷热点分析（Getis-Ord Gi*）工具对2000年、2005年、2010年、2015年和2019年青海县域可持续社会安全状态进行冷热点分析（图7-8）。青海可持续社会安全状态的冷热点呈现"两热一冷"到"两热两冷"格局变化。2000年，热点-高集聚区在西宁市的大通县，海北州的门源县、海晏县。热点-中集聚区在西宁市城中区、城西区、城北区、湟中区、湟源县，海东市的互助县，海西州的格尔木市，玉树州的治多县。热点-低集聚区在西宁市的城东区，海东市的乐都区、平安区。冷点-低集聚区在海西州的天峻县、乌兰县、都兰县，海南州的泽库县。冷点-高集聚区在黄南州的河南县。2005年，热点-高集聚区在海北州门源县、海晏县，西宁市大通县、湟中区、城东区、城中区、城西区、城北区，海东市互助县、乐都区、平安区。热点-中集聚区在海东市民和土族回族自治县（简称民和县），海南州贵德县、共和县，西宁市湟源县。热点-低集聚区在海东市化隆回族自治县（简称化隆县）、尖扎县，海西州格尔木市，玉树州治多县。冷点-低集聚区在黄南州泽库县、海南州同德县、果洛州班玛县。冷点-高集聚区在黄南州河南县、果洛州久治县。2010年，热点-高集聚区在海北州门源县、海晏县。热点-中集聚区在西宁市大通县、湟源县，海东市互助县，海南州共和县，海西州格尔木市，玉树州治多县。热点-低集聚区在西宁市湟中区、城东区、城中区、城西区、城北区，海东市平安区。冷点-低集聚区在果洛州甘德县、班玛县。冷点-中集聚区果洛州久治县、黄南州泽库县、海南州同德县。冷点-高集聚区在黄南州河南县。2015年，热点-高集聚区在海北州门源县、海西州格尔木市、玉树州治多县。热点-中集聚区在海东市互助县、西宁市大通县、海北州海晏县。冷点-低集聚区在果洛州达日县。冷点-中集聚区在果洛州班玛县、久治县、甘德县，海南州同德县，黄南州泽库县。冷点-高集聚区在黄南州河南县。2019年，热点-高集聚区在海北州门源县、海晏县，西宁市大通县。热点-中集聚区在海东市互助县、乐都区、民和县，海南州贵德县，西宁市湟源县、湟中区、城西区、城中区、城北区，海西州格尔木市，玉树州治多县。热点-低集聚区在西宁市城东区、海东市平安区、海南州共和县。冷点-低聚集区在果洛州达日县。冷点-中集聚区在黄南州河南县、泽库县，海南州同德县，果洛州甘德县、久治县、班玛县。

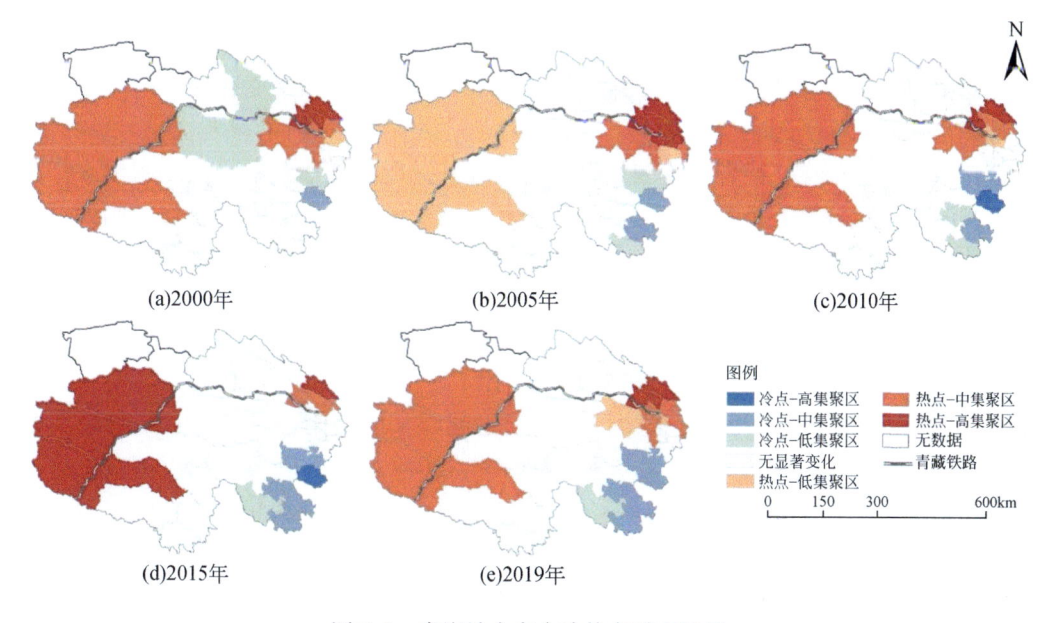

图 7-8 青海社会安全冷热点时空格局

7.3.4 总体分析与评价

从可持续发展的视角看，经济发展、社会稳定与生态持续耦合协调水平是衡量社会安全的一个关键方面。通过构建3个系统评价指标体系，运用耦合协调度模型，对2000~2019年青海县域单元社会安全状态进行测度，展现青海社会安全状态的时空变化特征。整体来看，经济发展、社会稳定与生态持续系统协调水平也呈上升趋势。其中，青藏铁路沿线地区耦合协调水平普遍较高，海西州西格尔木市已经步入中级协调安全阶段，西宁市四区也已经达到初级协调安全水平，玉树州和果洛州地区的县（市、区）安全水平还有待提升。青海社会安全状态的冷热点呈现"两热一冷"到"两热两冷"格局变化，西宁市、海东市北部毗邻地区及海西州格尔木市一直是青海可持续社会安全的热点地区，冷点地区主要出现在果洛州和黄南州东南部地区。

7.4 青藏高原文化安全评估

7.4.1 文化安全核心指标和外围指标分类

文化安全的核心指标是指可以用来评价发挥凝聚和整合民族和国家作用的文化资源等级的指标。一旦这些文化资源在内容上和形式上被削弱，这种凝聚和整合的力量就随之减弱，从而危及国家的生存安全。正是因为如此，文化安全就成为能够确保一个民族和国家生存安全的一种战略安全（肖凌，2022）。维护和捍卫中华民族的文化传统，进而实现社会发展目标，是为了获得更多、更可靠的其他安全保障。因此，从根本上讲，国家文化安全是在对国家文化生存状态关怀的基础上提出来的，也是基于国家文化安全对国家安全的重要性提出来的。

遴选文化安全的核心指标，主要依据文化资源发挥凝聚和整合中华民族和国家作用的机制来判断。文化资源发挥凝聚和整合中华民族和国家作用的机制有多方面，例如，先进理念引领着人们、人文精神熏陶着人们、历史经验警醒着人们，以及道德规范约束着人们等，它们共同构成了"新型文明观"。2014年3月27日，习近平首次提出"多彩、平等、包容"的文明观，强调人类文明因多样才有交流互鉴的价值，因平等才有交流互鉴的前提，因包容才有交流互鉴的动力。2018年6月10日，习近平进一步将新型文明观概括为"平等、互鉴、对话、包容"，主张"以文明交流超越文明隔阂，以文明互鉴超越文明冲突，以文明共存超越文明优越"（中共中央宣传部，2018）。

全面刻画文化安全核心指标存在诸多困难，如历史悠久性与文化脆弱性的矛盾。历史越悠久文化越珍贵，但是历史上产生的文化，其产生的文化生态环境发生了明显变化，这也使得该文化脆弱性越高，尤其是那些在当今已然不使用的文化，如果其抽象价值和意义不能够成为人们实践的指引，其传承就具有脆弱性。再如，历史出现的文化对于当今人们的价值有些是明显的，有些是潜隐的，潜隐的文化可能会在未来显现出其更大的价值。

文化安全外围指标是指可用来评价那些促进或阻碍文化资源发挥凝聚和整合民族和国家作用的因素，它们主要分为两大组。

第一组要素是促进文化发挥作用的途径，如文化宣传、文化教育、文化交流。要不断提升中华文化影响力，把握大势、区分对象、精准施策，主动宣介习近平新时代中国特色社会主义思想，主动讲好中国共产党治国理政的故事、中国人民奋斗圆梦的故事、中国坚持和平发展合作共赢的故事，让世界更好了解中国。习近平总书记说："我们有本事做好中国的事情，还没有本事讲好中国的故事？我们应该有这个信心！"（中共中央宣传部，2019）

第二组要素是文化转化为经济资源的经济带动力，如历史文化遗址开发为旅游景区、从事文化经营的企业。据统计，西藏现有近 3000 名专职唐卡画师，每年生产高端精品唐卡上千幅，年产值过亿元（央广网，2019）。

7.4.2 文化安全维度选取与数据制备

由于本研究所分析的空间精度是县级单元，因此凡代表国家整体的文化指标（如国家级出版机构数量、教育部直属大学），以及代表省级行政区的各类文化指标不在本研究选取的评价指标范围内。例如，中国文化艺术政府奖原来是文化部设立的 10 个全国性奖（文华奖、群星奖、孔雀奖、中国艺术教育大奖、中国青少年艺术大赛、全国戏剧交流演出奖、全国音乐舞蹈比赛、全国戏剧杂技曲艺木偶皮影"金狮奖"、全国美术展览奖、中国京剧奖），而今这些奖合并为文华奖、群星奖；国家级协会颁布各类与文化相关的奖项（如中国民间文艺家协会颁布的山花奖）只颁布到一级行政区。再如，2022 年西藏首届文化艺术节颁布的格桑花奖和群星奖获奖人代表的是全自治区的文化水平，并不仅仅代表某个县级行政单元。

综上，本研究将文化安全具化为文化传承能力、文化创新能力、文化传播能力、文化带动能力及文化交融能力五个维度，并将其细化为 15 个评价指标（表 7-9）。

表 7-9 文化安全维度与指标体系

一级	二级	三级	指标内涵	指标
文化安全核心指标	文化传承能力	文物遗址保护力	文物遗址（个/万人）	X_1
		非遗传承力	国家级非遗（个/万人）	X_2
		聚落文化传承力	国家级历史文化名城（个/万人）	X_3
			国家级历史文化名镇（个/万人）	X_4
			国家级历史文化名村（个/万人）	X_5
			国家级传统村落（个/万人）	X_6
	文化创新能力	文化产业创新力	文化产业专利授权量（个/万人）	X_7
文化安全外围指标	文化传播能力	国外新闻宣传力度	Bing（国际版）引擎报道（条/万人）	X_8
		国内新闻宣传力度	百度引擎报道（条/万人）	X_9
		学校传播力度	学校数量（个/万人）	X_{10}
	文化带动能力	对文化企业的带动力	文化企业（个/万人）	X_{11}
		对文化事业的带动力	文化机构（个/万人）	X_{12}
		对旅游业的带动力	景区数量（个/万人）	X_{13}
	文化交融能力	民族多样性	民族多样性指数	X_{14}
		方言多样性	藏语次方言片区数（片）	X_{15}

数据制备：文化安全数据来源包括相关文献和统计年鉴查找、数据爬虫获取等，相关指标及其数据制备方法如下。

1）基础数据包括人口（人）和行政面积（km²）数据，均来自《中国县域统计年鉴2022》，通过二者之比计算得到县级单元的人口密度（人/km²）数据；此外，人口数据应用于其他万人均指标的计算中。

2）文化传承能力。用文化遗址每万人均数量表示文物遗址保护力。文化遗址数据通过数据爬虫方式获得，具体方式为在百度地图搜索各县名称及关键词"文化遗址"，得到原始数据；随后将无关数据剔除，仅保留文物古迹、历史遗址、寺庙、古建筑等类型数据；经数据清洗后得到各县文化遗址统计数据。

用国家级非物质文化遗产每万人均数量表示非遗传承力。非物质文化遗产是一个国家和民族历史文化成就的重要标志，是优秀传统文化的重要组成部分。国务院先后于2006年、2008年、2011年、2014年和2021年公布了五批国家级项目名录。本研究非遗数据来源于中国非物质文化遗产网（https://www.ihchina.cn/），将非遗名录数据进行整理与统计，得到各县非遗数量数据与非遗点位矢量数据。

用国家级历史文化名城、镇、村数据及国家级传统村落每万人均数量表示聚落文化传承力。该数据来源于住房和城乡建设部与国家文物局共同组织评选的六批国家历史文化名城、镇、村名录及中国传统村落名录。将名录中所公布的地区精确定位至县级单元，并统计各县历史文化名城、镇、村的万人均数量。

3）文化创新能力。以文化产业专利每万人均授权量表示文化创新能力。该指标为各县各文化产业获得专利权的数量，数据来源于国家知识产权局官网（https://www.cnipa.gov.cn）的公开数据。对数据集中与文化有关的专利条目进行筛选和整理，并以县级为单位统计文化产业专利授权量。

4）文化传播能力。用百度引擎和 Bing（国际版）引擎每万人均条数分别表示国内外新闻宣传力度。使用数据爬虫技术在两种常用搜索引擎中搜索各县文化相关的报道，并收集搜索结果数量，计算得到各县每万人均文化相关报道数量。

用各县学校每万人均数量表示学校传播力度。学校文化教育是文化传播的主要途径之一。使用数据爬虫技术从百度地图爬取包括中小学、高校、教育培训机构等在内的各县学校数据，经清洗和统计后得到各县学校数量。

5）文化带动能力。用在注册的文化企业每万人均数量表示对文化企业的带动力。文化企业数据来自企查查官网（https://www.qcc.com），使用数据爬虫技术爬取在该网站注册的"文化、体育和娱乐业"大类下的"文化艺术业"类企业，剔除无关数据后统计得到各县文化企业的每万人均数量。

用各县文化机构每万人均数量表示对文化机构的带动力。在百度地图中爬取各县包括公共图书馆、文化馆、文化站和博物馆等文化机构，剔除无关数据后统计得到各县文化机构的每万人均数量。

用各县包含的 A 至 5A 级景区每万人均数量表示对旅游业的带动力。原始数据来自 CnOpenData 数据库（https://www.cnopendata.com），包括研究区景区的名称、级别、地址、经纬度等属性；在 ArcGIS 中导入经纬度坐标后，使用空间统计功能统计得到各县各级景区数量。

6）文化交融能力。以民族多样性指数表示民族文化交融能力。民族多样性指数代表某区域的民族结构与特征,由该地区民族的种类、数量及其包含的人口数决定。有学者根据 Shannon 提出的熵公式计算某地域民族人口的信息熵,得到该地区的民族多样性指数(潘永平等,2016)计算公式:

$$H = -\sum_{i=1}^{s} n_i/N \log_2(n_i/N) \tag{7-6}$$

式中,n_i 为某地区某类民族人口;N 为该地区总人口;H 为计算得到的民族多样性指数,H 越大,则表示该区域的民族结构越均匀,H 越小,则表示该区域的民族结构越不均匀。

各县民族结构及各民族人口数来自各省人口普查年鉴2020,基于以上公式计算得到各县民族多样性指数。用各县藏语次方言片区数表示方言文化交融能力。国内已有研究一般将国内藏语分为3个方言大区:一是以西藏为中心的卫藏方言区;二是以川滇藏交界地区为中心的康方言区;三是以甘青藏交界地区为中心的安多方言区。以上3种方言大区又包含若干次方言区。有学者结合语言学相关文献和实地调研,统计了青藏高原各县包含的藏语次方言类型,基于地理信息技术将其信息化,得到各县包含的次方言区数据(刘颖等,2019)。本研究在其基础上,结合中国社会科学院发布的《中国语言地图集》(第二版),对研究区各县的次方言种类进行校正和补充,并统计得到各县包含的次方言片区数。统计结果较为单一,无法准确地体现各县方言多样性,故在进行分析与评价时不予考虑。

7.4.3 计算过程与评价模型

共线性分析。本研究对文化安全进行评价的假设之一是自变量 $X_1, X_2, \cdots, X_p$ 之间不存在严格的线性关系。如不然,则会给评价结果带来严重影响。

容忍度(tolerance)和方差膨胀因子(variance inflation factor, VIF)是用于评估多重共线性的两个常用统计指标。它衡量了自变量之间的线性相关性,即一个自变量可以通过其他自变量进行线性预测的程度。VIF 越高或容忍度越低,表示自变量之间的相关性越强。一般认为如果容忍度小于 0.2 或 VIF 大于 10,则要考虑自变量之间可能存在多重共线性。

本研究使用 SPSSAU 将指标首先进行标准化和归一化处理,并对14个自变量(X_1~X_{14})进行共线性分析,计算得到14个自变量两两之间的容忍度和 VIF(表7-10)。文化安全评价体系中14个自变量的容忍度均大于0.2,并且 VIF 均小于10,证明14个自变量之间不存在共线性,可以作为独立的评价因子。

表7-10 14个指标的共线性分析结果

项目	指标	X_1	X_2	X_3	X_4	X_5	X_6	X_7	X_8	X_9	X_{10}	X_{11}	X_{12}	X_{13}	X_{14}
VIF	X_1		1.304	1.291	1.302	1.243	1.304	1.306	1.291	1.307	1.305	1.303	1.249	1.292	1.239
	X_2	1.412		1.416	1.389	1.382	1.337	1.404	1.412	1.415	1.415	1.362	1.399	1.404	1.405
	X_3	1.023	1.036		1.036	1.036	1.027	1.034	1.032	1.036	1.036	1.035	1.034	1.036	1.034
	X_4	1.345	1.325	1.351		1.305	1.349	1.336	1.349	1.341	1.325	1.326	1.310	1.237	1.344
	X_5	1.209	1.242	1.272	1.230		1.271	1.250	1.271	1.234	1.262	1.239	1.245	1.245	1.271
	X_6	1.482	1.404	1.473	1.485	1.484		1.480	1.480	1.486	1.452	1.481	1.482	1.356	1.486
	X_7	1.702	1.690	1.700	1.686	1.674	1.697		1.704	1.704	1.687	1.051	1.682	1.703	1.693

续表

项目	指标	X_1	X_2	X_3	X_4	X_5	X_6	X_7	X_8	X_9	X_{10}	X_{11}	X_{12}	X_{13}	X_{14}
VIF	X_8	1.879	1.897	1.896	1.901	1.901	1.895	1.902		1.753	1.878	1.903	1.568	1.902	1.882
	X_9	1.696	1.696	1.696	1.684	1.645	1.697	1.696	1.563		1.696	1.696	1.697	1.396	1.665
	X_{10}	1.172	1.174	1.174	1.153	1.165	1.148	1.163	1.160	1.174		1.154	1.166	1.150	1.160
	X_{11}	1.845	1.782	1.850	1.819	1.803	1.846	1.143	1.853	1.851	1.820		1.847	1.849	1.763
	X_{12}	2.035	2.106	2.126	2.067	2.084	2.125	2.103	1.756	2.131	2.116	2.125		2.100	2.037
	X_{13}	2.163	2.172	2.190	2.006	2.142	1.999	2.189	2.190	1.802	2.145	2.187	2.159		2.190
	X_{14}	1.177	1.233	1.240	1.236	1.241	1.242	1.234	1.229	1.219	1.227	1.183	1.187	1.242	
容忍度	X_1		0.767	0.775	0.768	0.805	0.767	0.766	0.774	0.765	0.766	0.768	0.801	0.774	0.807
	X_2	0.708		0.706	0.720	0.724	0.748	0.712	0.708	0.707	0.707	0.734	0.715	0.712	0.712
	X_3	0.978	0.965		0.965	0.965	0.974	0.967	0.969	0.966	0.965	0.966	0.968	0.965	0.967
	X_4	0.743	0.755	0.740		0.766	0.741	0.749	0.741	0.746	0.755	0.754	0.763	0.808	0.744
	X_5	0.827	0.805	0.786	0.813		0.787	0.800	0.787	0.810	0.793	0.807	0.803	0.803	0.787
	X_6	0.675	0.712	0.679	0.673	0.674		0.676	0.676	0.673	0.688	0.675	0.675	0.737	0.673
	X_7	0.588	0.592	0.588	0.593	0.597	0.589		0.587	0.587	0.593	0.951	0.595	0.587	0.591
	X_8	0.532	0.527	0.528	0.526	0.526	0.528	0.526		0.570	0.532	0.526	0.638	0.526	0.531
	X_9	0.590	0.590	0.590	0.594	0.608	0.589	0.590	0.640		0.590	0.590	0.589	0.716	0.600
	X_{10}	0.853	0.852	0.851	0.867	0.859	0.871	0.860	0.862	0.852		0.866	0.857	0.869	0.862
	X_{11}	0.542	0.561	0.541	0.550	0.555	0.542	0.875	0.540	0.540	0.549		0.541	0.541	0.567
	X_{12}	0.491	0.475	0.470	0.484	0.480	0.471	0.476	0.569	0.469	0.473	0.471		0.476	0.491
	X_{13}	0.462	0.461	0.457	0.499	0.467	0.500	0.457	0.457	0.555	0.466	0.457	0.463		0.457
	X_{14}	0.850	0.811	0.806	0.809	0.806	0.805	0.810	0.814	0.820	0.815	0.845	0.842	0.805	

在进行共线性分析之前，已经对14个指标的数据进行了无量纲化处理，见表7-11的样例。

表7-11 14个指标的无量纲化（以大邑县为例）

指标内涵	原始数据	单位	标准化结果	归一化结果
文物遗址	0.503 91	个/万人	−0.646 21	0.020 55
国家级非遗	0.019 38	个/万人	−0.659 40	0.012 90
国家级历史文化名城	0	个/万人	−0.095 35	0
国家级历史文化名镇	0.038 76	个/万人	0.298 24	0.032 77
国家级历史文化名村	0	个/万人	−0.173 98	0
国家级传统村落	0.019 38	个/万人	−0.458 50	0.003 04
文化产业专利授权量	198.154 13	个/万人	3.122 17	0.535 55
Bing（国际版）引擎报道	13 780.084 58	条/万人	−0.768 24	0.012 93
百度引擎报道	22 288.463 10	条/万人	−0.491 55	0.010 61

续表

指标内涵	原始数据	单位	标准化结果	归一化结果
学校数量	1.162 88	个/万人	-0.717 22	0.054 61
文化企业	4.651 51	个/万人	-0.109 69	0.064 44
文化机构	1.841 22	个/万人	-0.839 68	0.021 69
景区数量	0.523 29	个/万人	-0.529 75	0.047 84
民族多样性	0.194 84	无	-1.024 69	0.115 14

7.4.4 指数评价中各方法的适用性说明

评价模型。本研究立足于总体国家安全观建立评价模型。习近平总书记指出：在总体国家安全观中，政治安全是根本，经济安全是基础，文化安全是保障，三者相互作用、有机统一（习近平，2014）。因此，在总体国家安全观中，政治安全（P）是根本，经济安全（E）是基础，文化安全（C）是保障。关于 C-E 关系，本研究在评价指标中设立了文化带动力的二级指标，以体现文化对经济发展的溢出效果；关于 C-P 关系，本研究的评价指标中还设立了文化交融度的二级指标，以评价县级单元中民族人口结构条件。

指标综合逻辑：有学者建立文化安全评价指标体系，评价了文化遗产地可以抵挡各种外界压力（包括社会经济、旅游发展、文化冲击），保持相对完整、可持续的安全状态（范庆斌，2013）。

文化安全评价模型：有学者利用回归评价模型对文化产业安全进行了因果评价，即将文化产业的产值作为因变量，将若干可能影响文化产业的因素作为自变量，然后通过回归方法获得自变量与因变量之间的回归方程，通过回归方程中自变量前的权重，了解影响文化产业发展的重要因素，从而有的放矢地规避产业发展风险（蔡晓璐，2016）。由于不存在文化安全的既有数据，回归评价模型显然不适用于本研究。多数给评价指标赋权的方法是专家打分法，鉴于专家打分的不稳定性，以及专家的有限代表性，本研究放弃专家打分法而选用熵值法计算各评价指标权重。

$$C_1 = \sum_{i=1}^{7} \partial_i \times x_i, C_2 = \sum_{i=8}^{14} \partial_i \times x_i$$
$$C = C_1 + C_2 \tag{7-7}$$

式中，C_1 为文化安全核心指数；C_2 为文化安全外围指数；x_i 为文化安全因子；∂_i 为由熵值法计算得到的权重系数。

由熵值法计算得到各因子的权重（表7-12），由计算结果得到 7 个文化安全核心指标的权重系数分别为 6.15%、6.95%、16.95%、8.98%、15.07%、6.37% 和 12.50%；7 个文化安全外围指标的权重系数分别为 3.37%、5.49%、2.67%、5.49%、3.53%、4.02% 和 2.47%。其中，占权重最高的评价因子为国家级历史文化名城（X_3）；占权重最低的评价因子为民族多样性指数（X_{14}）。对评价结果进行分析，该结果中 7 个核心指标的权重系数均高于外围指标的权重系数，与前期理论分析相吻合，因此认为熵值法计算结果具有较高的可信度，适用于本研究。

表 7-12 熵值法计算结果

指标	信息熵值	信息效用值	权重系数/%
X_1	0.871	0.129	6.15
X_2	0.8543	0.1457	6.95
X_3	0.6444	0.3556	16.95
X_4	0.8116	0.1884	8.98
X_5	0.6839	0.3161	15.07
X_6	0.8663	0.1337	6.37
X_7	0.7377	0.2623	12.50
X_8	0.9293	0.0707	3.37
X_9	0.8849	0.1151	5.49
X_{10}	0.944	0.056	2.67
X_{11}	0.8849	0.1151	5.49
X_{12}	0.9259	0.0741	3.53
X_{13}	0.9157	0.0843	4.02
X_{14}	0.9482	0.0518	2.47

7.4.5 基于县域尺度单元的文化安全评估

基于数据归一化结果，由熵值法权重系数计算结果乘以各县各因子归一化结果，计算得到青藏高原各县的文化安全核心指数（图 7-9）、文化安全外围指数（图 7-10）及文化安全指数（图 7-11）。将文化安全指数分为 5 个等级（表 7-13），等级越高，则代表该地

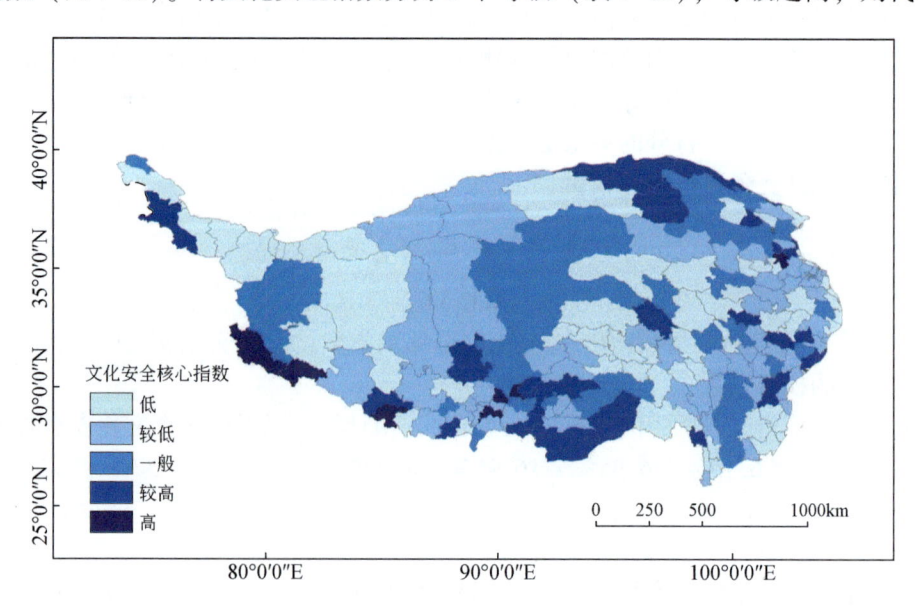

图 7-9 青藏高原地区县级单元文化安全核心指数分布图

区的文化越安全。由评价结果可知，文化安全指数较高的前3个区域分别为札达县（西藏）、阿克塞哈萨克族自治县（甘肃）和普兰县（西藏）。图7-12是3个典型地区的14项三级指标与平均值的比较，可以发现三者的核心文化安全指数较高。其中，扎达县和普兰县，在非遗传承力聚落文化传承力和对文化事业的带动力方面较好；而巴青县相对低于平均值，其原因并非这里没有文化资源，而是这里的文化资源尚未得到充分的梳理和发掘。

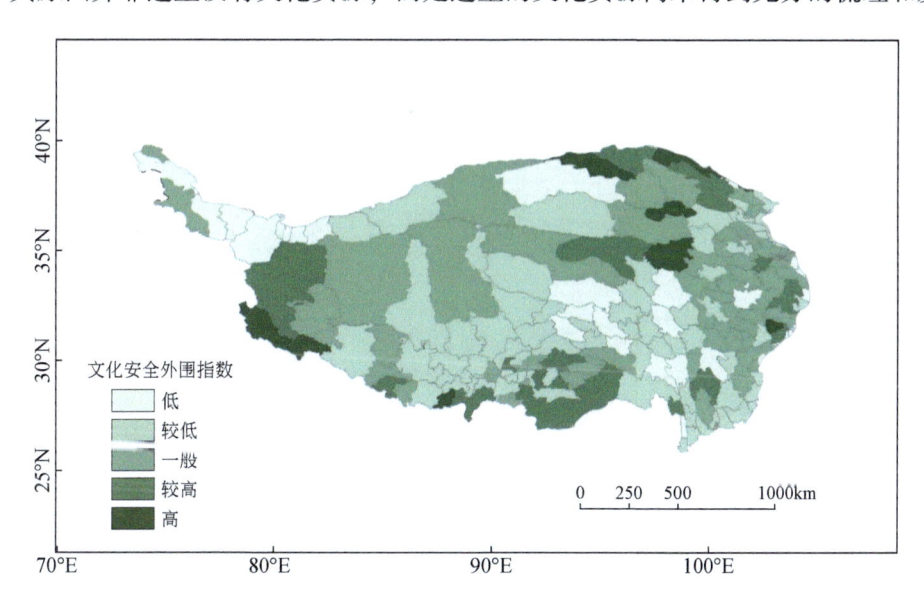

图 7-10 青藏高原地区县级单元文化安全外围指数分布图

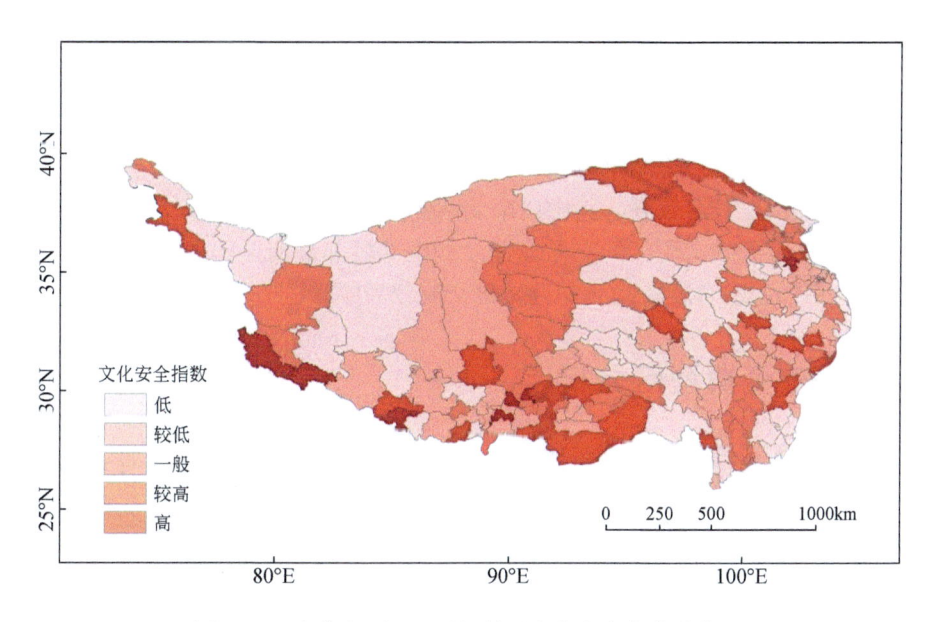

图 7-11 青藏高原地区县级单元文化安全指数分布图

表 7-13 文化安全指数分级依据

等级	文化安全核心指数、文化安全外围指数	文化安全指数
低	≤0.015	≤0.05
较低	0.015~0.030	0.05~0.10
一般	0.030~0.045	0.10~0.15
较高	0.045~0.060	0.15~0.20
高	≥0.060	≥0.20

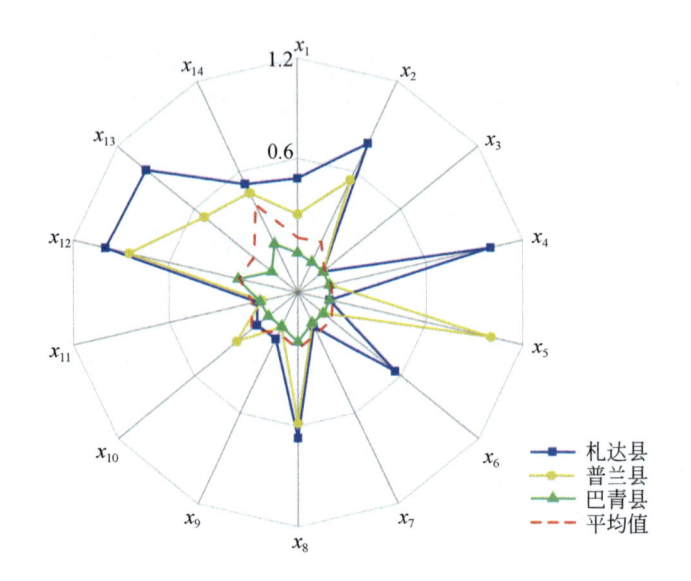

图 7-12 3 个典型县文化安全三级指标对比图

由文化安全指数的可视化结果可知，青藏高原文化安全指数的空间分布规律为区域边缘地区的文化安全指数普遍较高，其中以南北两侧边缘最为典型。分析其可能原因为位于青藏高原地区与其他民族文化区的交界地带（如南部毗邻缅甸、印度等民族文化突出的国度），文化更为多样，融合度较高，并且文化交流较为频繁。

7.4.6 文化安全典型区分析

该部分将以文化安全系数较高的札达县、普兰县和较低的巴青县（西藏）为典型区，从地理位置、文化底蕴和传播力度三方面分析典型地区文化安全指数较高或较低的原因。由于札达县与普兰县毗邻，因此将两县视为一个典型区进行分析。

（1）札达县与普兰县

这两个县位于西藏的阿里地区，这里地形相对封闭，是一个三面环山的"高原孤岛"地区，这使阿里长期与外界隔绝，保留了古老的象雄文明、苯教信仰和古格王朝文化遗产。直至 20 世纪前，阿里与外界的联系主要依赖骡马商队，地理屏障减缓了外来文化冲击，使本土宗教（苯教）和语言（藏语阿里方言）得以延续。

从文化底蕴来看，该地区有古遗址 11 处，古建筑寺庙 2 座，其中包括古格王朝遗址，是象雄文明和古格文明的发祥地，二者是青藏高原地区最古老且最具代表性的文明。除此之外，该地区还拥有包括象泉河、"神山"冈仁波齐峰、纳木那尼峰、"圣湖"玛旁雍错、"鬼湖"拉昂错等多处具有重要宗教意义的代表性自然景观。其丰富的历史文化遗留为该地区的文化繁荣与发展奠定了基础。

从传播力度来看，该地区的文化传播力度较大。其文化和旅游局网站建设程度较高，并且定期举办如"阿库卓吧"文化节等文化活动，积极传播当地民族文化。此外，该地区建有电影管理站、电影放映队、文化馆、电视台、电视差转台、广播站等文化设施。札达县有 10 所小学，适龄儿童入学率 96.2%；普兰县有 6 所小学、1 所中学，在校生人数1100 余名，适龄儿童入学率 95.7%，升学率保持在 93%以上。以上建设促进了当地文化的传承与发展。

（2）巴青县

从地理位置来看，巴青县隶属西藏那曲市，位于西藏东南部、青藏高原中部，北部与青海相邻。由于地处藏北高原南羌塘大湖盆区，交通相对闭塞，因此文化事业和文化产业的发展均会一定程度上受到阻碍。

从文化底蕴来看，该地区拥有鲁普寺、巴仓寺等 8 座寺庙，其中，鲁普寺是藏北地区第一大苯教寺庙，寺内建筑宏伟、壁画完整，寺内僧俗众多。但其旅游资源的组合情况较差，类型单一，导致巴青县的文化旅游业发展并不景气。

从传播力度上看，巴青县的文旅宣传力度明显小于其他地区，全县仅有广播站、地面卫星接收站等文化设施；共有 12 所小学，适龄儿童入学率仅 48%，并且小学教育以藏语文为主。

综上所述，县级单元文化安全指数低的主要原因是原有文化资源基础较弱，并且位于经济发展的边缘区位。因此，未来需要通过提升当地文化资源的独特性价值，并积极宣传，从而提升文化安全，例如云南的哈尼梯田就是走的这样的路径。

7.5　青藏高原地缘安全评估

地缘安全是一种综合状态，单一线性数值难以反映其综合性。因此，青藏高原地缘安全需要综合表达南亚暴力冲突外溢系统、口岸-通道-腹地流量系统、地缘经济权力 3 个系统的综合状态，即表达域外南亚暴力冲突可控-域内外流量流通有序-地缘经济权力结构稳定（图 7-13、表 7-14）。

表 7-14　青藏高原地缘安全子系统与安全逻辑

系统名称	方向与逻辑	过程
南亚暴力冲突外溢系统	外部（地理空间邻近—地理边界逻辑）	青藏高原外缘"跨喜马拉雅"地区的暴力冲突外溢给青藏高原带来的地缘威胁；以边界为基准设置冲突强度外溢缓冲带

续表

系统名称	方向与逻辑	过程
口岸-通道-腹地流量系统	内外部流动（经济逻辑）	以中国西藏沿边"州市地"与环喜马拉雅国家的"流量"，具体为口岸-通道-腹地流量系统——"点-线-面"的人流、货流、交通工具流等的流量地缘脆弱性
地缘经济权力系统	刻画中国和印度分别对青藏高原外缘地缘体的地缘经济权力（战略逻辑）	国家地缘体地缘经济领域贸易、投资、援助、贷款的不对称性-结构失衡带来的地缘经济风险

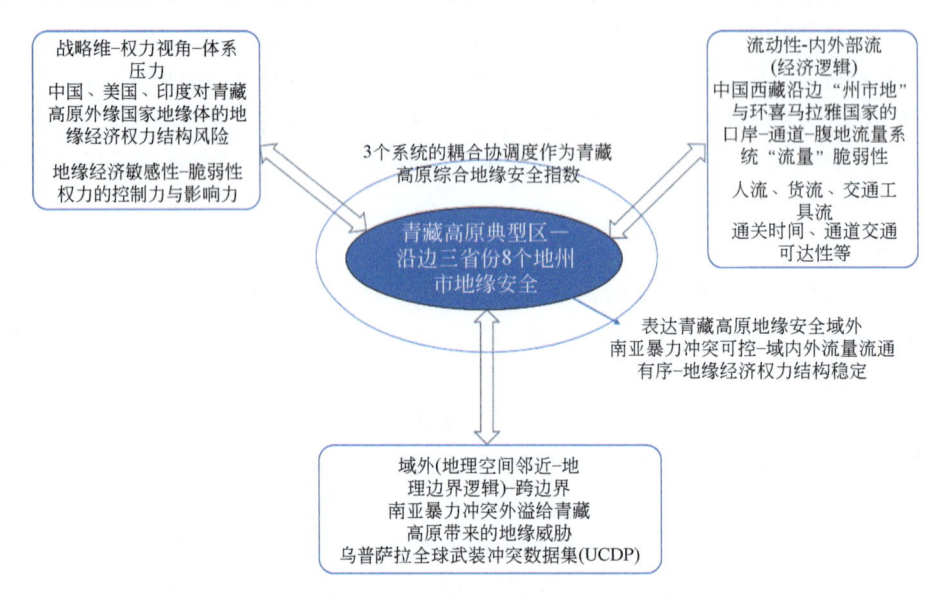

图 7-13　青藏高原地缘安全指数评估思路与分析框架

7.5.1　指标体系

1）冲突外溢方面，青藏高原外缘域外南亚暴力冲突愈演愈烈，大有外溢的势头，故测算毗邻青藏高原的南亚暴力冲突事件的具体核密度值域，并遵循地理空间邻近原则进行暴力冲突外溢风险值评级（罗宾·盖斯和刘家安，2008），即境外暴力冲突强度越大的行政区划意味着与接壤青藏高原中国侧的州（市/地）行政区划风险越大，将境外行政区划的风险进行等级划分并对称映射至典型区 8 个地州市，即以边界对称轴，将境外南亚的暴力冲突外溢对青藏高原可能的威胁影响作为地缘冲突威胁指数。

2）口岸-通道-腹地流量方面，边界-口岸的管控和流量大小是地缘脆弱性的"晴雨表"，口岸流量越大意味着边界越趋于开放，则说明越安全（宋周莺等，2024）。以典型区内的口岸与境外双向的出入境人流、出入境货流、出入境交通工具流，辅之以通关时间、通道交通可达性等为基础数据，口岸所在的州市为腹地，过程如下：收集青藏高原 8 个地州市口岸对应的人流、货流、交通工具流等的原始数据，将原始数据按照正向指标进行标准化处理，后采用熵权法测算权重，最后加权求和典型区 8 个地州市的口岸-通道-腹地流量系统的地缘流量脆弱性指数。

3）地缘经济结构方面。中国、美国、印度对青藏高原外缘六国的控制力和影响力的耦合协调程度越高，意味着中国、美国、印度与青藏高原外缘六国的地缘经济权力结构越稳定，则跨境地缘经济越安全或地缘经济权力风险越小（牛福长等，2023）。青藏高原在内及青藏高原外缘自北向南的阿富汗、巴基斯坦、印度、尼泊尔、不丹、孟加拉国、缅甸7个国家组成的区域是青藏高原"战略维"的关键，该地区是印度"东向战略"、中国"一带一路"倡议、美国"印太战略"等的地缘战略交会区。其中，中国和印度在区域占据主导和主要地位。研判和测算中国、美国、印度对青藏高原外缘地缘体地缘经济权力/领域贸易、投资、援助、贷款的不对称性，即中国、美国、印度与青藏高原外围国家地缘经济权力结构失衡给典型区8个地州市带来的地缘经济风险指数。

7.5.2 典型区选择——青藏高原沿边的3个省（自治区、直辖市）8个地州市

虽然地缘安全的评估多遵循主流的地缘政治——国家中心主义，但本书的研究区为青藏高原，用较大尺度的国家或省（自治区、直辖市）或较小尺度的县域/乡镇均难以同时囊括上述所列的3个系统，并且数据极难获取，经反复试错和调整，最终确定将青藏高原沿边的3个省（自治区、直辖市）8个地州市［新疆克孜勒苏柯尔克孜自治州（简称克孜勒州）、喀什地区、和田地区；西藏阿里地区、日喀则市、山南市、林芝市；云南怒江州（图7-14）］作为青藏高原地缘安全定量评估的典型区。

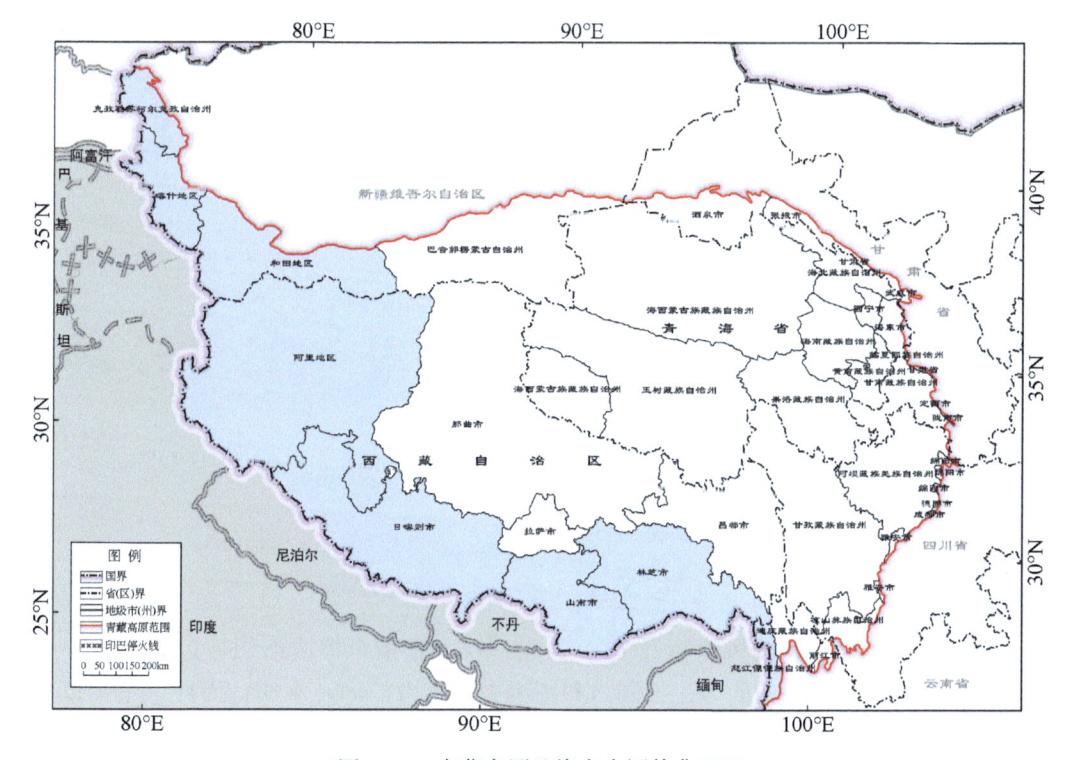

图7-14 青藏高原地缘安全评估典型区

7.5.3　指数方法模型与计算过程

暴力冲突外溢方面。计算地缘冲突威胁指数 U_a。用密度场表面模型将南亚暴力冲突事件的离散点数据转化为连续的面（张海平等，2020），即将研究区 R 网格化并统计每个网格中暴力事件点的个数，选择以任意点为中心（称为核 k），并基于带宽 r 选取范围 S，进而估计目标点的密度值，将密度值表征为冲突威胁值 U_a，即单位空间内冲突核密度越大，地缘风险越高，其外溢对青藏高原典型区的威胁越大。公式如下：

$$F(I,J) = \frac{3}{n\pi R^2}\sum_{m=1}^{n}\left[1 - \frac{(I-I_m)^2 + (J-J_m)^2}{R^2}\right] \tag{7-8}$$

式中，$F(I, J)$ 为估算目标栅格单元中心点 $P(I, J)$ 的密度估计值；R 为宽带；n 为带宽范围内冲突点的数量；I、J 为估算目标栅格单元中心点的坐标；I_m、J_m 为样点 m 的坐标；$(I-I_m)^2 + (J-J_m)^2$ 为待估算目标栅格中心点与带宽范围内 m 点之间欧氏距离的平方。

计算"口岸–通道–腹地"流量方面。地缘流量脆弱性指数 U_b。收集青藏高原 8 个地州市–口岸对应的人流、货流、交通工具流等的原始数据，将原始数据按照正向指标进行标准化方法处理［式 (7-9)］，后采用熵权法和层次分析法测算和赋予权重［式 (7-10) ~式 (7-12)］，最后加权求典型区 8 个地州市的口岸–通道–腹地流量系统的地缘流量脆弱性指数 U_b［式 (7-13)］（冶莉等，2022）。其过程与公式如下。

第 1 步，正向指标原始数据标准化处理。

$$X_{ij} = \frac{Z_{ij}-Z_{ij\min}}{Z_{ij\max}-Z_{ij\min}} + 0.0001 \tag{7-9}$$

第 2 步，计算指标权重，包括采用式 (7-10) 计算 i 年份 j 项指标的比例；式 (7-11) 计算项指标的熵值；式 (7-12) 计算指标权重。采用层次分析法和"以人为本"理念进行主观赋权，人流、货流、交通工具流的权重分别为 0.4、0.3、0.3。

$$P_{ij} = \frac{X_{ij}}{\sum_{i=1}^{m} X_{ij}} \tag{7-10}$$

$$e_j = -k\sum_{i=1}^{m}(P_{ij} \cdot \ln P_{ij}), k = \frac{1}{\ln m} \tag{7-11}$$

$$w_j = \frac{1-e_j}{\sum_{j=1}^{n}1-e_j} \tag{7-12}$$

第 3 步，计算子系统地缘流量脆弱性指数 U_b。

$$U_b = \sum_{j=1}^{n} X_{ij} \cdot W_j, a = 1,2,3 \tag{7-13}$$

计算地缘经济权力结构风险指数 U_c。首先，权力是指个体或组织通过合法或非合法手段对他人行为施加影响的能力，控制力和影响力是权力的固有本质，因此，本文以刻画地缘经济权力的敏感性和脆弱性模型为根基，测度中国、美国、印度对青藏高原外缘六国的地缘经济控制力和影响力；其次，分别测算中国、美国、印度对青藏高原外缘六国控制力与影响力的耦合度与协调度；再次，根据控制力权重为影响力权重1.5倍的惯例，加和计算综合地缘经济权力结构风险指数；最后，为精确评估青藏高原沿边8个地州市的跨境地缘经济风险，以中国境内青藏高原沿边8个地州市历年常住人口占8个地州市总人口的比例为风险权重，即地缘经济权力结构风险指数等于中国、美国、印度对青藏高原外缘六国的控制力和影响力的耦合协调度乘以青藏高原内缘8个地州市历年常住人口占8个地州市总人口的比例，进而表征青藏高原典型区8个地州市的地缘经济权力结构失衡与否所带来的风险。其计算过程与公式如下。

第1步，使用地缘经济权力敏感性与脆弱性模型计算中国、美国、印度对青藏高原外缘六国的地缘经济控制力和影响力。

$$S_{A \to X} = \left[\frac{T^t_{A \to X}}{T^t_X} - \frac{T^t_{A \to X}}{T^t_A} \right] \tag{7-14}$$

式中，A国表示中国、美国、印度三国；X国表示青藏高原外缘六国；$S_{A \to X}$为中国/美国/印度对X国的控制力；$T^t_{A \to X}$为t时刻X与中国/美国/印度两国之间的贸易总额；T^t_X为t时刻X国的贸易总额；T^t_A为t时刻A国的贸易总额。

$$V_{A \to X} = \left[\frac{T^t_{A \to X}}{G^t_X} - \frac{T^t_{A \to X}}{G^t_A} \right] \tag{7-15}$$

式中，V_X为中国/美国/印度对X国的影响力；G^t_X与G^t_A分别为t时刻X国与中国/美国/印度的国内生产总值。

第2步，计算中国、美国、印度对青藏高原外缘六国控制力与影响力的耦合度与协调度。

$$C_{A \to X} = \left[\frac{S_{A \to X} \cdot V_{A \to X}}{(G^t_X S_{A \to X} + V_{A \to X})/2} \right]^{1/2} \tag{7-16}$$

$$T_{A \to X} = \alpha S_{A \to X} + \beta V_{A \to X} \tag{7-17}$$

$$D_{A \to X} = (C_{A \to X} \cdot T_{A \to X})^{1/2} \tag{7-18}$$

式中，D为协调度；C为耦合度；T为控制力与影响力2个子值加权求和后的综合评价值；α、β为权重，分别为0.6、0.4。

第3步，计算子系统地缘"流量"脆弱性指数

$$U_c = D_{A \to X} \cdot H_P \tag{7-19}$$

式中，U_c为地缘"流量"脆弱性指数；H_P为权重，以中国境内青藏高原沿边8个地州市历年常住人口占8个地州市总人口的比例为风险权重。

7.5.4 安全集成指数方法模型与计算过程、数据来源

计算青藏高原典型区综合地缘安全指数D_{geo-s}。用耦合协调模型计算青藏高原综合地缘安全指数，即表达青藏高原域外南亚暴力冲突可控–域内外流量流通有序–地缘经济权力结构稳定。由无序走向有序的关键在于内部序参量的协同作用，耦合度足以反映协同作用的度量，耦合度越大，系统间相互影响的程度就越大（冶莉等，2022）。将南亚暴力冲突外溢系统、口岸–通道–腹地流量系统、地缘经济权力3个系统之间通过各自的构成元素产

生相互影响的程度视为3个系统之间的耦合度，其大小反映地缘安全水平高低或3个系统之间相互作用的程度，3个系统的耦合协调度作为或表征青藏高原综合地缘安全指数，即表达域外南亚暴力冲突可控-域内外流量流通有序-地缘经济权力结构稳定。

$$C_{geo-s} = \left\{ \frac{U_a \cdot U_b \cdot U_c}{[(U_a+U_b+U_c)/3]} \right\}^{1/3} \quad (7-20)$$

$$T_{geo-s} = aU_a + bU_b + cU_c \quad (7-21)$$

$$D_{geo-s} = (C_{geo-s} \cdot T_{geo-s})^{1/2} \quad (7-22)$$

式中，D_{geo-s}为协调度，用以表征青藏高原典型区综合地缘安全指数；C_{geo-s}为青藏高原典型区综合地缘安全为耦合度；T_{geo-s}为控制力与影响力2个子值加权求和后的综合评价值；a、b、c分别为南亚暴力冲突外溢系统、口岸-通道-腹地流量系统、地缘经济权力系统的权重，分别为0.3、0.3、0.35。

数据来源：暴力冲突的数据来源于乌普萨拉大学和平与冲突研究所的人工编码地理参考事件数据集（UCDP Georeferenced Event Dataset）。口岸的人流、货流、交通工具流量等数据来自2000~2020年中国口岸年鉴、云南统计年鉴、西藏统计年鉴、新疆统计年鉴，3个省（自治区、直辖市）8个地州市的人口数量数据来源于2000~2020年中国县域统计年鉴；地缘经济方面的数据来源于联合国商品贸易统计数据库（https://comtrade.un.org）、国际货币基金组织数据库（https://www.imf.org）、世界银行数据（https://data.worldbank.org）、联合国贸易发展数据库（http://unctadstat.unctad.org）、联合国贸易与发展会议数据库（https://unctadstat.unctad.org/EN/）等。所有数据的时间跨度为2000~2020年。

7.5.5 地缘安全结果与分析

地缘安全结果与分析将从子系统评估结果与分析、综合集成地缘安全结果与分析展开。

（1）子系统评估结果与分析方面

1）暴力冲突外溢——地缘冲突威胁指数U_a。2000~2021年青藏高原典型区8个地州市地缘冲突威胁指数时空演化格局如表7-15所示。总体上，典型区3个省（自治区、直辖市）8个地州市的地缘冲突威胁指数随着时间的推移呈现小幅度波动增长趋势，与境外南亚冲突对应密切，给境内青藏高原典型区带来较大威胁。

此外，基于空间邻近映射的典型区8个地州市的具体威胁指数空间分布不均匀，其中，阿里地区接收到的威胁明显高于其他地区，日喀则市和林芝市接收到的威胁较小。按照威胁指数的归一化对数均值排序为阿里地区、和田地区、克孜勒州、喀什地区、山南市、日喀则市、林芝市、怒江州，具体指数分别为0.741、0.482、0.482、0.460、0.445、0.357、0.300、0.109（表7-15）。

2）"流量"——地缘流量脆弱性指数U_b。地缘流量脆弱性指数2000~2021年整体为波动平稳的态势（图7-15），说明地缘流量给青藏高原带来的安全问题相对有限，地缘流量带来的地缘安全问题呈现裹足不前的特征。与事实对应密切，即西藏全域、新疆3个地

第 7 章 | 青藏高原多维安全状况评估与提升策略

表 7-15 2000~2021 年典型区 8 个地州市地缘冲突威胁指数时空演化格局

编号	青藏高原外缘	青藏高原典型区 8 个地州市	2000	2001	2002	2003	2004	2005	2006	2007	2008	2009	2010	2011	2012	2013	2014	2015	2016	2017	2018	2019	2020	2021	均值
1	克什米尔地区	克孜勒州	0.2	0.6	0.2	0.2	0.4	0.4	0.4	0.4	0.6	0.4	0.6	0.5	0.6	0.6	0.6	0.6	0.6	0.4	0.6	0.4	0.4	0.6	0.482
2	印巴边境	喀什地区	0.2	0.6	0.2	0.2	0.4	0.4	0.4	0.4	0.6	0.4	0.6	0.6	0.6	0.6	0.6	0.6	0.6	0.4	0.6	0.4	0.4	0.6	0.482
3	克什米尔地区	和田地区	0.2	0.6	0.2	0.2	0.4	0.4	0.4	0.6	0.6	0.4	0.6	0.6	0.6	0.6	0.6	0.6	0.6	0.4	0.6	0.4	0.4	0.6	0.482
4	印孟边境	林芝市	0.6	1	1	1	1	1	1																0.300
5	中印边境	阿里地区	1	1	1	1	1	1	1	1	1	1	1	1	1	1	1	1	1	1	1	1	1	1	1.000
6	印尼边境	日喀则市	0.8	0.8	0.6	0.6	0.6	0.7	0.8	1															0.268
7	印不边境	日喀则市	0.6	0.6	0.6	0.6	0.6	0.6			0.6	0.6	0.6		0.8	0.8	0.6	0.8	0.8	1	0.8				0.445
8	巴阿边境	喀什地区						1	0.85	0.8	0.4	0.4	0.2	0.2	0.2	0.4	0.4	0.6	0.8	0.8	0.8	0.6	0.6	0.6	0.439
9	印不边境	山南市	0.6	0.6	0.8	0.6	0.6	0.6			1	0.6	0.8	0.8	0.8	0.8	0.6	0.6	0.8	1					0.445
10	中印边境与克什米尔地区边境均值	阿里地区	0.6	0.8	0.6	0.6	0.7	0.7	0.7	0.7	0.8	0.7	0.8	0.8	0.8	0.8	0.8	0.8	0.8	0.7	0.8	0.7	0.7	0.8	0.741
11	缅北冲突外溢	怒江州	1										0.4				0.2						0.2		0.109

注：归一对数化处理，分为 5 个等级，颜色越深，地缘冲突威胁越大，地缘安全越不安全。

州市、云南1个地州市均为中国边界和口岸流量管控较为明显的地州行政区划，流量所表征的安全性受边界和口岸管控的严格程度的影响较大，安全性最高的是日喀则市、怒江州和阿里地区。

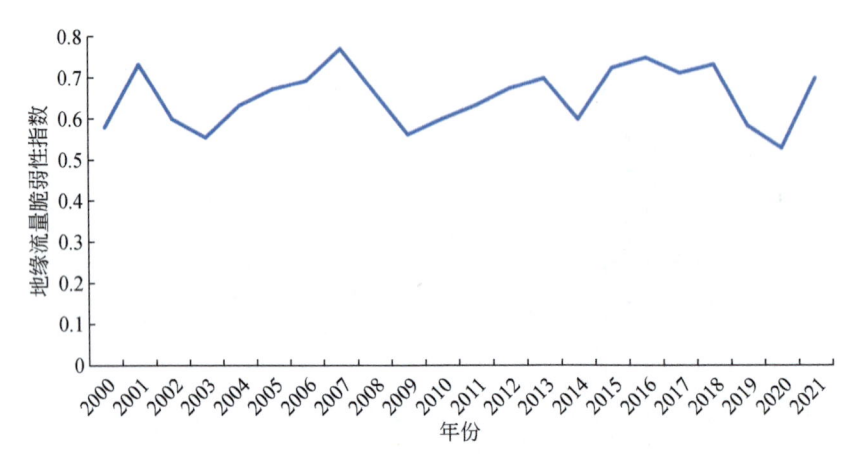

图7-15　2000～2021年青藏高原典型区地缘流量脆弱性指数演化

总体而言，青藏高原3个省（自治区、直辖市）8个地州市的地缘流量极为有限，并且极化效益、同质性突出。其中，阿里地区、日喀则市、怒江州的地缘流量明显高于其他5个地州市，其他5个地州市地缘流量大致相当且极小，所表征的安全程度低于前者，差距显著，即省级安全系数排序为云南、西藏、新疆。另外，时间上以2015年为分界，对于地缘流量脆弱性的变化幅度，地级州市差异明显，怒江州、阿里地区、日喀则市的地缘流量脆弱性明显大于和田地区、喀什地区、克孜勒州、林芝市、山南市。具体而言，日喀则市地缘流量脆弱性指数年度变幅最大，怒江州和阿里地区地缘流量脆弱性指数则趋向平稳（图7-16）。

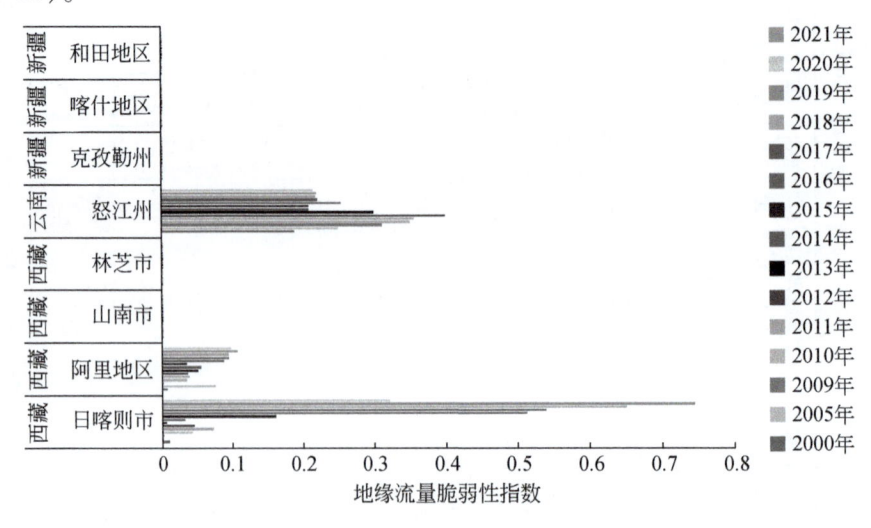

图7-16　2000～2021年青藏高原典型区8州市地缘流量脆弱性指数变化趋势

3) 地缘经济权力结构风险指数 U_e。地缘经济权力结构方面。青藏高原的地缘经济权力结构越来越趋于耦合协调，其耦合协调度稳步上升，8个地州市典型区地缘经济方面的安全性稳步上升。其中，高于平均值的地州市为喀什地区、和田地区，其余6个地州市均低于平均值。不难看出，省级尺度上的地缘经济权力安全性新疆大于云南大于西藏。事实上，西藏引起域外地缘体的关注度显著大于云南、新疆，不难理解西藏在地缘经济方面的地缘安全问题大于云南和新疆；此外，空间上表现出明显的空间集聚现象，即高值区集中于西北侧的新疆3个地州市、低值区集中在西藏4个地州市、中值区则是云南的怒江州（表7-16、图7-17）。

表7-16 2000~2021年青藏高原地缘经济权力结构风险指数

年份	西藏				云南	新疆			均值
	日喀则市	阿里地区	山南市	林芝市	怒江州	克孜勒州	喀什地区	和田地区	
2000	0.049	0.006	0.025	0.012	0.0359	0.033	0.266	0.132	0.070
2005	0.063	0.007	0.031	0.017	0.046	0.045	0.332	0.174	0.089
2010	0.065	0.008	0.033	0.018	0.047	0.049	0.368	0.187	0.097
2015	0.066	0.009	0.031	0.015	0.045	0.051	0.385	0.198	0.100
2021	0.076	0.010	0.033	0.019	0.052	0.058	0.430	0.232	0.114

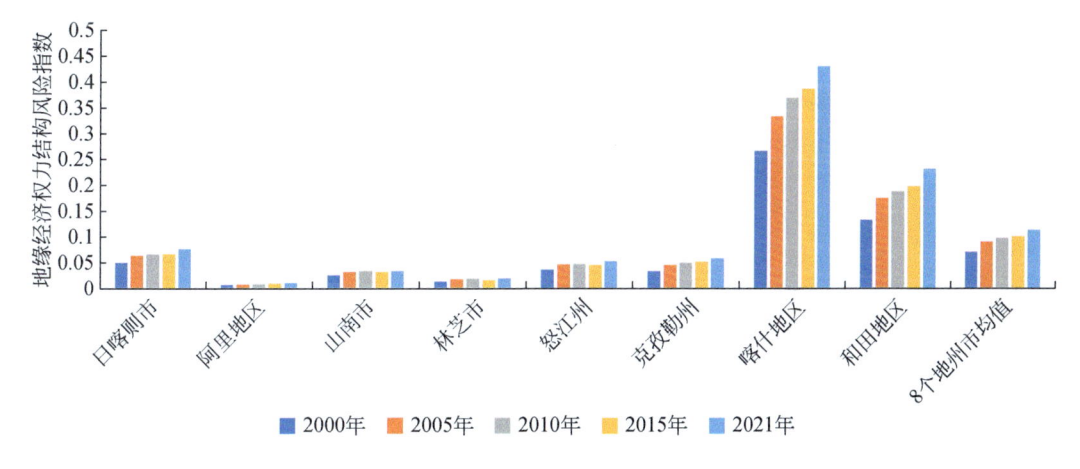

图7-17 2000~2021年青藏高原地缘经济权力结构风险指数

（2）综合集成地缘安全结果与分析

地缘安全集成分析需从表达域外南亚暴力冲突可控–域内外流量流通有序–地缘经济权力结构稳定三方面进行。通过计算2000~2021年青藏高原3个省（自治区、直辖市）8个地州市南亚暴力冲突外溢–口岸–通道–腹地流量–地缘经济权力3个系统的耦合度与协调度，得出以下结论：历年各地区耦合度呈波动上升态势，耦合度均值从2000年的0.167上升到2020年的0.258，这说明3个系统逐渐趋于耦合，彼此相互影响程度逐渐加强，但整体而言，相互作用程度不是很大，耦合度相对较小。用协调度综合表征典型区综合集成地缘安全指数，其呈持续小幅上升趋势，协调度均值从 2000 年的 0.171 上升到 2020 年的 0.230，说明整体上青藏高原的地缘安全稳步上升，但地州市差异较大（表 7-17）。

表 7-17 青藏高原地缘冲突−地缘流量−地缘经济耦合协调系数

年份	项目	日喀则市	阿里地区	山南市	林芝市	怒江州	克孜勒州	喀什地区	和田地区	均值
2000	耦合度	0.282	0.146	0.055	0.044	0.463	0.112	0.112	0.125	0.167
	协调度	0.255	0.164	0.102	0.091	0.418	0.090	0.131	0.115	0.171
2005	耦合度	0.065	0.252	0.059	0.035	0.639	0.082	0.097	0.100	0.166
	协调度	0.123	0.268	0.106	0.104	0.425	0.106	0.151	0.134	0.177
2010	耦合度	0.435	0.190	0.060	0.036	0.708	0.066	0.087	0.085	0.208
	协调度	0.348	0.244	0.107	0.105	0.428	0.114	0.164	0.145	0.207
2015	耦合度	0.674	0.199	0.059	0.034	0.715	0.067	0.087	0.086	0.240
	协调度	0.418	0.251	0.106	0.102	0.386	0.115	0.165	0.146	0.211
2020	耦合度	0.624	0.333	0.044	0.037	0.744	0.087	0.093	0.100	0.258
	协调度	0.524	0.287	0.117	0.106	0.398	0.110	0.159	0.142	0.230

(3) 时空演化分析

将协调度−综合地缘安全指数导入 ArcGIS，采用自然断点法以 5 年为间隔进行时空演化分类，结果表明，2000~2020 年青藏高原典型区地缘安全指数处于持续的动态变化中，总体而言，云南的安全程度高于西藏、新疆，以地州市均值尺度排序为怒江州、日喀则市、阿里地区、喀什地区、和田地区、克孜勒州、山南市、林芝市，其中，日喀则市变化幅度最大，怒江州变化最小（图 7-18）。

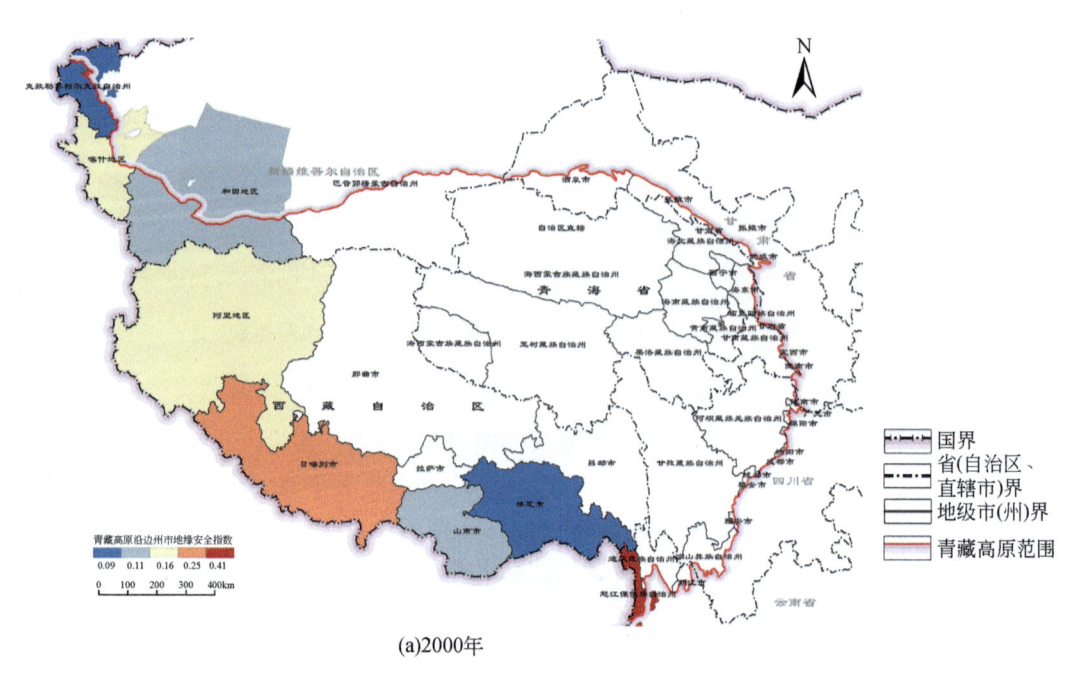

(a) 2000 年

(b)2005年

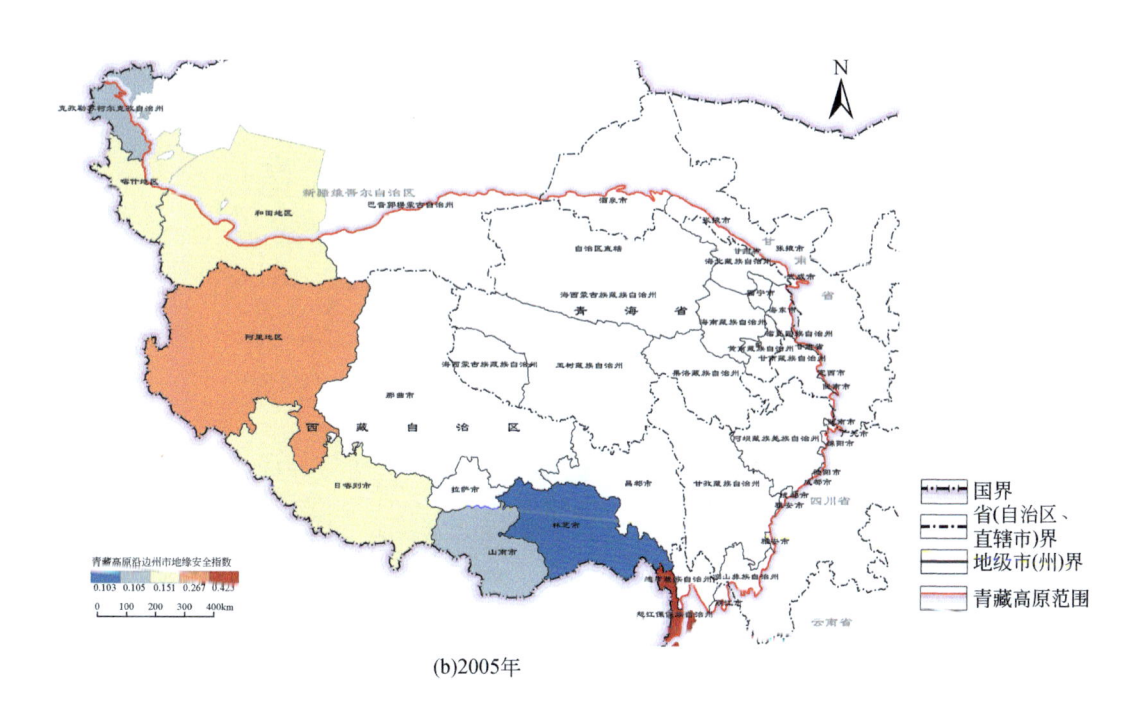

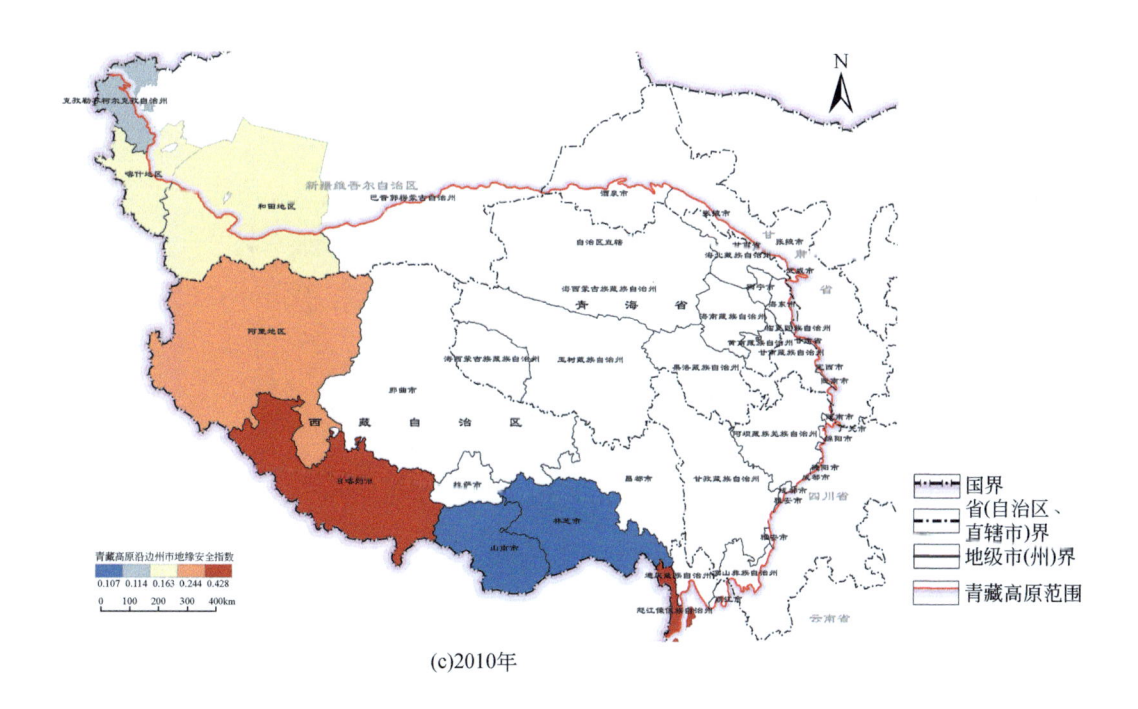

(c)2010年

(d)2015年

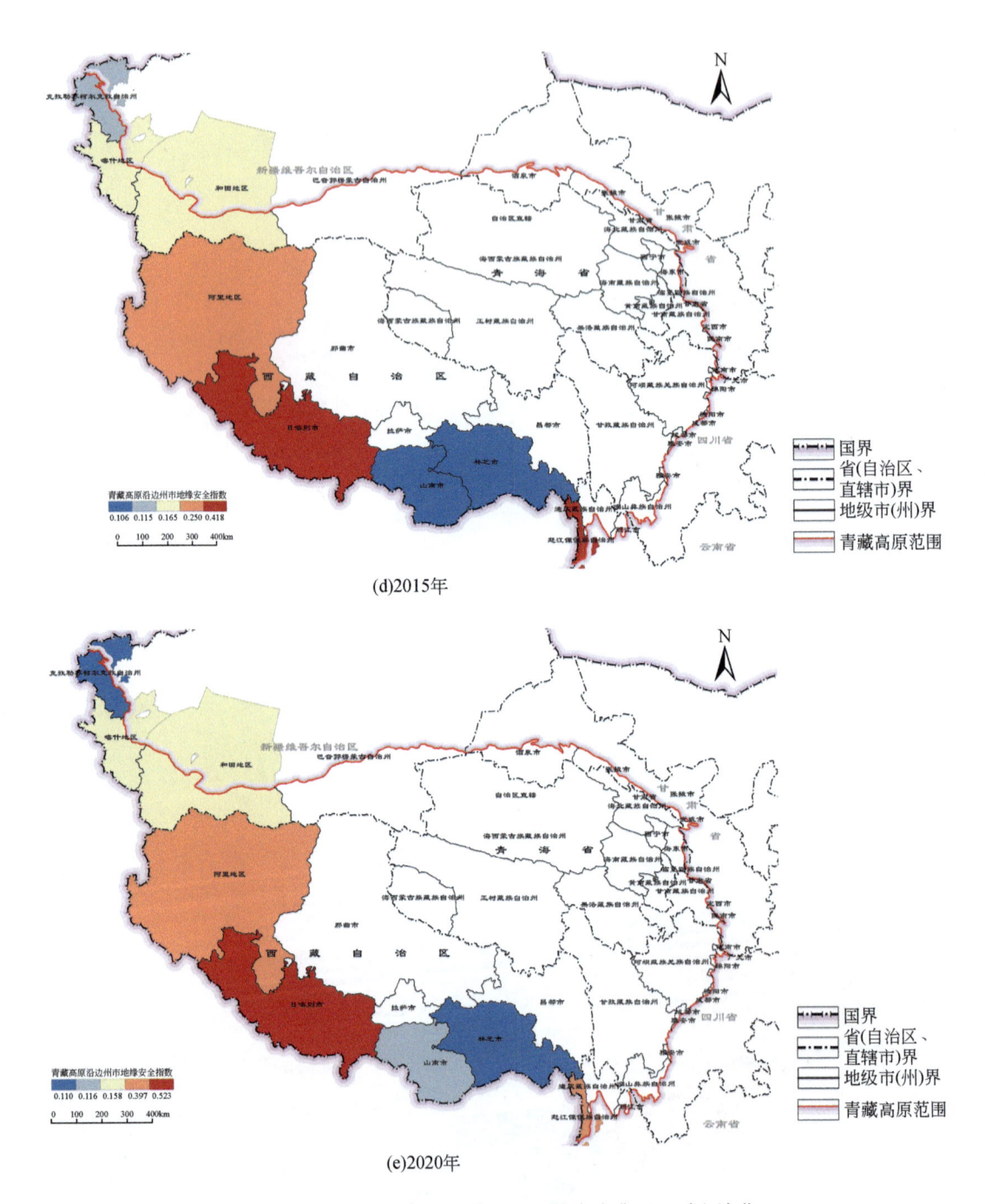

(e)2020年

图 7-18　2000~2020 年青藏高原地缘安全典型区时空演化

7.5.6　总体评价

本研究基于地缘冲突威胁、地缘流量脆弱性、地缘经济权力结构风险 3 个体系，从地理空间邻近的南亚暴力冲突外溢给青藏高原带来的地缘威胁、中国西藏沿边地州市与环喜马拉雅国家的口岸-通道-腹地流量系统地缘流量脆弱性、中美印对青藏高原外缘国家地缘体的地缘经济权力结构风险构建青藏高原地缘安全指数模型，并以青藏高原外围的3个省（自治区、直辖市）8个地州市作为典型区为例进行定量评估。主要结论如下。

1）地缘冲突威胁方面，地缘冲突威胁指数呈现小幅度波动增长趋势，与境外南亚冲突对应密切，给境内青藏高原典型区带来较大威胁。8个地州市地缘冲突威胁指数呈现出明显的非线性变化趋势，与域外冲突的偶发性息息相关，部分地州市的地缘冲突威胁指数存在一定的时空连贯性；省级尺度上西藏高于新疆和云南，地州尺度上地缘冲突威胁指数由高到低依次为阿里地区、克孜勒州、喀什地区、和田地区、日喀则市、山南市、林芝市、怒江州。

2）地缘流量脆弱性方面，地缘流量脆弱性指数2000~2021年整体为波动平稳的态势，说明地缘流量给青藏高原带来的安全问题相对有限，地缘流量带来的地缘安全问题呈现裹足不前的特征。3个省（自治区、直辖市）8个地州市的地缘流量极为有限，并且极化效益、同质性突出。其中，阿里地区、日喀则市、怒江州的地缘流量明显高于其他5个地州市，其他5个地州市地缘流量大致相当且极小，所表征的安全程度低于前者，差距显著，即省级安全系数排序为云南、西藏、新疆。

3）地缘经济结构失衡与否的风险方面，8个地州市典型区地缘经济权力安全性稳步上升，但西藏在地缘经济方面的地缘安全问题大于云南和新疆。其中，高于均值的地州市为喀什地区、和田地区，其余6个地州市均低于平均值。省级尺度上的地缘经济权力安全性新疆大于云南大于西藏；空间上表现出明显的空间集聚现象，即高值区为新疆3个地州市、低值区为西藏4个地州市、中值区则是云南怒江州。

4）青藏高原的地缘安全稳步上升，但地州差异较大，各系统维度存在明显的时空差异性，即便是归一化的3个系统安全系数差距显著，数值呈现出明显的时空惯性和路径依赖特征，并且3个系统对青藏高原地缘安全的"贡献度"较大，依次排序为地缘经济权力结构大于南亚暴力冲突外溢大于口岸-腹地-通道流量，即以战略维为主导，辅之以流动性和跨边界的地理空间邻近共同作用青藏高原地缘安全。

7.6　多维安全风险防控策略

通过各分维度的安全风险识别、安全变量确定、安全状态系统分析，总体结论是青藏高原地区社会、经济、文化领域的安全现状和发展态势良好，地缘安全风险的可控程度不断提高，但地区差异显著，相当多地区在经济、社会、文化、地缘安全领域的脆弱性、不稳定性，经济-社会-生态系统的协调度尚待提高，需要因地制宜地实施多维安全防控策略。

7.6.1　因地制宜推进不同地区的经济发展，增进民众获得感

青藏高原县域经济安全存在明显的空间集聚和路径依赖特征，应当充分利用资源环境

优、经济基础好、驱动力强的中心区县与周边地区间经济的互补性，增强中心区县的扩散作用，从而减小青藏高原区域内部经济安全差异。重点关注制度、技术驱动力对青藏高原经济安全的带动作用，其中工业园区和工业企业的影响尤为重要。政府间财政转移支付对青藏高原县域经济安全的作用可能被高估，而工业园区这类非正式制度对区县经济安全更为重要。另外，相比利用当地有限教育资源培养劳动力，工业企业带来的先进技术和设备对保障青藏高原各县经济正常运行更为关键。

7.6.2 开展社会和文化治理，增加社会和谐度和文化凝聚力

以青海为典型，社会安全的本源影响因素是社会发展、社会稳定、社会协调及社会包容，并通过社会认同影响社会安全。从社会安全的本源影响因素看，青藏高原地区大学生就业问题十分突出，相当一部分以藏族为主的大学毕业生因缺少市场就业竞争力和务农（牧）意愿而闲置在家，这可能成为地区社会不稳定的一个重要潜在风险点，可以呼吁国家适度增加藏族内地班招生名额，同时，积极探索藏族大学生内地就业机制和青藏高原就业渠道。

大力提高当地文化资源的独特性价值。在国家宗教事务条例引导下，当前清真寺、藏传佛教的黄教情况较好，但是藏传佛教中红教还存在问题，主要表现在僧侣幼龄化，甚至一些孩子在没有完成义务教育的情况下，剃发为僧/入尼。因此，应设置僧侣年龄下限，确保低年龄段青少年完成 9 年（在青藏高原地区甚至为 12 年）义务教育，提高文化水平和对中华民族与中国文化的认同。

7.6.3 加强生态修复，增进环境幸福感和生态经济良性发展

继续遏制生态环境破坏行为，强化生态环境修复工作，提升安全空间性能和生存环境质量。引导公众认识生态环境治理在社会安全领域的隐性福利，牢固树立保护生态环境就是保护生产力、改善生态环境就是增进民生福祉、治理环境污染就是提升社会安全的价值理念，养成社会各界广泛形成认同尊重自然、顺应自然、保护自然的理念和行动自觉。

分区域因地制宜地开展生态修复与环境治理。青藏高原的北部盆地地区经济基础较好，但资源环境维度存在潜在威胁，未来需要重点关注防沙治沙和生态环境修复，将保护生态环境与发展经济有机统一。而川藏高原峡谷地区资源环境优越，未来可以将生态优势转变为经济发展动能，实现绿色发展。

完善共建共治共享的社会治理体系，动员公众形成节约适度、绿色环保的生活方式，构建科技含量高、资源消耗低、环境污染少的产业结构和生产方式，建立更为广泛的多部门联动社会治理机制，推动生态环境与社会安全的协同治理。设立针对生态风险的心理服务机构，构建政府、家庭、社会三位一体的生态治理体系。

7.6.4 多尺度、多层级内外综合防控，增强地缘安全感

青藏高原的地缘安全问题存在复杂化、多元化，绝不仅限于典型区评估所涉及的域外

地缘冲突威胁、域内地缘流量脆弱、体系层地缘经济结构失衡三方面，需要提升综合防控策略，保障外防风险输入，内控威胁增长。

在战略与策略方面，需聚焦具体的地缘安全问题，及时补齐现存地缘安全短板，不断完善青藏高原实际情况的地缘风险防控体系建设；同时，需洞悉美国、印度等对手策略及意图、善用混合策略与手段，打出维护地缘安全的战略组合拳。

在具体操作与实践方面，谨防地缘冲突外溢。可基于以往冲突的诸多信息与地理特征及时模拟和预测冲突可能发生的时间、空间、地点、冲突群体等多方面，做到分而化之，逐个击破，以最大限度干扰预防和降低冲突外溢危害。技术上，整合地缘风险中边境管控涉及的人防、物防、技防、器防等，着力提升地缘风险防控的智能化、立体化、高效精准化。采取多层次治理、系统化防控的方式与原则，建立青藏高原边境地区的省（自治区、直辖市）、地州市、县区、乡镇以及村寨的"联动–联防–联控"的地缘安全问题防控机制和边境地区"点–线–面"结合的网格化管控方式。

参 考 文 献

蔡晓璐. 2016. 中国文化产业安全评价指标研究. 经济师，（5）：18-20.
曹智，刘彦随，李裕瑞，等. 2020. 中国专业村镇空间格局及其影响因素. 地理学报，75（8）：1647-1666.
陈桂龙. 2021. 青海：自然灾害综合风险普查再添"青海经验". 中国建设信息化，（23）：40-43.
陈浩，朱立平，陈发虎. 2022. 世界史视角下青藏高原对我国的地缘安全屏障作用. 世界地理研究，31（1）：1-11.
陈晓红，周宏浩，王秀. 2018. 基于生态文明的县域环境–经济–社会耦合脆弱性与协调性研究：以黑龙江省齐齐哈尔市为例. 人文地理，33（1）：94-101.
陈有顺，房后国，刘娉慧，等. 2009. 青藏高原矿产资源的分布、形成及开发. 地理与地理信息科学，25（6）：45-50，59.
程胜龙，王乃昂，郭峦. 2005. 甘青藏旅游资源的联动开发研究. 地域研究与开发，24（4）：87-91.
褚钰，付景保，陈华君. 2022. 区域生态环境与经济耦合高质量发展时空演变分析：以河南省为例. 生态经济，38（5）：161-168.
杜霞，孟彦如，方创琳，等. 2020. 山东半岛城市群城镇化与生态环境耦合协调发展的时空格局. 生态学报，40（16）：5546-5559.
樊莹. 1998. 经济全球化与国家经济安全. 世界经济与政治，（5）：11-15.
范庆斌. 2013. 遗产旅游地文化安全评价及安全体系构建：以西塘古镇为例. 南京：南京师范大学.
傅伯杰，欧阳志云，施鹏，等. 2021. 青藏高原生态安全屏障状况与保护对策. 中国科学院院刊，36（11）：1298-1306.
傅小锋. 2000. 青藏高原城镇化及其动力机制分析. 自然资源学报，15（4）：369-374.
郭洪纪. 2010. 青藏地区在中印地缘战略中的突出地位及国土安全分析. 青海师范大学学报（哲学社会科学版），32（5）：21-30.
韩春梅，赵康睿，张心怡. 2019. 城镇化进程中社会安全风险评估指标权重赋值研究：基于层次分析法. 中国人民公安大学学报（社会科学版），35（3）：133-145.
韩增林，赵启行，赵东霞，等. 2019. 2000—2015年东北地区县域人口与经济耦合协调演变及空间差异：以辽宁省为例. 地理研究，38（12）：3025-3037.

何一民，高中伟，廖羽含．2020．新时代兴藏战略的路径选择：基于开放共赢原则下的"飞地经济"援藏模式研究．西南民族大学学报（人文社会科学版），41（12）：204-212．

黄晓军，黄馨，崔彩兰，等．2014．社会脆弱性概念、分析框架与评价方法．地理科学进展，33（11）：1512-1525．

黄新华．2016．我国国家经济安全视阈中的边疆经济治理研究．探索，（4）：55-62．

蒋尉，陈昭启，刘军．2007．跨国公司与民族地区的经济安全．中央民族大学学报（哲学社会科学版），（2）：14-20．

李姝睿．2017．嵌入模式对青藏高原少数民族文化认同的影响．青海师范大学学报（哲学社会科学版），39（4）：37-41．

李欣．2017．南海问题与中国地缘安全研究综述．中国边疆学，（1）：272-287．

林乐芬，祝楠．2015．中国经济安全：挑战与应对．中国浦东干部学院学报，9（1）：58-67．

刘颖，赵耀龙，杨锦，等．2019．方言地理信息系统与藏语方言信息化．热带地貌，40（1）：6-11．

刘玉立，葛岳静，胡志丁，等．2013．国际安全研究的转向及对中国地缘安全研究的启示．世界地理研究，22（1）：12-21．

倪建军，陈阳．2023．人口负增长对中国经济安全影响分析．国家安全研究，（6）：85-101，165．

牛福长，葛岳静，赵正贤，等．2023．中美印对泛南亚国家的地缘经济权力时空分异．经济地理，43（12）：23-35．

潘永平，潘玉君，孙俊，等．2016．云南少数民族人口时空格局演变特征分析．红河学院学报，14（3）：51-53．

裘元伦．1999．经济全球化与中国国家利益．世界经济，22（12）：3-13．

邵超峰，陈思含，高俊丽，等．2021．基于SDGs的中国可持续发展评价指标体系设计．中国人口·资源与环境，31（4）：1-12．

邵伟，蔡晓布．2008．西藏高原草地退化及其成因分析．中国水土保持科学，6（1）：112-116．

宋周莺，管靖，刘卫东．2024．基于货客运综合指数的中国口岸发展格局及其演变．地理研究，43（3）：658-678．

王宏伟，张静，贾扬帆．2023．我国区域经济高质量发展研究．技术经济，42（11）：120-131．

王淑佳，孔伟，任亮，等．2021．国内耦合协调度模型的误区及修正．自然资源学报，36（3）：793-810．

王一山，张飞，陈瑞，等．2021．乌鲁木齐市土地生态安全综合评价．干旱区地理，44（2）：427-440．

习近平．2014．习近平谈治国理政．北京：外文出版社．

肖凌．2022．新时代维护国家文化安全的理论逻辑与路径选择．学习与探索，9：51-57．

颜旭．2022．有效维护我国文化安全：学习《总体国家安全观学习纲要》系列谈．理论导报，（7）：36-38．

央广网．2019．西藏等级唐卡画师达147人．https://baijiahao.baidu.com/s?id=1649056759389648201&wfr=spider&for=pc［2025-01-11］．

中共中央宣传部．2019．习近平新时代中国特色社会主义思想学习纲要．北京：学习出版社．

冶莉，葛岳静，胡伟，等．2022．中尼口岸贸易与跨境交通耦合协调研究．地理科学进展，41（3）：371-384．

叶卫平．2010．国家经济安全定义与评价指标体系再研究．中国人民大学学报，24（4）：93-98．

叶晓佳，孙敬水．2015．分配公平、经济效率与社会稳定的协调性测度研究．经济学家，（2）：5-15．

张海平，周星星，汤国安，等．2020．基于GIS场模型的城市餐饮服务热点探测及空间格局分析．地理研究，39（2）：354-369．

张宪洲，何永涛，沈振西，等．2015．西藏地区可持续发展面临的主要生态环境问题及对策．中国科学院院刊, 30 (3): 306-312.

张轩诚, 王国梁. 2018. 陕西省土地生态安全与经济发展耦合协调分析. 嘉应学院学报, 36 (5): 82-88.

赵建安. 2000. 青藏高原产业发展前景探讨. 自然资源学报, 15 (4): 358-362.

中共中央宣传部. 2018. 习近平新时代中国特色社会主义思想三十讲. 北京: 学习出版社.

朱晓明. 2003. 西部大开发中的西藏现代化: 以中央政府对西藏的政策支持为视角. 中国藏学 (2): 3-7.

Liu H M, Cheng Y, Liu Z F, et al. 2023. Conflict or coordination? the spatiotemporal relationship between humans and nature on the Qinghai-Tibet plateau. Earth's Future, 11 (9): e2022EF003452.

Maga a A. 2017. Measuring regional economic safety: evidence from Transbaikal Region of Russia. https://www.europeanproceedings.com/article/10.15405/epsbs.2017.07.02.74 [2024-03-28].

Su Y T, Li J, Wang D C, et al. 2022. Spatio-temporal synergy between urban built-up areas and poverty transformation in Tibet. Sustainability, 14 (14): 8773.

Zhu H S, Su D E, Yao F. 2022. Spatio-temporal differences in economic security of the prefecture-level cities in Qinghai-Tibet Plateau Region of China: based on a triple-dimension analytical framework of economic geography. International Journal of Environmental Research and Public Health, 19 (17): 10605.